混凝土强度现场检测技术研究应用

主　编　崔士起
副主编　孔旭文　崔　珑　迟克训
　　　　王　勇　李学刚

中国建设科技出版社有限责任公司
China Construction Science and Technology Press Co., Ltd.
北　京

图书在版编目（CIP）数据

混凝土强度现场检测技术研究应用/崔士起主编．
北京：中国建设科技出版社有限责任公司，2025.6.
ISBN 978-7-5160-4494-0

Ⅰ．TU528.07

中国国家版本馆 CIP 数据核字第 2025EG1319 号

混凝土强度现场检测技术研究应用
HUNNINGTU QIANGDU XIANCHANG JIANCE JISHU YANJIU YINGYONG
主　编　崔士起
副主编　孔旭文　崔　珑　迟克训　王　勇　李学刚
出版发行：中国建设科技出版社有限责任公司
地　　址：北京市西城区白纸坊东街 2 号院 6 号楼
邮　　编：100054
经　　销：全国各地新华书店
印　　刷：北京联兴盛业印刷股份有限公司
开　　本：787mm×1092mm　1/16
印　　张：21.5
字　　数：490 千字
版　　次：2025 年 6 月第 1 版
印　　次：2025 年 6 月第 1 次
定　　价：129.00 元

本社网址：www.jskjcbs.com，微信公众号：zgjskjcbs
请选用正版图书，采购、销售盗版图书属违法行为
版权专有，盗版必究。本社法律顾问：北京天驰君泰律师事务所，张杰律师
举报信箱：zhangjie@tiantailaw.com　举报电话：(010) 63567684
本书如有印装质量问题，由我社事业发展中心负责调换，联系电话：(010) 63567692

前 言

混凝土及钢筋混凝土结构由于其耐久性、耐火性、整体性、可模性及节约钢材等特点，成为建筑工程中最主要的、用量最大的建筑材料之一。混凝土的质量直接关系到建筑结构的安全，加强混凝土质量的检测、控制与监督，保证和提高混凝土质量，是当今工程建设领域的重要课题。绿色高性能混凝土的推广应用对混凝土强度现场检测技术提出了新的要求。

工程结构混凝土强度现场检测是一门综合性技术，它涉及能量、声学、力学、数理统计等多学科，我国现已发布的检测技术规程包括回弹法、超声回弹综合法、拔出法、剪压法、后锚固法等，《混凝土结构工程施工质量验收规范》（GB 50204—2015）、《建筑结构检测技术标准》（GB/T 50344—2019）等国家标准对混凝土强度现场检测也作了相关规定，如何正确理解运用这些规程，还需要探讨学习。

山东省作为经济强省，经济快速发展带动建筑行业迅猛发展，山东省建筑科学研究院有限公司适应工程检测的需要，在工程结构检测方面做了大量试验研究工作。

1995 年，山东省建筑工程管理局下达了科研项目"混凝土强度非破损检测技术研究"，经过 3 年系统的试验研究，积累 6 万多条数据，确定山东省混凝土强度回弹法、超声回弹综合法、后装拔出法检测曲线，该成果获得了 2002 年度山东省科技进步奖二等奖。

1999 年，山东省建筑科学研究院有限公司进行"钻芯法检测混凝土强度技术研究与应用"课题研究，分析不同直径、不同端面处理方式、不同高径比等对混凝土芯样测试结果的影响，总结 10~80MPa 混凝土钻芯法检测芯样尺寸要求、端面加工方法及数据处理，该成果获得了 2005 年度山东省科技进步奖二等奖。

2004 年，山东省建筑科学研究院有限公司在课题研究基础上，编制了山东省工程建设行业标准《回弹法检测混凝土抗压强度技术规程》（DBJ 14—026—2004）、《超声回弹综合法检测混凝土抗压强度技术规程》（DBJ 14—027—2004）、《后装拔出法检测混凝土抗压强度技术规程》（DBJ 14—028—2004）、《钻芯法检测混凝土抗压强度技术规程》（DBJ 14—029—2004），这四个规程均获得山东省建筑工程局科技创新奖一等奖。

为了适应建筑技术发展的需要，2006—2008 年，山东省建筑科学研究院有限公司进行"绿色高性能混凝土强度增长机理及其现场检测新技术"课题研究，对塑性混凝土、泵送混凝土、微膨胀混凝土、高强混凝土进行系统全面的研究，考虑节能环保和废物利用，配合比中大量使用粉煤灰、矿渣为掺合料，试验研究混凝土强度 8~120MPa，为保证被研究混凝土的代表性，在东营、聊城、烟台、青岛等地选择本地区常用原材料制作 2000 多组试块，取得了回弹法、超声回弹综合法、钻芯法、拔出法和后锚固法等检测绿色高性能混凝土方面的成果。此课题获 2009 年度住房城乡建设部华夏建设科学技术奖三等奖。2013 年，山东省建筑科学研究院有限公司编制了山东省地方标准《超声回弹综合法检测混凝土抗压强度技术规程》（DB37/T 2361—2013）、《后锚固法检测混凝土抗压强度技术规程》（DB37/T 2364—2013）、《后装拔出法检测混凝土抗压强度技术规程》（DB37/T 2365—2013）、《回弹法检测混凝土抗压强度技术规程》（DB37/T 2366—2013）、《钻芯法检测混凝土抗压强度技术规程》（DB37/T 2368—2013）。

2014 年 7 月，《住房城乡建设部关于推进建筑业发展和改革的若干意见》发布，在发展目标中明确提出了转变建筑业发展方式，推动建筑产业现代化的要求。2015 年，山东省建筑科学研究院有限公司开始进行"装配式结构混凝土强度现场检测新技术研究"课题研究，课题组除了进行回弹法、超声回弹综合法和钻芯法检测技术在装配式结构混凝土强度现场检测中的适用性试验研究，还进行拉脱法、表面锚固法、单剪法、双剪法检测混凝土抗压强度技术试验研究，叠合构件中混凝土结合面抗剪强度、抗拉强度试验研究。总结课题研究成果，2020 年山东省建筑科学研究院有限公司编制出山东省工程建设标准《动能回弹法检测混凝土抗压强度技术规程》（DB37/T 5170—2020）、《拉应力法检测混凝土抗压强度技术规程》（DB37/T 5171—2020）。

根据山东省市场监督管理局发布的《山东省市场监督管理局关于公布 2020 年度地方标准复审结果的通告》，山东省建筑科学研究院有限公司负责《回弹法检测混凝土抗压强度技术规程》（DB37/T 2366—2013）等九项标准修订。2022 年修订完成《回弹法检测混凝土抗压强度技术规程》（DB37/T 2366—2022）、《超声回弹综合法检测混凝土抗压强度技术规程》（DB37/T 2361—2022）、《后锚固法检测混凝土抗压强度技术规程》（DB37/T 2364—2022）、《后装拔出法检测混凝土抗压强度技术规程》（DB37/T 2365—2022）、《钻芯法检测混凝土抗压强度技术规程》（DB37/T 2368—2022）等九项标准。

自 1995 年进行"混凝土强度非破损检测技术研究"开始，山东省建筑科学研究院有限公司一直关注国内外混凝土强度现场检测技术的研究动向，在工程实践中总结经验、收集资料，为山东省混凝土强度现场检测技术的发展做贡献。同时，组织相关技术人员积极参加国内学术交流活动，主、参编多项国家标准和行业标准，包括：《后锚固法检测混凝土抗压强度技术规程》（JGJ/T 208—2010）、《回弹法检测混凝土抗压强度技术规程》（JGJ/T 23—2011）、《混凝土结构现场检测技术标准》（GB/T 50784—2013）、《高强混凝土强度检测技术规程》（JGJ/T 294—2013）、《钻芯法检测混凝土强度技术规程》（JGJ/T 384—2016）、《建筑结构检测技术标准》（GB/T 50344—2019）、《超声回弹综合法检测混凝土抗压强度技术规程》（T/CECS 02—2020）。

为介绍推广混凝土强度现场检测新技术，山东省建筑科学研究院有限公司总结"混凝土强度非破损检测技术""钻芯法检测混凝土强度技术研究与应用""绿色高性能混凝土强度增长机理及其现场检测新技术""装配式结构混凝土强度现场检测新技术研究"等课题主要成果，汇总全国各地混凝土强度现场检测新标准、新技术，精心编写了此书，希望能为广大工程结构检测鉴定、加固、设计、科研、施工、监督监理人员提供帮助，同时此书也将作为山东省 2022 年系列混凝土强度现场检测地方标准的宣贯教材。

本书以山东省建筑科学研究院有限公司十多年科研试验成果为核心，系统介绍工程结构中混凝土强度现场检测技术，内容包括：混凝土强度增长机理及绿色高性能混凝土微观结构特点，数据分析处理及检测结果评定，回弹法、超声回弹综合法、后锚固法、拔出法、剪压法、钻芯法、表面锚固法、无约束后锚固法、拉应力法、抗折法、抗剪法等混凝土强度检测新技术。详细介绍了各种检测方法的原理、影响因素、适用范围、仪器设备、检测操作过程和混凝土强度评定。同时，本书为指导检测人员正确运用各种检测方法，针对已发布技术规程中的各种方法，列举了大量工程检测实例。

  本书在编著过程中获得行业内同人帮助，在此表示感谢。我们真诚欢迎读者对本书内容提出宝贵的意见和建议。

编者
2024 年 9 月

目 录
CONTENTS

第 1 章 概述 ·········· 1
1.1 混凝土强度现场检测技术在工程建设中的重要作用 ·········· 1
1.2 混凝土强度现场检测技术发展 ·········· 2
1.3 混凝土强度基本概念 ·········· 3
1.4 混凝土强度现场检测方法简介 ·········· 4

第 2 章 混凝土强度增长机理及绿色高性能混凝土微观结构特点 ·········· 7
2.1 现代混凝土技术发展方向——绿色高性能混凝土 ·········· 7
2.2 研究绿色高性能混凝土的必要性 ·········· 8
2.3 混凝土微观结构研究方向 ·········· 8
2.4 混凝土扫描电镜微观分析 ·········· 9
2.5 混凝土组成 X 衍射分析 ·········· 17
2.6 混凝土压汞法孔结构分析 ·········· 20
2.7 混凝土强度增长机理研究成果总结 ·········· 21
2.8 混凝土强度增长机理在绿色高性能混凝土现场检测技术中的应用 ·········· 23

第 3 章 数据分析处理及检测结果评定 ·········· 26
3.1 传统数据统计处理理论 ·········· 26
3.2 现代优化算法介绍 ·········· 29
3.3 抽样检测基本知识 ·········· 31
3.4 混凝土强度检测结果处理 ·········· 36

第 4 章 回弹法检测混凝土强度技术 ·········· 46
4.1 回弹法研究必要性及发展方向 ·········· 46
4.2 回弹法检测混凝土强度基本原理 ·········· 47
4.3 混凝土回弹仪 ·········· 48
4.4 混凝土分类 ·········· 66
4.5 回弹测强影响因素分析 ·········· 66
4.6 回弹法测强曲线 ·········· 79

4.7	山东省回弹法检测混凝土强度技术主要研究成果	86
4.8	普通回弹法检测技术要点	87
4.9	动能回弹法（Q 值回弹仪）检测混凝土抗压强度研究成果	95
4.10	动能回弹法（Q 值回弹仪）检测技术要点	100

第 5 章　超声回弹综合法检测混凝土强度技术　103

5.1	超声回弹综合法基本原理及发展	103
5.2	超声波基本知识	104
5.3	混凝土超声检测仪	115
5.4	超声波检测混凝土强度影响因素分析	127
5.5	超声回弹综合法测强曲线	145
5.6	山东省超声回弹综合法检测混凝土强度技术主要成果总结	151
5.7	超声回弹综合法检测技术要点	152
5.8	Q 值回弹仪超声回弹综合法山东地区测强曲线建立	159

第 6 章　后锚固法检测混凝土强度技术　160

6.1	后锚固法介绍	160
6.2	试验简图和仪器设备	161
6.3	试验步骤及破坏形式	163
6.4	后锚固法理论分析	164
6.5	后锚固法试验参数确定	169
6.6	影响后锚固法主要因素分析	182
6.7	后锚固法测强曲线建立	185
6.8	后锚固微破损法专用检测仪器设备研制	187
6.9	后锚固法检测混凝土强度技术要点	190
6.10	后锚固法测强曲线	192
6.11	检测数据分析处理	194

第 7 章　拔出法检测混凝土强度技术　195

7.1	拔出法介绍	195
7.2	拔出法检测混凝土强度技术在国外的发展	196
7.3	拔出法检测装置	197
7.4	后装拔出法试验研究	199
7.5	拔出法检测基本要求	203
7.6	后装拔出法检测技术要点	206
7.7	预埋拔出法检测技术要点	208
7.8	拔出法混凝土强度推定	209

第 8 章　剪压法检测混凝土强度技术　210

8.1	剪压法定义和基本原理	210

8.2 剪压仪 ········· 210
8.3 剪压法检测技术要点 ········· 212

第9章 钻芯法检测混凝土强度技术 ········· 219

9.1 钻芯法研究必要性及发展方向 ········· 219
9.2 钻芯法主要用途和特点 ········· 220
9.3 钻芯法检测适用条件 ········· 221
9.4 端面加工试验研究分析 ········· 221
9.5 不同直径芯样抗压强度对比分析 ········· 229
9.6 不同直径芯样抗压强度与立方体试块抗压强度对比分析 ········· 232
9.7 高强混凝土钻芯法检测试验研究 ········· 235
9.8 小高径比芯样混凝土抗压强度试验研究 ········· 236
9.9 钻芯法检测混凝土抗折强度试验研究 ········· 240
9.10 钻芯法检测混凝土劈裂抗拉强度试验研究 ········· 243
9.11 钻芯法检测混凝土强度技术要点 ········· 247

第10章 表面锚固法检测混凝土强度技术 ········· 258

10.1 表面锚固法介绍 ········· 258
10.2 表面锚固法试验参数确定 ········· 260
10.3 表面锚固法测强影响因素分析 ········· 263
10.4 表面锚固法测强曲线 ········· 267
10.5 表面锚固法检测混凝土强度技术主要研究成果 ········· 269

第11章 无约束后锚固法检测混凝土强度技术 ········· 271

11.1 无约束后锚固法介绍 ········· 271
11.2 无约束后锚固法试验参数确定 ········· 273
11.3 无约束后锚固法测强影响因素分析 ········· 273
11.4 无约束后锚固法测强曲线的建立 ········· 275
11.5 无约束后锚固法检测混凝土强度技术主要研究成果 ········· 278

第12章 拉应力法检测混凝土强度技术 ········· 279

12.1 拉应力法介绍 ········· 279
12.2 拉应力法测强影响因素分析 ········· 282
12.3 建立拉应力法测强曲线 ········· 283

第13章 其他混凝土强度现场检测技术介绍 ········· 286

13.1 引言 ········· 286
13.2 抗折法检测混凝土抗压强度技术 ········· 286
13.3 抗剪法检测混凝土强度技术 ········· 287

第14章 工程应用实例分析 ... 289

14.1 混凝土大梁（回弹法-泵送施工单个构件10个测区）... 289
14.2 杯形基础（回弹法-非泵送施工单个构件12个测区）... 291
14.3 现浇板（回弹法-泵送现浇板单个构件10个测区）... 293
14.4 挑梁（回弹法-单个构件6个测区）... 294
14.5 预制混凝土楼板（回弹法）... 295
14.6 吊车梁高强混凝土（回弹法）... 297
14.7 某层梁（回弹法按批检测）... 298
14.8 某现浇板（泵送回弹法按批）... 299
14.9 某层柱（回弹法高强混凝土）... 302
14.10 大梁混凝土强度检测（超声回弹综合法-泵送混凝土）... 304
14.11 现浇板混凝土强度检测（超声回弹综合法-塑性混凝土）... 306
14.12 屋架（超声回弹综合法-泵送混凝土）... 309
14.13 柱混凝土强度检测（超声回弹综合法-角测）... 311
14.14 箱形基础顶部混凝土强度检测（超声回弹综合法-平测）... 312
14.15 高强混凝土强度检测（超声回弹综合法）... 314
14.16 大梁混凝土强度检测（圆环式后装拔出法）... 315
14.17 大梁混凝土强度检测（三点式后装拔出法）... 315
14.18 大梁混凝土强度检测（预埋拔出法）... 315
14.19 大梁混凝土强度检测（后装拔出法-按批抽样）... 316
14.20 混凝土框架柱（钻芯法）... 317
14.21 混凝土独立基础（钻芯法）... 317
14.22 混凝土独立基础（钻芯法-批量）... 318
14.23 混凝土框架梁（钻芯法-批量）... 319
14.24 混凝土框架柱（钻芯法-批量）... 322
14.25 混凝土框架柱（回弹法-钻芯法修正-修正量法）... 324
14.26 混凝土剪力墙（后锚固法-单个构件）... 328
14.27 混凝土桥墩（后锚固法-按批抽样检测）... 328
14.28 框架梁（回弹法-按批抽测-钻芯修正-山东省地标）... 329

参考文献 ... 332

第1章 概 述

1.1 混凝土强度现场检测技术在工程建设中的重要作用

混凝土是当代最主要的土木工程材料之一。它是由胶凝材料、颗粒状集料（也称为骨料）、水，以及必要时加入的外加剂和掺合料按一定比例配制，经均匀搅拌，密实成型，养护硬化而成的一种人工石材。混凝土具有原料丰富、价格低廉、生产工艺简单的特点，因而使其用量越来越大。同时混凝土还具有抗压强度高、耐久性好、强度等级范围宽等特点。这些特点使其使用范围十分广泛，不仅在各种土木工程中使用，还在造船业、机械工业、海洋的开发、地热工程等中使用。据不完全统计，世界水泥年产量已超过15亿t，折合成混凝土，应不少于45亿m^3，在今后相当长的时间内，混凝土仍将是应用最广、用量最大的建筑材料之一。

一般混凝土建筑物的使用寿命要求不小于50年，美国对桥梁的耐久性则要求为120年。但是近四五十年以来，混凝土结构物因材质劣化而造成失效以致破坏崩塌的事故在国内外屡见不鲜，并有愈演愈烈之势。美国、英国等发达国家每年用于建筑维修的费用都超过新建建筑的费用。

混凝土是建筑工程中最主要的建筑材料之一，许多质量事故均与混凝土强度未达到设计要求有关，加强混凝土质量监控和检测已成为工程建设的关键。

《建筑工程施工质量验收统一标准》（GB 50300—2013）第3.0.6条第6款规定："对涉及结构安全、节能、环境保护和使用功能的重要分部工程应在验收前按规定进行抽样检验。"

《混凝土结构工程施工质量验收规范》（GB 50204—2015）第7.1.3条规定："当混凝土试件强度评定不合格时，应委托具有资质的检测机构按国家现行有关标准的规定对结构构件中的混凝土强度进行检测推定。"

混凝土立方体试块标准养护的条件为温度20±2℃，湿度不小于95%，龄期28d，因而标准养护强度只反映混凝土拌合物的质量。因其浇筑、振捣、养护条件（温度、湿度）和龄期（承载时间）与结构实际情况不同，所以其强度值的代表性一直被大家质疑。近年来混凝土商品化生产，使混凝土的配制、搅拌单位与施工、养护单位分离，引发了混凝土强度质量问题产生原因和责任者的确定等问题。标准养护强度、同条件养护强度和结构实体混凝土强度有时出现较大差异，混凝土强度现场检测技术的灵活使用不仅提供混凝土强度数据，还有助于明确质量责任者，促进各方加强质量控制，保证工程质量。

在能保证标准养护强度代表性的情况下，应按标准养护强度进行验收。在标准养护试块缺少代表性、标准养护强度评定不合格、事先有合同约定、重要结构部位需要时，都可进行混凝土强度现场检测。

结构混凝土强度现场检测技术通过测定与混凝土强度相关的物理量，利用这些物理量与混凝土立方体抗压强度的对应关系，间接推定出混凝土抗压强度。近30年来结构混凝土强度现场检测技术的研究和应用发展很快，已成为土建工程中一项自成体系的新领域，目前国外已倾向于将这一技术作为衡量一国土建水平的依据之一，先后研究制定了相应的国家及国际标准。

汶川大地震血的经验教训为工程建设行业敲响了警钟，施工质量问题再次被大家关注。汶川大地震后许多单位、个人要求进行住宅、办公楼、车间等的工程质量检测鉴定，加强工程质量监督检测，保证建筑物安全使用，保护人民的生命和财产安全，是我们的责任和义务，是建设可持续发展、和谐社会的保障。

1.2 混凝土强度现场检测技术发展

目前广泛应用的结构混凝土强度现场检测方法包括回弹法、超声回弹综合法、后锚固法、拔出法、钻芯法等。钻芯法测试结果准确可靠，但取样加工复杂，且对结构造成局部破损，因而使用范围受到限制。非破损检测方法以回弹法、超声回弹综合法为代表，这两种方法检测过程快速、简单，对结构无损伤，但检测结果的准确性受诸多因素的影响。钻芯法适用于对局部确定有质量问题的混凝土进行现场强度检测，而非破损检测方法适合大范围混凝土强度现场质量监控。

随着科学技术不断发展，现代建筑也不断向高层化、大跨度、工业化方向发展。在实际工程结构中，为达到高性能的要求，混凝土配制时需大量使用掺合料、外加剂等，这些材料的使用使混凝土的性能发生改变，高性能混凝土的推广应用对混凝土强度现场检测领域提出了新的要求，建筑技术快速发展迫切需要精度高、损伤小、适用范围广的现场检测新技术出现。

选择既与混凝土强度密切相关，又能在结构物上直接测量，并且不损坏结构物本身的物理量，是探索新的混凝土强度现场检测方法的一个途径，物理量的选择将直接影响强度检测结果的准确性。

山东省建筑科学研究院有限公司总结实践经验、开拓创新，提出多种现场混凝土强度微破损检测方法，包括后锚固法、表面锚固法、无约束后锚固拔出法，统称为后锚固微破损法。理论分析表明，后锚固微破损法所检测的混凝土破坏力和混凝土强度同属于力学范围，混凝土破坏力与混凝土强度之间应具有良好的相关性，其检测精度应高于非破损检测方法。后锚固微破损法检测混凝土强度对结构混凝土损伤很小，而检测结果准确性很高、离散性小，不受龄期限制，具有广阔的推广应用前景。

山东省建筑科学研究院有限公司于2010年编制了行业标准《后锚固法检测混凝土抗压强度技术规程》(JGJ/T 208—2010)。

1999年，中国建筑科学研究院研制开发了以剪压法检测混凝土抗压强度的新方法。剪压法是一种对构件具有直角边的角部造成微破损的方法，检测精度较高，损伤也比较轻，有比较广阔的应用前景。2010年编制出行业标准《剪压法检测混凝土抗压强度技术规程》(CECS 278：2010)。

中国建筑科学研究院会同全国13家单位完成"直拔法检测混凝土抗压强度技术研

究"项目,研制了专用仪器拉脱仪,实现无须胶粘直接进行混凝土拉脱检测。2016年,住房城乡建设部批准制定行业标准《拉脱法检测混凝土抗压强度技术规程》(JGJ/T 378—2016)。

2012年,新疆巴州建设工程质量检测中心编制出地方标准《直拔法检测混凝土抗压强度技术规程》(XJJ 052—2012)。

2013年8月,在第十一届全国建设工程无损检测技术学术交流会上,广西壮族自治区建筑科学研究设计院科研人员详细介绍了"抗剪法检测混凝土强度技术研究"。

1.3 混凝土强度基本概念

1.3.1 混凝土强度等级

混凝土强度等级应按立方体抗压强度标准值 $f_{cu,k}$ 确定,《混凝土结构设计标准(2024年版)》(GB 50010—2010)以5MPa为级差,将混凝土按C15~C80分为14个强度等级。

立方体抗压强度标准值 $f_{cu,k}$ 指按标准方法制作、养护的边长为150mm的立方体试块,在28d或设计规定龄期以标准试验方法测得的具有95%保证率的抗压强度值。

从定义可以看出,混凝土强度等级具有以下内涵。

(1) 标准方法制作、养护标准试块:按照《混凝土强度检验评定标准》(GB/T 50107—2010)要求的标准制作方法和标准养护条件执行。

(2) 标准试验方法:按照《混凝土物理力学性能试验方法标准》(GB/T 50081—2019)进行抗压强度试验。

(3) 具有95%保证率的抗压强度值,即总体强度低于该值的百分率不超过5%,用概率统计术语表示就是总体分布的0.05分位数。

依据《混凝土结构设计标准(2024年版)》(GB 50010—2010)条文说明中解释,混凝土强度等级的保证率为95%:按混凝土强度总体分布的平均值减去1.645倍标准差的原则确定。

1.3.2 混凝土轴心抗压强度标准值 $f_{c,k}$

结构中混凝土受力状态不是立方体受压状态,在混凝土结构设计中采用棱柱体抗压强度,称为混凝土轴心抗压强度。其标准试件的尺寸取为150mm×150mm×300mm,试件的制作、养护、龄期和试验方法都与立方体试件的标准试验相同。依据《混凝土结构设计标准(2024年版)》(GB 50010—2010)条文说明解释,混凝土轴心抗压强度标准值 $f_{c,k}$ 与混凝土立方体抗压强度标准值 $f_{cu,k}$ 之间存在以下换算关系。

$$f_{c,k} = 0.88 \alpha_{c1} \alpha_{c2} f_{cu,k} \quad (1\text{-}3\text{-}1)$$

式中:α_{c1}——棱柱体抗压强度与立方体抗压强度的比值,对C50及以下混凝土取 $\alpha_{c1}=0.76$,对C80取 $\alpha_{c1}=0.82$,中间按线性插值;

α_{c2}——C40以上混凝土的脆性折减系数,对C40取 $\alpha_{c2}=1.00$,对C80取 $\alpha_{c2}=0.87$,中间按线性插值;

0.88——考虑实体混凝土受成型工艺、养护条件、受力方式等多种因素影响的综合折减系数。

1.3.3 混凝土抗压强度设计值

混凝土抗压强度设计值 f_c 由混凝土轴心抗压强度标准值 $f_{c,k}$ 换算得到。

$$f_c = \frac{f_{c,k}}{\gamma_c} = \frac{f_{c,k}}{1.4} \tag{1-3-2}$$

式中：γ_c——混凝土材料分项系数，反映混凝土强度离散程度对承载能力的影响，《混凝土结构设计标准（2024年版）》（GB 50010—2010）中取 $\gamma_c=1.4$。

1.3.4 施工控制用同条件养护试件强度

用于结构构件的拆模、出池、出厂、吊装、张拉、放张，即施工期间临时负荷时的混凝土强度，应采用与结构构件同条件养护的标准尺寸试件的混凝土强度，称为施工控制用同条件养护试件强度。

1.3.5 混凝土强度特征值

在检测龄期时，混凝土强度总体分布中具有95%保证率的值，与混凝土强度标准值的区别是龄期、成型工艺和养护条件不同。对一个具体的结构而言，混凝土强度特征值比混凝土强度标准值更具有代表性。

1.3.6 混凝土强度推定值

根据样本数据经统计分析得到的混凝土强度特征值的推定值，记作 $f_{cu,e}$，混凝土强度推定值包括以下内涵。

（1）结构实体中混凝土一般不具备标准养护条件，检测时的龄期也不可能正好是28d，现场抽样检测只能提供检测时对应龄期，结构混凝土相当于边长为150mm立方体试块，抗压强度具有95%保证率的特征值的推定值。

（2）因养护条件不同、龄期不同、混凝土原材料不同等因素影响，根据现场检测得到的混凝土强度推定值 $f_{cu,e}$，换算出在标准养护条件下28d立方体抗压强度标准值 $f_{cu,k}$，既没有可靠的依据，也没有实际意义，是很不科学的。

（3）混凝土强度推定值 $f_{cu,e}$ 是混凝土材料性能和施工质量水平的综合反映，当混凝土强度推定值未达到设计要求时，不足以判定混凝土材料性能是否合格。

（4）《混凝土结构设计标准（2024年版）》（GB 50010—2010）采用的构件承载能力计算公式，来源于以同条件试块强度为依据的试验结果，而不是以标准养护试块强度为依据，因此，在进行结构鉴定时，可依据混凝土强度推定值 $f_{cu,e}$ 确定混凝土材料强度参数的取值。

1.4 混凝土强度现场检测方法简介

混凝土强度是混凝土结构质量性能中最重要的指标，我国工程技术人员一直在进行混凝土强度现场检测技术的探索和创新，近年来更创造出许多新的检测技术，本书介绍我国混凝土强度现场检测技术最新研究成果，包括以下方法。

1. 回弹法

回弹法是指通过检测混凝土的回弹值和碳化深度值来推定构件混凝土强度的方法。

2. 超声回弹综合法

超声回弹综合法是指通过检测混凝土的回弹值、超声声速值和碳化深度值来推定构件混凝土强度的方法。

3. 后锚固法

后锚固法是指在已硬化混凝土中钻孔，并用高强胶粘剂植入锚固件，待胶粘剂固化后进行拔出试验，根据拔出力来推定混凝土强度的方法。

4. 拔出法

拔出法包括预埋拔出法和后装拔出法，系指通过拉拔安装在混凝土中的锚固件，测定极限拔出力，根据预先建立的极限拔出力与混凝土抗压强度之间的相关关系推定混凝土抗压强度的检测方法。由于它对结构混凝土局部造成轻微的损伤，因此属于一种微破损的现场检测手段。

5. 剪压法

剪压法是指用专用剪压仪对混凝土构件直角边施加垂直于承压面的压力，使构件直角边产生局部剪压破坏，并根据剪压力来推定混凝土强度的检测方法。

6. 钻芯法

钻芯法是指在混凝土构件中钻取混凝土芯样，将混凝土芯样加工成符合规定的芯样试件，检测混凝土芯样圆柱体抗压强度，根据混凝土芯样圆柱体抗压强度推定构件混凝土抗压强度的方法。

7. 表面锚固法

在混凝土检测面切割直径75mm、深度大于15mm的圆形槽，用高强结构胶将直径75mm圆盘锚固件粘贴在圆形槽内，待结构胶硬化后，连接安装检测仪，检测混凝土拉脱破坏力，由混凝土拉脱破坏力推定出混凝土强度。

8. 无约束后锚固法

用钻芯机在混凝土上钻出内径75mm、深30~50mm的圆形槽，在圆形槽中心钻直径27mm、深30mm的孔，用环氧树脂或结构胶将锚固件锚固在孔内，待胶完全固化后，连接安装检测仪，检测混凝土拉断破坏力，由混凝土拉断破坏力推定混凝土强度。

9. 拉应力法

在混凝土结构实体上钻制 $\phi44mm \times 44mm$ 受力试件，将专用拉力仪与受力试件连接，将受力试件在原位拉断，测定试件拉断时的极限拉应力，根据混凝土极限拉应力推定出混凝土抗压强度。

10. 直拔法（拉脱法）

直拔法（拉脱法）检测混凝土抗压强度技术是指在混凝土结构或构件上钻制高径比为1:1，即直径和深度均为44mm的试件，采用专用拉脱仪与拉脱试件连接，将拉脱试件在原位拔断，测定拉脱试件拔断时的极限拉力，根据混凝土极限拉力推定出混凝土抗压强度。

11. 抗折法

在被测混凝土结构或构件上随机钻取抗折试件,将抗折试件放入抗折装置中进行抗折试验,检测抗折试件折断时的极限应力,测量抗折试件直径,计算出抗折试件的抗折强度,根据抗折试件的抗折强度推定混凝土抗压强度。

12. 抗剪法

抗剪法是指利用混凝土试件的抗剪强度与抗压强度之间的关系,通过建立抗剪芯样的抗剪强度与混凝土标准抗压强度之间的关系曲线,并且考虑检测全过程的影响因素后,对混凝土抗压强度进行评定的一种新方法。

第 2 章 混凝土强度增长机理及绿色高性能混凝土微观结构特点

2.1 现代混凝土技术发展方向——绿色高性能混凝土

随着近代世界人口的急剧增长及工业、交通的迅速发展,地球承受的负担剧增,加上资源的过度消耗和环境的日益恶化,人类的生存受到威胁。

绿色高性能混凝土(Green High Performance Concrete,GHPC)是 20 世纪 80 年代末 90 年代初,一些发达国家基于混凝土结构耐久性设计提出的一种全新的混凝土概念,它以耐久性为首要设计指标,这种混凝土有可能为基础设施工程提供 100 年以上的使用寿命。区别于传统混凝土,高性能混凝土由于具有高耐久性、高工作性、高强度和高体积稳定性等许多优良特性,被认为是目前全世界性能最为全面的混凝土,针对混凝土的过早劣化,发达国家在 20 世纪 80 年代中期掀起了一个以改善混凝土材料耐久性为主要目标的高性能混凝土开发研究的高潮,并得到了各国政府的重视。

1992 年联合国在巴西里约热内卢召开联合国环境与发展会议,绿色发展受到全世界的重视。绿色的含义随着人们认识的提高而不断扩大,主要可概括为:

(1) 节约资源、能源。

(2) 不破坏环境,更应有利于环境。

(3) 可持续发展,保证人类后代能健康。其中前两条为第三条的保证。

作为一种材料或一种产业,节约资源、能源也是为了本身能够持续存在和发展。水泥混凝土作为当今最大宗的人造材料之一,对资源、能源的需求和对环境的影响十分巨大。水泥混凝土能否长期作为最主要的建筑材料,关键在于其能否成为绿色材料。因此,绿色高性能混凝土将是今后混凝土的发展方向。

绿色高性能混凝土应具有下列特征。

(1) 能更多地节约水泥熟料,更有效地减少环境污染,同时也能大量降低料耗与能耗。水泥厂排出有害气体 CO_2、SO_2 以及大量粉尘,其中 CO_2 是主要的温室气体。据有关资料介绍,生产 1t 熟料将产生 CO_2 约 1t。如世界水泥年产量增加 18 亿 t,则世界水泥工业将使大气层中堆积 CO_2 增加数百亿吨以上,这将严重影响地球的气温。高性能混凝土的胶凝材料中,以工业废渣为主的细掺合料将节约代替大量熟料。

(2) 能更多地掺加以工业废渣为主的细掺合料,节约代替熟料,改善环境,减少二次污染。

(3) 能更有效地发挥高性能混凝土的优势,尽量减少水泥与混凝土的用量,达到节省资源、能源与改善环境的目的。由于利用高强混凝土可以减小结构构件的截面积,减轻自重,所以高强混凝土已在高层和大跨度结构中得到广泛运用,收到明显效果;提高耐久性，保证或延长安全使用期，更能得到最大的经济效益。

绿色高性能混凝土的推广应用对混凝土强度现场检测领域提出了新的要求，国内专门针对高性能混凝土强度现场检测技术的研究才刚刚起步，部分单位进行了针对高强混凝土现场检测技术的研究，陕西省建筑科学研究设计院采用大能量回弹仪检测高强混凝土强度，并制定出陕西省工程建设标准《回弹法检测高强混凝土抗压强度技术规程》(DBJ 24—24—03)。中国建筑科学研究院有限公司研究开发 GHT450 型高强混凝土回弹仪，建立了高强混凝土回弹法测强曲线。

2.2　研究绿色高性能混凝土的必要性

目前，我国提出科学发展观和可持续发展战略，现在我国水泥年产量已超过 7 亿 t，并仍在继续增长，水泥生产消耗大量资源和能源，还排放大量温室气体，造成的环境负担十分巨大。同时，因为过去混凝土发展只考虑强度提高，不重视耐久性，混凝土破坏引起结构损坏，不可再使用的问题越来越多，许多设计使用 50 年、100 年的结构，使用不到 30 年就出现钢筋锈蚀、开裂、渗水等质量问题。高性能混凝土在保证强度的同时，强调混凝土的耐久性能，为达到高性能需用大量工业废渣（包括粉煤灰、矿渣等）掺合料代替水泥，可减少水泥生产能耗和有害气体排放，适应了节能减排、减少污染、提高耐久性、改善和保护环境的需要。建筑材料与土木工程专家吴中伟院士提出大量采用高性能混凝土，进一步改进提高，使混凝土成为可持续发展的绿色建材的观点。

绿色高性能混凝土的推广应用对混凝土强度现场检测领域提出了新的要求，在实际工程结构中，为达到高性能的要求，混凝土配制时需大量使用掺合料、外加剂等，这些材料的使用使混凝土的性能发生改变，其强度增长机理与普通混凝土不同，某些混凝土强度增长过程中甚至出现倒缩现象；某些混凝土早期强度很低，甚至不能按时硬化，但后期强度并不低，因此，迫切需要对绿色高性能混凝土强度增长机理及其现场综合检测技术进行研究探讨。

绿色高性能混凝土是混凝土技术进入高科技时代的产物。推广应用绿色高性能混凝土，需要相关的法律法规做保障。建设主管部门应当尽快建立、健全与绿色高性能混凝土应用相关的技术法规，以使设计、施工单位在应用绿色高性能混凝土过程中有据可循，为推广应用绿色高性能混凝土创造一个良好的环境。

2.3　混凝土微观结构研究方向

混凝土是由水、水泥、砂、石以及外加剂、掺合料等组成的多相混合材料，因水泥等水硬性胶凝材料的作用将这些混合料粘结在一起，随着水泥等材料的逐步硬化，混凝土强度逐步增高，宏观的混凝土强度增长过程中包含着复杂的微观物理化学变化。

长期以来，水泥、混凝土、钢筋混凝土构件和工程结构的研究被划分为不同方向，在不同领域的不同层次上对不同尺度的对象进行研究。水泥的研究属于微观和亚微观（或称细观）层次，主要用化学和物理化学的方法进行研究；混凝土的研究主要在宏观

（或称粗观）层次上用物理的和力学的方法进行；钢筋混凝土构件的研究则完全在宏观层次上用力学方法进行。但实际上，水泥，特别是混凝土，是一种复杂的、非均匀的多相体，水泥、混凝土，以至于钢筋混凝土构件的行为都不能用其中各组分单个行为的简单叠加来表征。如果没有细观层次的研究，或者不了解细观层次的规律，则混凝土技术就不能脱离经验性的束缚。

在均质材料中，微观结构直接控制材料的宏观性能，但在混凝土等多相复合材料中，微观结构对宏观性能的决定性作用，往往被细观结构所掩盖。所以，就混凝土而言，细观结构是宏观性能的重要基础。为了解决当今混凝土材料面临的一系列问题，必须对混凝土的细观结构进行调查研究，架起材料宏观与细观之间联系的桥梁。

除金属和绝大多数塑性材料外，目前所用建筑材料很多都含有大量孔隙。科学研究早已发现材料的孔隙对其诸多宏观性能有重要影响，如强度、变形、渗透性及耐久性等。混凝土是一种典型的多孔介质材料，孔隙分布错综复杂，孔形各异，孔径尺寸跨越微观尺度与宏观尺度之间，对混凝土宏观性能产生巨大影响。对混凝土强度产生影响的一个重要因素是水泥石（又称水泥浆体）凝胶体强度，其可认为是没有孔隙的水泥石的理想强度，故改善混凝土水泥石的强度是提高混凝土强度的一个有效途径。因此试验中对不同配合比的混凝土进行了对比，同时也有排除了石子影响的净浆的对比试验。

为分析混凝土强度与其微观结构之间的关系，分析混凝土强度增长过程中微观结构的变化，课题组分别采用了三种微观分析方法：①用扫描电子显微镜（SEM）观察了解混凝土微观结构等，对混凝土的微观结构进行了全面分析；②用 χ 衍射法分析混凝土内部组成物质；③用压汞法分析混凝土内部孔结构体系。

2.4 混凝土扫描电镜微观分析

为观察混凝土硬化过程中微观结构变化，分析生成物种类、状态，了解粉煤灰、矿粉、外加剂等对混凝土强度、耐久性等的贡献，课题组选择部分试块在 7d、14d、28d、60d，进行扫描电镜微观分析试验。共获得 50 组及典型物质分析数据，从照片中可观察到结构的密实性、形貌状态，结合典型物质分析数据可分析出结构中各种生成物。

六角薄板层状的 $Ca(OH)_2$ 在水泥浆体中很容易辨认，其主要特征是凡露出的角必然是 $120°$，另一特点是层状。当结晶不完全时，也可看出其片状沉积，在成熟的水泥浆体中，$Ca(OH)_2$ 往往成层状沉积，有明显的平行面，贯穿在 C-S-H 凝胶中。

优质的粉煤灰图像为颗粒粒形完整、表面光滑、粒度较细、质地致密、多孔颗粒极少的玻璃球形。

水泥中 C_2S，C_3S 水化时析出的水化硅酸钙称为 C-S-H 凝胶，C-S-H 凝胶是水泥石体系中最大的组成部分，其形貌差异较大，结构不固定，而其结构又是决定水泥石强度的最主要因素。随着龄期的增长，纤维状或针状的 C-S-H（Ⅰ）和网状或蜂窝状的 C-S-H（Ⅱ）逐渐转化成强度高的皱状 C-S-H（Ⅳ），硅酸钙水化越充分，越容易形成 C-S-H（Ⅲ）或 C-S-H（Ⅳ），对混凝土的强度提高越有利。

2.4.1 随龄期增长混凝土微观结构的变化

如图 2-4-1 所示，泵送 C10 混凝土在 20d 龄期时，可见大量 $Ca(OH)_2$ 晶体堆积的层状结构，界面结构疏松，有孔洞和粉煤灰球，浆体内部的毛细结构还不稳定，$Ca(OH)_2$ 晶体开始参加反应，形成的 C-S-H 凝胶不足以形成纤维状结构。

图 2-4-1　泵送 C10 泥凝土在 20d 龄期时的 SEM 照片

如图 2-4-2 所示，泵送 C10 混凝土在 40d 龄期时，粉煤灰球开始参加反应，部分已经完全反应，有较长裂缝，有大量针状钙矾石生成。大量分布的纤维状 C-S-H 和未完全水化的粉煤灰微珠，水化物颗粒细小致密，生长成为一个整体，未完全水化的粉煤灰微珠清晰可见。

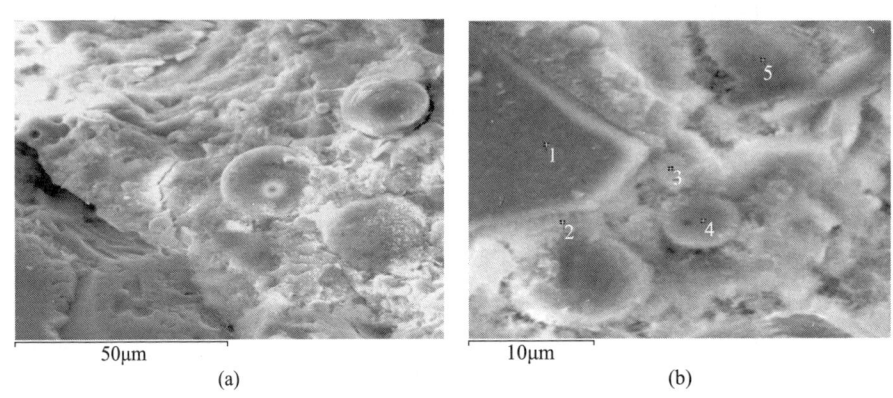

图 2-4-2　泵送 C10 混凝土在 40d 龄期时的 SEM 照片

如图 2-4-3 所示，泵送 C40 混凝土在 20d 龄期时，水泥浆体中有少量孔洞，$Ca(OH)_2$ 晶体仍较多没有参加反应，生成少量 C-S-H 硅胶和铝胶，有针状钙矾石（AFt）出现，粉煤灰球清晰可见，少量直径较小的粉煤灰球开始被凝胶包裹。

如图 2-4-4 所示，泵送 C40 混凝土在 40d 龄期时，浆体中仍有裂缝和孔洞，部分粉煤灰球开始参加反应，界面处生成大量钙矾石和 C-S-H 凝胶，并有个别片状生长的 $Ca(OH)_2$ 晶体，但很难看到完整的 $Ca(OH)_2$ 晶体，凝胶之间结合紧密，分布均匀。

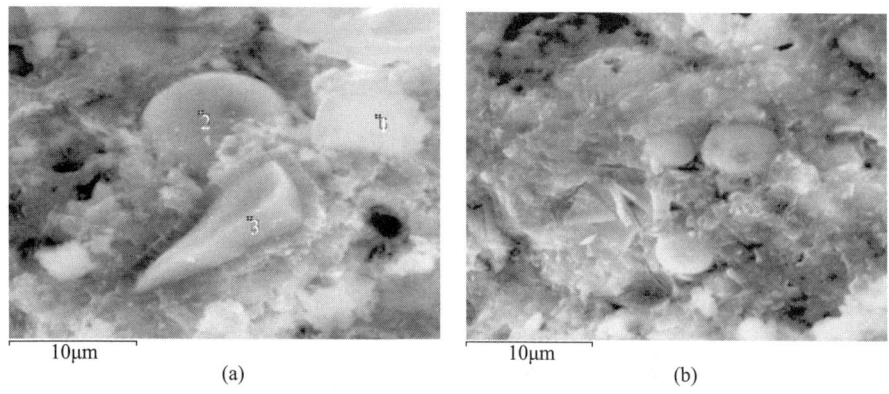

图 2-4-3　泵送 C40 混凝土在 20d 龄期时的 SEM 照片

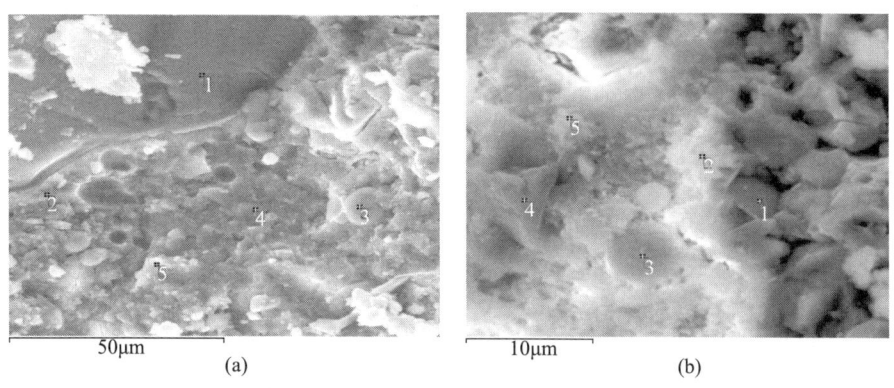

图 2-4-4　泵送 C40 混凝土在 40d 龄期时的 SEM 照片

如图 2-4-5 所示，泵送 C40 混凝土在 63d 龄期时，大部分粉煤灰球开始反应，参加反应的小直径粉煤灰球被 C-S-H 凝胶包裹，已经生成大量纤维状 C-S-H 凝胶以及针状钙矾石，仍有孔洞和细长裂缝。

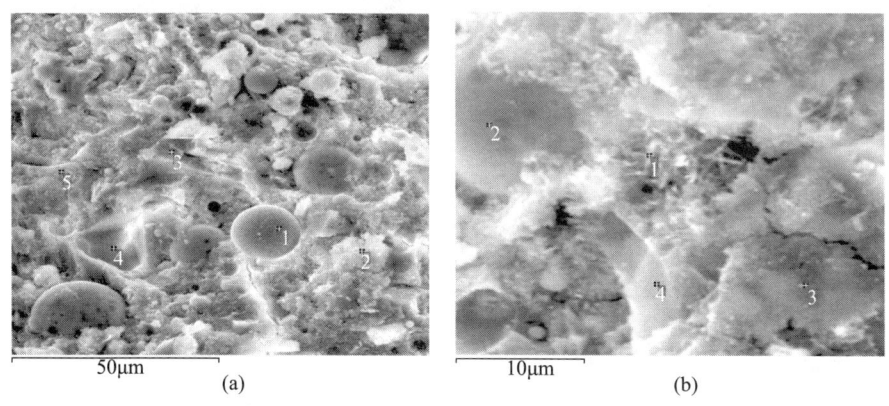

图 2-4-5　泵送 C40 混凝土在 63d 龄期时的 SEM 照片

如图 2-4-6 所示，泵送 C70 混凝土在 14d 龄期时，界面有少量裂缝，蜂窝状的孔洞较多，大部分反应还不是很充分。水化产物中有大量的 C-S-H 及其凝胶和钙矾石晶体，还有明显发育较好的类托贝莫来石晶体和针状、短柱状的钙矾石晶体。这些结晶度较高的晶体穿插在 C-S-H 凝胶中，形成网络状的致密结构。

图 2-4-6　泵送 C70 混凝土在 14d 龄期时的 SEM 照片

如图 2-4-7 所示，泵送 C70 混凝土在 33d 龄期时，粉煤灰球发生反应，有纤维状 C-S-H 凝胶大量出现，浆体密实，出现针状钙矾石。孔洞周围细碎颗粒状水化物和孔洞内大量细小片状 C-S-H 共同生长，部分界面过渡区与浆体结合良好，部分界面过渡区与浆体之间仍有间隙。可见矿粉的加入能够促进水泥的进一步水化反应，使混凝土中的不利成分转化为有利的凝胶成分。

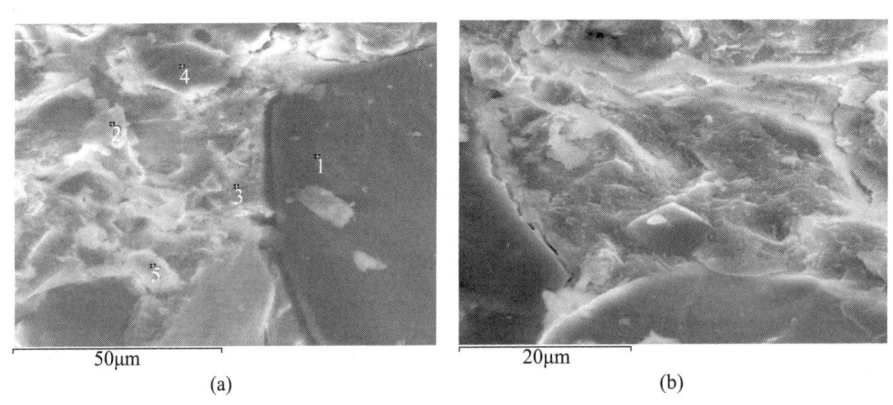

图 2-4-7　泵送 C70 混凝土在 33d 龄期时的 SEM 照片

如图 2-4-8 所示，泵送 C70 混凝土在 55d 龄期时，已经生成大量凝胶物质，粉煤灰球基本已经完全反应，有大量纤维状 C-S-H 凝胶出现，浆体较为密实，细小的孔洞较少，有细小裂缝，界面过渡区与浆体结合良好。随着龄期延长和矿粉掺量的增加，结晶相有发生转变和微晶化倾向。

不同龄期混凝土的 SEM 扫描结果显示：

（1）硬化早期，混凝土浆体中存在大量层状沉积的 $Ca(OH)_2$，浆体结构较疏松，在水化后期，浆体内部孔隙中的 $Ca(OH)_2$ 开始参加反应，生成 C-S-H 凝胶，从而提高混凝土强度。

（2）粉煤灰在搅拌成型过程中不会大量吸水，使水泥浆体的需水量降低，初始结构得到改善。硬化早期，粉煤灰球状颗粒填充在混凝土中，使水泥颗粒分散更好，表面光

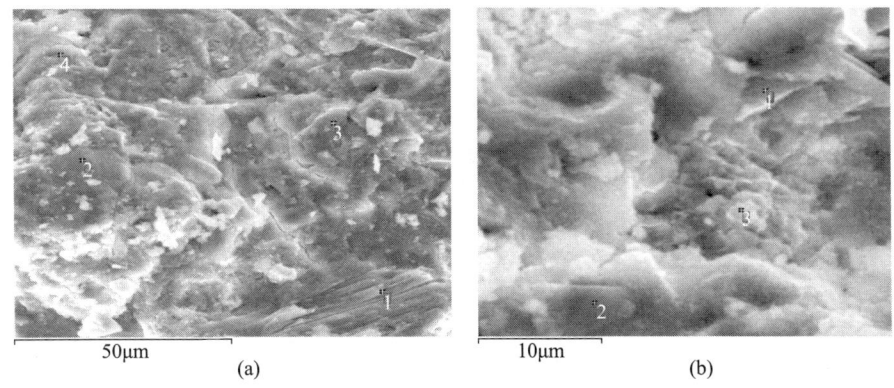

图 2-4-8 泵送 C70 混凝土在 55d 龄期时的 SEM 照片

滑如玻璃球状，起到很好的填充、润滑作用。随着混凝土龄期的增长，粉煤灰球的火山灰活性发挥作用，$Ca(OH)_2$ 晶体渐渐减少、凝胶的数量逐渐增多。粉煤灰的使用，不但可以节约水泥，而且可以改善混凝土微观结构，提高混凝土后期强度。

(3) 混凝土硬化早期，生成的 C-S-H 凝胶为针状或纤维状，结构疏松多孔，随着龄期的增长，C-S-H 凝胶由纤维状变为网状，由网状变为密实结构，把各个组成部分紧密地粘结在一起，使结构致密紧凑，提高混凝土强度。

2.4.2 不同原材料混凝土微观结构变化

如图 2-4-9 所示，P20 混凝土在 30d 龄期时，界面结合状态不致密，有孔洞和较长裂缝，有针状钙矾石生成，$Ca(OH)_2$ 晶体层状、片状排列明显，粉煤灰球开始参加反应，少数粉煤灰球表面被凝胶包裹，有纤维状 C-S-H 凝胶生成。

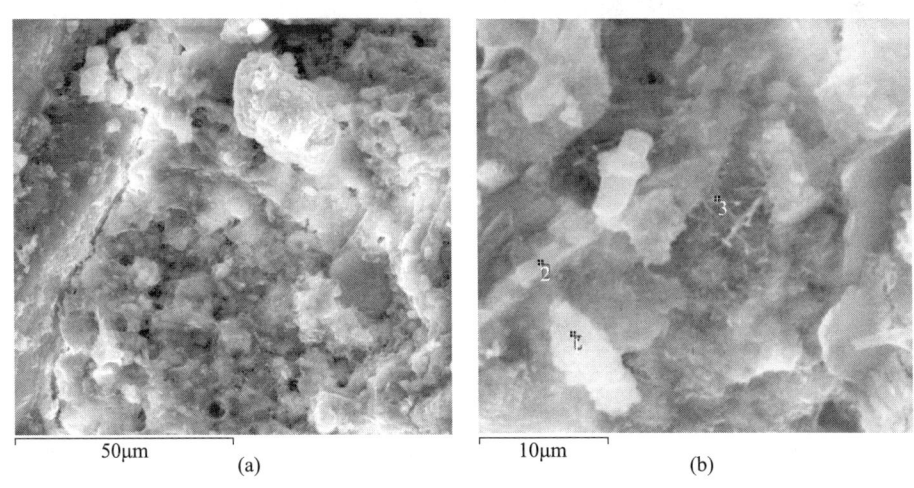

图 2-4-9 P20 混凝土在 30d 龄期时的 SEM 照片

如图 2-4-10 所示，泵送 C20 混凝土在 30d 龄期时，有大量针状及管状钙矾石生成，纤维状 C-S-H 凝胶大量出现，有少量孔洞，浆体密实程度略低，粉煤灰球开始参加反应。

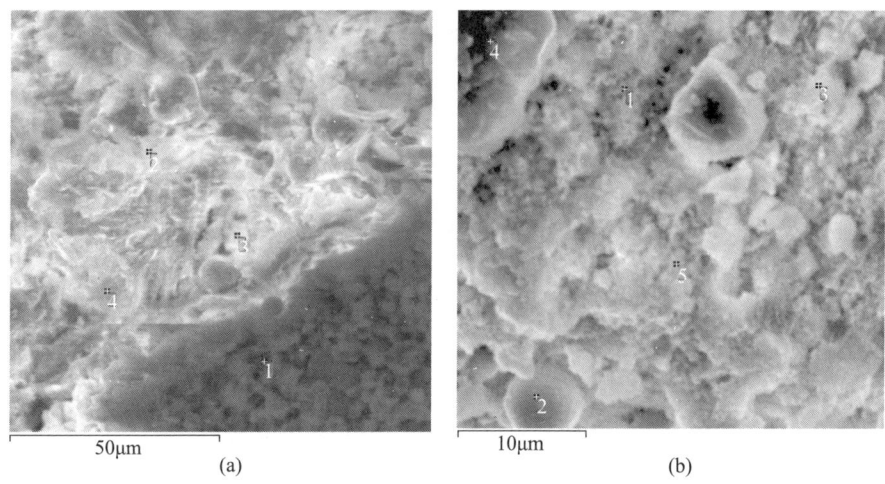

图 2-4-10　泵送 C20 混凝土在 30d 龄期时的 SEM 照片

如图 2-4-11 所示，CL20 混凝土在 30d 龄期时，浆体较密实但存在裂缝，大部分粉煤灰球都开始参加反应，少数粉煤灰球已经被凝胶物质完全包裹，生成大量纤维状 C-S-H 凝胶和针状钙矾石，部分 $Ca(OH)_2$ 晶体仍定向排列。

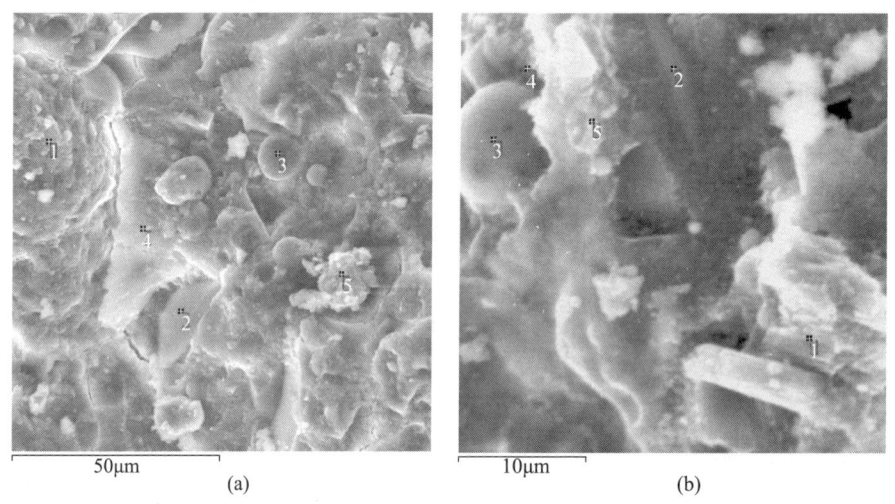

图 2-4-11　CL20 混凝土在 30d 龄期时的 SEM 照片

不同原材料混凝土 SEM 结果显示：

(1) P20 混凝土为掺 18% 粉煤灰的普通混凝土，界面结合状态不致密，浆体有孔洞和较长裂缝，泵送 C20 混凝土为掺 30% 粉煤灰和少量泵送剂的大流动度泵送混凝土，SEM 扫描结果显示泵送 C20 混凝土界面过渡区比 P20 混凝土更密实，CL20 混凝土为掺 40% 粉煤灰＋矿粉和少量泵送剂的大流动度泵送混凝土，SEM 扫描结果显示浆体较密实，已经生成大量纤维状 C-S-H 凝胶。

(2) 分析认为，虽然 P20 混凝土坍落度小于 100mm，泵送 C20、CL20 混凝土坍落度大于 160mm，但泵送 C20、CL20 混凝土用水量小于 P20 混凝土，混凝土中自由水减少了，所以泵送 C20、CL20 混凝土浆体结构较致密，同时界面过渡层厚度变薄。

（3）泵送 C20，CL20 混凝土中掺加的泵送剂以减水剂为主要成分，减水剂使水泥颗粒分散均匀，水泥颗粒与水充分接触，水化反应更容易，同时，粉煤灰、矿粉的火山灰反应促进 $Ca(OH)_2$ 生成纤维状 C-S-H 凝胶。

2.4.3 不同配合比混凝土骨料与浆体界面过渡区变化

对比 P20 混凝土、P40 混凝土、泵送 C70 混凝土、泵送 C80 混凝土 SEM 照片（图 2-4-12 至图 2-4-15），可看出不同配合比混凝土骨料表面浆体结构的变化。P20 混凝土骨料表面浆体结构疏松，孔洞较多，粉煤灰球开始参加反应，少数粉煤灰球已经完全被凝胶包裹，骨料与浆体之间有较大间隙，界面结合状态不致密，有较长裂缝。P40 混凝土骨料表面浆体结构裂缝较多，粉煤灰球开始参加反应，$Ca(OH)_2$ 晶体有少数仍定向排列，有裂缝及孔洞，粉煤灰球表面有小块凝胶物质生成，但浆体中层状 $Ca(OH)_2$ 晶体较多，裂缝明显，骨料与浆体之间有缝隙。泵送 C70 混凝土骨料表面浆体中有大量凝胶，凝胶填充于骨料与浆体之间，骨料与浆体界面结合得较为致密，砂砾及石子表面出现凝胶，有少量的细小孔洞，浆体结构日趋密实。泵送 C80 混凝土骨料表面浆体结构致密，浆体中少有空隙，仅有少量不连续裂缝，骨料与浆体之间结合紧密。

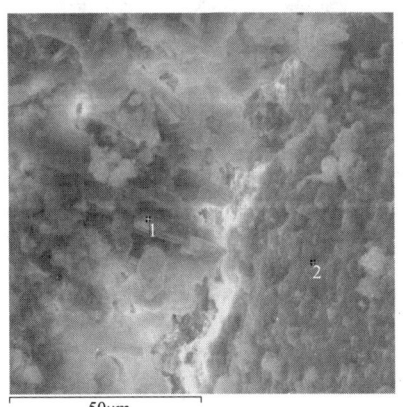

图 2-4-12 P20 混凝土骨料界面过渡区 SEM 照片

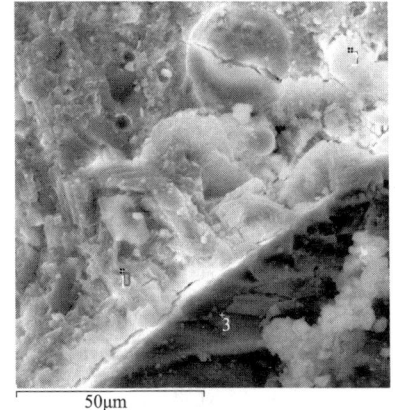

图 2-4-13 P40 混凝土骨料界面过渡区 SEM 照片

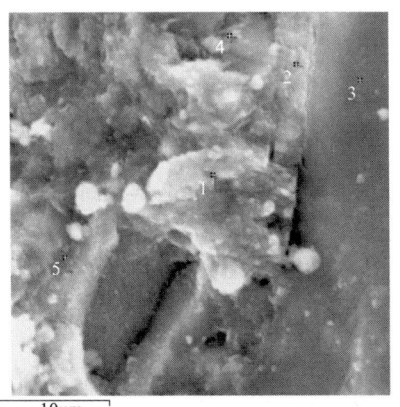

图 2-4-14 泵送 C70 混凝土骨料界面过渡区 SEM 照片

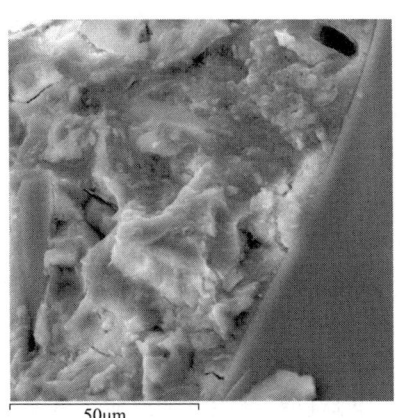

图 2-4-15 泵送 C80 混凝土骨料界面过渡区 SEM 照片

2.4.4 绿色高性能混凝土微观结构特点

如图 2-4-16 所示，泵送 C60 混凝土在 14d 龄期时，有孔洞，而界面结合较为致密。粉煤灰球已经有小部分参加反应并生成小块凝胶，有大量针状钙矾石出现，生成的凝胶数量较多。

如图 2-4-17 所示，泵送 C60 混凝土在 55d 龄期时，仍有少量 $Ca(OH)_2$ 晶体存在，浆体较密实，有少量孔洞，有细小裂缝，已经生成大量纤维状 C-S-H 凝胶，水化产物生长更加完整，填充了混凝土中较大的孔隙，细小、絮凝状的水化产物更好地改善了混凝土内部的界面，小部分粉煤灰球尚未反应。在以后的养护过程中，水会慢慢地进入粉煤灰颗粒表面的孔隙中，且逐渐发生反应。随着养护时间的推移，就会在孔隙中生成一些水化产物，进而提高混凝土强度。

图 2-4-16　泵送 C60 混凝土在 14d 龄期时的 SEM 照片

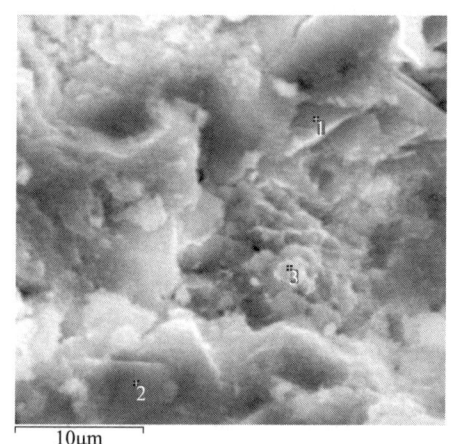
图 2-4-17　泵送 C60 混凝土在 55d 龄期时的 SEM 照片

如图 2-4-18 所示，泵送 C80 混凝土在 14d 龄期时，界面结合良好，但有微小裂缝，出现大量凝胶。双掺矿物掺合料改善了胶结材颗粒的粒径分布，系统堆积更为紧密、合理（界面过渡区也不例外），使水泥石（包括基体和界面过渡区）的结构比较致密，从而使 $Ca(OH)_2$ 晶体和 AFt 没有足够的空间生长。

如图 2-4-19 所示，泵送 C80 混凝土在 55d 龄期时，浆体比较密实，孔洞较少，但仍有少量细小裂缝存在，已经生成大量凝胶物质，粉煤灰球已经基本全部参加反应。矿渣和硅灰共同使用，使 $Ca(OH)_2$ 晶体减少，几乎看不到有结晶良好的片状 $Ca(OH)_2$ 晶体存在，并影响其形貌，对混凝土结构和性能的发展有重要影响。

SEM 扫描结果显示，高性能混凝土微观结构与强度增长具有下列特点。

(1) 在 14d 龄期时，界面结合已较密实，虽有孔洞，但大量针状钙矾石和凝胶已生成，粉煤灰球已经开始参加反应，并生成小块凝胶。

(2) 矿物掺合料，尤其是超细矿渣和硅灰的高火山灰活性使大多数水化产物 $Ca(OH)_2$ 晶体边、角、面被消耗掉，从而失去了完整的外形，细化了晶体尺寸，提高了高性能混凝土的早期强度。

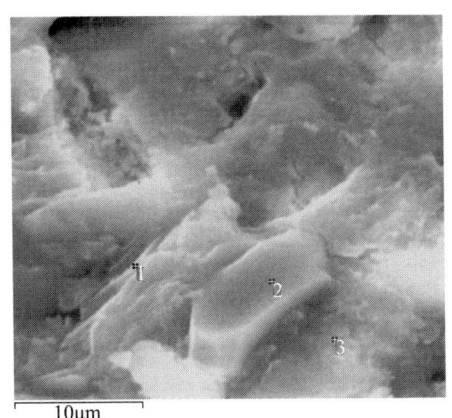
图 2-4-18　泵送 C80 混凝土在 14d 龄期时的 SEM 照片

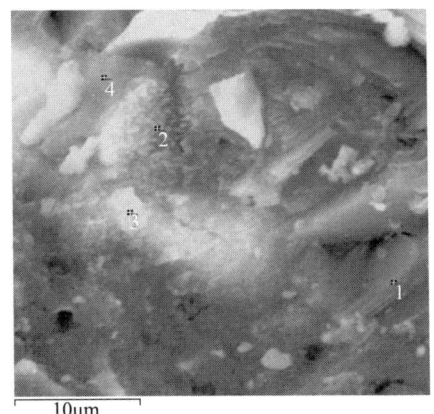
图 2-4-19　泵送 C80 混凝土在 55d 龄期时的 SEM 照片

（3）在 55d 龄期时，浆体较密实，有少量孔洞，已经生成大量纤维状 C-S-H 凝胶，水化产物生长更加完整，填充了混凝土中较大的孔隙，细小、絮凝状的水化产物更好地改善了混凝土内部的界面，粉煤灰球已经基本全部参加反应。

（4）矿渣和硅灰共同使用，各龄期时水化产物中的 $Ca(OH)_2$ 晶体的数量都显著减少，几乎看不到有结晶良好的片状 $Ca(OH)_2$ 晶体存在，C_2S，C_3S 等未水化水泥熟料矿物也减少。同时改善了界面区的结构，使界面区的 $Ca(OH)_2$ 取向性明显降低，数量减少，晶粒细化，从而使界面过渡区弱点变浅，加强了界面粘结，提高了混凝土的强度。

（5）矿渣和硅灰等活性超细粉体对水泥基材料的抗折强度和抗压强度均有明显影响。在复掺硅粉和矿粉时，28d 抗压强度基本上都比单掺矿粉要高一些，因混凝土结构变密实，所以其抗折强度也有所提高。硅粉活性较高，对水泥基材料的强度提高最多，超细粉体能够跟水泥水化产物 $Ca(OH)_2$ 发生二次水化反应，生成大量 C-S-H 凝胶，使浆体结构和界面过渡区都较密实，较好地改善了水泥基材料的微观结构，提高了材料的力学性能。

2.5　混凝土组成 X 衍射分析

课题组选择有代表性混凝土，依据混凝土配合比中水胶比、掺合料比例、制作水泥净浆试块，在 3d，7d，28d，60d 分别制作样品送济南大学材料分析试验室，进行混凝土组成 X 衍射分析，因试验仪器故障，3d，7d 时未能进行试验，仅得到 28d，60d 部分数据。图 2-5-1 中上部为 28d X 衍射结果，下部为 60d X 衍射结果。

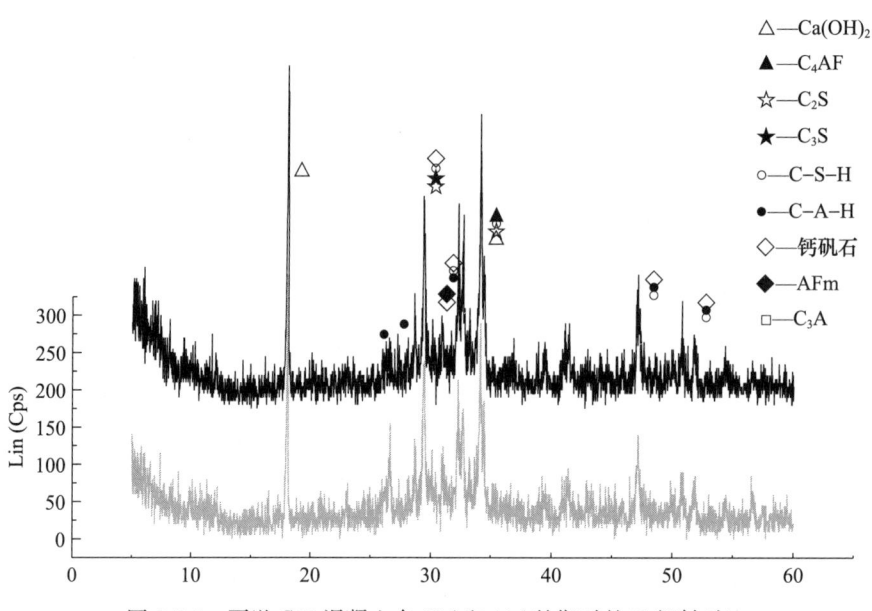

图 2-5-1　泵送 C40 混凝土在 28d 和 60d 龄期时的 X 衍射对比

由泵送 C40 混凝土在 28d，60d 龄期时的 X 衍射对比（图 2-5-2）可知，$Ca(OH)_2$ 的特征峰随时间推移明显降低，有利于混凝土获得较高强度的钙矾石和 AFm 的数量增多，起到致密作用的 C-S-H 和 C-A-H 凝胶大量增加，早期水泥中未完全反应的未水化水泥熟料矿物 C_2S、C_3S 等逐渐发生反应。

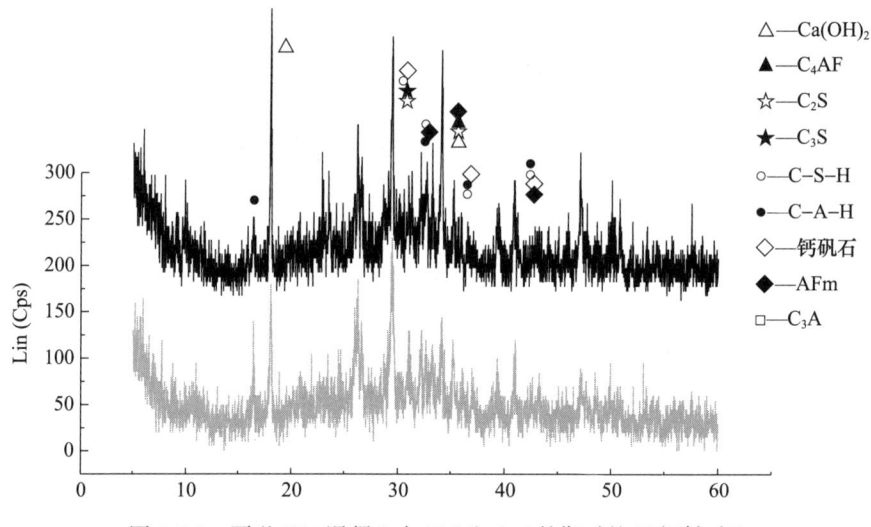

图 2-5-2　泵送 C10 混凝土在 28d 和 60d 龄期时的 X 衍射对比

由泵送 C10 混凝土在 28d 和 60d 龄期时的 X 衍射对比（图 2-5-3）可知，随龄期增长 $Ca(OH)_2$ 晶体减少，未水化的 C_2S、C_4AF 减少，C-A-H、C-S-H 凝胶数量增长。说明随着龄期的增长，后期参加反应的水泥增多，水化程度提高。

泵送 C60 混凝土在 28d 和 60d 龄期时的 X 衍射图中 $Ca(OH)_2$ 衍射峰都较低，28d 龄期时未水化水泥熟料衍射峰较高，60d 龄期时 C-S-H、C-A-H、AFt 衍射峰增高，未水化

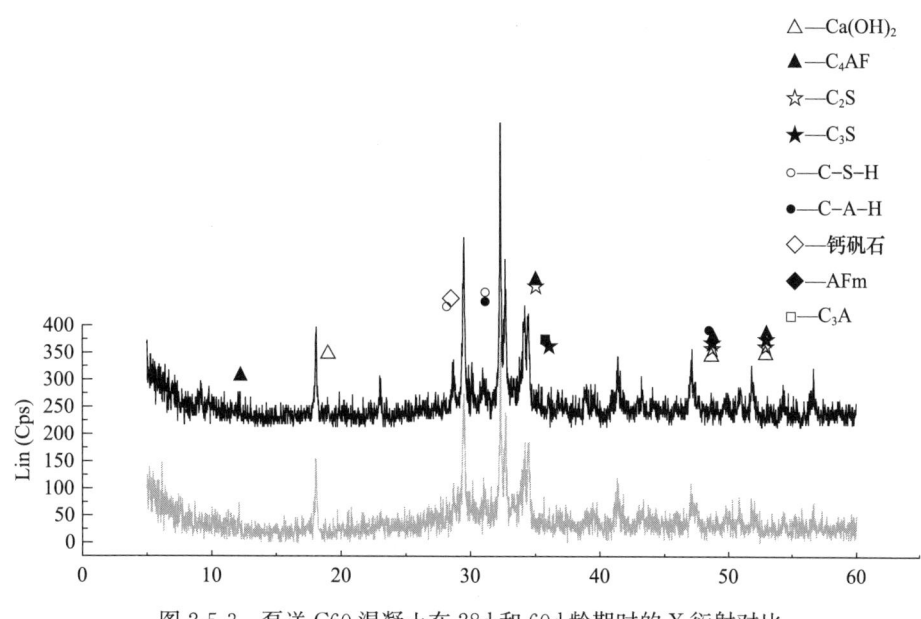

图 2-5-3 泵送 C60 混凝土在 28d 和 60d 龄期时的 X 衍射对比

水泥熟料衍射峰降低，$Ca(OH)_2$ 衍射峰也下降了 25%，表明矿粉、硅灰的共同使用抑制了早期 $Ca(OH)_2$ 的大量生成，随着龄期的增长，参加反应的水泥增多，水化程度提高。

由混凝土组成 X 衍射分析试验可分析出下列结果。

(1) 粉煤灰的矿物组成主要为莫来石、石英和少量铁相。随着水化时间的延长，$Ca(OH)_2$ 特征峰降低，粉煤灰中的莫来石峰也相应减少，大量生成 C-S-H 和 C-A-H 凝胶，出现针状钙矾石。这说明粉煤灰中的活性成分 SiO_2 和 Al_2O_3 与水泥水化生成的 $Ca(OH)_2$ 发生反应，生成 C-S-H 和 C-A-H 凝胶。另外，水化 60d 仍存在 $Ca(OH)_2$ 特征峰，也说明粉煤灰的水化程度较低，即在常温下 $Ca(OH)_2$ 对粉煤灰的激发作用较弱。

(2) 粉煤灰的二次水化有效地与 $Ca(OH)_2$ 发生了反应，有效改善了混凝土界面结构。掺加的矿粉也能与 $Ca(OH)_2$ 发生反应，生成有利于混凝土过渡层的大量水化物。XRD 分析显示，水泥中掺入超细矿渣和硅灰以后，各龄期时水化产物中的 $Ca(OH)_2$ 晶体数量都显著减少，C_2S、C_3S 等未水化水泥熟料矿物也减少。同时超细矿渣的掺入改善了界面区的结构，使界面区的 $Ca(OH)_2$ 取向性明显降低，数量减少，晶粒细化，从而使界面过渡区弱点变浅，加强了界面粘结，提高了水泥砂浆的强度。

(3) 正是由于火山灰效应能够吸收大量 $Ca(OH)_2$，降低液相中 $Ca(OH)_2$ 浓度，使 $Ca(OH)_2$ 晶体减少，因而其对改善界面区性能有一定的作用，从而改善混凝土界面的微观结构。而利用超细矿渣替代部分水泥后，在水化过程中，矿渣与水泥空隙中的离子起化学反应，使 C-S-H 凝胶增加，生成具有胶凝性的水化产物，降低了混凝土中的液相碱度，进一步促进了水泥的水化，导致水泥石中大孔减少，凝胶孔和过渡孔增加，结构变得致密，因此混凝土的后期强度增长较快。

(4) 钙矾石的形成是因为熟料中本身有铝酸钙存在，互相搭接的针状钙矾石增多，在混凝土中起骨架作用，C_4AF 减少，水化生成 C-A-H 凝胶。大量 AFt 晶体互相搭接，改善了混凝土的微观结构，有利于浆体在早期获得较高的结构强度。

2.6 混凝土压汞法孔结构分析

2.6.1 孔结构数学模型分析

混凝土的孔隙率、孔径尺寸与级配、孔形貌、孔分布等被统称为混凝土的孔结构，孔结构不仅对强度有影响，而且对密实度、耐久性有很重要的影响，孔隙率理论认为，水泥石同其他多孔固体材料一样，其强度主要取决于孔隙率。水泥石强度与孔隙率之间有下列关系。

$$\sigma = \sigma_0 (1-p_0)^n \quad (2-6-1)$$

式中：σ——水泥石的强度；

σ_0——孔隙率为 0 时水泥石的强度；

n——常数。

在探讨混凝土细观结构与其宏观性能关系的研究中，孔结构与混凝土强度之间的关系是一个非常重要的方面。孔隙对水泥混凝土的影响早已被人们所重视，被认为是混凝土宏观行为的重要影响因素之一，其中最直接、最明显的是对强度的影响。

随着孔隙率的增大，混凝土强度降低。因此，不少人认为孔隙率始终是水泥石结构中的缺陷，并力求降低孔隙率，以此来提高强度或改善其他性能。但是，更多的研究表明，孔隙率并非影响强度的唯一因素。在很多情况下，相同组成的混凝土孔隙率相同时，其性质也会有差异，即混凝土性质不仅与孔隙率有关，而且和孔的级配、形状及孔在空间的位置分布等有关。分析混凝土的不同组成、结构对强度的影响，不能简单地用孔隙率相同的一个球形孔隙来代替孔结构。近年来，国内外学者逐步建立了包括不同层次的组分、结构的多参数混凝土强度理论，式（2-6-1）仅作为强度与孔隙率关系的定性表达。

吴中伟院士按孔径对强度的不同影响，将混凝土中的孔分为四类。

(1) 无害孔：孔径小于 20nm。

(2) 少害孔：孔径为 20～100nm。

(3) 有害孔：孔径为 100～200nm。

(4) 多害孔：孔径大于 200nm。

为提高混凝土的强度和密实度，应减小孔隙率，除去多害孔，减少有害孔。

2.6.2 压汞法试验结果

为分析高性能混凝土孔结构的特点，课题组依据混凝土配合比中水胶比、掺合料比例制作水泥净浆试块，在不同龄期将这些水泥净浆试块制作成试样，进行压汞法试验，得到混凝土同配合比净浆的孔结构数据。根据压汞法试验结果可分析出下列结果。

(1) 混凝土中孔结构影响强度总的规律是：强度高的试样小孔径的孔较多，最可几孔径较小；强度低的试样大孔径的孔较多，最可几孔径较大；随龄期的增加，最可几孔径向小孔方向偏移，总孔隙率减小。

(2) P10 混凝土水灰比为 0.69，坍落度为 100mm，28d 抗压强度为 13.7MPa，

180d 抗压强度为 14.0MPa；泵送 C10 混凝土水灰比为 0.61，坍落度为 190mm，28d 抗压强度为 20.1MPa，180d 抗压强度为 24.6MPa。分析这些数据可知，虽然水泥+粉煤灰用量相当，但泵送 C10 混凝土加入泵送剂后，水胶比降低，坍落度提高，混凝土强度显著提高。由孔结构分析可知，P10 混凝土坍落度小，而最可几孔径很大，孔隙率也较大，证明混凝土中水被包裹在水泥中，搅拌时不能提高混凝土流动性，在硬化过程中这些被包裹在水泥中的水形成较大孔洞，使混凝土强度较低，同时，随着龄期增长，总孔隙率变化不大，最可几孔径仍在少害孔范围内，所以强度随龄期增长不明显。

（3）泵送 C40 混凝土 28d 抗压强度为 50.0 MPa，180d 抗压强度为 55.2MPa；泵送 C60 混凝土 28d 抗压强度为 61.7MPa，180d 抗压强度为 69.3MPa。这组数据中混凝土强度提高幅度明显高于 P10 混凝土、泵送 C20 混凝土。分析认为，泵送 C40 混凝土、泵送 C60 混凝土最可几孔径已属于无害孔，随着龄期增长，粉煤灰、矿粉二次反应消耗了对强度不利的大量 $Ca(OH)_2$ 晶体，同时生成大量凝胶，水泥石和界面区中的孔被凝胶填充，结构快速变密实，所以强度提高很快。

（4）泵送 C80 混凝土、C70 混凝土等高强混凝土中同时掺入矿粉和硅灰，从孔结构可以看出，8d 龄期时最可几孔径已小于 20nm，属于无害孔，所以在龄期只有 7d 时抗压强度已大于 35MPa。

2.7 混凝土强度增长机理研究成果总结

混凝土 SEM 微观分析、混凝土组成 X 衍射分析及混凝土压汞法孔结构分析试验主要研究成果总结如下。

（1）粉煤灰在高性能混凝土中的重要作用。

从试验结果来看，在混凝土中使用粉煤灰，不但可以节约水泥，而且可以改善微观结构和使用性能。在高性能混凝土中使用粉煤灰更是有以下三个作用：胶凝作用、减水作用和填充致密作用。①胶凝作用是粉煤灰的火山灰活性，主要指火山灰物质与 C_2S、水泥矿物以及硅酸盐水泥之间的水化反应能力。粉煤灰的胶凝作用使混凝土的坍落度和强度有所提高。②粉煤灰在混凝土中的减水作用，是指由于粉煤灰含球形颗粒较多，可以像滚珠一样，在混凝土中起润滑作用，增强了混凝土的可泵性。③粉煤灰的填充致密作用是指粉煤灰填充于水泥颗粒之间，使水泥颗粒分散得更好，起到减水剂的分散润滑作用，使水泥浆的絮凝结构被打碎，改善了混凝土的和易性。从加入粉煤灰的混凝土的 SEM 图像可以看出，优质的粉煤灰图像为颗粒粒形完整、表面光滑、粒度较细、质地致密、多孔颗粒极少的玻璃球形，因此在搅拌成型过程中不会大量吸水，使水泥浆体的需水量降低，初始结构得到改善。硬化早期，粉煤灰球状颗粒填充在在混凝土中，使水泥颗粒分散更好，表面光滑如玻璃球状，起到很好的填充润滑作用。随着混凝土龄期的增长，水会慢慢地进入粉煤灰颗粒表面的孔隙中，粉煤灰球的火山灰活性发挥作用，$Ca(OH)_2$ 晶体渐渐减少，凝胶的数量逐渐增多。另外，粉煤灰外部的一些水化物在成长过程中也会像树根一样伸入粉煤灰颗粒孔隙中，因而就使颗粒的界面强度大大提高，这就进一步导致粉煤灰混凝土后期强度增长较快。掺用粉煤灰后，由于水泥用量相对减少，水化热降低，可以减少由于温度应力而造成的裂缝。粉煤灰的使用，不但可以节约水泥，而且可以改善混凝土微观结构，提高混凝土后期强度。

（2）矿渣和硅灰在高性能混凝土中的重要作用。

通过观察胶凝材料的微结构可以看出，矿渣和硅灰共同使用，使 $Ca(OH)_2$ 晶体减少，并影响其形貌，对混凝土的结构和性能的发展有重要影响。水泥中 C_2S，C_3S 水化时析出的水化硅酸钙称为 C-S-H 凝胶，C-S-H 凝胶相是水泥石体系中最大的组成部分，其形貌差异较大，结构不固定，而其结构又是决定水泥石强度的最主要因素。泵送 C60 混凝土、泵送 C70 混凝土、聚羧酸泵送 C60 混凝土、聚羧酸泵送 C70 混凝土中以矿粉代替部分粉煤灰，SEM 图像显示，高强混凝土的 C-S-H 凝胶生成量较多，随着龄期的增长，C-S-H 凝胶由纤维状或针状的 C-S-H（Ⅰ）和网状或蜂窝状的 C-S-H（Ⅱ）逐渐转化成强度高的皱状 C-S-H（Ⅳ）。这是硅酸钙充分水化的表现，硅酸钙水化越充分，越容易形成 C-S-H（Ⅲ）或 C-S-H（Ⅳ），对混凝土的强度提高越有利。从 XRD 分析可以看出，随着龄期增长，$Ca(OH)_2$ 晶体衍射峰强度下降，这表明辅助胶凝材料的掺入促进了水泥的水化反应，并大量消耗了水化产物 $Ca(OH)_2$ 晶体，形成 C-S-H 凝胶，从而保证了混凝土的密实性和强度。

（3）矿渣和硅灰火山灰反应促进混凝土强度、密实性提高的机理。

高强混凝土中掺入硅灰和矿渣等活性材料，大多数的水化产物 $Ca(OH)_2$ 晶体将很快在火山灰反应中消耗掉，但水泥浆体中仍保存一些细小的 $Ca(OH)_2$ 晶体。在 SEM 图像中看不到有结晶良好的片状 $Ca(OH)_2$ 晶体存在。能谱分析表明，$Ca(OH)_2$ 晶体已经失去完整外形，四周已经反应生成凝胶状物质。水化 28d 的浆体微结构已经十分致密，主要由大量的凝胶产物相互叠加粘结而成。溶液中的 $Ca(OH)_2$ 晶体对硅灰颗粒的溶解反应十分重要，提供了晶体成核的位置。随后溶解的硅灰颗粒形成硅胶，同时大量水化 C-S-H 凝胶形成，这些都抑制了游离状较大 $Ca(OH)_2$ 晶体在水化阶段的生长。SEM 图像显示，随着龄期增长，浆体结构日趋均匀和密实，是浆体高强化的主要原因。在较早龄期（7d）浆体中，水化产物包含有大量的针状 AFt 晶体。大量 AFt 晶体互相搭接，有利于浆体在早期获得较高的结构强度。7d 龄期时，AFt 晶体数量剧增，生成许多针状晶体。28d 龄期时，由于大量 C-S-H 凝胶生成，圆孔已经被凝胶填充覆盖，因此看不到针状晶体的存在，代之以致密的凝胶堆聚产物。极细小的矿渣颗粒和硅灰一起参与水泥的早期（7d）水化过程，形成 AFt 晶体结构骨架并大量消耗块状 $Ca(OH)_2$ 晶体，增大早期 C-S-H 凝胶的生成量，使浆体在早期即形成较密实和坚固的结构。较粗的矿渣参与浆体在较晚阶段（7d 后）的水化硬化过程，进一步改善浆体结构，促进浆体及混凝土后期的强度发展。

（4）外加剂、掺合料改善界面结构促使混凝土达到高强、高性能的机理。

高性能混凝土与普通混凝土相比，掺加了外加剂，增加了粉煤灰的掺量，部分还掺加了硅灰和矿粉。SEM 图像显示，混凝土在很早龄期即开始发展形成浆体与集料之间的牢固粘结，并且后期的粘结性能更好，这是高强、高性能混凝土的界面区结构和性能的特征。在后期的 SEM 图像中看不到结晶良好、定向生长的 $Ca(OH)_2$ 晶体，大量可见的是水化 C-S-H 凝胶及其形成的十分密实的微结构，并且界面区表面起伏不定，与集料形成了直接的大面积粘结，导致了极高的界面粘结强度。水泥水化后期在 C-S-H 凝胶中含有许多 $Ca(OH)_2$ 晶体，由于低碱的 C-S-H 比高碱的 C-S-H 强度高，XRD 试验结果表明，高性能混凝土试样后期的 $Ca(OH)_2$ 特征峰的峰值均比前期显著降低，水泥石中的 $Ca(OH)_2$ 晶体含量相对减少，C-S-H（Ⅰ）、C-S-H（Ⅱ）逐渐向 C-S-H（Ⅲ）、C-S-H（Ⅳ）转化，降低了水泥石的碱性。C-S-H 凝胶的增多导致水泥石中大孔减少，凝胶孔和过渡孔增加，结构变得致密。同时高强混凝土中掺入的超细矿渣，改善了水泥浆体与集料界面区的结构，使界面区的 $Ca(OH)_2$ 取向性明显降低，数量减少，晶粒细化，从而使界面过渡区弱点变小，提高了混凝土的后期强度。

（5）外加剂、掺合料改善混凝土孔结构促使混凝土达到高强、高性能的机理。

混凝土孔结构的总体规律是：强度高的试样小孔径的孔较多，最可几孔径较小；强度低的试样大孔径的孔较多，最可几孔径较大；随着龄期的增加，最可几孔径向小孔方向偏移，总孔隙率减小。

混凝土加入泵送剂后，水胶比降低，坍落度提高，混凝土强度显著提高。孔结构分析证明，泵送剂的主要成分是减水剂，减水剂的水泥分散作用使水泥颗粒在水中均匀分散，降低水胶比，减小混凝土孔隙率和最可几孔径，使水泥的水化反应更充分，减小界面过渡区厚度，使水泥石结构界面过渡区的粘结强度更高。随着龄期增长，粉煤灰、矿粉二次反应消耗了对强度不利的大量 $Ca(OH)_2$ 晶体，同时生成大量凝胶，水泥石和界面区中的孔被凝胶填充，结构快速变密实，所以强度提高很快。泵送 C80 混凝土、聚羧酸泵送 C80 混凝土等高强混凝土中同时掺入矿粉和硅灰，从孔结构可以看出，8d 龄期时最可几孔径已小于 20nm，属于无害孔，所以在龄期只有 7d 时抗压强度已大于 35MPa，同时混凝土强度随龄期增长快速提高。

2.8 混凝土强度增长机理在绿色高性能混凝土现场检测技术中的应用

硬化后混凝土由水泥石、骨料、水泥石与骨料间界面过渡区三个重要部分组成，混凝土的性质取决于这三个部分各自的性质及其相互间的关系和整体的均匀性。

在骨料和水泥石之间有一个白色环，这就是所谓过渡层，它由 $Ca(OH)_2$ 和钙矾石的粗大结晶组成，具有比水泥石高的孔隙率，是混凝土结构中的薄弱层。界面过渡区是将性质完全不同的水泥石和骨料连成一个整体的最重要部分，可以说，界面过渡区的性质对混凝土的性质起着决定性的作用，而界面过渡区的性质受水泥浆体和骨料性质的支配，其中水泥浆体又起主导作用。

（1）普通混凝土回弹仪与高强混凝土回弹仪检测混凝土强度基本原理的差异，可用普通混凝土与高强混凝土微观结构的不同进行分析。

在保持混凝土流动性相同的条件下，高效减水剂的引入，导致混凝土水灰比大幅度下降，混凝土水泥石孔隙率大量减少、强度大幅度增高。在高性能混凝土中，不但掺入了高效减水剂，而且还掺入了高分散性的活性矿物掺料（如硅灰、超细磨矿渣、超细磨粉煤灰等），这些矿物掺料与硅酸盐水泥水化反应所产生的游离 $Ca(OH)_2$ 和高碱性 C-S-H 产生二次反应，生成数量更多、强度更高、质量更优的低碱性 C-S-H，此外，它们还填充于水泥颗粒之间，使水泥石更为致密，同时降低 C-S-H 凝胶的钙硅比（C/S），削弱 $Ca(OH)_2$ 的负面影响，提高水化胶凝物质的质量。

高效活性矿物掺合料有利于改善硬化浆体的水化产物组成，通过高效活性矿物掺合料的形态效应、活性效应（火山灰反应）和微集料效应，能使混凝土中胶凝物质的数量大幅度增加。这有利于提高混凝土的致密性，改善硬化水泥浆体的孔结构和水泥石与骨料的界面结构。另外，高效活性矿物掺合料的掺入，有利于改善混凝土材料中胶凝材料部分（水泥＋掺合料）的颗粒级配。高性能混凝土的孔结构显著优于普通混凝土。随着水胶比的降低，高性能混凝土的总孔体积减小，掺入掺合料的高性能混凝土与纯水泥混凝土相比，凝胶孔含量增加，大孔含量减少，并能进一步促使孔径细化。高性能混凝土的界面较普通混凝土的界面改善显著，高性能混凝土与水泥石基体的显微硬度大致相当。掺入掺合料后，高性能混凝土的界面较水泥石基体的显微硬度明显提高，甚至大于纯水泥浆体，采取适当的措施，如降低水胶比或掺入合适的复合掺合料，可实现混凝土内部的均质化。在混凝土立方体抗压强度试验中，混凝土的破坏面为两个断面整齐的锥体，断面处水泥浆体与骨料同时破坏。

考虑表面硬度与抗压强度有一定关系，在混凝土强度现场检测技术中选用回弹法。以一定的弹力用一个钢锤冲击混凝土表面，其初始动能发生再分配，一部分能量以塑性变形或残余变形的形式为混凝土所吸收，而另一部分能量以动能的形式传给重锤，使钢锤回弹一定的高度。表面硬度越大，塑性变形越小，则回弹值越大。

回弹法检测的影响深度一般在结构或构件表面下 20~30mm，硬度主要由表层水泥石强度、粗骨料粒径、级配决定，与水泥砂浆界面过渡层无明显关系。在高强混凝土中，水泥石层的性质变化缓慢，对能量的吸收和输出没有显著变化，普通回弹仪冲击能量较低，弹击影响范围限制在水泥石部分，高强回弹仪具有较高的冲击能量，回弹值不仅反映了表面硬度与强度的固有关系，而且同时反映了内部结构对强度的影响。

在高强混凝土强度检测中，高强回弹仪的冲击能量较大，影响区域超出水泥石范围，扩展到水泥石与骨料间界面过渡区，吸收能量的比例显著增大，且增长速度非常快，而输出能量的比例却降低了。掺合料的填充作用及其火山灰反应使材料的均质性提高，大大改善了过渡层结构，因此，吸收能量比例降低较快，输出能量比例增大更快。高强回弹仪的回弹值反映的不是试件表面硬度与强度的关系，而是其内部结构与强度的关系。

（2）微观分析认为，塑性混凝土与泵送混凝土回弹法检测强度的差异性也是泵送剂、掺合料影响混凝土微观结构和性能的结果。

首先，泵送剂的主要成分是减水剂，减水剂的水泥分散作用使水泥颗粒在水中均匀分散，降低水胶比，减小混凝土孔隙率，使水泥的水化反应更充分，水泥石结构更坚固，减小界面过渡区厚度，改善水泥石与骨料间界面过渡区的性质。

其次，矿粉、粉煤灰在混凝土中有三个方面的作用，即胶凝作用、填充润滑作用、火山灰反应。在提高混凝土密实度的同时，使过渡区 $Ca(OH)_2$ 进一步反应生成 C-S-H 凝胶，矿粉、粉煤灰的火山灰反应促使 C-S-H 凝胶进一步水化，形成结构紧密的 C-S-H（Ⅳ），水泥石与骨料间界面过渡区孔隙率减小，粘结性能提高，过渡区不再明显，混凝土强度大幅提高。

综上所述，因为混凝土水泥石与骨料间过渡区结构的改变对提高混凝土强度有很大作用，对提高混凝土表面硬度作用不大，所以，虽然掺减水剂、矿粉、粉煤灰使混凝土强度和表面硬度都提高了，但是混凝土强度提高的梯度大于混凝土表面硬度提高的梯度，表现为在混凝土强度相同的情况下，泵送混凝土回弹值较低，而在回弹值相同的情况下，泵送混凝土强度较高。

另外，矿粉、粉煤灰与 $Ca(OH)_2$ 的火山灰反应需要在有水的条件下进行，而混凝土表层水蒸发流失较快，火山灰反应条件不足，使混凝土表层火山灰反应不充分，混凝土表层实际强度低于混凝土内部。

（3）微观分析认为，减水剂对超声声速的影响、塑性混凝土与泵送混凝土超声声速的差异性也是泵送剂影响混凝土微观结构的结果。

泵送剂（减水剂）降低水胶比，减小混凝土孔隙率，使水泥的水化反应更充分，水泥石结构更坚固，减小界面过渡区厚度，混凝土密实性大大提高。混凝土超声声速和混凝土的密实度有密切关系，混凝土超声声速随密实度提高而提高，表现为流动性、大流动性混凝土超声声速大于塑性混凝土超声声速，掺入减水剂混凝土超声声速大于无外加剂混凝土超声声速。

（4）微观分析认为，粉煤灰、高炉矿渣等掺合料影响混凝土本身碱性和表层密实度，进而影响混凝土碳化深度和速度。

混凝土中大量使用粉煤灰、高炉矿渣取代水泥。一方面，使混凝土本身碱性降低，随着龄期增长，粉煤灰、矿渣的火山灰反应消耗了对强度不利的大量 $Ca(OH)_2$ 晶体，同时生成大量凝胶，水泥石和界面过渡区中的孔被凝胶填充，结构快速变密实，混凝土中 $Ca(OH)_2$ 晶体减少使混凝土碱性降低，混凝土碱性降低使混凝土表层碳化速度加快。另一方面，粉煤灰、矿渣的火山灰反应使混凝土结构快速变密实，混凝土密实度越高，混凝土表层碳化速度越慢。

高强混凝土在短期内表层已很密实，阻止空气中 CO_2 和水与 $Ca(OH)_2$ 晶体接触，所以混凝土碳化速度非常慢，2 年龄期碳化深度一般小于 2mm，这也是高强混凝土回弹法强度检测可不考虑碳化深度影响的原因之一。

第3章 数据分析处理及检测结果评定

混凝土强度现场检测技术通过测定与混凝土强度相关的物理量,间接推定出混凝土抗压强度,此技术的核心内容包括确定试验参数、分析混凝土破坏机理、分析测强影响因素、确定各方法适用范围、建立测强曲线等,这一系列问题的解决,需要进行大量试验和数据处理工作。

混凝土强度现场检测过程中需要确定抽样方案、判断剔除异常数据、评定混凝土强度等,要科学合理进行这些工作,需要依据相关概率统计方法。

为方便大家正确全面地理解混凝土强度现场检测技术,在此介绍部分相关概率统计、数据处理、回归分析的知识。

3.1 传统数据统计处理理论

3.1.1 试验异常值剔除

在一批试验数据中,如混杂有异常数据(或称坏值),则必然会歪曲试验结果,因此需要剔除这些异常数据,但如果人为地去掉一些误差较大,但不属于异常的数据,会造成虚假的高精度,因此,必须对异常数据进行判别与剔除。为此,编写专门异常数据剔除程序,首先按照国家标准《数据的统计处理和解释 正态样本离群值的判断和处理》(GB/T 4883—2008)要求,使用拉依达准则、狄克逊准则,对一些粗大误差造成的异常数据进行剔除,再采用 t 检验法对数据进行处理,分别简述如下。

1. 拉依达准则

根据偶然误差正态分布理论,把误差大于 3 倍标准差的点剔除掉。试验数据的总体 x 是正态分布的,则:

$$p(|x-\mu|>3\sigma) \leqslant 0.003 \tag{3-1-1}$$

式中,μ 与 σ 分别表示正态总体的数学期望和标准差。根据式(3-1-1),大于 $\mu+3\sigma$ 或小于 $\mu-3\sigma$ 的试验数据,可作为异常数据予以剔除。

例如:试验数据 x_1,x_2,x_3,…,x_n。先计算平均值 m_x、标准差 σ。

$$m_x = \frac{1}{n}\sum_{i=1}^{n} x_i \tag{3-1-2}$$

$$\sigma = \sqrt{\frac{1}{n-1}\sum_{i=1}^{n}(x_i-m_x)^2} \tag{3-1-3}$$

若某个测量值 x_i 满足下式:

$$x_i - m_x > 3\sigma \tag{3-1-4}$$

则认为 x_i 是异常数据，应剔除。

2. 狄克逊准则

应用极差比的方法判定异常数据。将试验数据 x_i 按从小到大排成顺序统计量：$x_1 \leqslant x_2 \leqslant x_3 \leqslant \cdots \leqslant x_n$，然后计算 f_0 和 f'_0 值，与 x_1 对应的是 $f_0 = \dfrac{x_2 - x_1}{x_n - x_1}$，与 x_n 对应的是 $f'_0 = \dfrac{x_n - x_{n-1}}{x_n - x_1}$，若 f_0 或 f'_0 的值大于狄克逊系数 $f(\alpha, n)$，则判定对应 x_1 或 x_n 为异常数据，应予以剔除。

3. t 检验法

将试验数据 x_i 按从小到大排成顺序统计量：$x_1 \leqslant x_2 \leqslant x_3 \leqslant \cdots \leqslant x_n$，假设 x_1（或 x_n）为异常数据，计算不包括 x_1（或 x_n）在内的均值 m_x^* 和标准差 σ_x^*，若 $|x_1 - m_x^*| > K(n, \alpha) \sigma_x^*$ [或 $|x_n - m_x^*| > K(n, \alpha) \sigma_x^*$]，则判定对应 x_1 或 x_n 为异常数据，应予以剔除。

4. 散点图人工判别法

利用直角坐标系中散点图与拟合曲线对比，剔除个别偏离较远的点。用这种剔除方法，被剔除的试样个数控制在 3%～5%，以达到剔除个数较少，拟合方程各项指标最佳为止。

例如：试验得到一组一一对应数据，见表 3-1-1。

表 3-1-1　试验数据

x	20	22	24	26	28	28	30	32	34	36
y	2	3	4	5	7	10	8	9	10	11

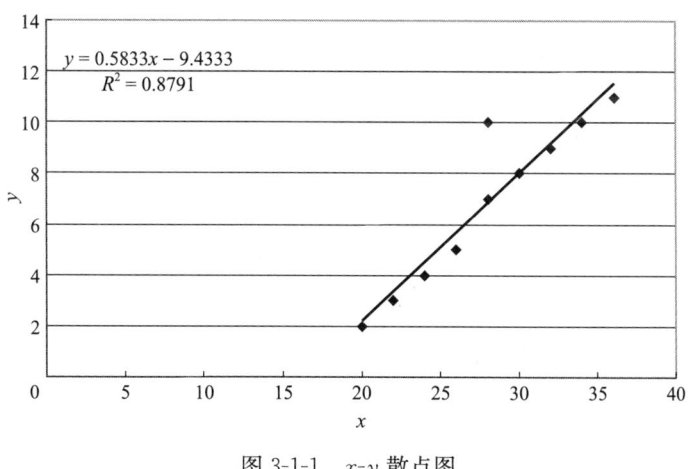

图 3-1-1　x-y 散点图

分析图 3-1-1，数据（28，10）明显偏离拟合曲线，可判断其为异常值。

3.1.2　数据对比分析

数据处理的重要部分包括：①分析对比各种因素对测强的影响；②确定各方法适用范围；③直观显示各种测强曲线关系。这时必须将数据和曲线用直观的图像等反映出来。课题组充分利用 Excel 的数据散点图和趋势线功能，用二维坐标轴可以直观表达各检测参数与混凝土强度的一一对应关系，同时对比各种条件下试验数据散点分布，分析各种因素对混凝土强度检测的影响。

3.1.3 建立测强曲线

在试验研究中，一元回归时，选取如下方程式。

(1) 直线函数：$y = a + bx$；

(2) 双曲函数：$\dfrac{1}{y} = a + b\dfrac{1}{x}$；

(3) 幂函数：$y = a \cdot x^b$；

(4) 指数函数：$y = a \cdot e^{bx}$；

(5) 指数函数：$y = a \cdot e^{\frac{b}{x}}$；

(6) 对数函数：$y = a + b\ln x$；

(7) 多项式：$y = \beta_0 + \beta_1 x + \beta_2 x^2 + \cdots \beta_i x^i + \varepsilon_i$。

二元回归时，选取如下方程式。

(1) 指数函数：$y = a \cdot e^{bx_1 + cx_2}$；

(2) 指数函数：$y = a \cdot e^{\frac{b}{x_1} + \frac{c}{x_2}}$；

(3) 双曲函数：$\dfrac{1}{y} = a + b\dfrac{1}{x_1} + c\dfrac{1}{x_2}$；

(4) 对数函数：$y = a + b\ln x_1 + c\ln x_2$；

(5) 幂函数：$y = a \cdot x_1^b x_2^c$；

(6) 幂指函数：$y = a \cdot x_1^b e^{cx_2}$；

$\qquad\qquad\qquad y = a \cdot e^{bx_1} x_2^c$；

(7) 负指数函数：$y = a \cdot x_1^b 10^{-cx_2}$。

三元回归时，选取如下方程式。

(1) 指数函数：$y = a \cdot e^{bx_1 + cx_2 + dx_3}$；

(2) 指数函数：$y = a \cdot e^{\frac{b}{x_1} + \frac{c}{x_2} + \frac{d}{x_3}}$；

(3) 双曲函数：$\dfrac{1}{y} = a + b\dfrac{1}{x_1} + c\dfrac{1}{x_2} + d\dfrac{1}{x_3}$；

(4) 对数函数：$y = a + b\ln x_1 + c\ln x_2 + d\ln x_3$；

(5) 幂函数：$y = a \cdot x_1^b x_2^c x_3^d$；

(6) 幂指函数：$y = a \cdot x_1^b x_2^c e^{dx_3}$；

(7) 负指数函数：$y = a \cdot x_1^b x_2^c 10^{-dx_3}$。

通过变量变换，把非线性关系转化成线性关系，按照最小二乘法确定线性回归系数。测强回归曲线的准确性可通过回归指标来评价，通常评价回归方程精度的指标有以下几个。

(1) 相关系数：$R = \dfrac{L_{xy}}{\sqrt{L_{xx} L_{yy}}}$；

(2) 剩余标准离差：$S = \sqrt{\dfrac{1}{n-m-1}\sum\limits_{i=1}^{n}(y_i - \hat{y}_i)^2}$；

(3) 平均相对误差：$\delta = \pm \dfrac{1}{n}\sum\limits_{i=1}^{n}\left|\dfrac{y_i}{\hat{y}_i} - 1\right| \times 100\%$；

(4) 相对标准差：$e_r = \sqrt{\dfrac{1}{n-1}\sum\limits_{i=1}^{n}\left(\dfrac{y_i}{\hat{y}_i} - 1\right)^2} \times 100$。

式中：δ——回归方程的强度平均相对误差，精确至0.1%；

e_r——回归方程的强度相对标准差，精确至0.1%；

y_i——由第 i 个试块抗压试验得出的混凝土抗压强度值，精确至0.1MPa；

$\hat{y}_i$——对应于第 i 个试块现场微破损检测的强度换算值，精确至0.1MPa；

n——制定回归方程的数据总数。

3.2 现代优化算法介绍

3.2.1 概述

如何在一定的范围内找到一个函数的极大值或极小值是一个优化问题。这个范围称为模型空间，它的维数与该自变量的个数是相等的，它的大小与每个自变量的取值范围有关。在实际问题中可以定义一个目标函数作为优化对象。目标函数一经确定，就可以使用各种计算方法在模型空间中寻找问题的最优解，这些计算方法常常被称作优化算法。

现代优化算法自20世纪下半叶兴起，至今发展迅速，包括禁忌搜索（Tabu Search或Taboo Search，TS）算法、模拟退火（Simulated Annealing）算法、遗传算法、神经网络（Neural Networks）算法及各种混合优化算法等。这些算法涉及生物进化、人工智能、数学和物理科学、神经系统和统计力学等概念。现代优化算法的主要应用对象是优化问题中的难解问题。正是很多实际优化问题的难解性和现代优化算法在一些优化问题中的成功应用，使现代优化算法成为解决优化问题的一种有力工具。

将优化算法应用在实际的工程试验中，意在检验试验数据的真实性、有效性，以及用经验遗传—单纯形算法推导工程公式来指导实际的工程应用，保证实际应用的科学性、正确性。

3.2.2 经验遗传—单纯形算法的介绍

1. 人工神经网络

人工神经网络（Artificial Neural Network，ANN），是在对人脑组织结构和运行机制的认识理解基础之上模拟其结构和智能行为的一种工程系统。它由大量的神经元广泛互连而成，按照一定的连接权获取信息的联系模式，根据一定的学习规则，实现网络的学习和关系映射，它的这一结构特点决定着人工神经网络具有信息高速处理的能力。它采用类似于黑箱的方法，通过学习和记忆而不是假设，找出输入变量与输出变量之间的非线性关系。

人工神经网络由于其具有大规模并行处理、容错性、自组织、自适应能力和联想功能的特点，已成为解决很多问题的有力工具。对突破现有科学技术的瓶颈，更深入探索非线性等复杂现象起到了重要作用，已广泛应用在许多工程领域。

2. 遗传算法

遗传算法（Genetic Algorithm，GA），是基于生物进化的思想发展起来的一类求解优化问题的方法，是最具代表性、应用最为广泛的优化算法。遗传算法的基本思想是"优胜劣汰，适者生存"，通过杂交、变异产生的新个体替换掉种群中适应值较小的个体，并将当前种群中最优个体保留到下一代，同时另外一些较优的个体也将以较大的概率被保留。

与其他优化算法相比，遗传算法具有下述特点：第一，它处理的对象并非参数本身，而是经过编码后的个体。这使它具有广泛的应用领域。第二，遗传算法直接以目标函数值作为搜索信息，而不必像传统的搜索法一样要用到目标函数的导数信息或与具体问题有关的特殊知识。这是遗传算法的一大优点，简单、方便、可行。再者，直接用目标函数值可把搜索范围集中到适应度高的空间，提高了搜索效率。第三，遗传算法同时使用多点的搜索信息。它以群体为单位进行搜索，可避免搜索不必要点，实际上相当于搜索了更多点，这是遗传算法的隐含并行性。第四，遗传算法使用概率搜索技术。它属于自适应概率搜索技术，其操作算子都以概率方式运行，增强了搜索灵活性。

3. 经验遗传算法

经验遗传算法（Empirical Genetic Algorithm，EGA），是利用神经网络辅助遗传算法，通过将两种算法结合，优势互补，减少反演问题中大量的正演运行次数，实现遗传代内的并行计算。遗传算法作为一种求解复杂系统优化问题的通用方法，已经得到广泛的应用，但是当问题的解空间较大或实时性要求较高时，遗传算法就会面临由于正演计算次数过多而带来的运行速度的瓶颈。遗传算法是一种种群依赖的优化算法，需要不断地产生新的种群，每一代新种群有若干个个体，对每个个体都需要进行适应度函数值计算，极大地限制了算法的运行速度，针对此问题，将适应度函数值计算这一正演分析通过神经网络的预测功能实现，从而减少正演计算次数，提高运行速度。

4. 经验遗传—单纯形算法

经验遗传—单纯形算法（Empirical Genetic-Simplex Algorithm，EGSA），是针对经验遗传算法仍然存在着效率不高的问题，尤其是对高维问题和精度要求高的问题所提出来的高效优化算法。在遗传算法中，杂交操作和变异操作产生新的模型，负责对模型空间的搜索，但由于可能出现的群体中多样性的丧失，它们的搜索能力仍不够强；选择操作和最优个体保护策略负责寻优，但它们寻优的能力也不够强。这里引入局部搜索效率高，且能够保证群体多样性的优化算法——单纯形算法，把这两种方法有机地结合起来，加快全局寻优速度。在这种混合方法中，遗传算法把握大局，确保混合算法能够找到全局最优解，单纯形算法则既能加快全局寻优过程，又能在一定的程度上解决遗传算法的早熟问题。

3.3 抽样检测基本知识

3.3.1 基本概念

（1）建筑结构检测：为评定建筑结构工程的质量或鉴定既有建筑结构的性能等所实施的检测工作。

[来源：《建筑结构检测技术标准》（GB/T 50344—2019）第 2.1.1 条]

（2）结构工程质量检测：为评定混凝土结构工程质量与设计要求或与施工质量验收规范规定的符合性所实施的检测。

[来源：《混凝土结构现场检测技术标准》（GB/T 50784—2013）第 2.1.2 条]

（3）结构性能检测：为评估混凝土结构可靠性、安全性、抗震性、适用性、耐久性或抗灾害能力所实施的检测。

[来源：《混凝土结构现场检测技术标准》（GB/T 50784—2013）第 2.1.3 条]

（4）复检：为验证检测数据的有效性，对已受检的对象所实施的现场检测。

[来源：《混凝土结构现场检测技术标准》（GB/T 50784—2013）第 2.1.5 条]

（5）补充检测：为补充已获得的数据所实施的现场检测。

[来源：《混凝土结构现场检测技术标准》（GB/T 50784—2013）第 2.1.6 条]

（6）重新检测：不计入已有的检测数据和结果，以新的检测数据和结果为准的现场检测。

[来源：《混凝土结构现场检测技术标准》（GB/T 50784—2013）第 2.1.7 条]

（7）直接测试方法：直接获得待判定参数数值的检测方法。

[来源：《混凝土结构现场检测技术标准》（GB/T 50784—2013）第 2.1.8 条]

（8）间接测试方法：利用间接的参数并经换算关系获得待判定参数数值的检测方法。

[来源：《混凝土结构现场检测技术标准》（GB/T 50784—2013）第 2.1.9 条]

（9）抽样检测：从检测批中抽取样本，通过对样本的测试确定检测批质量的检测方法。

[来源：《建筑结构检测技术标准》（GB/T 50344—2019）第 2.1.3 条]

（10）检验批：由检测项目相同、质量要求和生产工艺等基本相同、环境条件或损伤程度相近的一定数量构件或区域构成的检测对象。

[来源：《混凝土结构现场检测技术标准》（GB/T 50784—2013）第 2.1.10 条]

（11）个体：可以单独取得一个检测数据代表值的区域或构件。

[来源：《建筑结构检测技术标准》（GB/T 50344—2019）第 2.1.52 条]

（12）随机抽样：使检验批中每个个体具有相同被抽检概率的抽样方法。

[来源：《混凝土结构现场检测技术标准》（GB/T 50784—2013）第 2.1.14 条]

（13）约定抽样：由委托方指定且不满足随机抽样原则的样本抽取方法。

[来源：《混凝土结构现场检测技术标准》（GB/T 50784—2013）第 2.1.15 条]

（14）样本：按一定程序从总体（检测批）中抽取的一组（一个或多个）个体。

［来源：《建筑结构检测技术标准》(GB/T 50344—2019) 第 2.1.51 条］

(15) 单个构件检测：对独立个体进行的检测。

［来源：《回弹法检测混凝土抗压强度技术规程》(DB 37/T 2366—2022) 第 6.1.2.1 条］

(16) 样本容量：样本中所包含的个体的数目。

［来源：《建筑结构检测技术标准》(GB/T 50344—2019) 第 2.1.53 条］

(17) 样本均值：样本 X_1，X_2，…，X_N 的算术平均值。

［来源：《建筑结构检测技术标准》(GB/T 50344—2019) 第 2.1.48 条］

(18) 样本方差：样本分量与样本均值之差的平方和为分子，分母为样本容量减 1。样本方差是描述一组数据变异程度或分散程度大小的指标。

［来源：《建筑结构检测技术标准》(GB/T 50344—2019) 第 2.1.49 条］

(19) 标准差：随机变量方差的正平方根。

［来源：《建筑结构检测技术标准》(GB/T 50344—2019) 第 2.1.47 条］

(20) 标准值：随机变量具有 95％保证率的特征值，也称之为分布函数 0.05 分位值。

［来源：《建筑结构检测技术标准》(GB/T 50344—2019) 第 2.1.54 条］

(21) 分位数：与随机变量分布函数的某一概率相对应的值，常用的分位数有 0.5 分位数和 0.05 分位数。

［来源：《混凝土结构现场检测技术标准》(GB/T 50784—2013) 第 2.1.19 条］

(22) 特征值：对于结构混凝土强度检测，特征值指总体中具有 95％保证率的值。

［来源：《混凝土结构现场检测技术标准》(GB/T 50784—2013) 第 2.1.20 条］

(23) 推定区间：被测试量的真值落在指定置信度的范围。该范围由用于强度推定的上限值和下限值界定。

［来源：《钻芯法检测混凝土强度技术规程》(JGJ/T 384—2016) 第 2.1.8 条］

(24) 测区强度换算值：由构件现场检测所得参数通过测强曲线计算得到的混凝土抗压强度值。相当于被测构件的测区在所处条件及龄期下，边长为 150mm 立方体试块的抗压强度值。

［来源：《回弹法检测混凝土抗压强度技术规程》(DB 37/T 2366—2022) 条 3.9 条］

(25) 混凝土强度推定值：相当于强度换算值总体分布中保证率不低于 95％的强度值。

［来源：《回弹法检测混凝土抗压强度技术规程》(DB 37/T 2366—2022) 第 3.10 条］

(26) 结构实体检验：在结构实体上抽取试样，在现场进行的检验或送至有相应检测资质的检测机构进行的检验。

［来源：《混凝土结构工程施工质量验收规范》(GB 50204—2015) 第 2.0.11 条］

(27) 泵送混凝土：按《普通混凝土配合比设计规程》(JGJ 55—2011) 中泵送混凝土配合比设计要求制作的混凝土。①

---

① 这里强调配合比设计要求为泵送混凝土，不提施工方法，是考虑装配式预制构件生产均采用非泵送工艺，但配合比设计大多数按照泵送混凝土要求，这类混凝土本质上是泵送混凝土。

3.3.2 检测方式和抽样方法

通常情况下，混凝土强度现场检测采用单个构件检测或按批抽样检测，按批抽样检测时，宜随机抽取样本。当不具备随机抽样条件时，可按约定方法抽取样本。

单个构件检测：适用于单个柱、梁、墙、基础等构件的检测，按单个构件的检测时，其检测结论不得扩大到未检测的构件或范围。下列情况下，检测对象可以是单个构件或部分构件：①委托方指定检测对象或范围；②因环境侵蚀或火灾、爆炸、高温以及人为因素等而造成部分构件损伤时。

按批抽样检测：适用于检测批混凝土强度的检测。

大型结构按施工顺序可划分为若干个检测区域，每个检测区域作为一个独立构件，根据检测区域数量及检测需要，选择检测方式。

抽样检验分为计数抽样检验和计量抽样检验。

（1）计数抽样检验。

计数抽样检验只把样本中的每个单位产品区分为合格品、不合格品，或者合格、不合格、计算样本中出现的不合格品数或不合格数，并与抽样方案的接收数对比，判断批是否接收。

（2）计量抽样检验。

计量抽样检验是根据不同质量特性值的样本均值或样本标准差来判断一批产品是否合格，适用于检验单位产品质量特性呈正态分布的情况。

计数抽样检验与计量抽样检验的区别：与计数抽样检验相比，计量抽样检验所需的样本量少，获得的信息多。但是，对样本质量特性的计量和测定比检查产品是否合格所需的时间长、工作量大、费用高，并需要具备一定的设备条件，判断程序比较复杂。

当检验指标多时，采用计量抽样检验是不合适的，因为每个特性值都需要单独考虑。对大多数指标采用计数抽样检验，仅对一两个重要指标采用计量抽样检验，两者配合，效果较好。

标准《计量抽样检验程序 第1部分：按接收质量限（AQL）检索的对单一质量特性和单个AQL的逐批检验的一次抽样方案》（GB/T 6378.1—2008）引言说明：《计量抽样检验程序》（GB/T 6378—2008）本部分规定了计量一次抽样检验方案的验收抽样系统，它以接收质量限（AQL）为索引，《计算抽样检验程序》（GB/T 6378—2008）本部分是《计量抽样检验程序 第1部分：按接收质量限（AQL）检索的对单一质量特性和单个AQL的逐批检验的一次抽样方案》（GB/T 2828.1—2008）的补充。

《计数抽样检验程序 第1部分：按接收质量限（AQL）检索的逐批检验抽样计划》（GB/T 2828.1—2012）适用于计量抽样检验。

标准《计量抽样检验程序 第1部分：按接收质量限（AQL）检索的对单一质量特性和单个AQL的逐批检验的一次抽样方案》（GB/T 6378.1—2008）第7章说明标准《计量抽样检验程序 第1部分：按接收质量限（AQL）检索的对单一质量特性和单个AQL的逐批检验的一次抽样方案》（GB/T 6378.1—2008）和标准《计数抽样检验程序

第1部分：按接收质量限（AQL）检索的逐批检验抽样计划》（GB/T 2828.1—2012）的关系，标准原文如下。

7.1 相似点

a）本部分是 GB/T 2828.1 的补充；这两个标准设计理念相同，所使用的程序和词汇也尽可能一致。

b）二者均使用 AQL 检索抽样方案，并且在本部分中所使用的优先数值与 GB/T 2828.1 所给出的不合格品百分数的数值范围［从 0.01（％）到 10（％）］是相同的。

c）在这两个标准中，由批量和检验水平（若没有其他的说明，应采用一般检验水平Ⅱ）确定样本品字码。然后用样本量字码和 AQL 从主表中查出要抽取的样本量和接收准则。s 法和 σ 法以及正常、加严和放宽检验方案由各自的表给出。

d）转移规则本质上相同。

7.2 不同点

a）接收性的确定：在 GB/T 2828.1 中，不合格品百分数计数抽样方案的接收准则是由样本中发现的不合格品数来确定的。计量抽样检验的接收准则基于过程均值的估计值与规范限相对于过程标准差的估计值或假设值的距离。本部分提供了两种方法：过程标准差未知时使用的 s 法与过程标准差已知时使用的 σ 法。在单侧规范限的情况下，接收准则可由公式给出（见 15.2 和 16.2），而对 s 法，还容易利用图解法来确定接收准则（见 15.3）。对联合双侧规范限情况下，本部分对 s 法，仅提供了确定接收性的图解法（见 15.4），而对 σ 法，给出了数值法。

b）正态性：GB/T 2828.1 中对质量特性值的分布没有要求。而在本部分中，为了对方案进行有效的操作，要求测量值服从或近似服从正态分布。

c）操作特性曲线（OC 曲线）：本部分中计量抽样方案的 OC 曲线与 GB/T 2821 相应方案的 C 曲线不完全相同。两类 OC 曲线已在许多实际约束下尽可能接近，比如对任意 AQL，在给定样本量字码和检验方法情形下，保持样本量相同。

d）生产方风险：当过程质量恰好等于 AQL 时，批不被接收的生产方风险随着样本量递增一级且 AQL 值递减一级而降低，即沿着主表上自右上向左下的对角线上的抽样方案生产方风险递减。接收概率的变化与此类似，但与 GB/T 2828.1 不相同（方案的生产方风险由附录 L 给出）。

e）样本量：在样本量字码相同时，计量抽样方案的样本量通常比相应的计数抽样方案的样本量要小，对于 σ 法尤为如此（见表 A.2）。

f）二次抽样方案：二次抽样方案将在 GB/T 6378.3 中另行给出。

g）多次抽样方案：本部分未给出多次抽样方案。

h）平均检出质量上限（AOQL）：AOQL 的概念适用于对不接收批可通过 100％检验进行剔换的情形。AOQL 的概念不适用于破坏性测试或费用昂贵的测试的情形，而上述情形通常使用计量抽样方案，所以本部分不包括 AOQL 表。

这两个标准的最大特点是抽样方案的宽严度可以随交验批产品质量不同而进行调整，标准中提出正常检验、加严检验、放宽检验三个概念，定义如下。

(1) 正常检验（normal inspection）。

当过程平均优于接收质量限时，所使用的一种能保证批高概率接收的抽样方案的检验。

注：当没有理由怀疑过程平均不同于规定的接收质量限时，进行正常检验。

(2) 加严检验（tightened inspection）。

使用比相应正常检验抽样方案接收准则更严厉的接收准则的一种抽样方案的检验。

注：1. 通常情况下，保持样本量不变，通过减小接收数来生成加严检验的抽样方案；当正常检验抽样方案的接收数为 0 和部分接收数为 1 时，要通过增加样本量来生成加严检验的抽样方案。

2. 当预先规定的连续批数的检验结果表明过程平均可能比接收质量限劣时，进行加严检验。

(3) 放宽检验（reduced inspection）。

使用样本量比相应正常检验抽样方案的样本量小，接收准则和正常检验抽样方案的接收准则相差不大的一种抽样方案的检验。

注：1. 放宽检验的鉴别能力比正常检验弱。

2. 当预先规定连续批数的检验数据表明过程平均明显优于接收质量限时，可进行放宽检验。

将这三个概念应用于工程结构混凝土强度检测中，在于施工资料完善，混凝土立方体试块检测结果合格，或混凝土立方体试块检测结果缺失的情况下，可以按照正常检验执行。

在施工资料不完善，或混凝土立方体试块检测结果不合格，或者已经发现混凝土质量问题的情况下，应按加严检验执行。

在施工资料完善，混凝土立方体试块检测结果合格，已获得资料证明混凝土强度符合质量要求的情况下，可按放宽检验执行。

根据混凝土强度评定方法，混凝土强度检验抽样方法应采用计量抽样检验程序，相关标准为《计量抽样检验程序 第 1 部分：按接收质量限（AQL）检索的对单一质量特性和单个 AQL 的逐批检验的一次抽样方案》（GB/T 6378.1—2008）。但是对比发现，标准《计量抽样检验程序 第 1 部分：按接收质量限（AQL）检索的对单一质量特性和单个 AQL 的逐批检验的一次抽样方案》（GB/T 6378.1—2008）抽样数量小于标准《计数抽样检验程序 第 1 部分：按接收质量限（AQL）检索的逐批检验抽样计划》（GB/T 2828.1—2012），考虑混凝土强度对于结构性能的重要性，为保证检测数据的准确可靠，山东省地方标准中检验最小样本容量依据标准《计数抽样检验程序 第 1 部分：按接收质量限（AQL）检索的逐批检验抽样计划》（GB/T 2828.1—2012）取值。

按照此原则，工程结构混凝土强度检测抽测构件最小数量应符合表 3-3-1 的规定，正常检验对应检测类别 B，加严检验对应检测类别 C，放宽检验对应检测类别 A。

表 3-3-1　检验批最小样本容量

检验批的容量	检测类别和样本最小容量			检验批的容量	检测类别和样本最小容量		
	A	B	C		A	B	C
5～8	2	2	3	91～150	8	20	32
9～15	2	3	5	151～280	13	32	50
16～25	3	5	8	281～500	20	50	80
26～50	5	8	13	501～1200	32	80	125
51～90	5	13	20	—	—	—	—

注：1. 检测类别 A 适用于施工资料完善，且已有资料结果合格，采取放宽检验的情况。
　　2. 检测类别 B 适用于施工资料完善，需要进一步确定混凝土质量状况的工程质量检测，采取正常检验的情况。
　　3. 检测类别 C 适用于施工资料不完善，或已有资料结果不合格，或现场发现存在问题较多，采取加严检验的情况。
　　4. 无特别说明时，样本单位为构件。

3.4　混凝土强度检测结果处理

3.4.1　混凝土强度平均值、标准差及变异系数

当测区数不少于 10 个时，应按下列公式计算构件或检测批混凝土强度换算值的平均值、标准差和变异系数。

$$m_{f_{cu}^c} = \frac{\sum_{i=1}^{n} f_{cu,i}^c}{n} \tag{3-4-1}$$

$$S_{f_{cu}^c} = \sqrt{\frac{\sum_{i=1}^{n}(f_{cu,i}^c)^2 - n(m_{f_{cu}^c})^2}{n-1}} \tag{3-4-2}$$

$$\delta = \frac{S_{f_{cu}^c}}{m_{f_{cu}^c}} \tag{3-4-3}$$

式中：$m_{f_{cu}^c}$——构件或检测批混凝土强度换算值的平均值，精确至 0.1MPa；
　　　n——按单个构件检测，取一个构件的测区数；按批抽样检测，取被抽取构件测区数之和；
　　　$S_{f_{cu}^c}$——构件或检测批混凝土强度换算值的标准差，精确至 0.01MPa；
　　　δ——构件或检测批混凝土强度换算值的变异系数，精确至 0.01。

检测报告中，除给出强度推定值外，对于测区数大于或等于 10 个的结构或构件要给出测区强度平均值、标准差、变异系数和最小测区强度值。这样既能了解结构或构件的强度推定值，又能考虑其测区强度平均值、最小测区强度值和质量的匀质性，对设计人员事后处理结构或构件混凝土质量问题很有用处。

3.4.2　异常数据判断

当按批抽样检测或按单个构件检测测区数不少于 10 个时，应进行异常数据的判断

和处理，异常数据的判断和处理应符合《数据的统计处理和解释 正态样本离群值的判断和处理》（GB/T 4883—2008）的规定。

标准《数据的统计处理和解释 正态样本离群值的判断和处理》（GB/T 4883—2008）中的基本概念如下。

（1）离群值（outlier）。

样本中的一个或几个观测值，离其他观测值较远，暗示它或它们可能来自不同的总体。

注：离群值按显著性的程度分为统计离群值和歧离值。

（2）统计离群值（statistical outlier）。

在剔除水平下统计检验为显著的离群值。

（3）歧离值（straggler）。

在检出水平下显著，但在剔除水平下不显著的离群值。

（4）检出水平（detection level）。

为检出离群值而指定的统计检验的显著性水平。

注：除非根据标准达成协议的各方另有约定外，检出水平 α 应为 0.05。

（5）剔除水平（deletion level）。

为检出离群值是否高度离群而指定的统计检验的显著性水平。

注：剔除水平 α^* 的值应不超过检出水平 α 的值。除非根据标准达成协议的各方另有约定，α^* 的值应为 0.01。

离群值按产生原因分为两类。

① 第一类离群值是总体固有变异性的极端表现，这类离群值与样本中其他观测值属于同一总体。

② 第二类离群值是由于试验条件和试验方法的偶然偏离而产生的结果，或产生于观测、记录、计算中的失误，这类离群值与样本中其他观测值不属于同一总体。

对离群值的判定通常可根据技术或物理上的理由直接进行，例如当试验者已经知道试验偏离了规定的试验方法，或测试仪器产生问题等。当上述理由不明确时，可用标准《数据的统计处理和解释 正态样本离群值的判断和处理》（GB/T 4883—2008）规定的方法。

依据标准《数据的统计处理和解释 正态样本离群值的判断和处理》（GB/T 4883—2008），在未知标准差的情况下，可使用格鲁布斯检验法或狄克逊检验法进行异常值判断。

建筑工程检测中常使用格鲁布斯检验法，将测区混凝土强度换算值按从小到大顺序排列，即 $f_{cu,1}$，$f_{cu,2}$，…，$f_{cu,n}$，计算统计量。

$$G_n = (f_{cu,n} - m_{f_{cu}})/s_{f_{cu}} \tag{3-4-4}$$

$$G'_n = (m_{f_{cu}} - f_{cu,1})/s_{f_{cu}} \tag{3-4-5}$$

式中：G_n、G'_n——格鲁布斯检验统计量；

$f_{cu,1}$——构件或检测批混凝土强度最小换算值，精确至 0.01MPa；

$f_{cu,n}$——构件或检测批混凝土强度最大换算值，精确至 0.01MPa；

$G_{0.975}$、$G_{0.995}$——格鲁布斯检验临界值，按检测批测区数量由表 3-4-1 查得。

表 3-4-1 格鲁布斯检验临界值

测区数量	$G_{0.975}$	$G_{0.995}$	测区数量	$G_{0.975}$	$G_{0.995}$	测区数量	$G_{0.975}$	$G_{0.995}$
9	2.215	2.387	40	3.036	3.381	71	3.262	3.627
10	2.290	2.482	41	3.046	3.393	72	3.267	3.633
11	2.355	2.564	42	3.057	3.404	73	3.272	3.638
12	2.412	2.636	43	3.067	3.415	74	3.278	3.643
13	2.462	2.699	44	3.075	3.425	75	3.282	3.648
14	2.507	2.755	45	3.085	3.435	76	3.287	3.654
15	2.549	2.806	46	3.094	3.445	77	3.291	3.658
16	2.585	2.852	47	3.103	3.455	78	3.297	3.663
17	2.620	2.894	48	3.111	3.464	79	3.301	3.669
18	2.651	2.932	49	3.120	3.474	80	3.305	3.673
19	2.681	2.968	50	3.128	3.483	81	3.309	3.677
20	2.709	3.001	51	3.136	3.491	82	3.315	3.682
21	2.733	3.031	52	3.143	3.500	83	3.319	3.687
22	2.758	3.060	53	3.151	3.507	84	3.323	3.691
23	2.781	3.087	54	3.158	3.516	85	3.327	3.695
24	2.802	3.112	55	3.166	3.524	86	3.331	3.699
25	2.822	3.135	56	3.172	3.531	87	3.335	3.704
26	2.841	3.157	57	3.180	3.539	88	3.339	3.708
27	2.859	3.178	58	3.186	3.546	89	3.343	3.712
28	2.876	3.199	59	3.193	3.553	90	3.347	3.716
29	2.893	3.218	60	3.199	3.560	91	3.350	3.720
30	2.908	3.236	61	3.205	3.566	92	3.355	3.725
31	2.924	3.253	62	3.212	3.573	93	3.358	3.728
32	2.938	3.270	63	3.218	3.579	94	3.362	3.732
33	2.952	3.286	64	3.224	3.586	95	3.365	3.736
34	2.965	3.301	65	3.230	3.592	96	3.369	3.739
35	2.979	3.316	66	3.235	3.598	97	3.372	3.744
36	2.991	3.330	67	3.241	3.605	98	3.377	3.747
37	3.003	3.343	68	3.246	3.610	99	3.380	3.750
38	3.014	3.356	69	3.252	3.617	100	3.383	3.754
39	3.025	3.369	70	3.257	3.622	—	—	—

注：当测区数量大于 100 时，可按测区数量为 100 取值。

取检出水平 α 为 5%，剔除水平 α^* 为 1%，按双侧情形检验，检出水平 α 对应临界值为 $G_{0.975}$，剔除水平 α^* 对应临界值为 $G_{0.995}$。

若 $G_n > G'_n$，且 $G_n > G_{0.975}$，则判断 $f_{cu,n}$ 为离群值，否则，判断没有离群值。

对检出的离群值 $f_{cu,n}$，若 $G_n > G_{0.995}$，则判断 $f_{cu,n}$ 为统计离群值，可考虑剔除，否则,判断未发现统计离群值,$f_{cu,n}$ 为歧离值。

若 $G'_n > G_n$,且 $G'_n > G_{0.975}$,则判断 $f_{cu,1}$ 为离群值,否则,判断没有离群值。

对检出的离群值 $f_{cu,1}$,若 $G'_n > G_{0.995}$,则判断 $f_{cu,1}$ 为统计离群值,可考虑剔除,否则,判断未发现统计离群值,$f_{cu,1}$ 为歧离值。

3.4.3 异常数据处理

若检出了一个离群值,对除去已检出离群值后余下的数值,应重新计算强度换算值的平均值、标准差和变异系数。应用相同的检出水平和相同的规则,对除去已检出离群值后余下的数值继续进行检验,直到不能检出离群值为止。检出的离群值总数不宜超过样本量的5%,若检出的离群值总数超过了这个上限,对此样本应做慎重的研究和处理。

检出歧离值后,不得随意舍去,应尽可能寻找其技术或物理上的原因,若在技术或物理上找到了产生它的原因,则应剔除或修正;若未找到产生它的技术和物理上的原因,则不得剔除或进行修正。

为保证结构安全,建议按下列方法进行处理。

(1) 高端歧离值可从样本中直接剔除。

(2) 低端歧离值在有充分理由说明其异常原因时,可以剔除。

(3) 当无充分理由说明其异常原因时,在低端歧离值邻近位置重新取样复测,根据复测结果,判断是否剔除。

(4) 保留歧离值,补充检测,增加样本数后重新检验异常值。

(5) 保留歧离值,重新划分检测批后重新检测。

(6) 歧离值剔除应由主检签字认可,并应记录剔除的理由和必要的说明。

3.4.4 标准差或变异系数限值

按批抽样检测,当检测数据的离散性过高时,说明已有某些偶然因素在起作用,这些测区不能认为是属于同一母体,不能按批进行推定。检测数据的离散性可通过标准差或变异系数来反映,标准差或变异系数越大,说明检测数据的离散性越高。

山东省地方标准通过控制变异系数的方法控制数据离散性,变异系数限值的取值依据《混凝土结构设计标准(2024年版)》(GB 50010—2010),此标准附录C第C.2.1条:本条给出了基于统计的建议值。目前全国普遍采用的都是商品混凝土。2008—2010年对全国商品混凝土参数进行了统计,结果表明,与20世纪80年代统计的现场搅拌混凝土相比,目前普遍采用的商品混凝土的变异系数略有减小,但因统计数据有限,参考数值见表3-4-2。

表3-4-2 《混凝土结构设计标准(2024年版)》(GB 50010—2010)中混凝土强度的变异系数 δ_c 单位:%

强度等级	C15	C20	C25	C30	C35	C40	C45	C50	C60
变异系数	23.3	20.6	18.9	17.2	16.4	15.6	15.6	14.9	14.1

《回弹法检测混凝土抗压强度技术规程》(JGJ/T 23—2011)、《超声回弹综合法检测

混凝土抗压强度技术规程》（T/CECS 02—2020）、《剪压法检测混凝土抗压强度技术规程》（CECS 278—2010）、《后锚固法检测混凝土抗压强度技术规程》（JGJ/T 208—2010）和《高强混凝土强度检测技术规程》（JGJ/T 294—2013）都采用控制标准差的方法控制数据离散性，《拔出法检测混凝土强度技术规程》（CECS 69—2011）综合采用了这两种方法。

表 3-4-3　各行业标准按批检测混凝土强度标准差限值

标准编号	标准差不大于 4.5MPa	标准差不大于 5.5MPa	标准差不大于 6.5MPa	变异系数不大于 0.10
JGJ/T 23—2011 CECS 278：2010	小于 25MPa 时	不小于 25MPa 且不大于 60MPa 时	—	—
T/CECS 02：2020	小于 25MPa 时	不小于 25MPa 且不大于 50MPa 时	大于 50MPa 时	—
JGJ/T 208—2010	小于 25MPa 时	不小于 25MPa 且不大于 60MPa 时	大于 60MPa 且不大于 80MPa 时	—
JGJ/T 294—2013	—	不大于 50MPa 时	大于 50MPa 时	—
CECS 69：2011	小于 25MPa 时	不小于 25MPa 且不大于 50MPa 时	—	不小于 50MPa 时

山东省地方标准规定按批抽样检测时，该批构件混凝土强度变异系数应满足表 3-4-4 的要求，否则应在分析原因的基础上采取下列措施，并在检测报告中注明。

（1）分析施工条件及检测结果，重新划分检测批。

（2）增加测区的数量。

（3）若采取上述措施仍不能满足要求，或无条件采取上述措施时，可按规定提供单个构件的检测结果。

表 3-4-4　测区混凝土强度的变异系数限值

测区混凝土强度的平均值（MPa）	≤25.0	>25.0 且 ≤45.0	>45.0 且 ≤60.0	>60.0 且 ≤80.0
变异系数	≤0.20	≤0.16	≤0.14	≤0.12

按批抽样检测时，该批构件混凝土强度标准差应满足表 3-4-3 的要求，否则该批构件全部按单个构件进行检测。

3.4.5　推定区间确定

1. 概念定义

《混凝土结构现场检测技术标准》（GB/T 50784—2013）第 3.4.6 条规定：对符合正态分布的性能参数可对该参数总体特征值或总体均值进行推定，推定时应提供被推定值的推定区间。

《混凝土结构现场检测技术标准》（GB/T 50784—2013）第 3.4.7 条规定：推定区间的置信度宜为 0.90，并使错判概率和漏判概率均为 0.05。特殊情况下，推定区间的置信度可为 0.85，使漏判概率为 0.10，错判概率仍为 0.05。

《混凝土结构现场检测技术标准》（GB/T 50784—2013）第 3.4.8 条规定：对计量抽样检测结果推定区间上限值与下限值之差值宜进行控制。

《钻芯法检测混凝土强度技术规程》（JGJ/T 384—2016）第 6.3.2 条第 2 款规定：检测批的混凝土抗压强度推定值应计算推定区间、推定区间上限值和下限值，并给出了计算公式。

本书中的推定区间在概论统计中定义为置信区间，下面介绍置信区间的概念。

（1）置信区间定义：设 θ 为总体分布的未知参数，X_1，X_2，$\cdots$，X_n 是取自总体 X 的一个样本，对于给定的概率 α，如果存在统计量 $\theta_l = \theta_l(X_1, X_2, \cdots, X_n)$，使得 $P(\theta \geqslant \theta_l) = 1 - \alpha$，$\theta_l$ 称为参数 θ 的置信水平为 $1 - \alpha$ 的单侧置信下限；如果存在统计量 $\theta_u = \theta_u(X_1, X_2, \cdots, X_n)$，使得 $P(\theta \leqslant \theta_u) = 1 - \alpha$，$\theta_u$ 称为参数 θ 的置信水平为 $1 - \alpha$ 的单侧置信上限；若存在统计量 $\theta_l = \theta_l(X_1, X_2, \cdots, X_n)$，$\theta_u = \theta_u(X_1, X_2, \cdots, X_n)$，使得 $P\{\theta_l < \theta < \theta_u\} = 1 - \alpha$，$[\theta_l, \theta_u]$ 称为 θ 的置信水平为 $1 - \alpha$ 的双侧置信区间，$1 - \alpha$ 也称为置信度，α 为显著水平，又分别称 θ_l 与 θ_u 为 θ 的双侧置信下限与双侧置信上限，$\Delta = \theta_u - \theta_l$ 为推定区间的长度。

（2）置信度 $1 - \alpha$ 的含义：在随机抽样中，若重复抽样多次，得到样本 X_1，X_2，$\cdots$，X_n 的多个样本值 $(x_1, x_2, \cdots, x_n)$，对应每个样本值都确定了一个置信区间 $[\theta_l, \theta_u]$，每个这样的区间要么包含了 θ 的真值，要么不包含 θ 的真值。根据伯努利大数定理，当抽样次数充分大时，这些区间中包含 θ 的真值频率接近于置信度（概率）$1 - \alpha$，即在这些区间中包含 θ 的真值区间有 $100 \times (1 - \alpha)\%$ 个，不包含 θ 的真值区间大约有 $100 \times \alpha\%$ 个。例如，若令 $1 - \alpha = 0.95$，重复抽样 100 次，则其中大约有 95 个区间包含 θ 的真值，大约有 5 个区间不包含 θ 的真值。

置信区间 $[\theta_l, \theta_u]$ 也是对未知参数 θ 的一种估计，区间的长度意味着误差，故区间估计与点估计是互补的两种参数估计。

置信度与估计精度是一对矛盾，置信度 $1 - \alpha$ 越大，置信区间 $[\theta_1, \theta_2]$ 包含 θ 的真值概率就越大，但区间 $[\theta_l, \theta_u]$ 的长度就越大，对未知参数 θ 的估计精度就越低。反之，对参数 θ 的估计精度越高，置信区间 $[\theta_l, \theta_u]$ 长度就越小，$[\theta_l, \theta_u]$ 包含 θ 的真值概率就越低，置信度 $1 - \alpha$ 越小。一般准则是，在保证置信度的条件下尽可能提高估计精度。

2. 推定区间计算

检测批的标准差 σ 为未知时，计算抽样检测批均值 μ（0.5 分位值）的推定区间上限值和下限值，可按下式计算。

$$\mu_u = m + k_{0.5} s \quad (3\text{-}4\text{-}6)$$

$$\mu_l = m - k_{0.5} s \quad (3\text{-}4\text{-}7)$$

式中：μ_u——均值（0.5 分位值）μ 推定区间的上限值；

μ_l——均值（0.5 分位值）μ 推定区间的下限值；

m——样本均值；

s——样本标准差；

$k_{0.5}$——推定系数，取值见表 3-4-5。

表 3-4-5 标准差未知时推定区间上限值与下限值系数

样本容量 n	标准差未知时推定区间上限值与下限值系数					
	0.5 分位值		0.05 分位值			
	$k_{0.5}(0.05)$	$k_{0.5}(0.1)$	$k_{0.05,u}(0.05)$	$k_{0.05,l}(0.05)$	$k_{0.05,u}(0.1)$	$k_{0.05,l}(0.1)$
5	0.953	0.686	0.818	4.203	0.982	3.400
6	0.823	0.603	0.875	3.708	1.028	3.092
7	0.734	0.544	0.920	3.399	1.065	2.894
8	0.670	0.500	0.958	3.187	1.096	2.754
9	0.620	0.466	0.990	3.031	1.122	2.650
10	0.580	0.437	1.017	2.911	1.144	2.568
11	0.546	0.414	1.041	2.815	1.163	2.503
12	0.518	0.394	1.062	2.736	1.180	2.448
13	0.494	0.376	1.081	2.671	1.196	2.402
14	0.473	0.361	1.098	2.614	1.210	2.363
15	0.455	0.347	1.114	2.566	1.222	2.329
16	0.438	0.335	1.128	2.524	1.234	2.299
17	0.423	0.324	1.141	2.486	1.244	2.272
18	0.410	0.314	1.153	2.453	1.254	2.249
19	0.398	0.305	1.164	2.423	1.263	2.227
20	0.387	0.297	1.175	2.396	1.271	2.208
21	0.376	0.289	1.184	2.371	1.279	2.190
22	0.367	0.282	1.193	2.349	1.286	2.174
23	0.358	0.275	1.202	2.328	1.293	2.159
24	0.350	0.269	1.210	2.309	1.300	2.145
25	0.342	0.264	1.217	2.292	1.306	2.132
26	0.335	0.258	1.225	2.275	1.311	2.120
27	0.328	0.253	1.231	2.260	1.317	2.109
28	0.322	0.248	1.238	2.246	1.322	2.099
29	0.316	0.244	1.244	2.232	1.327	2.089
30	0.310	0.239	1.250	2.220	1.332	2.080
31	0.305	0.235	1.255	2.208	1.336	2.071
32	0.300	0.231	1.261	2.197	1.341	2.063
33	0.295	0.228	1.266	2.186	1.345	2.055
34	0.290	0.224	1.271	2.176	1.349	2.048
35	0.286	0.221	1.276	2.167	1.352	2.041
36	0.282	0.218	1.280	2.158	1.356	2.034
37	0.278	0.215	1.284	2.149	1.360	2.028
38	0.274	0.212	1.289	2.141	1.363	2.022
39	0.270	0.209	1.293	2.133	1.366	2.016
40	0.266	0.206	1.297	2.125	1.369	2.010
41	0.263	0.204	1.300	2.118	1.372	2.005
42	0.260	0.201	1.304	2.111	1.375	2.000
43	0.256	0.196	1.308	2.105	1.378	1.995
44	0.253	0.196	1.311	2.098	1.381	1.990
45	0.250	0.194	1.314	2.092	1.383	1.986
46	0.248	0.192	1.317	2.086	1.386	1.981
47	0.245	0.190	1.321	2.081	1.389	1.977
48	0.242	0.188	1.324	2.075	1.391	1.973
49	0.240	0.186	1.327	2.070	1.393	1.969
50	0.237	0.184	1.329	2.065	1.396	1.965

续表

样本容量 n	标准差未知时推定区间上限值与下限值系数					
	0.5 分位值		0.05 分位值			
	$k_{0.5}(0.05)$	$k_{0.5}(0.1)$	$k_{0.05,u}(0.05)$	$k_{0.05,l}(0.05)$	$k_{0.05,u}(0.1)$	$k_{0.05,l}(0.1)$
60	0.216	0.167	1.354	2.022	1.415	1.933
70	0.199	0.155	1.374	1.990	1.431	1.909
80	0.186	0.144	1.390	1.964	1.444	1.890
90	0.175	0.136	1.403	1.944	1.454	1.874
100	0.166	0.129	1.414	1.927	1.463	1.861
110	0.158	0.123	1.424	1.912	1.471	1.850
120	0.151	0.118	1.433	1.899	1.478	1.841
130	0.145	0.113	1.441	1.888	1.484	1.832
140	0.140	0.109	1.448	1.879	1.470	1.825
150	0.135	0.105	1.454	1.870	1.495	1.818
160	0.131	0.102	1.459	1.862	1.499	1.812
170	0.127	0.099	1.465	1.855	1.503	1.807
180	0.123	0.096	1.469	1.849	1.507	1.802
190	0.120	0.093	1.474	1.843	1.510	1.797
200	0.117	0.091	1.478	1.837	1.514	1.793
250	0.104	0.081	1.494	1.815	1.527	1.777
300	0.095	0.074	1.507	1.800	1.537	1.765
400	0.082	0.064	1.525	1.778	1.551	1.748
500	0.074	0.057	1.537	1.763	1.560	1.736

检测批的标准差 σ 为未知时，计算抽样检测批具有 95% 保证率的标准值（0.05 分位值）x_k 的推定区间上限值和下限值，可按下式计算。

$$x_{k,u} = m - k_{0.05,u} s \tag{3-4-8}$$

$$x_{k,l} = m - k_{0.05,l} s \tag{3-4-9}$$

式中：$x_{k,u}$——标准值（0.05 分位值）推定区间的上限值；

$x_{k,l}$——标准值（0.05 分位值）推定区间的下限值；

m——检测批样本均值；

s——检测批样本标准差；

$k_{0.05,u}$ 和 $k_{0.05,l}$——推定系数，取值见表 3-4-5。

3.4.6 混凝土强度推定

目前结构混凝土强度推定方法还没有统一，不同标准、不同地区给出了不同的强度推定方法。

当随机变量 X 的分布函数为 $F(x)$ 时，实数设总体满足 $0<p<1$ 时，满足 $F(x_p)=P(x \leqslant x_p)=p$ 的数 x_p 为下侧分位数，满足 $P(x>x_p)=1-F(x_p)=p$ 的数 x_p 为上侧分位数，未加特别注明时指下侧分位数，设总体 $X \sim N(\mu, \sigma^2)$，当 μ, σ^2 已知时，任一分位数 x_p 均是 μ, σ^2, p 的函数，可以通过下式计算。

$$x_p = \mu - \mu_p \sigma \tag{3-4-10}$$

式中：x_p——由 μ, σ^2, p 决定的总体 X 的任一分位数；

μ——总体均值；

σ——总体标准差；

p——概率分布的分位值。

一般情况下，总体均值 μ 和标准差 σ 都是未知的，抽样检测时，需要根据样本均值 m 和样本标准差 s 进行估值。

《建筑结构可靠性设计统一标准》（GB 50068—2018）要求：材料强度的标准值可按其概率分布的 0.05 分位值确定，即 $p=0.05$，$\mu_p=1.645$，材料强度的标准值（特征值）的推定下限可表示为：

$$f_k = m - 1.645s \tag{3-4-11}$$

以此为理论依据，《回弹法检测混凝土抗压强度技术规程》（JGJ/T 23—2011）、《超声回弹综合法检测混凝土抗压强度技术规程》（T/CECS 02—2020）、《后锚固法检测混凝土抗压强度技术规程》（JGJ/T 208—2010）、《拔出法检测混凝土强度技术规程》（CECS 69：2011）标准中，按批抽样检测或单个构件检测测区数不少于 10 个时，混凝土强度推定值取 $f_{cu,e}^c = m_{f_{cu}^c} - 1.645 s_{f_{cu}^c}$，山东省地方标准《回弹法检测混凝土抗压强度技术规程》（DB37/T 2366—2022）、《超声回弹综合法检测混凝土抗压强度技术规程》（DB37/T 2361—2022）、《后锚固法检测混凝土抗压强度技术规程》（DB37/T 2364—2022）、《后装拔出法检测混凝土抗压强度技术规程》（DB37/T 2365—2022）、《钻芯法检测混凝土抗压强度技术规程》（DB37/T 2368—2022）均采用了这个原则。

按单个构件检测测区数少于 10 个时，混凝土强度推定值一般都取测区强度换算值的最小值，即 $f_{cu,e}^c = f_{cu,min}^c$。

混凝土强度推定值计算方法如下。

（1）按单个构件检测，当测区数少于 10 个时，以各测区混凝土强度换算值的最小值作为该构件的混凝土强度推定值。

$$f_{cu,e}^c = f_{cu,min}^c \tag{3-4-12}$$

式中：$f_{cu,e}^c$——构件或检测批混凝土抗压强度推定值，精确至 0.1MPa；

$f_{cu,min}^c$——构件或检测批混凝土强度换算值中的最小值，精确至 0.1MPa。

（2）按批抽样检测或单个构件检测，当测区数不少于 10 个时，构件的混凝土强度推定值应按式（3-4-13）计算。

$$f_{cu,e}^c = m_{f_{cu}^c} - 1.645 s_{f_{cu}^c} \tag{3-4-13}$$

（3）山东省地方标准中规定了推定区间的确定方法：按批抽样检测，推定区间的置信度宜为 0.90，并使错判概率和漏判概率均为 0.05，检测批混凝土具有 95% 保证率特征值的标准值的推定区间上限值和下限值可分别按式（3-4-14）、式（3-4-15）计算。

$$f_{cu,u}^c = m_{f_{cu}^c} - k_{0.05,u} s_{f_{cu}^c} \tag{3-4-14}$$

$$f_{cu,l}^c = m_{f_{cu}^c} - k_{0.05,l} s_{f_{cu}^c} \tag{3-4-15}$$

式中：$f_{cu,u}^c$——检测批混凝土强度标准值的推定区间上限值，精确至 0.1MPa；

$f_{cu,l}^c$——检测批混凝土强度标准值的推定区间下限值，精确至 0.1MPa；

$k_{0.05,u}$——0.05 分位数推定区间上限值系数，按检测批测区数量由表 3-4-5 查得；

$k_{0.05,l}$——0.05 分位数推定区间下限值系数，按检测批测区数量由表 3-4-5 查得。

对于单个构件检测，当测区数少于 10 个时，以最小值作为结构或构件强度推定值，因结构在受力过程中，一般都是从最薄弱区域首先破坏，为了结构的安全工作，应以最小值作为结构或构件混凝土抗压强度推定值。

由于抽样检测必然存在的抽样不确定性，给出的推定值必然与检测批混凝土强度真值存在偏差，因此，检验批的混凝土强度推定值应属于由置信度决定的一个推定区间，推定区间的上限值系数和下限值系数，其取值可根据推定区间的置信度和保证率，由标准《正态分布完全样本可靠度单侧置信下限》（GB/T 4885—2009）查得。

如果我们按照数理统计的概念，仅给出被测混凝土强度真值所处的推定区间，将无法进行结构混凝土强度合格评定，如结构混凝土强度设计强度等级为C20，检测后得出推定区间为[18.5，22.0]，此时，就很难评定混凝土强度是否合格。

如果严格按照《正态分布完全样本可靠度单侧置信下限》（GB/T 4885—2009）规定，具有95%保证率的推定值 $f_{cu,e}^c$ 应取推定区间下限值，即 $f_{cu,e} = m_{f_{cu}^c} - k_{0.1,l} s_{f_{cu}^c}$，2004年版山东省地方标准8年的应用证明，此推定值过于保守。例如，某工程混凝土强度检测，按批抽样检测，共测40个测区，回弹法检测结果见表3-4-6。

表 3-4-6　各测区混凝土强度换算值　　　　单位：MPa

50.0	51.0	41.0	42.0	52.0	53.0	41.0	43.0	47.0	42.0
50.0	54.0	52.0	45.0	50.0	42.0	41.0	49.0	51.0	53.0
52.0	53.0	50.0	41.0	42.0	52.0	53.0	41.0	43.0	50.0
42.0	53.0	54.0	52.0	45.0	50.0	42.0	51.0	53.0	52.0

计算得 $m_{f_{cu}^c} = 48.0$ MPa，$S_{f_{cu}^c} = 4.80$ MPa，置信度应为0.85，保证率为0.95的推定区间为[37.4，41.4]。

按原规程《回弹法检测混凝土抗压强度技术规程》（DBJ 14-026—2004）计算，$n=40$ 时，$k_{0.1,l} = 2.125$，$f_{cu,e} = m_{f_{cu}^c} - k_{0.1,l} s_{f_{cu}^c} = 37.4$ MPa；

按现规程《回弹法检测混凝土抗压强度技术规程》（DB37/T 2366—2022）计算，$f_{cu,e} = m_{f_{cu}^c} - 1.645 s_{f_{cu}^c} = 40.1$ MPa。

分析这批数据，表3-4-6中各测区混凝土强度换算值中的最小值为41.0，按照《回弹法检测混凝土抗压强度技术规程》（DBJ 14-026—2004）计算推定值为37.4MPa，比换算值中最小值还低近一个强度等级，此推定值过于保守。按现规程《回弹法检测混凝土抗压强度技术规程》（DB37/T 2366—2022）计算推定值为40.1MPa，与换算值中最小值接近。

现规程参考国内相关标准，确定混凝土强度推定值 $f_{cu,e} = m_{f_{cu}^c} - 1.645 s_{f_{cu}^c}$，这是结构或构件本身的强度值，一般情况下，由于制作、养护等方面的原因，此强度值要低于同条件试件的强度值。

3.4.7　异常构件处理

考虑强度明显低于 $f_{cu,e}^c$ 的异常构件正是结构混凝土的最薄弱部位，如果只是把这些数据简单剔除，就会给工程留下隐患，山东省地方标准做了如下规定：将同一检测批中各构件测区混凝土强度换算值 $f_{cu,i}^c$ 与 $f_{cu,e}^c$ 进行对比，若 $f_{cu,e}^c - f_{cu,i}^c > 5.0$ MPa，则应将对应构件作为异常构件，在报告中说明。

第4章 回弹法检测混凝土强度技术

4.1 回弹法研究必要性及发展方向

1948年瑞士施密特发明了回弹仪的雏形,并进行了混凝土强度测定的初步研究。此后,各国先后从瑞士引进回弹仪的制造专利,并相继研究其使用方法。

1985年我国第一次颁布实施《回弹法检测混凝土抗压强度技术规程》(JGJ/T 23—85),回弹法检测混凝土强度技术在我国得到推广普及。回弹仪使用时的环境温度应不低于-4℃,宜不超过40℃。

回弹法优越性包括以下几个方面。

(1) 弹仪构造简单、性能可靠,容易校正、维修、保养,而且易于大批量稳定生产。

(2) 检测技术易于掌握,操作方法简便,易于消除系统误差。

(3) 回弹值与混凝土抗压强度之间易于建立具有较小检测误差的测强相关曲线。

(4) 不需要或很少需要现场检测的事先作业。

(5) 几乎不受构件形状、大小的限制,检测灵活、迅速,效率高,费用低,特别适用于现场大批量随机检测。

(6) 在检测过程中对结构或构件无任何损坏,检测后不影响其结构受力体系。

随着高强、高性能、大流动性混凝土的普及使用,对建筑结构混凝土强度现场检测提出更高要求,回弹法的局限性日渐明显,主要包括:

(1) 回弹法受各种因素影响较多,使回弹法检测精度变低、适用范围受限。

(2) 混凝土抗压强度高于60MPa时,回弹值随混凝土强度增长不明显,对于普通混凝土回弹仪不再适用。

为突破回弹法的局限性,发挥回弹法的优点,回弹法的研究发展方向为:

(1) 高性能混凝土中普遍使用各种外加剂和掺合料,分析原材料、配合比、外加剂、掺合料、坍落度、龄期、碳化深度、养护方法等因素对回弹法测强的影响,提高回弹法检测精度。

(2) 混凝土抗压强度高于60MPa时,采用高强混凝土回弹仪检测,从理论和实践两方面,对比分析各种高强混凝土回弹仪技术性能,分析各种高强混凝土回弹仪检测精度及影响因素,分析高强混凝土回弹法检测的可行性,建立高强混凝土回弹法测强曲线。

(3) 对比泵送混凝土与塑性混凝土回弹法检测数据,分析出现差异的原因,分别建立测强曲线。

(4) 保留长龄期混凝土试块,对长龄期混凝土回弹法检测进行探索。

4.2 回弹法检测混凝土强度基本原理

回弹法检测混凝土强度是一种非破损方法，它是指用一弹簧驱动的重锤，通过弹击杆（传动杆）弹击混凝土表面，测量重锤被反弹回来的距离，以回弹值（重锤被反弹回来的距离与弹簧初始长度之比）作为与强度相关的指标来推定混凝土强度的方法。其实质是通过检测混凝土结构或构件的表面硬度来推定混凝土的抗压强度。

用于测定混凝土强度的回弹仪，是一种直射锤击式仪器，它借助已获得一定拉力的拉簧所连接的弹击锤，冲击弹击杆后，弹击锤向后弹回。计算弹回的距离 L' 和冲击前弹击锤距弹击杆的距离 L 之比（按百分比计算），即得回弹值 R。回弹值由仪器外壳上的刻度尺示出。

由上述回弹值 R 的定义可知，R 由下式表示。

$$R = \frac{L'}{L} \times 100\% \tag{4-2-1}$$

回弹值 R 的大小，取决于与冲击能量有关的回弹能量，而回弹能量主要取决于被测混凝土的弹塑性。下面具体阐述回弹仪在冲击过程中能量的传递和变化关系。

设回弹仪的动能（公称能量）为 E，则由功能原理得：

$$E = \sum A_i = A_1 + A_2 + A_3 + A_4 + A_5 + A_6 \tag{4-2-2}$$

式中：A_1——使混凝土产生塑性变形的功；

A_2——使混凝土、弹击杆及弹击锤产生弹性变形的功；

A_3——弹击锤在冲击过程中和指针在移动过程中因摩擦损耗的功；

A_4——弹击锤在冲击过程中和指针在移动过程中克服空气阻力的功；

A_5——混凝土产生塑性变形时增加自由表面所损耗的功；

A_6——仪器在冲击时由于混凝土构件的颤动和弹击杆与混凝土表面移动而损耗的功。

A_3，A_4，A_5 一般很小，当混凝土构件具有足够的刚度，在冲击过程中仪器始终紧贴混凝土表面时，A_6 也较小，以上均可忽略不计。这时，弹击锤的弹回距离决定于 A_1 与 A_2 之比，即混凝土的塑性变形与混凝土、弹击杆及弹击锤弹性变形之和的比值。在一定的冲击能量作用下，后者的弹性变形接近常数。因此，弹回距离主要取决于混凝土的塑性变形。混凝土的塑性变形越大，消耗于产生塑性变形的功越大，弹击锤所获得的回弹功即越小，回弹距离相应也越小，即回弹值就越小。混凝土的塑性变形，可以用在混凝土表面所产生的印痕直径 d 来表示。

试验证明，混凝土表面所产生的印痕直径越大，回弹值越低，则混凝土的强度越低，反之亦然。根据上述原理，可由试验方法建立回弹值 R 与混凝土抗压强度之间的关系。

由此可见，采用回弹仪所测得的回弹值，只代表混凝土表层的质量，因此用回弹法的必要前提是要求混凝土构件的表面质量与内部质量基本一致。

4.3 混凝土回弹仪

4.3.1 回弹仪分类

随着被测制品材料的增多及回弹仪使用的日益广泛，加之电子学、计算机技术的发展，回弹仪的型号不断增加。

国外现有的 R 值回弹仪大致可分为以下几种类型。

（1）L 型（小型）：冲击能量为 0.735J，用于小型构件及刚度稍差的混凝土或胶凝制品等。

（2）LR 型（小型）：其冲击能量和用途与 L 型相同，但附有回弹值画线装置，能自动画出回弹值。

（3）LB 型（小型）：属于 L 型的另一品种，用于烧结黏土材料和陶管的质量控制。

（4）N 型（中型）：冲击能量为 2.207J，用于一般建筑的普通混凝土构件。

（5）NA 型（中型）：属于 N 型的另一品种，用于水下混凝土结构。

（6）NR 型（中型）：其冲击能量和用途同 N 型，能自动画线记录回弹值。

（7）P 型（摆式）：冲击能量为 0.883J，用于轻质建筑材料、砂浆、饰面等。

（8）PT 型（摆式）：冲击能量为 0.883J，冲击面较大，可用于 0.5～5.0MPa 的低强度胶凝制品。

（9）M 型（大型）：冲击能量为 29.42J，用于大型实心块体、机场跑道、公路路面等。

2007 年 Proceq 公司采用先进的光电、计算机集成技术，把历史 R 值回弹仪的优点和当今电子技术结合起来，在全球独家创造推出了便携一体式数显 Q 值理念的 Silver Schmidt 回弹仪（以下简称"Q 值回弹仪"），Q 值回弹仪的出现是回弹法检测技术发展的又一次飞跃，Q 值回弹仪的推广应用成为新的发展趋势。

Q 值回弹仪的工作原理：它测量的不是弹击锤的回弹距离，而是弹击锤的回弹速度，在每次冲击之前和冲击之后的瞬间，通过安装在回弹仪上的光电子器件采集信号立即测量出回弹仪弹击和回弹的速度，经过数字转换和数据处理，计算出 Q 值。

为了区分测量系统不同的两种回弹仪，习惯将测量回弹动能的回弹仪称为 Q 值回弹仪，原来测量回弹距离的回弹仪称为 R 值回弹仪，因为两种回弹仪的原理相同、传力结构构造相同，仅仅是测量系统不同，因为两种测量系统可以互相替换，所以如果不特别指明，通常泛指所有这两种回弹仪。

2011 年国家质量监督检验检疫总局发布《回弹仪检定规程》（JJG 817—2011），此规程用于回弹仪的首次检定、后续检定和使用中的检查，统一规定了各种回弹仪的分类、技术要求、允许误差、检定条件、检定器具、检定方法、检定周期等。此规程中各类型回弹仪被分为六种规格：H980、H550、H450、M225、L75、L20。

回弹仪的技术性能不同，它们的使用范围、适用条件也是不同的，《回弹仪》（GB/T 9138—2015）中将回弹仪分为重型、中型和轻型三种类型；按回弹仪标称能量的不同分为六种规格，见表 4-3-1。

表 4-3-1　回弹仪分类与代号

分类	标称能量（J）	类型代号	特点和适用范围
重型	9.800	H980	冲击能量大，能量作用范围大，主要用于水坝、港口等重型、大体积结构混凝土强度检测
	5.500	H550	冲击能量略大于普通回弹仪，主要用于强度较高的普通混凝土强度检测
	4.500	H450	
中型	2.207	M225	最早在我国使用的混凝土回弹仪，用于普通混凝土强度检测，也被称为普通混凝土回弹仪
轻型	0.735	L75	冲击能量略小，主要用于烧结普通黏土砖强度检测，也被称为砖回弹仪
	0.196	L20	冲击能量小，主要用于砌体结构中砌筑砂浆强度检测，也被称为砂浆回弹仪

现在市场上不同生产厂家给不同回弹仪自定义型号，如 HT225、ZC3-A（中型）、BY07M225、BY2002HT、ZBL-S210 型都是 M225 型；HT75、ZC4 型都是 L75 型；HT20、ZC5 型都是 L20 型。近年来各种智能回弹仪，将上述各种回弹仪自动化，能自动处理和记录回弹值、测试角度等。

今后，随着回弹仪在工程实测中的广泛应用及对检测技术要求的提高，回弹仪生产的类型将逐渐增加，并将不断更新，以适应新形势发展的需要。回弹仪属于计量器具，因此从事回弹仪生产的单位，必须取得制造计量器具许可证，购买回弹仪时一定要注意回弹仪上必须有制造计量器具许可证号及 CMC 标志。

混凝土回弹仪作为检测一般建筑结构或构件普通混凝土抗压强度的一种非破损检测仪器，在我国已有 50 多年的应用历史。但在实际应用中存在不少问题，过去有偏见认为这种仪器误差比较大，检测混凝土强度不太可靠，因此一直没有发挥其应有的作用。

调查和实测表明，在影响检测精度的诸多因素中，仪器的质量及其稳定性的差异尤为突出，原因是各生产厂家生产的回弹仪内部零部件加工精度及其装配尺寸不一致，它们在检测条件相同的情况下，测得的回弹值有差异，直接影响了检测混凝土抗压强度的可靠性。近年来，为保证各台回弹仪具有基本一致的检测性能，为确保回弹仪工作时应有的标准状态，各回弹仪生产厂家和有关技术、科研单位做了许多有益的工作，使回弹法检测混凝土强度技术在全国广泛推广应用，检测精度也大幅提高。

下面重点介绍三种混凝土回弹仪的构造、原理、测试性能及标准状态，一种是用于普通混凝土强度检测的 M225 型回弹仪，另两种是用于高强混凝土强度检测的 H550 型和 H450 型回弹仪。

4.3.2　M225 型回弹仪构造及工作原理

用于检测一般建筑结构或构件普通混凝土抗压强度的 M225 型回弹仪，是一种直射锤击式仪器，其构造如图 4-3-1 所示。

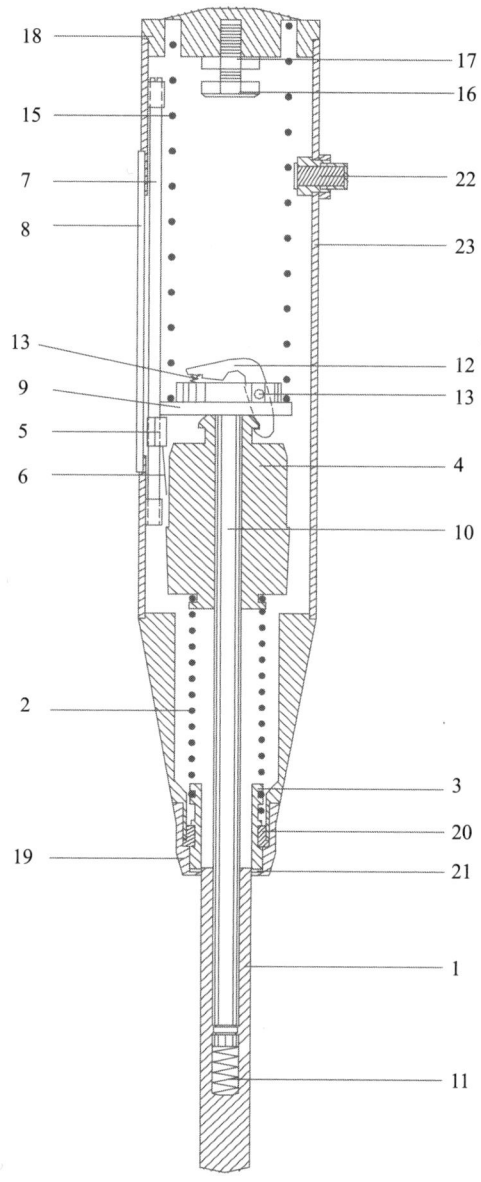

1—弹击杆；2—弹击拉簧；3—拉簧座；4—弹击锤；5—指针块；6—指针片；7—指针轴；
8—刻度尺；9—导向法兰；10—中心导杆；11—缓冲压簧；12—挂钩；13—挂钩压簧；
14—挂钩销子；15—压簧；16—调零螺丝；17—紧固螺母；18—尾盖；19—盖帽；
20—卡环；21—密封毡圈；22—按钮；23—外壳。

图 4-3-1　M225 型回弹仪构造

仪器在工作时，随着对回弹仪施压，弹击杆徐徐向机壳内推进，此时弹击拉簧（2）被拉伸，使连接弹击拉簧的弹击锤（4）获得恒定的弹性势能 E（冲击能量）（图 4-3-2），当仪器在水平状态工作时，其冲击能量 E 可由下式计算。

$$E=\frac{1}{2}CL^2=2.207\text{J}\ (0.225\text{kgf}\cdot\text{m}) \tag{4-3-1}$$

式中：C——弹击拉簧的刚度系数，其值为 784.532N/m（0.8kgf/cm）；

L——弹击拉簧工作时的拉伸长度,其值为75mm。

当挂钩(12)与调零螺丝(16)互相挤压,而使弹击锤脱钩,弹击锤的后端平面与弹击杆的后端平面相碰撞(图4-3-3),此时弹击锤释放出来的能量借助弹击杆(1)传递给混凝土构件,混凝土弹性反应的能量又通过弹击杆传递给弹击锤,使弹击锤获得回弹的能量,从而使弹击锤向后弹回,计算弹击锤弹回的距离L'和弹击锤脱钩前距弹击杆后端平面的距离L之比(按百分比计算),即得回弹值R。

$$R = \frac{L'}{L} \times 100\% \tag{4-3-2}$$

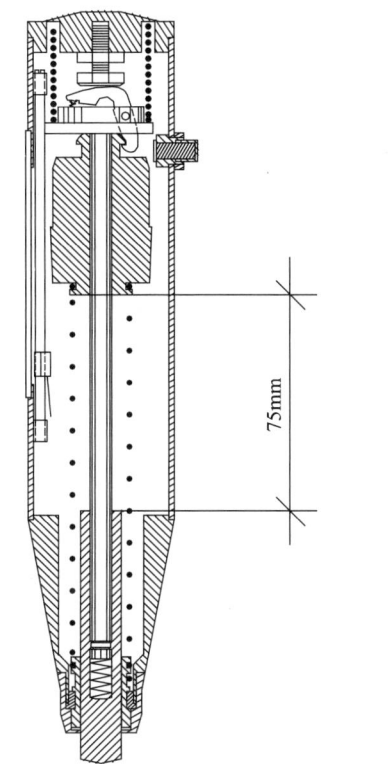 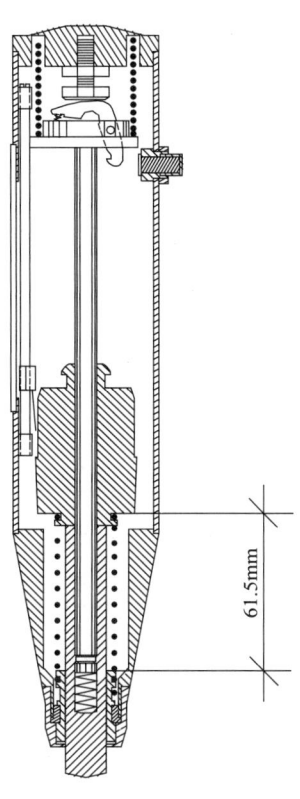

图4-3-2 弹击锤脱钩前的状态　　图4-3-3 弹击锤脱钩后的状态

回弹值由仪器外壳上的刻度尺(8)示出,其回弹值的示意如图4-3-4所示。

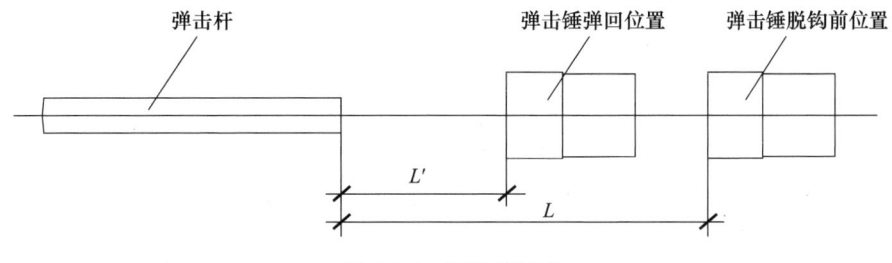

图4-3-4 回弹值示意

4.3.3 M225型回弹仪技术要求

M225型回弹仪水平弹击时的冲击能量应为2.207J，《回弹仪检定规程》(JJG 817—2011)中对M225型回弹仪的技术要求如下。

1. 外观

仪器外壳不允许有碰撞和摔落等造成的明显损伤，弹击杆外露球面应光滑，无裂纹、锈蚀等缺陷，指针滑块示值刻度线应清晰，标尺上的刻度线应清晰、均匀。

2. 运动部件

各运动部件活动自如、可靠，不得有松动、卡滞和影响操作的现象。

3. 计量性能要求

回弹仪主要技术要求见表4-3-2。

表4-3-2 M225型回弹仪标准状态主要技术要求

序号	项目	技术要求	允许误差
1	标尺"100"刻度线位置	与检定器中盖板定位缺口侧面重合	在刻度线宽度范围内（刻度线宽0.4mm）
2	指针长度（mm）	20.0	±0.2
3	指针摩擦力（N）	0.65	±0.15
4	弹击杆端部球面半径（mm）	25.0	±1.0
5	弹击锤脱钩位置	标尺"100"刻度线处	±0.2mm
6	弹击拉簧刚度（N/m）	785	±30
7	弹击拉簧工作长度（mm）	61.5	±0.3
8	弹击锤拉伸长度（mm）	75.0	±0.3
9	弹击锤起跳位置	标尺"0"刻度线处	0～1
10	钢砧上的率定值	80	±2
11	示值一致性	指针滑块刻线对应的标尺数值与数字式回弹仪的显示值之差不大于1，且两者的钢砧率定值均满足要求	

4.3.4 M225型回弹仪的发展与应用

随着计算机的发展和应用，很多厂家将数字技术应用于回弹仪，生产出数字回弹仪。数字回弹仪以普通回弹仪为基础，增加数据自动读取和处理功能，极大地提高了检测、数据处理与检测报告编制的工作效率。

其中以下几种M225型回弹仪在国内具有较先进的技术水平。

(1) 全面屏ZC3-E+型高清触摸彩屏数字回弹仪：由山东省乐陵市回弹仪厂生产，全屏触摸操作，轴线号全中文录入，光标位置任意切换，陀螺仪自动识别弹击角度，采用图像传感器，数值精准，实时计算强度值，测区转换构件检测完成有语音提示，支持回弹-取芯，批量采样完成可以快速定位三个最小回弹值测区位置，配置蓝牙版可配合App进行数据传输，Wi-Fi版可连接热点进行云端上传。

(2) 朗睿电磁式数字回弹仪：由济南朗睿检测技术有限公司生产，发明专利号：

CN202210097195.0，通过采用磁场传感器和指针块检测的方式，可以提升传感器等测量部件的抗污染能力，进而降低传感器等测量部件的保养成本，并且通过采用磁场传感器可以实时对指针块产生的位移进行监测，以便测量电路板能够根据传感器产生的电信号精确得到指针块的位移变化量，提高测量的精度和效率，进而解决了第一代电阻式回弹仪因接触式电阻摩擦、第二代光栅式回弹仪因额外增加滑块组件而造成的检测结果误差大、精度低的问题，同时也解决了第三代激光式回弹仪功耗高、稳定性差的问题。电子仓模块化设计，免维护保养。

（3）博远 BY2002HT 型数字回弹仪：由舟山市博远科技开发有限公司开发生产。其传感器采用"光栅-光耦"非机械接触方式回弹采样发明专利（发明专利号：03103652.X），不改变机械式回弹仪的原有机械构造并保留了指针直读功能，完全避免了传统数显回弹仪所采用的电位器采样方式因机械磨损、接触不良等弊病而导致仪器采样精度、可靠性和耐久性差的技术缺陷，具有很高的采样精度，其可靠性、稳定性和耐久性指标得到极大的提高；数字回弹传感器分体式专利（实用新型专利号：ZL03208209.6），使传感器常规机械维护简单、方便，不影响电子采样系统，大大增强了数字回弹传感器的机械稳定性和可靠性；两项专利技术的使用，大大延长了数字回弹传感器的使用寿命。

（4）ZBL-S280 数显回弹仪：由北京智博联科技股份有限公司开发生产。绝对分离式结构，先进的非接触式图像识别传感器，传感器光照感应回弹仪滑块位移，完全无接触，杜绝了传统数显回弹仪因光栅滑块夹住回弹仪滑块而造成的各种干扰使回弹数据偏低的情况，测试数据与机械回弹仪无差别。模块化设计，更换机械回弹仪更方便；支持蓝牙无线传输，无缝对接智博联工程检测管理系统；自动识别测试角度，提高工作效率。支持简体中文、繁体中文和英文三种语言显示；内置大容量可充电锂电池，仪器续航时间长；支持选择传输、打印、导出、删除测试构件功能，操作更加方便；内置钢砧率定功能，记录率定信息；支持构件续测功能，测试更加灵活；支持仪器内部程序升级，获取最新功能。

4.3.5 M225 型回弹仪影响检测性能的主要因素

回弹仪产生与传递能量及指示回弹值的有关零部件，都直接或间接地影响仪器的冲击能量和回弹能量的大小，即影响仪器的检测性能和按其原理工作的状态（标准状态），对此，笔者进行了一定的研究，认为影响回弹仪检测性能的主要因素有以下三个方面。

1. 机芯主要零件的装配尺寸

回弹仪机芯主要零件的装配尺寸，包括弹击拉簧的工作长度 L_0、弹击锤的冲击长度 L_p 及弹击锤的起跳位置三个尺寸。这三个装配尺寸，工作时不仅互相影响，而且也影响弹击拉簧的拉伸长度 L，严格控制这三个装配尺寸，是统一仪器性能的重要前提。下面就三个装配尺寸的概念及改变某一装配尺寸对仪器检测性能的影响进行阐述。

（1）弹击拉簧的工作长度 L_0。

弹击拉簧的工作长度 L_0 是指拉簧座后端沿口至弹击锤挂簧孔边缘大面间的距离（图 4-3-2）。根据仪器工作原理，当弹击锤脱钩弹击时，弹击锤与弹击杆两冲击面碰撞的瞬间，弹击拉簧应处于既不受拉也不受压的自由状态，此时弹击拉簧的工作长度（也称自由长度）L_0 应为 61.5mm。

如果 $L_0 > 61.5$mm，弹击锤冲击后，弹击拉簧恢复自由状态时，两冲击面之间有一间隙 ΔL（图 4-3-5）。由此可知，弹击锤冲击弹击杆的瞬间，弹击拉簧受到挤压，冲击后弹击拉簧的恢复力使实际的回弹力增大，称这种现象为"冲压"，"冲压"所测得的回弹值偏高。

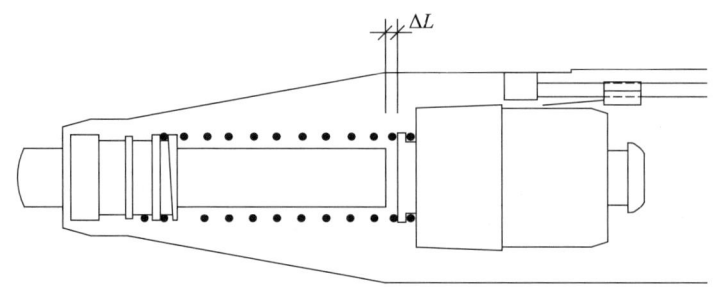

图 4-3-5　弹击拉簧工作长度大于 61.5mm

如果 $L_0 < 61.5$mm，弹击锤冲击弹击杆的瞬间，弹击拉簧不能恢复自由状态，而被拉长（约束）一个长度（$-\Delta L$），弹击锤回弹时要克服一个反方向的恢复力 Δf（图 4-3-6），使实际的回弹力减小，称这种现象为"冲拉"，"冲拉"所测得的回弹值偏低。

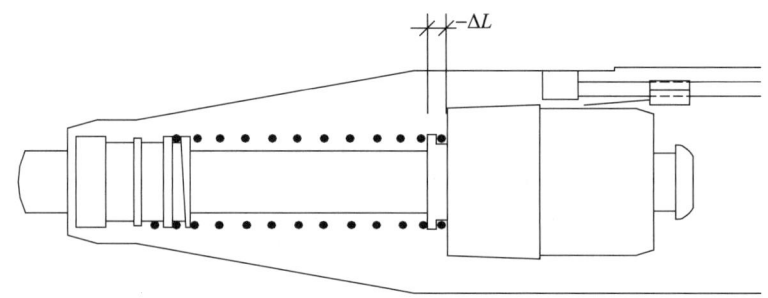

图 4-3-6　弹击拉簧工作长度小于 61.5mm

正常状态下的仪器，当改变弹击拉簧的工作长度时，同时会使弹击拉簧的拉伸长度发生变化，从而带来仪器能量的变化，它与"冲压""冲拉"现象共同影响仪器的检测性能。

当改变 L_0 时，在钢砧上的率定值基本不变，这是因为 L_0 对仪器检测性能的影响主要由弹击拉簧产生"冲压"或"冲拉"所引起，而"冲压""冲拉"的作用主要是使回弹能量发生变化，而回弹能量随着回弹值的增大而影响逐渐减弱，所以对钢砧率定值的影响不大。

（2）弹击锤的冲击长度 L_p。

弹击锤的冲击长度 L_p 是指在弹击锤脱钩的瞬间，弹击锤与弹击杆两撞击面之间的距离，其值应为 75mm（图 4-3-2），当仪器在正常状态下工作时，弹击锤相应于刻度尺上的推算"0"刻度线处起跳，并在"100"刻度线处脱钩，此时弹击锤的冲击长度 L_p 应与弹击拉簧的拉伸长度 L 相等，这是因为在弹击锤和弹击杆两撞击面碰撞的瞬间，弹击拉簧处于自由状态（既不"冲压"也不"冲拉"），此时弹击锤所处的位置正好相应于刻度尺上的推算"0"刻度线处，即此处既是弹击锤回弹时的起跳点，也是拉簧受拉的起始点，所以弹击锤的冲击长度 L_p 也即刻度尺"0"刻度线到"100"刻度线间的距离，也就是弹击拉簧的拉伸长度 L。

当 $L_p>75mm$ 时，在弹击锤与弹击杆碰撞的瞬间，弹击拉簧产生反"冲压"，同时使弹击锤的起跳位置小于"0"，它们之间的影响有一定的抵消，结果在试块上测得的回弹值略偏低。反之，当 $L_p<75mm$ 时，弹击拉簧产生"冲拉"，同时使弹击锤的起跳位置大于"0"，同样它们之间的影响有一定的累加，结果在试块上测得的回弹值略偏高。改变弹击锤的冲击长度，在钢砧上的率定值基本没有变化，这是因为上述因素在钢砧上的影响，基本互相抵消。

（3）弹击锤的起跳位置。

回弹仪是一种游标测读式仪器，因此它和其他计量仪器一样，工作前必须调零。

因为回弹值读数是由回弹能通过弹击锤带动指针移动，最后回弹能消失，使指针停留在某一刻度上，即示值系统为指针直读式，所以回弹仪的调零，实际上是使弹击锤回弹时的起跳位置处于相应于刻度尺上的推算"0"处（而实际上指针并非停留在"0"处），此时弹击拉簧应处于自由状态，其工作长度为 61.5mm。由此可见，如果弹击锤起跳位置不在相应于刻度尺上的推算"0"处，则弹击锤与弹击杆碰撞的瞬间，弹击拉簧产生"冲压"和"冲拉"现象，并使弹击拉簧拉伸长度也同时改变，即仪器的冲击能量也发生变化。

由于仪器构造方面的原因，不能方便和准确地检验弹击锤是否在"0"处起跳，但因刻度尺"0~100"的长度为75mm，当仪器正常工作时，弹击锤的冲击长度为75mm，故在正常情况下，要检验弹击锤是否在"0"处起跳，可检验弹击锤是否于"100"处脱钩。

仪器工作时，保证弹击锤冲击长度为75mm是仪器调零的前提，否则即使弹击锤在"100"处脱钩，也未必于"0"处起跳。

弹击锤起跳位置的改变，直接影响回弹值的大小，但在试块上回弹值的变化较起跳位置的变化，其影响要小一些，而且随着回弹值的增高，影响也增大。这是因为，正常状态下的仪器，当弹击锤起跳位置变化时，弹击拉簧的拉伸长度 L 也随之改变，同时在弹击锤与弹击杆碰撞的瞬间，弹击拉簧产生"冲压""冲拉"现象，它们之间的影响有所抵消。另外，由于"冲压""冲拉"现象引起对回弹值变化的影响随着回弹值的增加而逐渐减弱，因此回弹值由低到高的抵消部分会逐渐减小，所以检测结果反映在高回弹值上的影响较之低回弹值的影响要大，因而对钢砧上的率定值的影响十分显著。

综上所述，将改变机芯三个装配尺寸对回弹值影响的定性关系列于表4-3-3。

表4-3-3 机芯三个装配尺寸对回弹值影响的定性关系

变化项	机芯装配尺寸			仪器工作时状态				回弹值综合反映
	L_0	L_p	脱钩点	弹击拉簧	L	L_p	起跳点	
标准	61.5	75	"100"	自由状态	75	75	"0"	标准
弹击拉簧工作长度 (L_0)	<61.5	75	"100"	冲拉	>75	75	"0"	偏低
	>61.5			冲压	<75			偏高

续表

变化项	机芯装配尺寸			仪器工作时状态				回弹值综合反映
	L_0	L_p	脱钩点	弹击拉簧	L	L_p	起跳点	
弹击锤冲击长度(L_p)	61.5	<75	"100"	冲拉	75	<75	>"0"	偏高
		>75		冲压		>75	<"0"	偏低
弹击锤脱钩位置	61.5	75	>"100"	冲压	<75	75	<"0"	偏低
			<"100"	冲拉	>75		>"0"	偏高

2. 主要零件的质量

(1) 弹击拉簧的刚度系数。

由仪器的构造和冲击能量可算出弹击拉簧的刚度系数,应为784.532N/m (0.8kgf/cm),刚度系数的变化直接影响仪器工作时的冲击能量,同时影响测得的回弹值。

不同刚度系数的弹击拉簧在混凝土试块上所测得的回弹值有显著差异。其差异表现为随刚度系数的增加而回弹值有所降低,这是由混凝土本身的性能所引起的,即当弹击拉簧的刚度系数增大时,弹击锤的冲击动能也随之增大,在混凝土上产生的塑性变形功相应增加,而回弹动能减小,使得回弹值略有降低。

弹击拉簧刚度系数的变化对钢砧率定值无显著影响,说明在所改变的冲击动能范围内,对弹性回弹动能无显著影响。

(2) 弹击杆前端的曲率半径及后端的冲击面。

根据设计,弹击杆前端的曲率半径$r=25$mm,随着r的增大,在试块上测得的回弹值增高,并随着试块表面硬度的增大而趋于明显。这是因为,对于同一台仪器,在冲击能量相同的情况下,弹击杆前端的曲率半径大时消耗在塑性变形中的能量少,因此r偏大时,回弹值偏高。另外,改变r时,对高硬度试块的影响比对低硬度试块的影响大,因此,r越大,表面硬度高的试块测得的回弹值偏高的现象越明显。

弹击杆前端的曲率半径的差异对钢砧率定值的影响不明显,这是因为在钢砧上不能产生塑性变形,因此,当只改变r时,并不能对钢砧率定值产生明显的影响。

国内中型回弹仪的弹击杆后端冲击面原有两种加工形状,即有环带的平面和无环带的平面。弹击杆的冲击面形状对试块的检测结果影响不大。另外,冲击面为平面的弹击杆,不论在钢砧上还是在试块上,所测得的回弹值的极差均小于冲击面有环带的弹击杆。这说明冲击面为平面的弹击杆,其检测稳定性较好。为与国外定型的中型回弹仪相一致,弹击杆后端冲击面的形状规定为平面。

(3) 指针长度l和摩擦力f。

根据设计,指针块上的指示线应位于正中,指示线至指针片端部的水平距离(指针长度l)为20mm,此值直接影响回弹值的大小。

指针摩擦力是指在机壳滑槽中指针块在指针导杆全长上推动时产生的摩擦力f,按设计要求,$f=0.59$N(60gf),实测表明,指针摩擦力如果过小,回弹时指针出现滑动,使回弹值偏高;如果过大,影响弹击锤的回弹力,使回弹值偏低,因此,指针摩擦力应控制在0.5~0.8N。

(4) 影响弹击锤起跳位置的有关零件。

前面在谈到装配尺寸对仪器性能的影响时，述及当仪器其他条件正常时，弹击锤是否在刻度尺的"100"处脱钩和弹击锤的冲击长度是否等于75mm，是影响弹击锤能否在刻度尺上的推算"0"处起跳的因素。为了保证仪器工作时的冲击长度为75mm，必须使缓冲压簧的压缩长度为一定值。缓冲压簧的压缩长度取决于以下几个因素。

① 缓冲压簧的刚度系数。
② 挂钩钗压簧的压缩力。
③ 弹击拉簧的拉伸力。
④ 脱钩时挂钩与弹击锤挂钩处的摩擦。

仪器工作时，对仪器施加的作用力使弹击拉簧拉伸，挂钩压簧压缩，挂钩脱钩，这三部分的力通过中心导杆传递给缓冲压簧，从而使缓冲压簧压缩为一定长度。因此，为了保证弹击锤的冲击长度为75mm，弹击拉簧、挂钩压簧、缓冲压簧的质量必须按设计要求加工，以保证各台仪器质量的一致性。

另外，还有一个因素影响弹击锤的起跳点，即当弹击锤处于脱钩状态时，挂钩尾部与法兰上表面的孔隙要保持最小，并使各台仪器保持一致。

3. 机芯装配质量

机芯按照仪器的构造和工作原理进行装配，是使仪器达到正常状态的关键。关于机芯主要零件的装配尺寸及有关零部件的质量要求已在前文提到，但为了确保仪器具有正常的检测性能，在机芯的装配质量方面必须注意以下一些重要环节。

（1）调零螺丝。

在机芯的弹击拉簧工作长度 $L_0=61.5$mm、弹击锤的冲击长度 $L_p=75$mm 的前提下进行整机调零后（调零螺丝的长度，使弹击锤脱钩瞬间，指针块上的指示线停留在刻度尺的"100"处），尾盖上的调零螺丝应始终处于紧固状态，不得有松动现象或位移现象。

（2）弹击拉簧固定。

弹击拉簧的一端固定于拉簧座上，另一端固定于弹击锤上，固定好后，三联件（拉簧座、弹击拉簧和弹击锤）装入中心导杆，此时弹击拉簧在中心导杆上不得有歪斜现象，否则会影响弹击拉簧的工作性能，此处重要的是弹击拉簧应符合图纸加工质量要求。

（3）机芯同轴度。

机芯同轴度是指弹击杆和弹击锤与中心导杆工作时，是否在同一轴心线上。大量试验表明，机芯同轴度好的仪器，弹击杆和弹击锤的冲击面碰撞时，接触良好，声音清脆，在钢砧上能测得较高且稳定的率定值。反之，声音沉闷，率定值不稳定且较低。因此，当率定值达不到要求时，应检查各零件的加工质量或调换弹击杆，即调整机芯同轴度，使钢砧率定值符合标准。

如果弹击杆的冲击面与其内孔、弹击锤的冲击面与其中心锤孔的垂直度以及中心导杆的垂直度达到一定的加工精度，则三者装配起来的机芯同轴度一定较好。

4.3.6 回弹仪率定

M225型回弹仪的检验方法是在洛氏硬度 $HRC=60\pm2$ 的标准钢砧上，将仪器垂直向下率定，检测其平均率定值是否为80±2，并以此作为出厂合格检验以及使用过程中是否需要调整的标准。

1. 回弹仪率定的作用

（1）在仪器其他条件符合要求的情况下，检验仪器的冲击能量是否等于或接近2.207J，此时在钢砧上的率定值应为80±2，此值作为校验仪器的标准之一。

（2）钢砧率定值能比较灵活地反映出弹击杆、中心导杆和弹击锤的加工精度以及它们三者工作时的同轴度是否符合要求，当不符合要求时，率定值低于78，由此会带来对检测值的影响。

（3）在仪器其他条件符合要求的情况下，转动弹击杆在中心导杆内的位置，在钢砧上的率定值均应为80±2，以此可以校验仪器本身检测的稳定性。

（4）在仪器其他条件符合要求的条件下，用来校验仪器经使用后内部零件有无损坏或出现某些障碍（包括传动部位及冲击面有无污物等），出现上述情况时率定值偏低且稳定性差。

（5）在仪器他条件符合要求的情况下，反映（而不是校验）弹击锤的起跳位置是否在刻度尺上推算的"0"处。由于仪器各零部件的加工和装配都有一定的公差，所以即使装配尺寸都符合要求，所有仪器弹击锤的起跳点也未必都于"0"处起跳。

综上所述，钢砧率定值在一定条件下可以反映仪器的部分质量和性能。但必须指出，只有在仪器三个装配尺寸和主要零件质量校验合格的前提下，钢砧率定值才能作为校验仪器是否合格的一项标准。

2. 率定方法

仪器有下列情况之一时，应在钢砧上进行率定试验。

（1）回弹仪当天使用前。

（2）检测过程中对回弹值有怀疑时。

如率定试验结果不在规定的80±2，应对回弹仪进行常规保养后再进行率定试验。若再次率定，试验结果仍不合格，应送专门校准机构进行校准。

回弹仪的率定试验应符合下列规定。

① 率定试验应在室温为5～35℃的条件下进行。

② 钢砧表面应干燥、清洁，并应稳固地安放在刚度大的物体上。

③ 率定试验应分四个方向进行，一个方向的率定试验完成后，将弹击杆旋转90°左右，再进行另一个方向的率定试验。

④ 回弹仪在每个方向弹击3～5次，取连续3次稳定回弹值的平均值为此方向的率定值。

标准钢砧质量大，携带不便，现场检测过程中，为了检查仪器标准状态，保证检测数据的准确可靠，可以考虑用轻型钢砧或微型钢砧进行数值校对。

3. 钢砧发展

国家计量检定规程《回弹仪》（GB/T 9138—2015）和行业标准《回弹法检测混凝土抗压强度技术规程》（JGJ/T 23—2011）规定，回弹仪率定用标准钢砧的洛氏硬度为60±2，质量为16.0kg（+0.3kg，−0.1kg）。

普通混凝土的强度区间（20.0～60.0）MPa，对应的回弹仪示值常用区间为20～

60。陕西省建筑科学研究院有限公司专家分析认为，日常使用的普通混凝土回弹仪仅仅在钢砧上率定 80 ± 2 是不够的，无法反映出仪器在混凝土上常用区间 20～60 内的重复性和稳定性。济南朗睿检测技术有限公司研制出 GZ3 型轻型钢砧和 GZ4 型微型钢砧。

GZ3 型轻型钢砧，率定面洛氏硬度 $HRC=60\pm2$，质量 1.03kg，率定值 60 ± 2；GZ4 型微型钢砧，率定面洛氏硬度 $HRC=60\pm2$，质量 2.40kg，率定值 41 ± 2。

为分析 GZ3 型轻型钢砧和 GZ4 型微型钢砧的稳定性，我们将仪器放置在楼面瓷砖、地面瓷砖、地面混凝土三种不同基底上进行率定，大量数据分析证明：

(1) GZ3 型轻型钢砧放置在不同稳固基底上，回弹值极差不大于1，数值很稳定，实测值为 58～60，符合要求。

(2) GZ4 型微型钢砧放置在不同稳固基底上，回弹值极差均大于1，个别值大于2，数值稳定性略差，实测值为 40～45，对于同一种基底，回弹值极差不大于1，数值很稳定。

建议：GZ4 型微型钢砧仅用于数值校对，现场检测时，可用微型钢砧校对仪器回弹值是否稳定。

GZ4 型微型钢砧校对方法：现场选择稳固混凝土或其他坚实地面（或楼面），对回弹仪进行率定操作，记录率定值，并计算平均值 M 和极差 S，极差 S 不大于2证明 GZ4 型微型钢砧状态正常，标识地面位置为校对专用位置，后继回弹仪率定均在此位置进行，率定值为 $M\pm2$ 时为校对合格。

如果回弹仪率定值不在规定的范围内，应对仪器进行常规保养后再进行率定，如再次率定仍不合格，仪器不得用于检测。

回弹仪在非标准状态下的率定值的变化如下。

(1) 弹击拉簧工作长度大于标称值 61.8mm，根据胡克定律，弹簧过长使弹击力变大，冲击能量变大，弹击锤回弹能量变大，回弹值偏高。维修方法：适当调整弹击拉簧在弹簧座上的固定位置，使其工作长度在规定范围内。

(2) 混凝土回弹仪弹击锤的起跳位置与率定值的关系，当起跳位置增至"2"时，在能量不变的情况下，率定值将增大两个单位。

(3) 弹击锤回弹位置偏高。假设弹击锤回弹位置偏高两个单位，则 $E_1=0.5\times784.5\times0.7652=2.296$J，大于标准回弹能量 2.207J，回弹时的能量也同样增大，表现为率定值增大。

4.3.7 回弹仪操作、保养及校准

1. 操作

回弹仪处于不同角度的混凝土检测面均可进行检测。检测时，在向仪器施加推压力的过程中，要注意仪器的轴线应始终垂直于构件混凝土的检测面，具体操作程序如下。

(1) 保存中的仪器（脱钩后按下按钮锁住法兰状态）。工作前，用仪器的弹击杆顶住混凝土检测面，轻压仪器使按钮松开，放松压力时弹击杆徐徐伸出，此时机芯中的挂钩挂上弹击锤。

(2) 用弹击杆顶住混凝土检测面缓慢均匀施压（在脱钩前不得突然施加冲击力），待弹击锤脱钩，冲击弹击杆后，弹击锤回弹带动指针向后移动，直至到达一定位置时，

指针块上的示值刻度线即在刻度尺上指示出一定数值,即为回弹值。

(3) 使仪器继续顶住混凝土检测面,读数并记录回弹值,如条件不利于读数,可按下按钮,锁住机芯,将回弹仪移至他处读数。

(4) 逐渐对回弹仪减压,使弹击杆自仪器内伸出,待下一次使用。

(5) 每次检测时,均应按上述(2)~(4)项的要求,重复进行操作。

2. 保养

为了使回弹仪在使用中保持标准状态,应经常对回弹仪进行保养,保养分即时保养和常规保养。

(1) 即时保养。

即时保养是指仪器每次使用完毕后,对伸出仪器外壳的弹击杆(包括前端球面)、刻度尺和外壳上的污垢、尘土进行及时清除,同时为了防止灰尘侵入仪器内部,应在回弹仪弹击后按下按钮,锁住机芯,装入仪器箱内,置于干燥、阴凉处保存。

(2) 常规保养。

① 何时进行常规保养。

a. 弹击超过 2000 次。

b. 对检测值有怀疑时。

c. 率定结果不符合要求。

② 常规保养的方法。

a. 轻压弹击杆使其伸出机壳,然后旋下机壳头部的盖帽,并将卡环取下,旋下尾盖后取出压簧,并轻按挂钩使弹击锤脱钩,仪器的机芯即可从机壳中取出(取机芯时要注意将机壳上的刻度尺朝上,避免弹击锤突出部分碰坏指针片)。

b. 推动弹击锤在中心导杆上滑动,轻轻敲击弹击杆,使其与中心导杆脱开,将缓冲压簧从弹击杆中取出,卸下三联件(拉簧座、弹击拉簧和弹击锤)、刻度尺、指针轴和指针。

c. 用清洗剂(一般为汽油)清洗机芯的中心导杆、弹击拉簧、拉簧座、弹击杆及其内孔和冲击面、缓冲压簧、弹击锤及其内孔和冲击面、指针块及其内孔、指针片、指针轴、刻度尺、卡环以及仪器外壳的内壁等。中心导杆清洗完毕后应抹上一层薄薄的钟表油或其他无腐蚀的轻油,以保持润滑,其他零件均不得抹油。

d. 检查尾盖上的调零螺丝是否处于紧固状态,弹击拉簧前端是否钩入拉簧座的原孔位内,否则应送校验单位校验。

e. 保养过程中不得自制或更换零件,保养后应进行率定,率定值应为 80 ± 2,否则,应送校验单位校验。

3. 校准

回弹仪有下列情况之一时,应送专门校准机构进行校准。

(1) 新回弹仪启用前。

(2) 超过校准有效期限(有效期为半年)或累计弹击次数超过 6000 次。

(3) 更换主要零件(弹击拉簧、弹簧座、弹击杆、缓冲压簧、中心导杆、导向法兰、弹击锤、指针轴、指针片、指针块、挂钩及调零螺丝)后。

(4) 弹击拉簧不在拉簧座原孔位、调零螺丝松动。

(5) 遭受严重撞击或其他损害。

校准合格的仪器应符合下列标准。

(1) 水平弹击时,弹击锤脱钩的瞬间,仪器的标称动能应为 2.207J,此时在洛氏硬 $HRC=60\pm2$ 的钢砧上的率定值应为 80 ± 2。

(2) 弹击拉簧的工作长度为 61.2～61.8mm,弹击锤的冲击长度(弹击拉簧的拉伸长度)为 74.7～75.3mm,弹击锤在刻度尺上的"100"处脱钩,此时弹击锤与弹击杆碰撞的瞬间,弹击拉簧应处于自由状态,弹击锤起跳点应相应于刻度尺上推算的"0"处。

(3) 指针块上的指示线至指针片端部的水平距离为 20mm,指针块在指针轴全长上的摩擦力为 0.5～0.8N。

(4) 弹击杆前端的曲率半径为 25mm,后端的冲击面为平面。

(5) 弹击拉簧的刚度应为 755～815N/m。

(6) 操作轻便,脱钩灵活,指针上升时不得有抖动步进现象。

上述标准状态下的五项指标以仪器的零部件加工精度符合要求为前提,否则仍然会出现一定范围的误差。

4.3.8 常见故障及排除方法

仪器在使用过程中,由于种种原因,难免会出现各种故障。

回弹仪常见故障及其排除方法见表 4-3-4。

表 4-3-4 回弹仪常见故障及排除方法

序号	故障现象	原因分析	检修方法
1	回弹仪在弹击检测时,指针块停在起始位置上不动	(1) 指针块上的指针片相对于指针轴的张角太小; (2) 指针片已折断	(1) 卸下指针块,将指针片的张角适当扳大些; (2) 更换指针片
2	指针块弹击过程中抖动步进上升	(1) 指针块上的指针片的张角略小; (2) 指针块与指针轴之间配合太松,摩擦力较小; (3) 指针块与刻度尺局部相碰或与固定刻度尺的小螺钉相碰,或与机壳滑槽局部摩阻太大	(1) 将指针块卸下,适量地将指针片的张角扳大; (2) 将指针摩擦力调大一些; (3) 修锉指针的上平面,或截短小螺钉,或修锉滑槽
3	指针块在未弹击前就被带上来,无法读数	指针块上的指针片张角太大	卸下指针块,将指针片的张角适当扳小
4	弹击锤过早击发	(1) 挂钩的钩端已成小钝角; (2) 弹击锤的尾端局部破碎	(1) 更换挂钩; (2) 更换弹击锤
5	不能弹击	(1) 挂钩压簧已脱落; (2) 挂钩的钩端已折断或已磨成大钝角; (3) 弹击拉簧已拉断	(1) 装上挂钩压簧; (2) 更换挂钩; (3) 更换弹击拉簧

续表

序号	故障现象	原因分析	检修方法
6	弹击杆伸不出来，无法使用	按钮不起作用	用手握尾盖并施一定压力，慢慢地将尾盖旋下（注意防止压力弹簧将尾盖冲开弹击伤人），使导向法兰往下运动，然后调整好按钮，如果按钮零件缺损，则应更换
7	弹击杆易脱落	中心导杆端部与弹击杆内孔配合不紧密	取下弹击杆，将中心导杆端部各爪瓣适当扩大（装卸时切勿丢失缓冲压簧）；更换中心导杆或弹击杆
8	标准状态下仪器率定值偏低	(1) 弹击锤与弹击杆的冲击平面有污物； (2) 弹击锤与中心导杆间有污物，摩擦力增大； (3) 弹击锤与弹击杆间的接触不均匀； (4) 中心导杆端部分爪瓣折断； (5) 机芯损坏	(1) 用汽油擦洗冲击面； (2) 用汽油擦洗弹击杆及中心导杆，并抹上一层薄薄的轻油； (3) 更换弹击杆； (4) 更换中心导杆； (5) 更换机芯

4.3.9 高强混凝土回弹仪

随着建筑施工技术的发展，强度等级为 C60，C70，C80 的高强混凝土，在高层建筑施工中的应用越来越多，这就迫切要求混凝土材料向高强、高性能方向发展。国内专门针对高强混凝土强度现场检测技术的研究才刚刚起步，陕西省建筑科学研究院设计院有限公司与山东乐陵市回弹仪厂合作发明了 H550 型（原称 ZC1 型）高强混凝土回弹仪，并制定出陕西省工程建设标准《回弹法检测高强混凝土抗压强度技术规程》(DBJ 24-24-03)，适用于 60~100MPa 高强混凝土强度检测。中国建筑科学研究院有限公司研究开发 H450 型（原称 GHT450 型）高强混凝土回弹仪，并申请了国家专利（专利号：ZL98201939.4），H450 型回弹仪适用于强度等级为 C40~C80 混凝土的强度测试。通过大量试验研究和试点工程，建立了高强混凝土回弹法测强曲线，还编制了《回弹法检测高强混凝土强度技术规程》（Q/JY 17—2000）。

2013 年陕西省建筑科学研究院设计院、山东省建筑科学研究院与中国建筑科学研究院合作编制出《高强混凝土强度检测技术规程》（JGJ/T 294—2013）。

现在国内研制的高强混凝土回弹仪有 H550 型、H450 型、HT1000 型、HT3000 型等，各种型号高强混凝土回弹仪冲击能量技术指标如下。

(1) H550 型回弹仪，当仪器在水平状态工作时，其冲击能量 E 可由下式计算。

$$E = \frac{1}{2}CL^2 = \frac{1}{2} \times 1100 \times 0.1^2 = 5.5 \text{ (J)} \tag{4-3-3}$$

式中：C——弹击拉簧的刚度系数，其值为 1100N/m；

L——弹击拉簧工作时的拉伸长度，其值为 100mm。

(2) H450 型回弹仪,当仪器在水平状态工作时,其冲击能量 E 可由下式计算。

$$E=\frac{1}{2}CL^2=\frac{1}{2}\times 900\times 0.1^2=4.5 \text{ (J)} \tag{4-3-4}$$

式中：C——弹击拉簧的刚度系数,其值为 900N/m;

L——弹击拉簧工作时的拉伸长度,其值为 100mm。

(3) HT1000 型回弹仪,当仪器在水平状态工作时,其冲击能量 E 达到 10J。

理论分析认为,高强混凝土回弹仪应提高回弹值对混凝土强度变化的敏感性,降低混凝土抗压强度随回弹值变化的增长幅度。理想状态应是表面硬度的微小变化引起回弹值的显著变化,这就需要增加弹击拉簧工作时的拉伸长度。HT1000 型、HT3000 型回弹仪弹击拉簧的刚度系数较大,所需推力较大,不便于现场检测操作。因此,普通混凝土检测不采用这两种回弹仪。

目前工程结构混凝土现场强度检测中常用的高强混凝土回弹仪有 H550 型、H450 型两种,《回弹仪检定规程》(JJG 817—2011) 中对 H550 型、H450 型回弹仪的技术要求如下。

(1) 外观。

仪器外壳不允许有碰撞和摔落等造成的明显损伤,弹击杆外露球面应光滑,无裂纹、锈蚀等缺陷,指针滑块示值刻度线应清晰,标尺上的刻度线应清晰、均匀。

(2) 运动部件。

各运动部件活动自如、可靠,不得有松动、卡滞和影响操作的现象。

(3) 计量性能要求。

H550 型、H450 型回弹仪主要技术要求见表 4-3-5。

表 4-3-5 H550 型、H450 型回弹仪主要技术要求

序号	项目	回弹仪规格	技术要求	允许误差
1	标尺"100"刻度线位置	H550、H450	与检定器中盖板定位缺口侧面重合	在刻线宽度范围内(刻线宽 0.4mm)
2	指针长度 (mm)	H550	20.0	±0.2
		H450	25.0	±0.2
3	指针摩擦力 (N)	H550、H450	0.65	±0.15
4	弹击杆端部球面半径 (mm)	H550	18.0	±1.0
		H450	35.0	
5	弹击锤脱钩位置	H550、H450	标尺"100"刻度线处	±0.2mm
6	弹击拉簧刚度 (N/m)	H550	1100	±50
		H450	900	±40
7	弹击拉簧工作长度 (mm)	H550	86.0	±0.5
		H450	106.0	
8	弹击锤拉伸长度 (mm)	H550	100.0	±0.5
		H450	100.0	
9	弹击锤起跳位置	H550、H450	标尺"0"刻度线处	0~1

续表

序号	项目	回弹仪规格	技术要求	允许误差
10	钢砧上的率定值	H550	83	±2
		H450	88	
11	示值一致性	指针滑块刻度线对应的标尺数值与数字式回弹仪的显示值之差不大于1,且两者的钢砧率定值均满足要求		

H550 型高强混凝土回弹仪弹击拉簧的刚度系数比普通混凝土回弹仪更大,弹击拉簧工作时拉伸长度增加到 100mm,理论分析认为,此类型回弹仪的回弹值对混凝土强度变化的敏感性与普通混凝土回弹仪相比变化不大。

H450 型高强混凝土回弹仪刚度系数比普通混凝土回弹仪稍大,弹击拉簧工作时拉伸长度增加到 100mm,理论分析认为,此类型回弹仪的回弹值对混凝土强度变化的敏感性与普通混凝土回弹仪相比应稍有增大。

为对比两种回弹仪实际检测数据,我们制作 C50、C60、C70、C80、C90、C100 高强混凝土试件和 150mm×150mm×150mm 混凝土立方体试块,2 组试块标准养护,10 组自然养护。达到龄期后,采用 H550 型、H450 型高强混凝土回弹仪对混凝土试件进行回弹法检测,得到混凝土回弹值、碳化深度,同时对立方体混凝土试块进行立方体抗压强度检测,得到混凝土立方体抗压强度,与强度相关量值——混凝土立方体抗压强度建立一一对应关系。H550 型、H450 型高强混凝土回弹仪散点图及趋势线对比如图 4-3-7 所示。

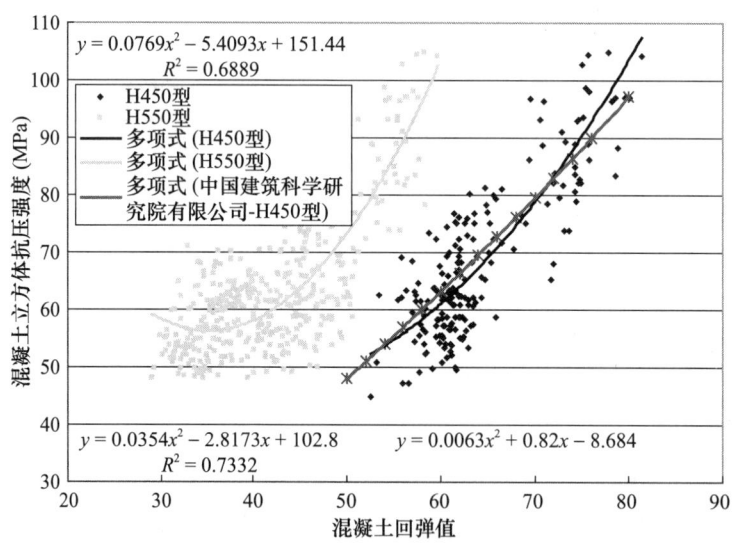

图 4-3-7 不同高强混凝土回弹仪回弹数据对比

由图 4-3-7 分析可知,H450 型回弹仪与 H550 型回弹仪对比,回弹值提高 12~20,H550 型回弹仪因弹击拉簧刚度增大较多,因此,回弹值减小明显,同一试块的回弹值低于普通混凝土回弹值,H450 型回弹仪弹击拉簧刚度增大不多,回弹值提高很明显,同一试块的回弹值高于普通混凝土回弹值。

4.3.10 Q值回弹仪

1. Q值回弹仪的工作原理和特点

Q值是根据新一代回弹仪的测量原理命名的,源自术语"能量系数"。Q值回弹仪是由一个特殊构造的回弹仪和一组光学传感器组成的系统。

Q值回弹仪的工作原理:它测量的不是弹击锤的回弹距离,而是弹击锤的回弹速度,在每次冲击之前和冲击之后的瞬间,通过安装在回弹仪上的光电子器件采集信号立即测量出回弹仪弹击和回弹速度,进行数字转换和数据的处理,计算Q值。

2. Q值回弹仪与R值回弹仪的区别

回弹值等于重锤冲击混凝土表面后剩余势能与原有势能之比的平方根。

R值回弹仪:$R = 100\sqrt{\dfrac{E_{\text{reflected}}}{E_{\text{forvard}}}} = 100\sqrt{\dfrac{\frac{1}{2}Dx_R^2}{\frac{1}{2}Dx_O^2}} = 100\dfrac{x_R}{x_O}$

Q值回弹仪:$Q = 100\sqrt{\dfrac{E_{\text{reflected}}}{E_{\text{forvard}}}} = 100\sqrt{\dfrac{\frac{1}{2}mv_R^2}{\frac{1}{2}mv_O^2}} = 100\dfrac{v_R}{v_O}$

式中:R,Q——回弹值;

D——弹击拉簧的刚度;

m——弹击锤质量;

E_{forward}——冲击前能量;

$E_{\text{reflected}}$——回弹后能量;

x_O——冲击前的弹击拉簧拉伸长度;

x_R——冲击后的弹击拉簧回弹长度;

v_O——冲击前的瞬间速度;

v_R——冲击后的回弹速度。

3. Q值回弹仪的优势

影响Q值回弹仪的物理因素有两个:一个是回弹锤的重力,另一个是中心导杆的摩擦力以及指针滑块在指针轴上反复运动使其摩擦力发生变化,尤其在现场检测混凝土强度时,由于粉尘、油污的影响,中心导杆以及指针滑块的摩擦力会发生很大的变化,因此摩擦力的变化对回弹值的影响较大。与R值回弹仪比较,Q值回弹仪具有三大优势。

(1) 回弹值的物理意义是弹击杆弹击混凝土前后瞬间的弹击能量的比值,与弹击杆弹击后重锤的位移变化无关,与冲击方向无关,任意角度弹击都不受重力影响,所以无须进行弹击角度的修正。

(2) Q值回弹仪在构造上去掉了指针轴和指针滑块,因为没有指针滑块,不受牵引指针运动的反弹摩擦力的影响,同时,采用双层密封防止灰尘和污垢,极大地增强了仪器测量的准确性和重复性,所以测试结果的离散性与R值回弹仪相比要小得多。

(3) Q值回弹仪构造变简单了,使用中外界影响降低,维护和检定也变简单,提高工作效率,降低使用成本。Q值数显回弹仪中部显示区域,采用重力感应菜单设计,在任何情况下都可以清楚地看到检测数据。

由于 Proceq 公司对 Q 值回弹仪的专利权保护，目前中国还没有单位能生产 Q 值回弹仪，Proceq 公司对 Q 值回弹仪做了密封保护，无法拆开进行校准，所以 Q 值回弹仪的推广应用受到很大限制。

4.4 混凝土分类

混凝土回弹仪的多样性是为了适应混凝土的多样性，由于外加剂、掺合料等的使用，混凝土本身的性能多种多样。按照《普通混凝土配合比设计规程》(JGJ 55—2011) 第 2.1 条术语的规定，常用混凝土分为以下几种。

(1) 普通混凝土：干密度为 2000~2800kg/m³ 的水泥混凝土。
(2) 塑性混凝土：混凝土拌合物坍落度为 10~90mm 的混凝土。
(3) 流动性混凝土：混凝土拌合物坍落度为 100~150mm 的混凝土。
(4) 大流动性混凝土：混凝土拌合物坍落度大于或等于 160mm 的混凝土。
(5) 高强混凝土：强度等级为 C60 及以上的混凝土。
(6) 泵送混凝土：可在施工现场通过压力泵及输送管道进行浇筑的混凝土。

由泵送混凝土定义我们得出，流动性混凝土和大流动性混凝土采用泵送施工时就是泵送混凝土。

随着高层建筑和大体积混凝土工程的日益增多，以及其规模的日益扩大，泵送混凝土技术及施工方法得到了巨大的发展。泵送混凝土工艺可以极大地提高混凝土的浇筑施工效率，施工速度快，能有效改善混凝土的施工性能，并且具有输送混凝土能力大、速度快、缩短工期、降低费用及能连续作业的特点，尤其对于高层建筑和大体积基础混凝土的施工，更能显示出它的优越性。

泵送混凝土是在混凝土泵的压力推动下沿输送管道进行运输，并在输送管道出口处直接浇筑的混凝土。根据《普通混凝土配合比设计规程》(JGJ 55—2011) 术语第 2.1.9 条规定，泵送混凝土是指可在施工现场通过压力泵及输送管道进行浇筑的混凝土。

泵送混凝土必须具有工程设计所需的强度，同时还应具有能顺利通过输送管道、不阻塞、不离析、黏塑性良好等性能。为此，泵送混凝土中大量使用外加剂和掺合料，使混凝土的物理力学性能发生改变。这些改变对泵送混凝土现场回弹法强度检测也产生了显著影响，对比研究证明泵送混凝土与塑性混凝土应该分别建立测强曲线。

高强混凝土多用于高层建筑结构，为达到高强度及良好施工性能，大量使用各种外加剂、掺合料，高强混凝土中外加剂、掺合料是与水泥同等重要的材料。高强混凝土所用粗细骨料一般也是经过挑选的。试验证明，采用高强混凝土回弹仪检测高强混凝土检测结果较准确，能够满足现场工程质量检测监督的需要。

4.5 回弹测强影响因素分析

回弹法属于一种表面硬度法，它是通过混凝土检测面回弹值 R 与混凝土立方体抗压强度 f 之间的相关关系来推算结构混凝土强度的。根据理论分析，当混凝土表面与内部质量状况一致时,回弹值与抗压强度值之间有着必然的联系,但混凝土原材料、浇筑成型工艺、龄期、养护条件等因素对混凝土的回弹值与抗压强度值都有不同影响,因此,回弹法只能建立在试验的基础上,研究各种因素对 R-f 基准曲线的影响,是提高 R-f 基准曲线推算混凝土强度精度,以及确定 R-f 基准曲线适用范围的重要环节。

经过长期试验研究认为,影响回弹法检测混凝土强度的主要因素是原材料、配合比、养护条件、龄期、碳化深度等。

4.5.1 回弹仪不同测试角度的影响

回弹仪非水平方向检测时,根据功能原理可近似推导回弹值的修正公式。

$$R_i = R_\alpha \tag{4-5-1}$$

式中:R_i——水平方向测试时第 i 个回弹值;
　　　R_α——与水平方向成 α 角度测试时第 i 个回弹值;
　　　α——回弹仪轴线与水平方向所成的角度。

当仪器非水平方向测试时,应将测得回弹值 R_α 按角度 α 修正至水平测试时的回弹值。如图 4-5-1 所示,根据功能原理,推导如下。

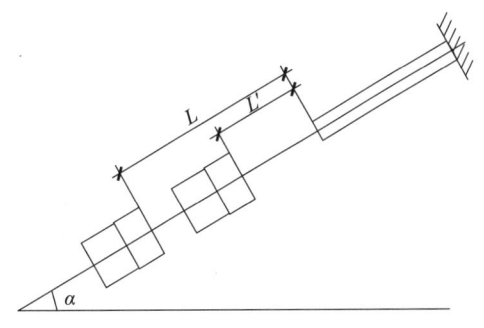

图 4-5-1　非水平检测示意

设:L——弹击锤脱钩前距弹击杆的距离;
　　L'——弹击锤弹回后距弹击杆的距离;
　　W——弹击锤重;
　　C——弹击拉簧刚度系数;
　　α——仪器轴线与水平方向所成的角度;
　　E——冲击动能;
　　E'——回弹动能;
　　$R_{\alpha i}$——与水平方向成 α 角度检测时第 i 个回弹值;
　　R_i——水平方向检测时第 i 个回弹值。

仪器呈标准状态,如不计弹击锤与中心导杆、指针与指针导杆之间的摩擦力和弹击锤与指针移动时的空气阻力,则根据功能原理,可得出如下关系。

$$E = \frac{1}{2}CL^2 - LW\sin\alpha \tag{4-5-2}$$

$$E' = \frac{1}{2}CL'^2 - L'W\sin\alpha \tag{4-5-3}$$

$$R' = \frac{L'}{L} \times 100 \tag{4-5-4}$$

由式（4-5-4）得 $L' = \frac{R_i L}{100}$，代入式（4-5-2）得：

$$E' = \frac{1}{2} CL^2 \times \frac{R_{ai}^2}{100^2} - LW \frac{R_{ai}}{100} \sin\alpha \tag{4-5-5}$$

因水平检测时，

$$R_i = \frac{L'}{L} \times 100 = \sqrt{\frac{E'}{E}} \times 100$$

所以

$$R_i = \sqrt{\frac{\frac{CL^2}{2} \times \frac{R_{ai}^2}{100^2} - LW \times \frac{R_{ai}}{100} \times \sin\alpha}{\frac{CL^2}{2} - LW\sin\alpha}} \times 100$$

$$= \sqrt{\frac{\frac{R_{ai}^2}{100^2}\left(CL - 2W\sin\alpha \frac{100}{R_{ai}}\right)}{CL - 2W\sin\alpha}} \times 100$$

$$= R_{ai}\sqrt{\frac{\left(1 - \frac{2W}{CL}\sin\alpha \frac{100}{R_{ai}}\right)}{1 - \frac{2W}{CL}\sin\alpha}}$$

$$= R_{ai}\sqrt{\frac{\left(1 - k\sin\alpha \frac{100}{R_{ai}}\right)}{1 - k\sin\alpha}} \tag{4-5-6}$$

式中：$k = \frac{2W}{CL}$——仪器常数。当 $W=3.628$，$C=784.5\text{N/m}$，$L=0.075\text{m}$ 时，$k=0.123$。

$$R_i = R_{ai}\sqrt{\frac{1 - 0.123\sin\alpha \frac{100}{R_{ai}}}{1 - 0.123\sin\alpha}} \tag{4-5-7}$$

即

$$f(\alpha) = \sqrt{\frac{1 - 0.123\sin\alpha \frac{100}{R_{ai}}}{1 - 0.123\sin\alpha}} \tag{4-5-8}$$

例1：当仪器垂直向上弹击时，$\alpha = +90°$，$\sin\alpha = 1$。

$$f(\alpha) = \sqrt{1.14 - \frac{14}{R_{ai}}} \tag{4-5-9}$$

例2：当仪器垂直向下弹击时，$\alpha = -90°$，$\sin\alpha = -1$。

$$f(\alpha) = \sqrt{0.89 + \frac{11}{R_{ai}}} \tag{4-5-10}$$

当仪器非水平方向检测时，应将测得的回弹值 R_α 按角度 α 修正至水平检测时的回弹值，其修正值一般由相应曲线或表格查出。

4.5.2 回弹不同浇筑面的影响

对于一般梁和板的构件来说，由于混凝土的分层泌水现象，构件浇筑底面石子较多,回弹数值偏高;浇筑顶面由于泌水,水灰比略大,面层疏松,回弹值偏低。通过对比发现,试块顶面的回弹值较侧面低5%~10%,而浇筑底面则较侧面高10%~20%。此外,检测面的平整度对回弹测强也有较大的影响,浇筑顶面打磨后,石子外露,使回弹值有时比浇筑侧面还要高。

因此,检测时尽可能选择构件浇筑侧面,避开顶面和底面。因为顶面、底面质量随混凝土强度等级、施工方法等不同有较大的差异,如不得已而检测混凝土的浇筑顶面或底面,则需对测得的回弹值进行修正。

4.5.3 原材料及配合比的影响

组成混凝土的主要成分是粗骨料、细骨料、胶凝材料、水。高性能混凝土为达到要求的耐久性、流动性等,大量使用外加剂、掺合料,同时,从节能环保角度考虑,提倡使用工业废料,如粉煤灰、工业矿渣等,这使高性能混凝土原材料组成更复杂,因此原材料对高性能混凝土回弹法强度检测的影响也更复杂。

1. 石子粒径、级配、人工砂对回弹法测强的影响

因材料供应、施工要求等不同,同一强度等级混凝土使用的石子粒径、级配也不同,如基础垫层常用大粒径石子,而现浇板、楼梯等常用小粒径石子。为分析石子粒径、级配对回弹法测强的影响,课题组进行对比试验。

近几年因天然砂资源减少,为保持河床稳定,保证堤坝安全,政府限制在河道挖砂,人工砂的使用越来越普遍,因人工砂生产工艺简单,成本低,部分大型混凝土搅拌站自产自用,人工砂与天然砂使用比例达到1:1,为分析人工砂对回弹法测强的影响,课题组进行对比试验。

图4-5-2中三条测强曲线,考虑普通建筑结构工程混凝土常用原材料进行的对比试验,普通混凝土石子粒径为5~25mm,细骨料为天然黄砂,人工砂混凝土石子粒径为5~25mm,细骨料为人工砂,石子粒径对应混凝土石子粒径为10~31.5mm,通过三条

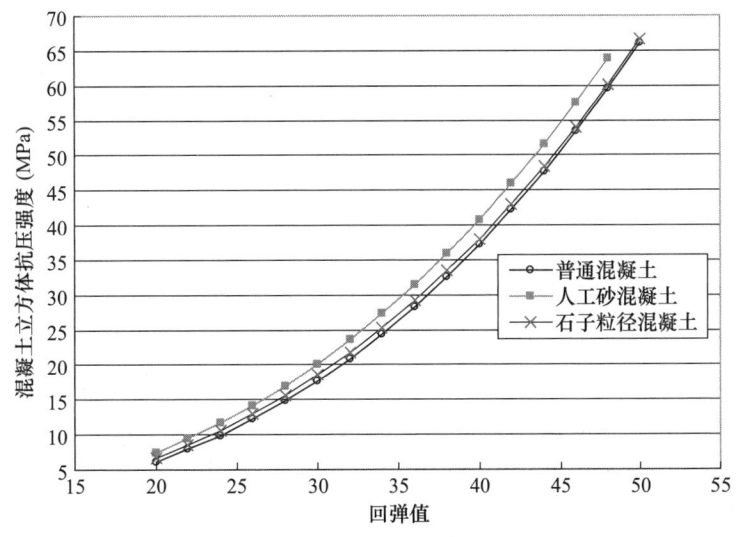

图4-5-2 石子粒径、人工砂对回弹法测强的影响

测强曲线的对比可以看出，石子粒径与普通混凝土测强曲线基本重合，证明石子粒径在5～31.5mm范围内变化，对回弹法测强的影响不明显。通过人工砂与普通混凝土测强曲线的对比可以看出，人工砂混凝土回弹值略偏低，但不足5%，可认为影响不显著。

2. 外加剂对回弹法测强的影响

外加剂在高性能混凝土中的使用非常普遍，常用的有防止开裂、提高抗渗性的膨胀剂，增加流动性的减水剂等。课题组选择山东省常用外加剂进行对比试验，分析外加剂对回弹法测强的影响。掺不同外加剂混凝土回弹法测强曲线对比如图4-5-3所示。

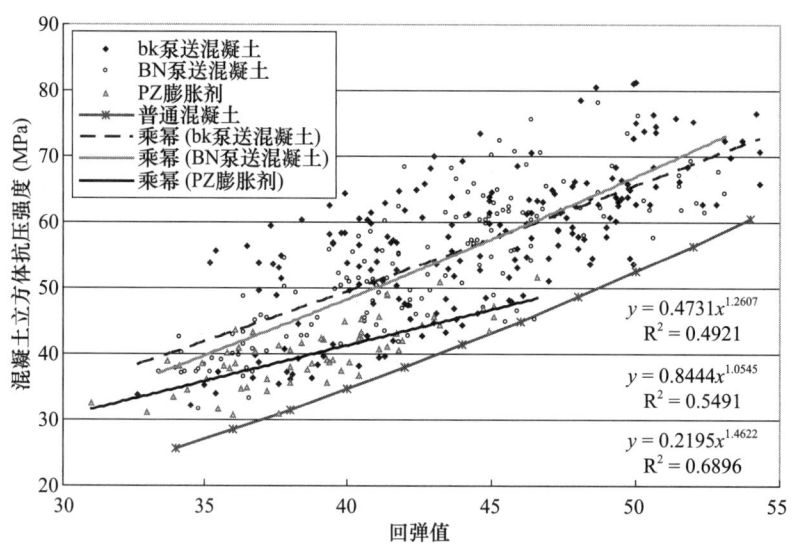

图4-5-3 掺不同外加剂混凝土回弹法测强曲线对比

从对比试验可以看出，加入膨胀剂的膨胀混凝土，在回弹值相同时推定强度值高于普通混凝土，且强度越低越明显。理论分析认为，膨胀剂使混凝土密实度增大，强度显著提高，对表面硬度提高不明显。建议对膨胀混凝土使用回弹法检测混凝土强度时，考虑进行修正。

图4-5-3中bk泵送混凝土是加入聚羧酸类减水剂的泵送混凝土，BN泵送混凝土是加入萘系减水剂的泵送混凝土，从散点图及测强曲线对比可以看出，这两种泵送混凝土散点图无明显分区，测强曲线基本重合，可以认为这两种混凝土的回弹测结果无明显差异。

掺泵送剂混凝土坍落度为160～230mm，而普通混凝土坍落度低于100mm，所以，测强曲线显示出较大差异，此现象与坍落度对回弹法测强的影响是一致的。

相同回弹值对比，掺泵送剂混凝土抗压强度明显比塑性混凝土抗压强度高，分析认为，泵送剂的主要成分是减水剂，减水剂的水泥分散作用使水泥颗粒在水中均匀分散，降低水胶比，减小混凝土孔隙率，使水泥的水化反应更充分，水泥石结构更坚固。同时，改善水泥石与骨料间界面过渡区的性质，提高混凝土强度。

硬化后混凝土由水泥石、骨料、水泥石与骨料间界面过渡区三相组成，在骨料和水泥石之间有一个白色环，这就是所谓的过渡层，它由$Ca(OH)_2$和钙矾石的粗大结晶组成，具有比水泥石大的孔隙率，是混凝土结构中的薄弱层。界面过渡区的强度取决于三个因素：孔的体积和孔径大小、Ca(OH)$_2$晶体的大小与取向、界面上存在的微裂缝和孔隙。不掺减水剂的混凝土水灰比较高，毛细管水含量较高，表现为总孔隙率较大，孔径较大，界面过渡区厚度大，同时，混凝土泌水性往往导致粗骨料下表面形成水囊，干燥后形成孔隙，有时因收缩变形，界面处出现裂缝，在外力作用下因应力集中，使混凝土提前破损。

3. 掺合料对回弹法测强的影响

泵送混凝土为降低成本、改善混凝土和易性、增大流动性，常掺加粉煤灰、矿渣等工业废料，课题组采用粉煤灰、矿渣分别配制 C20，C30，C40 泵送混凝土进行对比试验，试验数据对比如图 4-5-4 所示。

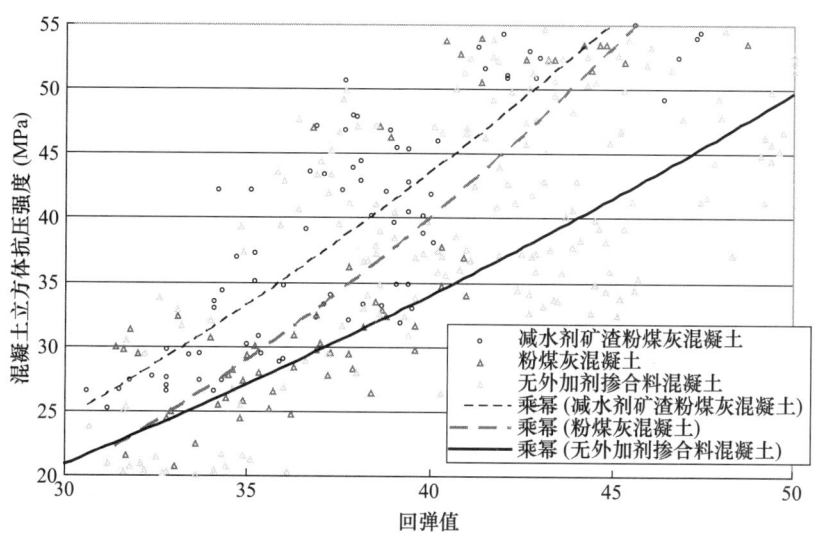

图 4-5-4 不同掺合料混凝土回弹数据对比

图 4-5-4 中，粉煤灰混凝土中粉煤灰取代 20％水泥，矿渣粉煤灰混凝土中矿渣粉煤灰取代 30％～40％水泥，掺减水剂，无外加剂掺合料混凝土中不掺任何外加剂掺合料，图中三类混凝土散点图及趋势线显示，混凝土抗压强度相同时，不掺任何外加剂掺合料混凝土回弹值最高，掺减水剂、矿渣、粉煤灰混凝土回弹值最低。

分析认为，硬化后混凝土由水泥石、骨料、水泥石与骨料间界面过渡区三相组成，在骨料和水泥石之间有一个白色环，这就是所谓的过渡层，它由 Ca(OH)$_2$ 和钙矾石的粗大结晶组成，具有比水泥石大的孔隙率，是混凝土结构中的薄弱层。掺减水剂、矿渣、粉煤灰使混凝土微观结构发生改变。减水剂降低水灰比，减少混凝土单位体积用水量，使混凝土密实度提高，界面过渡层的厚度减小，混凝土强度大幅度提高。矿渣、粉煤灰在混凝土中有三个方面的作用，即胶凝作用、填充润滑作用、火山灰反应，在提高混凝土密实度的同时，使过渡区 Ca(OH)$_2$ 进一步反应生成 C-S-H 凝胶，矿渣、粉煤灰的火山灰反应促进 C-S-H 凝胶进一步水化，形成结构紧密的 C-S-H（Ⅳ），水泥石与骨料间界面过渡区孔隙率减小，粘结性能提高，界面过渡区不再明显，混凝土强度大幅提高。

因为混凝土水泥石与骨料间界面过渡区结构的改变对提高混凝土强度有很大作用，

对提高混凝土表面硬度作用不大，所以虽然掺减水剂、矿渣、粉煤灰使混凝土强度和表面硬度都提高了，但是混凝土强度增长梯度大于混凝土表面硬度增长梯度，显示出图 4-5-4 中的现象。

因为在混凝土硬化早期，粉煤灰对混凝土强度的贡献不明显，所以低强度时粉煤灰混凝土与不掺外加剂掺合料混凝土测强曲线较接近。而同时掺减水剂、矿渣、粉煤灰的混凝土回弹值偏低。微观分析认为，矿渣火山灰活性、细度都大于粉煤灰，矿渣早期水化产物中包含大量 AFt 晶体，大量 AFt 晶体互相搭接，有利于水泥浆体在早期获得较高的强度，同时，矿渣促进早期 C-S-H 凝胶的生成，使水泥石在早期形成较密实的结构，所以从图 4-5-4 中可以看出，在硬化早期矿渣粉煤灰混凝土强度就增长较快，同强度对比，矿渣粉煤灰混凝土回弹值偏低，分析认为这种现象的实质是矿渣粉煤灰混凝土强度增长梯度大于表面硬度增长梯度。

4.5.4 坍落度的影响

按照《普通混凝土配合比设计规程》（JGJ 55—2011）第 2.1 条术语的规定，混凝土按坍落度分为三种类型：塑性混凝土，坍落度 10～90mm；流动性混凝土，坍落度 100～150mm；大流动性混凝土，坍落度大于或等于 160mm。课题组研究制作试件实测大流动性混凝土坍落度，最大为 230mm。

课题组对塑性混凝土、流动性混凝土及大流动性混凝土进行对比分析，三种混凝土测强曲线对比如图 4-5-5 所示。

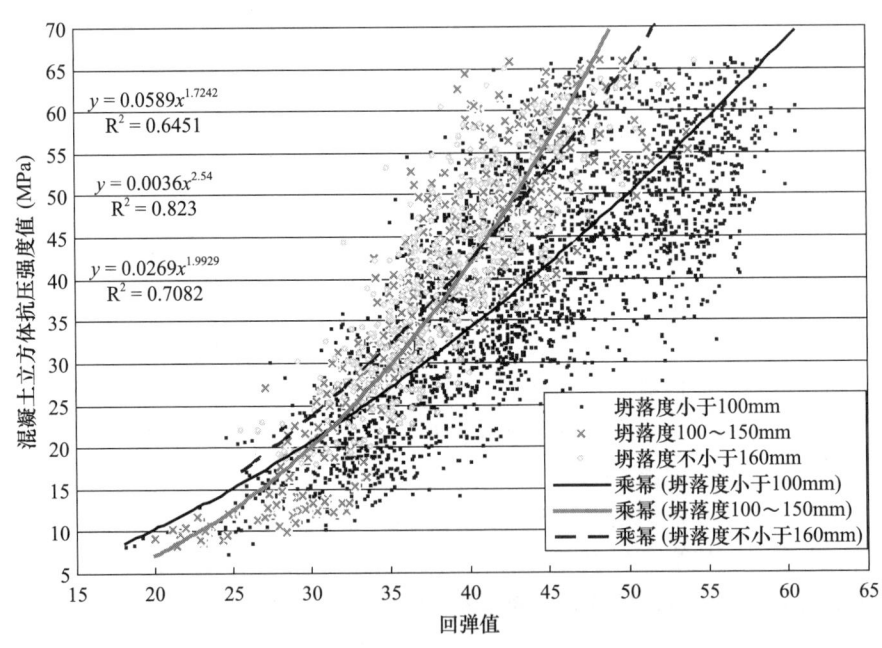

图 4-5-5　不同坍落度混凝土散点图、回归曲线对比

由图 4-5-5 可以看出，当混凝土抗压强度低于 25MPa 时，三种混凝土测强曲线相差不大。课题组分析认为，抗压强度低于 25MPa 的流动性及大流动性混凝土外加剂用量相对较少，回弹值减少不明显，回弹值-混凝土强度曲线与塑性混凝土无明显差异。

当混凝土抗压强度高于20MPa时,塑性混凝土回弹值高于流动性与大流动性混凝土回弹值,且强度越高越明显。分析认为,流动性混凝土与大流动性混凝土为实现其流动性,使用了泵送剂、减水剂等,这些外加剂的使用可以降低水灰比,减少混凝土单位体积用水量,使混凝土密实度提高,同时,流动性混凝土与大流动性混凝土胶凝材料比例增大,砂率增大,石子粒径偏小,使表面硬度降低,回弹值偏小。同时大量使用粉煤灰、矿渣等掺合料,改善混凝土中水泥石与骨料间界面过渡区的结构,混凝土强度和表面硬度也都提高,但是,混凝土立方体抗压强度提高的梯度大,而表面硬度提高的梯度小,并且混凝土强度越高,外加剂、掺合料用量越大,在相同混凝土强度下进行对比,回弹值的差异越明显。

图4-5-5中流动性混凝土与大流动性混凝土测强曲线基本重合,说明流动性混凝土与大流动性混凝土可归为一类进行研究分析,在考虑坍落度对回弹法测强的影响时,应按坍落度10~90mm的塑性混凝土和坍落度大于或等于100mm的混凝土进行分类,分别建立测强曲线。

4.5.5 塑性混凝土与泵送混凝土回弹法测强对比

泵送混凝土是指坍落度不低于100mm并采用泵送施工的混凝土。行业标准《回弹法检测混凝土抗压强度技术规程》(JGJ/T 23—2011)认为,泵送混凝土流动性大,石子粒径较小,砂率增大,混凝土的砂浆包裹层偏厚,表面硬度较低,使回弹值偏小,应对泵送混凝土测区混凝土强度换算值进行修正。

日常工程结构混凝土强度检测过程中,我们也发现泵送混凝土回弹值偏小,引起强度换算值偏小,需要采用钻芯法对回弹结果进行修正。

课题组为对比塑性混凝土与泵送混凝土回弹法测强的不同,选择省内有代表性的混凝土搅拌站,制作泵送混凝土与塑性混凝土,实测泵送混凝土坍落度105~230mm,泵送混凝土与塑性混凝土测强曲线对比如图4-5-6所示。

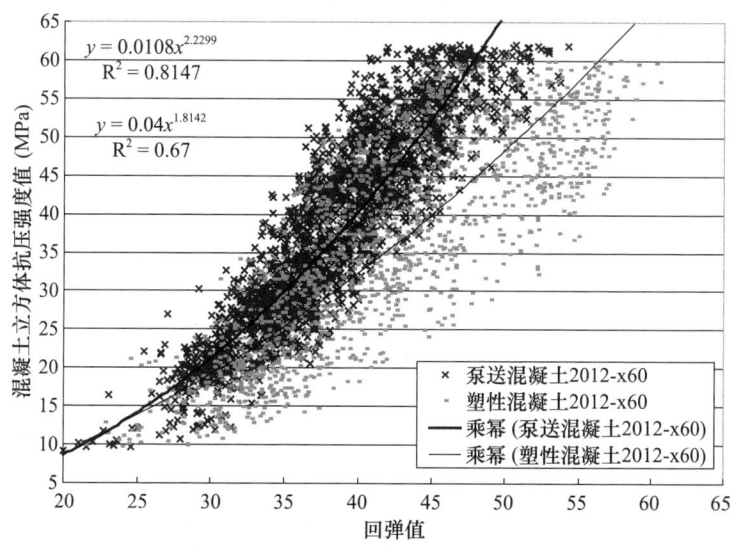

图4-5-6 普通塑性混凝土、泵送混凝土散点图与回归曲线

由图 4-5-6 看出，当混凝土抗压强度低于 15MPa 时，泵送混凝土与塑性混凝土测强曲线很接近，随着混凝土强度增高，泵送混凝土与塑性混凝土测强曲线的差异逐渐增大，当混凝土抗压强度高于 40MPa 时，同一回弹值泵送混凝土强度换算值比塑性混凝土强度换算值高 20% 以上，这个规律与坍落度对回弹法测强的影响是一致的。

配合比分析认为，泵送混凝土为满足泵送施工要求，必须使用泵送剂，同时使用粉煤灰、矿渣等掺合料，胶凝材料比例增大，砂率增大，石子粒径偏小，使表面硬度降低，回弹值偏小。设计配合比时，泵送剂、粉煤灰与矿渣等掺合料的掺量是与水泥用量成正比的，而混凝土强度越高，水泥用量越多，泵送剂、粉煤灰与矿渣等掺合料的掺量也越大。混凝土抗压强度低于 15MPa 时，泵送剂、掺合料的掺量较小，对回弹测强的影响较小，所以泵送混凝土与塑性混凝土测强曲线很接近。当混凝土抗压强度高于 40MPa 时，泵送剂、掺合料的掺量较大，砂率更高，胶凝材料比例增加明显，对回弹法测强的影响较大，所以，泵送混凝土与塑性混凝土测强曲线的差异随强度增高而增大。

微观分析认为，矿渣、粉煤灰在混凝土中有三个方面的作用，即胶凝作用、填充润滑作用、火山灰反应，在提高混凝土密实度的同时，使过渡区 $Ca(OH)_2$ 进一步反应生成 C-S-H 凝胶，矿渣、粉煤灰的火山灰反应促进 C-S-H 凝胶进一步水化，形成结构紧密的 C-S-H（Ⅳ），水泥石与骨料间界面过渡区孔隙率减小，粘结性能提高，界面过渡区不再明显，混凝土强度大幅提高。

因为混凝土水泥石与骨料间界面过渡区结构的改变对提高混凝土强度有很大作用，对提高混凝土表面硬度作用不大，所以虽然掺减水剂、矿渣、粉煤灰使混凝土强度和表面硬度都提高了，但是，混凝土强度提高的梯度大于混凝土表面硬度提高的梯度，表现为在相同混凝土强度下，泵送混凝土回弹值较低，而在相同回弹值下，泵送混凝土强度较高。

4.5.6 碳化深度对普通混凝土回弹法测强的影响

水泥水化过程中游离出大约 35% 的 $Ca(OH)_2$，它对混凝土的硬化起重大作用。混凝土表面受到空气中的 CO_2 的作用，使 $Ca(OH)_2$ 逐渐变化，在一般干燥环境中，生成硬度较高的 $CaCO_3$，这就是混凝土的碳化现象。其化学反应式如下式所示。

$$Ca(OH)_2（过量）+CO_2+H_2O=CaCO_3+2H_2O \tag{4-5-11}$$

混凝土的碳化现象对回弹法测强有显著的影响。因为碳化使混凝土表面硬度增高，回弹值增大，但对混凝土强度的影响不大，从而影响了 R-f 相关关系。不同的碳化深度对 R-f 相关关系的影响也不相同。

影响混凝土表面碳化速度的主要因素是混凝土本身的密实度、水泥品种、周围环境的温湿度及 CO_2 气体的浓度及龄期（接触空气时间）。一般来讲，密实度低的混凝土，孔隙率大，透气性好，易于碳化；碱度高的混凝土 $Ca(OH)_2$ 含量多，硬化后与空气中的 CO_2 作用生成 $CaCO_3$ 的时间就长，亦即碳化速度慢。此外，混凝土所处环境的大气中 CO_2 浓度及周围介质的相对湿度也会影响混凝土表面的碳化速度，一般在大气中存在水分的条件下，混凝土碳化速度随着 CO_2 浓度的增加而加快。当大气的相对湿度为 50% 左右时，碳化速度较快，过高的湿度如 100%，将会使混凝土孔隙内充满水，CO_2

不易扩散到水泥石中，或者水泥石中的 Ca^{2+} 通过水扩散至表面，碳化生成的 $CaCO_3$ 将表面孔隙堵塞，所以碳化作用不易进行，过低的湿度如25%，则孔隙中没有足够的水、CO_2 生成碳酸，碳化作用也不容易进行。随着硬化龄期的增长，混凝土表面一旦产生一层 $CaCO_3$ 后，其表面的硬度逐渐增高，使回弹值与强度增加的速率不等，显著地影响了 $R-f$ 相关关系曲线。

课题组将混凝土试块的试验数据按不同碳化深度值进行分级，划分出 0~0.5mm，1~1.5mm，2~2.5mm，3~3.5mm，4~10.5mm，5~5.5mm，6~6.5mm，7~8.5mm，9~10mm 及大于 10mm 十个碳化深度等级，对这十组数据分别进行回归分析，各级 $R-f$ 回归曲线对比如图 4-5-7 所示。

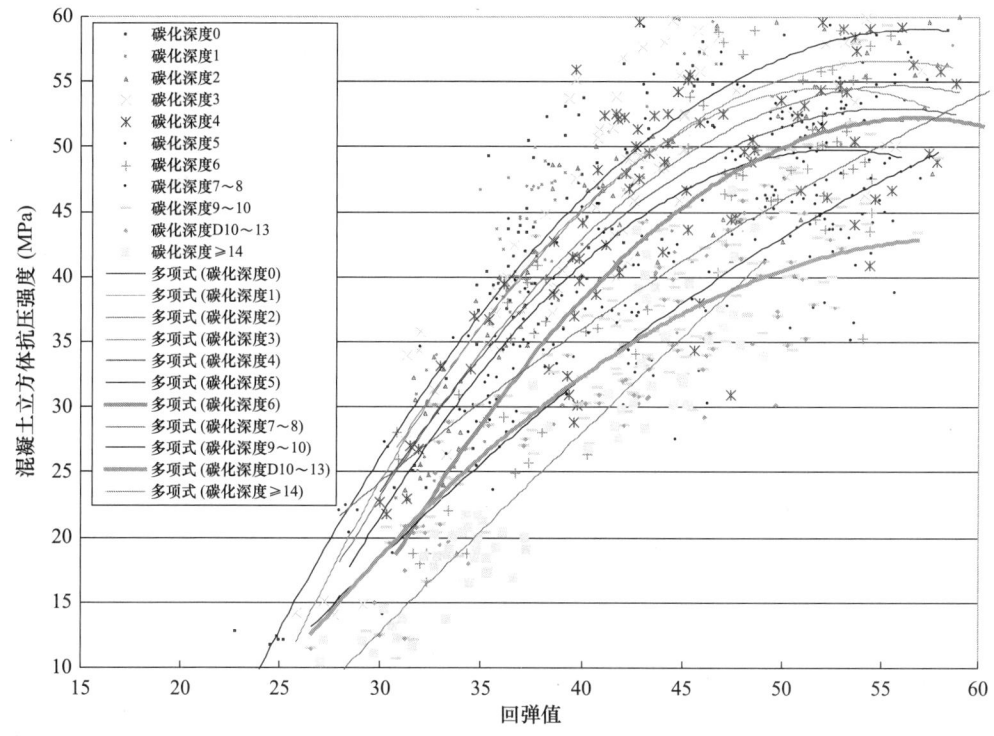

图 4-5-7 不同碳化深度混凝土回弹法测强曲线对比

试验研究过程中发现，水灰比大、强度低的试块的碳化深度随龄期增长的速度比较快；水灰比小、强度高的试块，其碳化深度随龄期增长较慢。对于 C50，C60，C70 这些高强混凝土试块，碳化深度增长极慢。从图 4-5-7 中可看出，3 年龄期内碳化深度大于 10mm 的混凝土立方体抗压强度都小于 50MPa。试验数据同时显示，3 年龄期内碳化深度大于 20mm 的混凝土立方体抗压强度都小于 20MPa。

图 4-5-7 显示，在混凝土立方体抗压强度相同时，混凝土回弹值随碳化深度增加而增大，这种现象在混凝土强度为 20~50MPa 范围内最明显。当混凝土抗压强度值为 30MPa 时，碳化深度为 0~0.5mm 曲线对应回弹值约 33，而碳化深度大于 10mm 曲线对应回弹值约 39；当混凝土回弹值为 40 时，碳化深度为 0~0.5mm 曲线对应混凝土抗压强度值约 48MPa，而碳化深度大于 10mm 曲线对应混凝土抗压强度值约 30MPa。由

此可见，碳化深度对回弹法测强的影响是非常显著、不容忽视的。因此，将碳化深度值作为一个独立变量引入回弹法测强曲线。

现在混凝土中大量使用粉煤灰、高炉矿渣取代水泥。一方面使混凝土本身碱性降低，随龄期增长，粉煤灰、矿渣的火山灰反应消耗了对强度不利的大量 $Ca(OH)_2$ 晶体，同时生成大量凝胶，水泥石和骨料间界面过渡区中的孔被凝胶填充，结构快速变密实，混凝土中 $Ca(OH)_2$ 晶体减少使混凝土的碱性降低，混凝土碱性降低使混凝土表层碳化速度加快。另一方面，粉煤灰、矿渣的火山灰反应使混凝土结构快速变密实，混凝土密实度越高，混凝土表层碳化速度越慢。这两方面作用对碳化的影响是相反的，两方面作用孰强孰弱与混凝土中粉煤灰、矿渣掺量，混凝土早期密实度等有关。

孔结构分析显示，P10、P20 低强度混凝土，最可几孔径很大，孔隙率也较大，随着龄期增长，总孔隙率变化不大，证明混凝土结构密实度较低，同时粉煤灰、矿渣掺量达 30% 以上，混凝土本身碱性较低，混凝土碳化速度非常快，P10 混凝土碳化深度 28d 平均值为 3.8mm，60d 平均值为 6.4mm。萘系泵送 C80、聚羧酸泵送 C80 等高强混凝土中同时掺入矿渣和硅灰，矿渣活性很高，在硬化早期就与 $Ca(OH)_2$ 发生火山灰反应，使 $Ca(OH)_2$ 大量被消耗，生成大量 C-S-H 凝胶，导致水泥石中大孔减少，凝胶孔和过渡孔增加，结构变得致密。从孔结构可以看出，8d 龄期时最可几孔径已小于 20nm，属于无害孔，混凝土结构已很密实，虽然矿渣和硅灰掺量近 30%，但在短期内混凝土表层已很密实，阻止空气中 CO_2 和水与 $Ca(OH)_2$ 晶体接触，所以混凝土碳化速度非常慢，2 年龄期碳化深度小于 1mm。

混凝土碳化速度与其硬化早期养护方法有密切关系，混凝土硬化早期能按标准要求覆盖浇水，保证混凝土表面为湿润状态，混凝土表层水泥水化反应充分，在混凝土表层形成密实结构，阻止空气中 CO_2 和水与内部 $Ca(OH)_2$ 晶体接触，混凝土碳化速度就较慢。如果混凝土硬化早期不能很好覆盖保湿，混凝土表层水分快速蒸发，在混凝土中留下大量毛细孔，同时水泥无法充分水化，表层结构疏松，空气中 CO_2 和水很容易进入混凝土内部与 $Ca(OH)_2$ 发生反应，表现为混凝土快速碳化。混凝土这种碳化对其表面硬度的提高不会有很大作用，所以回弹值不一定会明显提高。但这种早期失水混凝土的表层强度和耐久性也大大降低了，其表面硬度降低，回弹法检测混凝土强度推定值偏低正是其表层强度和耐久性降低的反映。

《工程质量》杂志 2021 年第 39 卷第 12 期发表台州市建设工程质量检测中心郭峰雷等的论文《养护条件和矿物掺合料掺量对混凝土回弹法检测精度的影响》，作者制作了低矿物掺合料（粉煤灰 10%＋矿粉 10%）和高矿物掺合料（粉煤灰 20%＋矿粉 30%）的 C30，C50 混凝土试块，在通风的室内，按《混凝土结构工程施工规范》（GB 50666—2011）浇水养护和不浇水养护，并在不同龄期下进行碳化深度、抗压强度、回弹法检测及 XRD 对试块表面层的成分分析；着重对 C30 混凝土进行了分析和讨论，得出了混凝土前期不浇水养护严重影响着混凝土的碳化深度、抗压强度和回弹法检测精度的结论。

试验研究得出如下结论：①混凝土前期不浇水养护与浇水养护相比，大大地增加了混凝土各龄期的碳化深度，而且对高矿物掺合料混凝土增加更为明显；混凝土前期不浇水养护，长龄期的碳化深度更大。②混凝土前期不浇水养护与浇水养护相比，大大地降低了各龄期抗压强度，而且不浇水养护影响后期抗压强度的发挥，对高矿物掺合料混凝土后期抗压强度发挥影响尤其明显。③前期浇水养护的混凝土采用回弹法的检测精度高于前期不浇水养护的混凝土。对于前期不浇水养护的混凝土，因检测误差太大，不应直接采用回弹法进行抗压强度的检测，应采用钻芯法修正的方法进行抗压强度检测。④对于 C30 和 C50 两个强度等级的混凝土，无论是否浇水养护，以及矿物掺合料掺量为多少，在不同龄期其表面层 XRD 图谱中均有方解石（$CaCO_3$）的特征衍射峰，混凝土的碳化确实存在，纯粹的"假碳化"是不存在的。⑤高掺量 C50 混凝土表面的矿物种类增多，成分复杂，因此在回弹法测强时，不能把其表面层完全看作 $CaCO_3$ 的"硬壳层"。

考虑上述情况，行业标准《回弹法检测混凝土抗压强度技术规程》（JGJ/T 23）（2024 年报批稿）第 5.2.4 条规定：对龄期 14~365d 的混凝土构件，当代表性测区碳化深度值大于表 4-5-1 中的碳化深度限值时，宜取表中限值。

表 4-5-1　测区碳化深度限值表

混凝土龄期（d）	碳化深度限值（mm）
14~39	1.0
40~60	1.5
61~92	2.0
93~141	2.5
142~216	3.0
217~330	3.5
331~365	4.0

行业标准《回弹法检测混凝土抗压强度技术规程》（JGJ/T 23）（2024 年报批稿）对第 5.2.4 条规定的条文说明如下：

对于混凝土龄期 14~365d 的新建工程，它的正常碳化是符合一定规律的，如果实测碳化深度值较大，则说明存在某些原因造成了"碳化异常"。这种"碳化异常"可能是由于目前混凝土原材料发生较大变化，混凝土构件成型、养护工艺变化过大，实际工程项目中，由于竖向构件拆模时间早、养护不及时，混凝土表面早期失水过快；气候环境（酸雨等）的影响；外加剂和掺合料的大量加入等原因都可能会使混凝土表面"碱度"降低而出现"假性碳化"或"异常碳化"的现象。编制组根据全国碳化深度增长速率的专项试验结果给出了该龄期段的碳化深度限值，实际检测时宜直接采用。当有检测条件时也可对该部分构件的测区强度换算值进行钻芯修正，也可用其他方法对检测结果进行修正。

4.5.7　碳化深度对高强混凝土回弹法测强的影响

混凝土强度越高，硬化深度增长越慢，高强混凝土碳化发展也符合这个规律，为分析碳化深度对高强混凝土回弹法检测的影响，课题组将高强混凝土采用 H450 型、H550 型回弹仪测试所得数据按碳化深度进行分类，所得散点图及趋势线如图 4-5-8、图 4-5-9 所示。

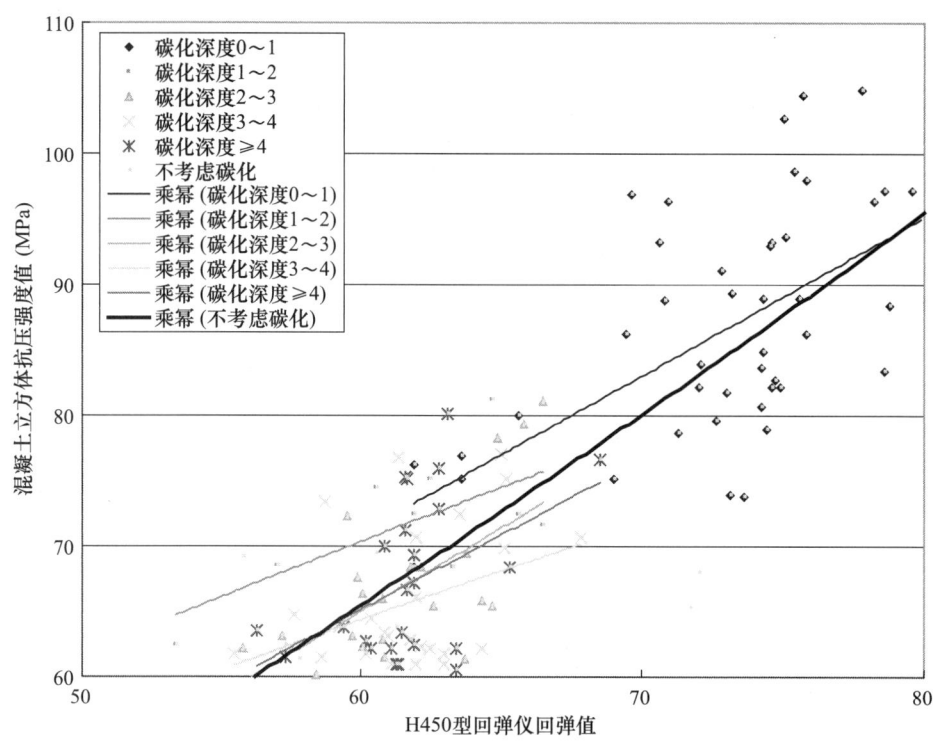

图 4-5-8 高强混凝土不同碳化浓度散点图及超势线对比

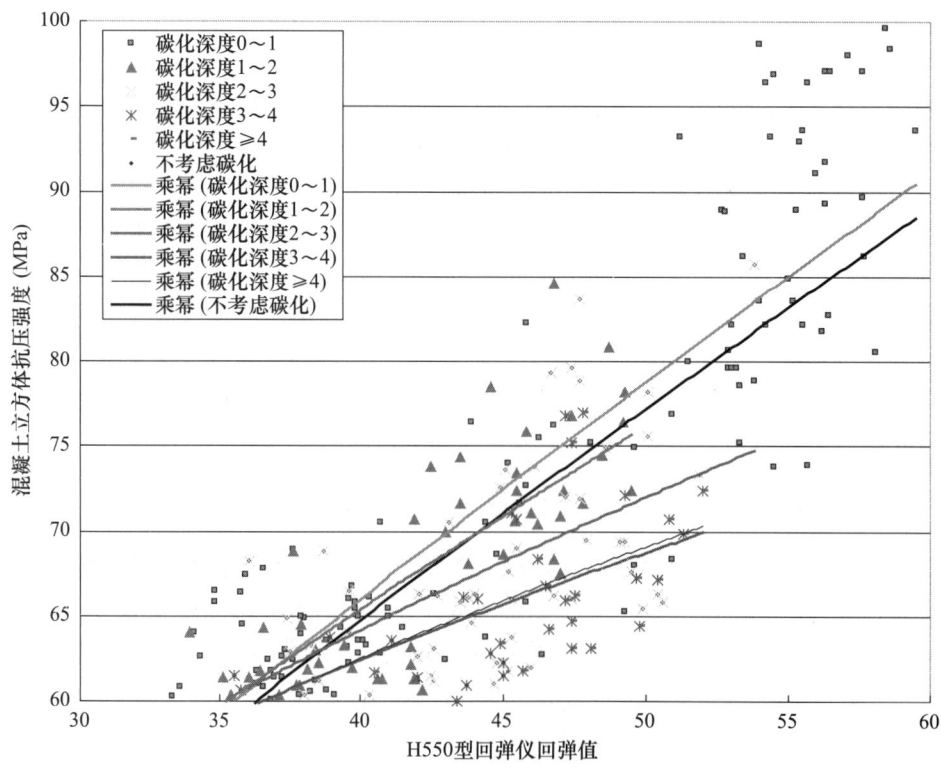

图 4-5-9 回弹法检测定强混凝土时碳化深度的影响分析

从图中可以看出，70MPa以上高强混凝土2年龄期碳化深度基本都小于2mm，这些试块按品字形堆放在试验室内，检测面在2年龄期内充分暴露于空气中。从不同碳化深度数据趋势线的对比可以看出，回弹值随碳化深度增加而增大的趋势不明显。

理论分析认为，低强度混凝土表面因碳化反应生成硬度较高的碳酸钙，使回弹值明显增大，而高强混凝土本身表面硬度已很高，表面生成碳酸钙后的硬度提高不明显，所以回弹值增大不明显，同时，高强回弹仪冲击能量大，回弹影响深度也较大，而碳化层相对较薄，因此，高强混凝土总体表现为碳化深度对回弹值有影响，但影响不显著。国内各单位普遍认为，60MPa以上高强混凝土采用高强混凝土回弹仪进行检测时，可不考虑碳化深度的影响。

4.5.8 高强混凝土回弹法检测的特点

混凝土表面硬度随混凝土抗压强度增高而增大，但这种相关关系随混凝土强度越高越而不明显，特别是大量外加剂的使用，使混凝土强度显著提高，而硬度增加不明显，所以，高强混凝土受各种因素的影响更显著，以图4-5-6所示的泵送混凝土测强曲线变化为例，混凝土抗压强度增长幅度随回弹值增大的变化见表4-5-2。

表 4-5-2　混凝土抗压强度增长幅度随回弹值增大的变化

回弹值变化	混凝土抗压强度值变化（MPa）	混凝土抗压强度值变化幅度（MPa）	强度值变化幅度比
25～30	14.0～21.0	7.0	1.00
35～40	30.0～40.0	10.0	1.43
40～45	40.0～53.0	13.0	1.86
45～50	53.0～69.0	16.0	2.29

分析表4-5-2可知，回弹值由25增大到30，混凝土抗压强度值由14.0MPa增加到21.0MPa，增幅为7.0MPa，回弹值由35增大到40，回弹值同样增大5，混凝土抗压强度值增幅为10.0MPa，回弹值由40增大到45，混凝土抗压强度值增幅为13.0MPa，回弹值由45增大到50，混凝土抗压强度值增幅为16.0MPa，混凝土抗压强度值增幅是回弹值25～30时的2.29倍。这证明，回弹值大于40以后，微小的回弹值变化就能引起较大的抗压强度值变化，而混凝土表面状况及各种因素影响都会引起回弹值的变化，这样就会使影响因素的作用更显著，而检测精度大大降低。

4.6　回弹法测强曲线

4.6.1　建立回弹法测强曲线的基本要求

我国地域辽阔，气候差别很大，混凝土原材料种类繁多，建筑结构施工和管理水平参差不齐。而原材料、气候条件、施工养护方法等因素都对混凝土回弹值、抗压强度值有较大影响，为减少这些因素的影响，应考虑各地区的特殊性和差异性，各地区有条件单位可因地制宜，采用本地区原材料和施工方法，建立地区测强曲线或专用测强曲线。

《回弹法检测混凝土抗压强度技术规程》（JGJ/T 23）（2024 年报批稿）第 6.1.2 条规定：有条件的地区和部门，应制定本地区的测强曲线或专用测强曲线。检测单位宜按专用测强曲线、地区测强曲线、统一测强曲线的顺序选用测强曲线。

建立地区测强曲线或专用测强曲线应按下述步骤进行。

4.6.1.1 原材料准备、试块制作和养护

制定测强曲线的混凝土试块应与欲测结构或构件在原材料（含品种、规格）、成型工艺与养护方法等方面条件相同。混凝土用水泥应符合《通用硅的盐水泥》（GB 175—2023）的要求，混凝土用砂、石应符合《普通混凝土用砂、石质量及检验方法标准》（JGJ 52—2006）的要求，混凝土搅拌用水应符合《混凝土用水标准》（JGJ 63—2006）的要求，外加剂、掺合料等也应符合相关标准要求。

按施工常用配合比设计不少于 5 个强度等级混凝土，每一强度等级每一龄期制作不少于 6 个边长为 150mm 立方体试块，同一龄期试块宜在同一天内成型完毕。在成型后的第二天，将试块移至与被测结构或构件相同的硬化条件下养护，试块拆模日期与结构或构件的拆模日期相同。

4.6.1.2 试验操作过程

采用回弹仪应符合"4.3 混凝土回弹仪"的各项要求。

将到达龄期的试块表面擦净，以试块浇筑侧面为承压面，将试块置于压力机的上下承压板之间，加压 30~100kN（低强度试块相应取低压力值）。

将试块保持在 30~100kN 的压力下，用回弹仪按本书"4.8.4 测区布置"规定的方法，在试块的另外两个相对侧面上分别选择均匀分布的 8 个点进行回弹。

从每一试块的 16 个回弹值中分别剔除 3 个最大值和 3 个最小值，然后再求余下的 10 个回弹值的平均值，计算精确至 0.1，即得该试块的平均回弹值 R_m。

回弹值检测完毕后，应按《混凝土物理力学性能试验方法标准》（GB/T 50081—2019）的规定，进行立方体试块抗压强度试验，得到试块的立方体抗压强度值 $f_{cu,i}$，精确至 0.1 MPa。

最后检测回弹检测面的碳化深度，得到该试块的平均碳化深度值 d_m。

4.6.1.3 测强曲线回归

测强曲线的回归方程，应按每一试块求得的回弹值和抗压强度数据，采用最小二乘法原理计算。回归方程宜采用以下函数关系式。

$$f_{cu}^c = A R_m^B \cdot 10^{C d_m} \qquad (4\text{-}6\text{-}1)$$

式中：R_m——试块的平均回弹值；

d_m——试块的平均碳化深度值；

A，B，C——回归系数。

回归方程的相对标准误差 e_r 及平均相对误差 δ，可按式（4-6-2）、式（4-6-3）计算。

$$\delta = \pm \frac{1}{n} \sum_{i=1}^{n} \left| \frac{f_{cu,i}^c}{f_{cu,i}} - 1 \right| \times 100\% \qquad (4\text{-}6\text{-}2)$$

$$e_r = \sqrt{\frac{1}{n-1} \sum_{i=1}^{n} \left(\frac{f_{cu,i}^c}{f_{cu,i}} - 1 \right)^2} \times 100\% \qquad (4\text{-}6\text{-}3)$$

式中：δ——回归方程的强度平均相对误差，精确至 0.1%；

e_r——回归方程的强度相对标准差，精确至 0.1%；

$f_{cu,i}$——由第 i 个试块抗压强度试验得出的混凝土抗压强度值，精确至 0.1MPa；

$f_{cu,i}^c$——对应于第 i 个试块的回弹值和碳化深度按回归方程（4-6-1）计算的强度换算值，精确至 0.1MPa；

n——制定回归方程的试块数。

《回弹法检测混凝土抗压强度技术规程》（JGJ/T 23）（2024 年报批稿）中规定，地区和专用测强曲线的强度误差应符合下列规定。

（1）地区测强曲线：平均相对误差（δ）不应大于±14.0%，相对标准差（e_r）不应大于±17.0%。

（2）专用测强曲线：平均相对误差（δ）不应大于±12.0%，相对标准差（e_r）不应大于±14.0%。

当 δ 和 e_r 符合规定时，可报请上级主管部门审批。

4.6.2　回弹法测强曲线的验证方法

测强曲线使用时应注意其适用范围，只能在制定曲线时的试件条件范围内使用，例如龄期、原材料、外加剂、强度区间等，不允许超出其使用范围。同时，使用过程中应经常抽取一定数量的同条件试块进行校核，如发现误差较大，应停止使用并查找原因。

测强曲线使用前及使用过程中的验证，可采用下述方法。

（1）采用仪器设备应符合相关标准要求，根据本地区具体情况，选用有代表性的原材料和配合比，制作不少于 5 个强度等级混凝土，每一强度等级每一龄期制作不少于 6 个边长为 150 mm 立方体试块，并自然养护。

（2）根据测强曲线的适用范围，选择不少于 3 个龄期、不少于 3 个月的时间段，在各龄期进行验证试验，得到各龄期混凝土试块回弹值、碳化深度值和标准立方体抗压强度值。

（3）将混凝土试块回弹值、碳化深度值代入待验证的测强曲线，计算出混凝土强度换算值。

（4）根据实测混凝土抗压强度值和混凝土强度换算值，按式（4-6-3）计算相对标准差（e_r）。

（5）验证计算：如果相对标准差 e_r 符合相应标准对测强曲线精度的要求，证明被验证测强曲线可以使用；如果 e_r 不符合相应标准要求，应采用混凝土芯样或同条件标准试块对检测结果进行修正，也可考虑另建立测强曲线。

（6）测强曲线验证也可不制作标准试块，采用结构混凝土同条件标准试块或采用钻取混凝土芯样的方法，按上述第（2）～第（5）条的要求进行，混凝土试块或芯样数量不得少于 30 个。

4.6.3　山东省地标《回弹法检测混凝土抗压强度技术规程》(DB37/T 2366—2022) 山东地区测强曲线的建立

1995—1999 年课题组进行"混凝土强度非破损检测技术"研究时保存 3000 多组数

据，从 2006 年开始，课题组经过 2 年多试验研究，获得试验数据 3000 多组，自 1999 年开始编制山东省地方标准《回弹法检测混凝土抗压强度技术规程》（DBJ 14-BG4-99）以来，课题组一直关注国内外回弹法检测混凝土强度技术的研究动向，在工程实践中验证、检验山东省测强曲线的精度，同时总结不足、收集资料，为山东省回弹法测强曲线修订和规程修编做准备。

为完成大量数据的系统分析处理工作，课题组建立原始数据库，运用 FoxPro 将原始数据按编制菜单程序顺序输入，计算每组试件回弹平均值 N、超声声速平均值 V、碳化深度平均值 L、拔出平均值 T、立方体抗压强度 f，建立包括原材料品种、配合比、制作日期、试验日期、回弹值、超声声速、碳化深度、表面拔出值、底面拔出值、侧面拔出值、立方体抗压强度、掺入外加剂情况等的数据库。

对不同龄期、不同碳化深度、不同原材料、不同配合比、不同外加剂等的试件进行分类对比试验，综合分析各种因素对混凝土强度非破损检测的影响，分析总结了碳化深度对回弹值的显著影响，外加剂、掺合料对混凝土强度及其他性能的作用，通过实际工程验证，证明高强、高性能混凝土回弹法测强的可行性。

2013 年，山东省地方标准《回弹法检测混凝土抗压强度技术规程》编制组，汇总历年科研数据，最后确定四条测强曲线，包括抗压强度 10～60MPa 的塑性混凝土测强曲线、抗压强度 10～60MPa 的泵送混凝土测强曲线、抗压强度 60～90MPa 的高强混凝土 H550 型回弹仪测强曲线、抗压强度 60～120MPa 的混凝土 H450 型高强回弹仪测强曲线。

2022 年，山东省地方标准《回弹法检测混凝土抗压强度技术规程》修订编制组对测强曲线进行修订，重新确定了抗压强度 10～60MPa 的非泵送混凝土测强曲线、抗压强度 10～60MPa 的泵送混凝土测强曲线。

1. 非泵送混凝土测强曲线

$$f_{\mathrm{cu},i}=0.0321R_{\mathrm{m},i}^{1.948}10^{(-0.0272d_{\mathrm{m}})} \tag{4-6-4}$$

其中 $r=0.915$，$s=6.36\mathrm{MPa}$，$\delta=13.52\%$，$e_{\mathrm{r}}=16.62\%$。

式中：R ——回弹值；

d——碳化深度值（mm）；

f——混凝土强度换算值（MPa）；

r——相关系数；

s——剩余标准离差（MPa）；

δ——回归方程的强度平均相对误差；

e_{r}——回归方程的强度相对标准差。

非泵送混凝土测强曲线所用数据散点图如图 4-6-1 所示，图 4-6-1 中对比了负指数回归方程与多项式回归方程，仅根据相关系数、平均相对误差、相对标准差进行分析，多项式回归方程相关系数高于负指数回归方程，但从散点图与测强曲线关系可以看出，负指数回归测强曲线从散点图中间穿过，而多项式回归测强曲线在强度大于 45MPa 后与散点图分布重心有较大偏差。

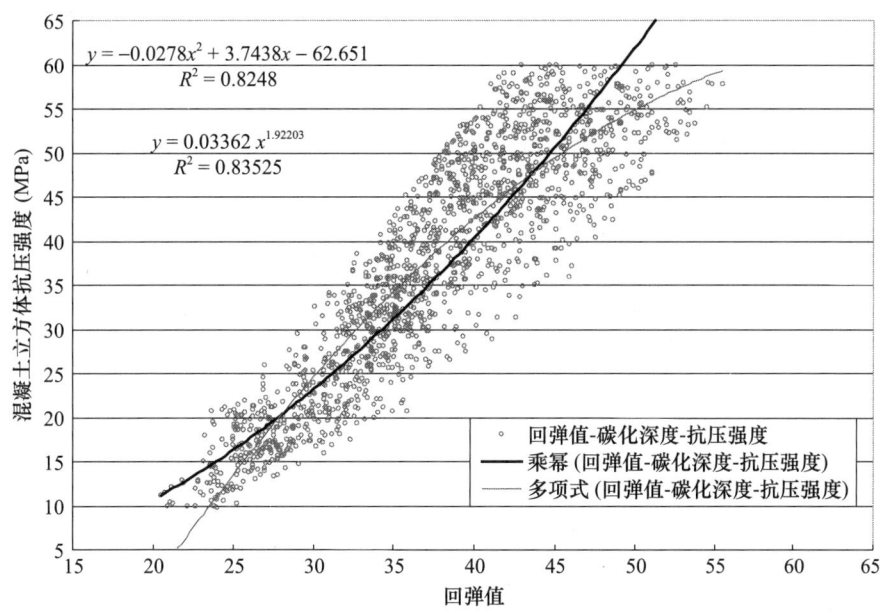

图 4-6-1 非泵送混凝土测强曲线及散点图

2. 泵送混凝土测强曲线

$$f_{cu,i} = 0.0192 R_{m,i}^{2.1122} 10^{(-0.016 d_m)} \tag{4-6-5}$$

其中 $r=0.921$，$s=6.26$MPa，$\delta=12.86\%$，$e_r=15.87\%$。

泵送混凝土测强曲线及所用数据散点图如图 4-6-2 所示，图 4-6-2 中对比了负指数回归方程与多项式回归方程，仅根据相关系数、平均相对误差、相对标准差进行分析，负指数回归方程相关系数高于多项式回归方程，且负指数回归测强曲线与散点图重合更好。

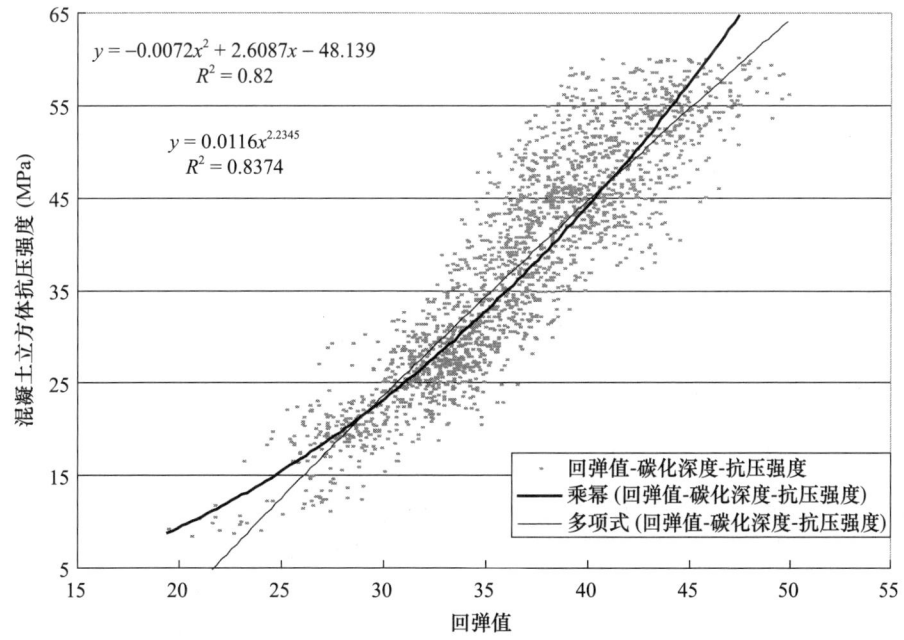

图 4-6-2 泵送混凝土回弹散点图及测强曲线

3. 高强混凝土 H550 型回弹仪测强曲线

$$f_{cu,i} = 3.766 R_{m,i}^{0.7717} \quad (4\text{-}6\text{-}6)$$

其中 $r=0.843$，$s=6.15\text{MPa}$，$\delta=6.24\%$，$e_r=8.01\%$。

图 4-6-3 中是 H550 型回弹仪回弹数据的三种回归曲线：乘幂回归曲线、多项式回归曲线、直线回归曲线。分析回归曲线与散点图的关系，直线回归曲线与乘幂回归曲线很接近，基本重合；当回弹值小于 40 时，多项式回归曲线接近水平线，混凝土抗压强度值随回弹值变化的趋势不明显。所以，课题组确定乘幂回归曲线为 H550 型回弹仪测强曲线。分析试验数据散点图，课题组认为 H550 型回弹仪适用范围为混凝土立方体抗压强度 60~90MPa。

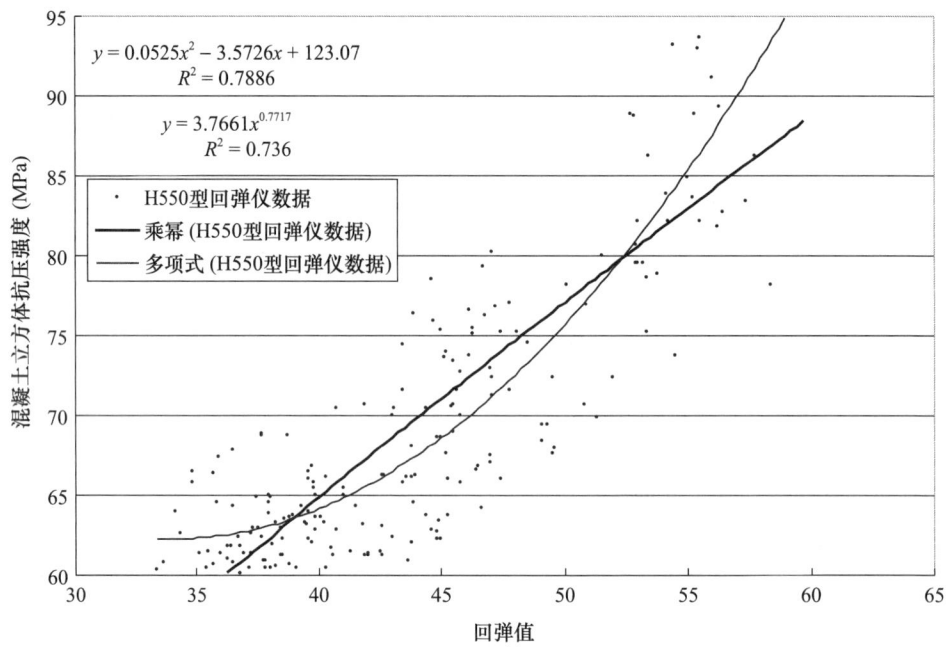

图 4-6-3 高强混凝土 H5500 型回弹仪测强曲线及散点图

4. 高强混凝土 H450 型回弹仪测强曲线

$$f = 0.0418R^2 - 4.0173R + 153.19 \quad (4\text{-}6\text{-}7)$$

其中 $r=0.862$，$s=5.51\text{MPa}$，$\delta=6.18\%$，$e_r=7.61\%$。

由图 4-6-4 可以看出，多项式回归测强曲线与乘幂回归测强曲线基本重合，但多项式回归测强曲线相关性更好，所以本课题组采用多项式回归测强曲线。

4.6.4 行标《回弹法检测混凝土抗压强度技术规程》（JGJ/T 23）（2024 年报批稿）统一测强曲线的建立

我国地域辽阔，气候差别很大，混凝土材料种类繁多，工程分散，施工和管理水平参差不齐。在全国工程中使用回弹法检测混凝土强度，除应统一仪器标准、测试技术、数据处理、强度推定方法外，还应尽力提高检测曲线的精度，发挥各地区的技术优势。各地区除使用统一测强曲线外，也可以根据各地的气候和原材料特点，因地制宜地制定

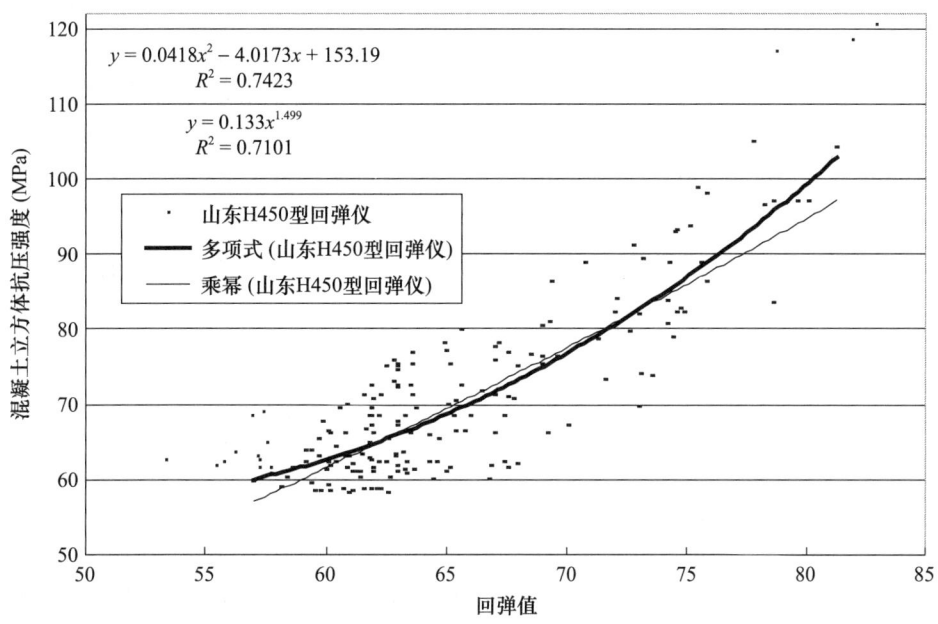

图 4-6-4　高强混凝土 H450 型回弹仪测强曲线及散点图

和采用专用测强曲线和地区测强曲线。

有条件的地区如能建立本地区的测强曲线或专用测强曲线，则可以提高该地区的检测精度。地区和专用测强曲线须经过地方建设行政主管部门组织的审查和批准，方能实施。各地可以根据专用测强曲线、地区测强曲线、统一测强曲线的次序选用。

全国统一测强曲线的适用条件，其中自然养护龄期从 2011 年版本中的 14～1000d 修订为 14～1800d，即混凝土龄期从 2011 年版本中的 3 年提高到 5 年左右。此次标准修订过程中，经过大量试验和多次调研总结发现混凝土 3 年至 5 年龄期的抗压强度变化并不大，将混凝土测强曲线的适用年限提高至 5 年更适合目前混凝土实际工程情况。

非泵送混凝土统一测强曲线经过了 30 多年的使用，对于非泵送混凝土效果良好，这次修订时予以保留。

$$f_{cu}^c = 0.03637 R_m^{1.90331} 10^{(-0.03363 d_m)}$$

此次修订共取得非现浇板类泵送混凝土侧面试验数据 15193 个，按照最小二乘法原理，通过回归而得到的幂函数曲线最优，曲线方程为：

$$f_{cu}^c = 0.100633 R_m^{1.6579} 10^{(-0.0146 d_m)}$$

其强度误差值为：平均相对误差（δ）±13.50 %；相对标准差（e_r）17.47 %；相关系数（r）0.873。

现浇板类泵送混凝土底面向上试验数据 3865 个，按照最小二乘法原理，通过回归而得到的幂函数曲线最优，曲线方程为：

$$f_{cu}^c = 0.02444 R_m^{1.984} 10^{(-0.0223 d_m)}$$

其强度误差值为：平均相对误差（δ）±12.07 %；相对标准差（e_r）15.68 %；相关系数（r）0.817。

此次行业标准《回弹法检测混凝土抗压强度技术规程》（JGJ/T 23）（2024 年批报

稿）修订制定了混凝土抗压强度 60～80MPa 高强混凝土采用 H550 型回弹仪测强曲线，但由于无法解决此次修订后《回弹法检测混凝土抗压强度技术规程》（JGJ/T 23）（2024 年报批稿）和《高强混凝土强度检测技术规程》（JGJ/T 294—2013）中会存在同类型回弹仪在两个行业标准中并行两条曲线的尴尬，所以行业标准《回弹法检测混凝土抗压强度技术规程》（JGJ/T 23）（2024 年报批稿）对高强部分内容"忍痛割爱"了。

4.7　山东省回弹法检测混凝土强度技术主要研究成果

山东省建筑科学研究院有限公司综合分析 1995 年至今 10 多年的试验数据，得到下列主要结论。

（1）考虑塑性混凝土与泵送混凝土回弹测强的显著差异，分别建立塑性混凝土测强曲线与泵送混凝土测强曲线，提高了回弹法检测精度。为拓展回弹法适用范围，分别采用 H550 型和 H450 型高强混凝土回弹仪进行试验，建立了高强混凝土 H550 型回弹仪测强曲线和高强混凝土 H450 型回弹仪测强曲线，具体见表 4-7-1。这四条曲线涵盖混凝土强度范围 10～120MPa，坍落度 40～240mm，包括单掺粉煤灰、双掺粉煤灰和矿渣、单掺矿渣、双掺矿渣和硅灰等多种混凝土配合比。

表 4-7-1　回弹法检测混凝土强度山东地区测强曲线

分类	测强曲线	相关系数 r	剩余标准离差 s（MPa）	平均相对误差 δ（%）	相对标准差 e_r（%）
10～60MPa 塑性混凝土	$f_{cu,i}=0.0321R_{m,i}^{1.948}10^{(-0.0272d_m)}$	0.888	6.36	13.52	16.62
10～60MPa 泵送混凝土	$f_{cu,i}=0.0192R_{m,i}^{2.1122}10^{(-0.016d_m)}$	0.912	6.26	12.86	15.87
H550 型回弹仪高强混凝土	$f_{cu,i}=3.766R_{m,i}^{0.7717}$	0.843	6.15	6.24	8.01
H450 型回弹仪高强混凝土	$f=0.0418R^2-4.0173R+153.19$	0.862	5.51	6.18	7.61

（2）关于混凝土原材料变化对回弹测强的影响，试验分析证明，石子粒径在 5～31.5mm 范围内，粒径变化对回弹测强的影响不明显；人工砂混凝土回弹值略偏低，但不足 5%，可认为影响不显著。

（3）高性能混凝土为提高混凝土性能使用各种外加剂和掺合料，试验证明，优质矿渣、粉煤灰等量取代水泥，掺外加剂等，对回弹法检测混凝土强度的影响存在，且不可忽视。

（4）试验证明，泵送混凝土与塑性混凝土回弹测强的差异非常显著。从混凝土配合比分析可以看出，泵送混凝土胶凝材料比例增大，砂率增大，石子粒径偏小，造成泵送混凝土回弹值低于塑性混凝土回弹值；从混凝土微观结构分析可以看出，掺减水剂、矿渣、粉煤灰使混凝土微观结构发生改变，矿渣、粉煤灰在提高混凝土密实度的同时，使

界面过渡区 $Ca(OH)_2$ 进一步反应生成 C-S-H 凝胶，矿渣、粉煤灰的火山灰反应促使 C-S-H 凝胶进一步水化，形成结构紧密的 C-S-H（Ⅳ），水泥石与骨料间界面过渡区孔隙率减小，粘结性能提高，界面过渡区不再明显，混凝土强度大幅提高。因为混凝土水泥石与骨料间界面过渡区结构的改变对提高混凝土强度有很大作用，对提高混凝土表面硬度作用不大，所以，虽然掺减水剂、矿渣、粉煤灰使混凝土强度和表面硬度都提高了，但是混凝土强度提高的梯度大于混凝土表面硬度提高的梯度。同时，混凝土强度越高，水泥用量越高，泵送剂、粉煤灰与矿渣等掺合料的掺量也越大，所以泵送混凝土与塑性混凝土测强曲线的差异随强度增高而增大。另外，矿渣、粉煤灰与 $Ca(OH)_2$ 的火山灰反应需要在有水的条件下进行，而混凝土表层水蒸发流失较快，火山灰反应条件不足，使混凝土表层火山灰反应不充分，表层实际强度低于混凝土内部。

（5）试验分析证明，10～60MPa 混凝土的碳化现象对回弹法测强有显著的影响，不容忽视，因此，将碳化深度值作为一个独立变量引入回弹法测强曲线。水灰比大、强度低的试块碳化深度随龄期增长的速度比较快；水灰比小、强度高的试块碳化深度随龄期增长较慢。混凝土表层碳化深度大于 6mm 后，其回弹值仍表现出随碳化深度增大而增大的趋势。

（6）微观分析认为，粉煤灰、高炉矿渣等掺合料影响混凝土本身碱性和表层密实度，进而影响混凝土碳化深度和速度。混凝土中大量使用粉煤灰、高炉矿渣取代水泥。一方面使混凝土本身碱性降低，随龄期增长，粉煤灰、矿渣的火山灰反应消耗了对强度不利的大量 $Ca(OH)_2$ 晶体，同时生成大量凝胶，使混凝土的碱性降低，混凝土碱性降低使混凝土表层碳化速度加快。另一方面，粉煤灰、矿渣的火山灰反应使混凝土结构快速变密实，混凝土密实度越高，混凝土表层碳化速度越慢。

高强混凝土在短期内表层已很密实，阻止空气中 CO_2 和水与 $Ca(OH)_2$ 晶体接触，所以混凝土碳化速度非常慢。而高强混凝土本身表面硬度已很高，表面生成 $CaCO_3$ 硬度提高不明显，所以回弹值增大不明显，同时，高强回弹仪冲击能量大，回弹影响深度也较大，而碳化层相对较薄，因此，高强混凝土总体表现为碳化深度对回弹值有影响，但影响不显著。试验对比同样证明，高强混凝土碳化深度对回弹值的影响不显著。

4.8　普通回弹法检测技术要点

4.8.1　回弹法行业标准与山东省地方标准的对比

目前全国通用的回弹法检测技术标准包括《回弹法检测混凝土抗压强度技术规程》（JGJ/T 23—2011）和《高强混凝土强度检测技术规程》（JGJ/T 294—2013），一些有条件的省市考虑本地原材料、气候条件、施工技术等实际情况，建立本地区回弹法测强曲线，并编制出本地区地方标准。

检测单位在检测前应与工程有关各方协商，确定检测方法及依据标准，检测时严格按照各方确认的检测标准进行检测评定。

1. 山东省地方标准修订内容

2022 年山东省发布《回弹法检测混凝土抗压强度技术规程》（DB37/T 2366—

2022），与原 2013 年版标准对比，主要变更有：

（1）更改了测区布置要求，减少测区最小数量，增加测区间距要求。
（2）增加了装配结构预制构件测区布置要求。
（3）更改了每个测区回弹测点数。
（4）更改了碳化深度值测量方法和取值。
（5）更改了采用 M225 型回弹仪检测塑性混凝土测强曲线及相关附录表。
（6）更改了采用 M225 型回弹仪检测泵送混凝土测强曲线及相关附录表。
（7）更改了按批抽样检测变异系数限值。
（8）删除异常构件重新组批要求。
（9）更改了泵送混凝土 M225 型回弹仪不同浇筑面上回弹值的修正值及相关附录表。

2. 行业标准修订内容

2024 年行业标准《回弹法检测混凝土抗压强度技术规程》(JGJ/T 23)（2024 年报批稿）相比 2011 年版修订的主要内容有：

（1）增加了 M225 型回弹仪在质量为 1.05kg 钢砧上的率定要求。
（2）回弹仪弹击超过 2000 次进行保养，修改为 6000 次。
（3）测区面积修改为 0.09m²。
（4）明确了按照批量检测时，不得少于《混凝土结构现场检测技术标准》(GB/T 50784—2013) 规定的最小抽检数量。
（5）原规范规定"取芯修正应取 6 个公称直径宜为 100mm 的芯样"，此次修订增加了"直径小于 100mm 的小直径芯样数量不应少于 9 个"的规定。
（6）新规范对检测面的选择进行了细化和明确，规定了非泵送混凝土构件检测面的选择顺序，并明确规定现浇板类泵送混凝土应选择混凝土的浇筑底面。
（7）新规范修订了测区回弹测点数量及计算方式，由原来的每个测区 16 个回弹值修改为"12 个回弹值，剔除 1 个最大值和 1 个最小值"。
（8）对碳化深度平均值的计算进行了细化，并明确当其大于 6.0mm 时，取 6.0mm。
（9）考虑掺合料、养护方式等对混凝土早期表面硬度和碳化深度的影响较大，对龄期 14～365d 的混凝土构件，规定了测区碳化深度的限值。
（10）统一测强曲线龄期由 14～1000d 修改为 14～1800d。
（11）修订了泵送混凝土统一测强曲线，对应泵送混凝土侧面水平回弹测区强度换算表。
（12）增加了泵送混凝土底面向上回弹测强曲线，对应泵送混凝土底面向上回弹测区强度换算表。

3. 山东省地方标准的特点

《回弹法检测混凝土抗压强度技术规程》(DB37/T 2366—2022) 发布时，行业标准还在修订过程中，内容没有全部确定，所以山东省地方标准部分内容与行业标准《回弹法检测混凝土抗压强度技术规程》(JGJ/T 23)（2024 年报批稿）有不同，与行业标准对比有下列特点。

(1)《回弹法检测混凝土抗压强度技术规程》(DB37/T 2366—2022)增加泵送混凝土回弹检测表面、底面修正值,没有采用底面向上回弹测强曲线,这样方便装配式构件、现浇基础等实体泵送混凝土强度采用回弹法检测。

(2)增加异常数据判断处理,考虑混凝土是砂、石、水泥、掺合料等搅拌成的混合料,其强度受原材料、施工方法、养护条件等诸多因素影响,按批抽样检测时,要求进行异常数据判断和处理。

(3)增加按批抽样检测混凝土强度推定区间,因为抽样检测是以部分样本的混凝土强度推测整体混凝土的强度,准确确定混凝土强度真值是不可能的,从概率统计意义来说,给出置信度和保证率后,我们能够确定混凝土强度真值处于某个区间。

(4)增加异常构件处理,规定将同一检测批中各构件测区混凝土强度换算值的最小值 $f_{cu,min}^c$ 与 $f_{cu,e}^c$ 对比,若 $f_{cu,e}^c - f_{cu,min}^c > 5.0$,则应将该构件作为异常构件。强度明显低于 $f_{cu,e}^c$ 的异常构件正是结构混凝土的最薄弱部位,如果只是把这些数据简单剔除,就会给工程留下隐患,所以,要求对此部分构件进行特别说明。

(5)行业标准《回弹法检测混凝土抗压强度技术规程》(JGJ/T 23)(2024年报批稿)增加了M225型回弹仪在质量为1.05kg钢砧上的率定要求,山东省标准《回弹法检测混凝土抗压强度技术规程》(DB37/T 2366—2022)考虑1.05kg钢砧稳定性略低于标准钢砧,提出用轻型钢砧或微型钢砧进行数值校对。

(6)对龄期小于一年的构件的碳化深度未做特殊规定。

(7)对于按批评定的数据离散性限制,行业标准《回弹法检测混凝土抗压强度技术规程》(JGJ/T 23)(2024年报批稿)对检测批混凝土抗压强度标准差提出限值,山东省标准《回弹法检测混凝土抗压强度技术规程》(DB37/T 2366—2022)对检测批混凝土抗压强度变异系数提出限值。

(8)山东省标准《回弹法检测混凝土抗压强度技术规程》(DB37/T 2366—2022)适当减少了测区数量,详见本书"4.8.4测区布置"。

4.8.2 回弹法测强曲线适用范围

以下是对回弹法检测混凝土强度关键技术的介绍,重点介绍山东省地方标准《回弹法检测混凝土抗压强度技术规程》(DB37/T 2366—2022),同时介绍行业标准《回弹法检测混凝土抗压强度技术规程》(JGJ/T 23)(2024年报批稿)和行业标准《高强混凝土强度检测技术规程》(JGJ/T 294—2013)的要求。

1. 适用条件

回弹法检测混凝土抗压强度实质上是通过检测混凝土表面硬度间接推定混凝土抗压强度。因为混凝土原材料的多样性、环境条件各地区的差异性,混凝土表面硬度与混凝土抗压强度之间的关系也是变化的,没有统一的换算公式,所以采用回弹法检测结构混凝土抗压强度的前提条件是,考虑所用原材料、施工工艺、养护方法、环境条件等,确定适合于所检测工程结构的测强曲线。

《回弹法检测混凝土抗压强度技术规程》(JGJ/T 23)(2024年报批稿)第6.1.2条规定:有条件的地区和部门,应制定本地区的测强曲线或专用测强曲线。检测单位宜按专用测强曲线、地区测强曲线、统一测强曲线的顺序选用测强曲线。

山东省地方标准《回弹法检测混凝土抗压强度技术规程》（DB37/T 2366—2022）第7.1条规定：此规程适用于符合下列条件的混凝土强度的检测：

（1）符合普通混凝土用材料、拌合用水的质量标准且粗骨料为碎石。

（2）采用普通成型工艺。

（3）采用符合国家标准规定的模板。

（4）自然养护或蒸气养护出池后经自然养护7d以上，且混凝土表层为干燥状态。

（5）龄期为14～1100d。

注：《回弹法检测混凝土抗压强度技术规程》（JGJ/T 23）（2024年报批稿）中龄期为14～1800d。

（6）抗压强度为10.0～80.0MPa。

《高强混凝土强度检测技术规程》（JGJ/T 294—2013）第5.0.2条规定："应优先采用专用测强曲线或地区测强曲线"；第5.0.3条规定："当无专用测强曲线和地区测强曲线时，可按本规程附录D的规定，通过验证后，采用本规程第5.0.4条或第5.0.5条给出的全国高强混凝土测强曲线公式"；第5.0.1条给出的全国高强混凝土回弹法测强适用条件如下。

（1）水泥应符合现行国家标准《通用硅酸盐水泥》（GB 175—2023）的规定。

（2）砂、石应符合现行行业标准《普通混凝土用砂、石质量及检验方法标准》（JGJ 52—2006）的规定。

（3）应自然养护。

（4）龄期不宜超过900d。

2. 限制条件

《回弹法检测混凝土抗压强度技术规程》（JGJ/T 23）（2024年报批稿）和《回弹法检测混凝土抗压强度技术规程》（DB37/T 2366—2022）均规定不适用于下列情况混凝土强度的检测。

（1）测试部位表层与内部的质量有明显差异或内部存在缺陷。

（2）遭受冻害、化学侵蚀、火灾、高温损伤。

《高强混凝土强度检测技术规程》（JGJ/T 294—2013）第1.0.2条规定：本规程适用于工程结构中强度等级为C50～C100的混凝土抗压强度检测。不适用于下列情况的混凝土抗压强度检测。

（1）遭受严重冻伤、化学侵蚀、火灾而导致表里质量不一致的混凝土和表面不平整的混凝土。

（2）潮湿的和特种工艺成型的混凝土。

（3）厚度小于150mm的混凝土构件。

（4）所处环境温度低于0℃或高于40℃的混凝土。

3. 通过专用测强曲线或通过试件试验进行修正

《回弹法检测混凝土抗压强度技术规程》（JGJ/T 23）（2024年报批稿）和《回弹法检测混凝土抗压强度技术规程》（DB37/T 2366—2022）均规定：当混凝土有下列情况之一时，不得按本标准所给测强曲线计算测区混凝土抗压强度换算值，但可按规定制定专用测强曲线或通过试验进行修正。

（1）粗骨料最大粒径大于40mm。

注：《回弹法检测混凝土抗压强度技术规程》（JGJ/T 23）（2024年报批稿）规定，非泵送混凝土粗骨料最大公称粒径大于60mm，泵送混凝土粗骨料最大公称粒径大于40mm。

（2）特种成型工艺制作的混凝土。

（3）检测部位曲率半径小于250mm。

（4）长期处于高温、潮湿或浸水环境的混凝土。

注：《回弹法检测混凝土抗压强度技术规程》（JGJ/T 23）（2024年报批稿）规定，潮湿或浸水混凝土。

4.8.3 检测准备

1. 检测前宜收集的资料

（1）工程名称及建设单位、设计单位、施工单位和监理单位名称。

（2）结构或构件名称、混凝土设计强度等级及设计施工图纸。

（3）水泥安定性检验报告，砂石品种、碎石最大粒径，混凝土配合比情况、混凝土拌合物坍落度等，确定混凝土种类、适用方法及测强曲线。

（4）施工时材料计量情况、模板类型、混凝土浇筑方式、养护情况及成型日期。

（5）结构或构件的预留混凝土立方体试块抗压强度检测资料以及相关的施工技术资料。

（6）存在的质量问题及检测原因。

2. 检测方式选择

混凝土强度检测可采用以下两种方式进行。

（1）单个构件检测：适用于单个柱、梁、墙、基础等构件检测，当检测批构件总数少于9个时，按单个构件检测，其检测结论不得扩大到未检测的构件或范围。

（2）按批抽样检测：适用于检测批混凝土强度的检测。

大型结构按施工顺序可划分为若干个检测单位，每个检测单位作为一个独立构件，根据检测单位数量及检测需要选择检测方式。

3. 回弹仪选择

山东省地方标准《回弹法检测混凝土抗压强度技术规程》（DB37/T 2366—2022）中规定了现场检测时如何选择混凝土回弹仪。

回弹仪的型号应根据混凝土立方体抗压强度代表值及设计强度等级确定。混凝土设计强度等级小于C60，且现场预留混凝土试块抗压强度代表值低于60MPa时，应采用M225型回弹仪。混凝土设计强度等级不小于C60，且现场预留混凝土试块抗压强度代表值不低于60MPa时，应采用H550型回弹仪。若现场没有预留混凝土试块，或者混凝土试块抗压强度代表值没有代表性，混凝土实际强度在60MPa左右时，应用两种混凝土回弹仪对部分构件分别进行预估检测，根据预估检测结果选择回弹仪。

（1）当两种混凝土回弹仪的检测结果都小于60.0MPa时，应采用M225型回弹仪。

（2）当两种混凝土回弹仪的检测结果都不小于60.0MPa时，应采用H550型回弹仪。

（3）当两种混凝土回弹仪的检测结果不一致时，应采用其他有效方法进行检测。

4. 按批抽样检测

山东省地方标准《回弹法检测混凝土抗压强度技术规程》（DB37/T 2366—2022）参照国家标准《建筑结构检测技术标准》（GB/T 50344—2019）有关要求规定，按批抽样检测时，应进行随机抽样，且抽测构件最小数量应符合表 3-3-1 的规定。

行业标准（JGJ/T 23）规定，混凝土强度按批量检测时，应符合下列规定。

（1）混凝土生产工艺、强度等级相同，原材料、配合比、养护条件基本一致且龄期相近的同类构件可以组成一个检验批。

（2）受检构件应随机抽取，抽检数量不宜少于同批构件总数的 30% 且不宜少于 10 件。当检验批中抽检构件数量大于 30 个时可适当调整，但不得少于《混凝土结构现场检测技术标准》（GB/T 50784）规定的最小抽检数量。

（3）当检验批中抽检构件尺寸满足第 4.1.3 条第 1 款要求时，该构件的测区数量可适当减少，但不应少于 5 个。

（4）当检验批中抽检构件数量大于 30 个，且不需要提供单个构件推定强度时，每个构件的测区数量可适当减少，但不应少于 5 个。

《高强混凝土强度检测技术规程》（JGJ/T 294—2013）中规定：按批量进行检测时，应随机抽取构件，抽检数量不宜少于同批构件总数的 30%，且不宜少于 10 件。当检验批中构件数量大于 50 件时，构件抽样数量可按现行国家标准《建筑结构检测技术标准》（GB/T 50344—2019）进行调整，但抽取的构件总数不宜少于 10 件，并应按现行国家标准《建筑结构检测技术标准》（GB/T 50344—2019）进行检测批混凝土的强度推定。

4.8.4 测区布置

山东省地方标准《回弹法检测混凝土抗压强度技术规程》（DB37/T 2366—2022）规定构件的测区应符合下列要求。

（1）现浇结构构件单个构件检测时，每个构件测区数不应少于 5 个，对于某一方向尺寸小于 4.5m 且另一方向尺寸小于 0.3m 的构件，混凝土质量均匀时，其测区数量可适当减少，但不应少于 3 个，且测区布置应满足（5）要求。

《回弹法检测混凝土抗压强度技术规程》（JGJ/T 23）（2024 年报批稿）规定：对于一般构件，测区数不宜少于 10 个。若受检构件检测面某一方向尺寸不大于 4.5m 且另一方向尺寸不大于 0.3m，构件测区数量可适当减少，但不应少于 5 个。

（山东省部分专家提出："不宜少于"的概念是对最少值给一个限制，可以多，不宜少，最少 10 个测区的要求，对小构件太多。现在 90% 以上工程采用泵送混凝土，泵送混凝土原材料、配合比、生产质量都持续稳定，所以混凝土质量也更加稳定均匀，单个构件测区数量 10 个，对于普通构件没有必要，小构件更没有必要，建议减少测区数量。）

（2）预制混凝土构件采用工业化生产，有长期质量控制措施时，构件测区数量可适当减少，但不应少于 3 个，且测区布置应满足（5）要求；《回弹法检测混凝土抗压强度技术规程》（JGJ/T 23）（2024 年报批稿）无此要求。

（3）对于重要结构构件或混凝土质量不均匀构件，其测区数量应适当增加；《回弹法检测混凝土抗压强度技术规程》(JGJ/T 23)(2024年报批稿)无此要求。

(4) 按批抽样检测时，应根据构件类型和受力特征布置测区，每个构件测区数量不应少于3个，检测批测区总数不应少于10个；《回弹法检测混凝土抗压强度技术规程》(JGJ/T 23)(2024年报批稿)无此要求。

(5) 相邻两测区的间距不应大于2m，测区离构件端部或施工缝边缘的距离不宜大于0.5m，且不宜小于0.1m；《回弹法检测混凝土抗压强度技术规程》(JGJ/T 23)(2024年报批稿)规定：……且不宜小于0.2m。

(6) 当采用M225型回弹仪时，测区宜优先选择使回弹仪处于水平方向检测混凝土浇筑侧面，若不能满足这一要求，可选择使回弹仪处于非水平方向检测。

(7) 采用H550型回弹仪时，测区应选在使回弹仪处于水平方向的混凝土浇筑侧面。

(8) 测区宜选在构件的两个对称可测面上，也可选在一个可测面上，且应均匀分布。在构件的受力较大部位及薄弱部位应布置测区，并应避开预埋件。

(9) 测区面积宜为$0.04m^2$。《回弹法检测混凝土抗压强度技术规程》(JGJ/T 23)(2024年报批稿)规定测区面积宜为$0.09m^2$。

(10) 检测面应为清洁平整的原状混凝土面，并应避开蜂窝、麻面。

(11) 对于弹击时会产生颤动的薄壁、小型构件应进行固定。

4.8.5 回弹值测量与计算

1. 回弹值测量

行业协会标准《超声回弹综合法检测混凝土抗压强度技术规程》(T/CECS 02—2020)主编单位对单个测区回弹值数量对测区回弹平均值的影响进行了研究，研究结果：将回弹值数量16个和10个进行对比，回弹平均值的差异不大。此标准规定回弹法检测，每个测区计取10个回弹值。

山东省地方标准《回弹法检测混凝土抗压强度技术规程》(DB37/T 2366—2022)编制过程中，与《回弹法检测混凝土抗压强度技术规程》(JGJ/T 23)(2024年报批稿)主编单位专家协商，确定每一测区应计取12个回弹值。

测点宜在测区范围内均匀分布，相邻两测点的净距不宜小于20mm，测点距构件边缘或外露钢筋、预埋件的距离不宜小于30mm。测点不应布置在气孔或外露石子上，同一测点只允许弹击一次。每一测区应计取12个回弹值，每一测点的回弹值读数精确至1。

2. 回弹值计算

计算测区平均回弹值，应从该测区的12个回弹值中，剔除1个最大值和1个最小值，然后将余下的10个回弹值按下列公式计算。

$$R_\mathrm{m} = \frac{\sum_{i=1}^{10} R_i}{10} \tag{4-8-1}$$

式中：R_m——测区平均回弹值，精确至0.1；

R_i——第 i 个测点的回弹值,精确至 1。

3. 回弹值角度修正

回弹仪非水平状态检测混凝土浇筑侧面时,测区的平均回弹值应按下式修正。

$$R_\mathrm{m}=R_{\mathrm{m}\alpha}+R_{\mathrm{a}\alpha} \tag{4-8-2}$$

式中:$R_{\mathrm{m}\alpha}$——非水平方向检测时测区的平均回弹值,精S确至 0.1;

$R_{\mathrm{a}\alpha}$——非水平方向检测时回弹值的修正值,按规程查表确定。

4. 回弹值检测面修正

回弹仪水平方向检测混凝土浇筑顶面或底面时,测区的平均回弹值应按下式修正。

$$R_\mathrm{m}=R_\mathrm{tm}+R_\mathrm{at} \tag{4-8-3}$$

$$R_\mathrm{m}=R_\mathrm{bm}+R_\mathrm{ab} \tag{4-8-4}$$

式中:R_tm、R_bm——水平方向检测混凝土浇筑顶面、底面时测区平均回弹值,精确至 0.1;

R_at、R_ab——混凝土浇筑顶面、底面回弹值的修正值,按规程查表确定。

5. 回弹值角度检测面同时修正

如检测时仪器非水平方向且测试面非浇筑侧面,则应先按附录非水平方向检测时回弹值的修正表对回弹值进行角度修正,然后再按附录不同浇筑面上回弹值的修正表对修正后的值进行浇筑面修正。

4.8.6 碳化深度值测量与计算

1. 碳化深度值测量

当采用 M225 型回弹仪检测时,回弹值测量完毕后,应在有代表性的测区上测量碳化深度值,测点数不少于构件测区数的 30%;当同一构件各测区碳化深度值极差大于 2.0mm 时,应测量每个测区的碳化深度值。

测量碳化深度值时,可在测区表面剔凿出直径约 15mm 的孔洞,其深度应大于 6mm。然后除净孔洞中的粉末和碎屑,不应用水冲洗。应采用浓度为 1% 的酚酞酒精溶液,喷在孔洞内壁的边缘处,当已碳化与未碳化界线清晰时,选择有代表性位置,用深度测量工具测量已碳化与未碳化混凝土交界面到混凝土表面的垂直距离,读数精确至 0.5mm,记录碳化深度值。

《回弹法检测混凝土抗压强度技术规程》(JGJ/T 23)(2024 年报批稿)规定:……每个测点应连续测量 3 次,取 3 次测量结果的平均值作为该测区碳化深度值,精确至 0.25mm。

当采用 H550 型回弹仪检测时,不需要测量碳化深度。

2. 碳化深度值计算

构件的平均碳化深度值按下式计算。

$$d_\mathrm{m}=\frac{\sum_{i=1}^{n}d_i}{n} \tag{4-8-5}$$

式中:d_m——构件的平均碳化深度值,当 $d_\mathrm{m}>6.0\mathrm{mm}$ 时,取 $d_\mathrm{m}=6.0\mathrm{mm}$,精确至 0.5mm;

d_i——第 i 个测区的碳化深度值；

n——测区数。

检测数据处理和混凝土强度推定详见第 3.4 条。

4.8.7 钻芯修正

当对回弹检测结果有怀疑时，宜进行钻芯修正。钻取芯样部位、加工技术要求及修正量计算等均应符合钻芯法的规定，详细介绍见本书 9 钻芯法检测混凝土强度技术。

4.9 动能回弹法（Q 值回弹仪）检测混凝土抗压强度研究成果

4.9.1 不同回弹方向和角度对比分析

虽然理论分析认为，Q 值回弹仪回弹值（以下简称"Q 值"）与回弹角度无关，无须进行弹击角度的修正，但对于 Q 值回弹仪生产技术、仪器构造是否真正实现了这个理论，我们还须通过试验进行验证。

课题组对同批试块分别进行向上 45°、向上 60°、向下 45°、向下 60°、水平 0°回弹，进行回弹值对比，对比数据散点图如图 4-9-1 所示，对比数据回弹值-混凝土抗压强度值回归曲线如图 4-9-2 所示，各方向回弹值与水平方向回弹值差值平均值见表 4-9-1。

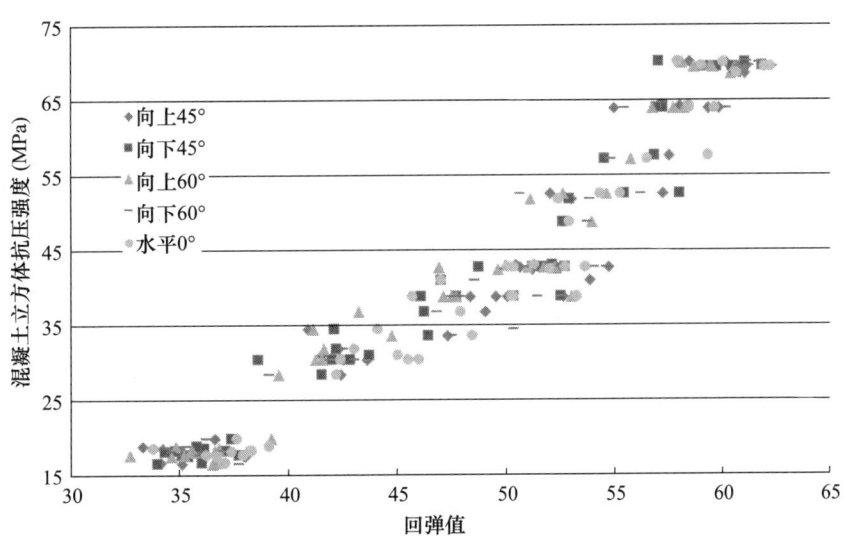

图 4-9-1 Q 值回弹仪不同角度回弹数据散点图

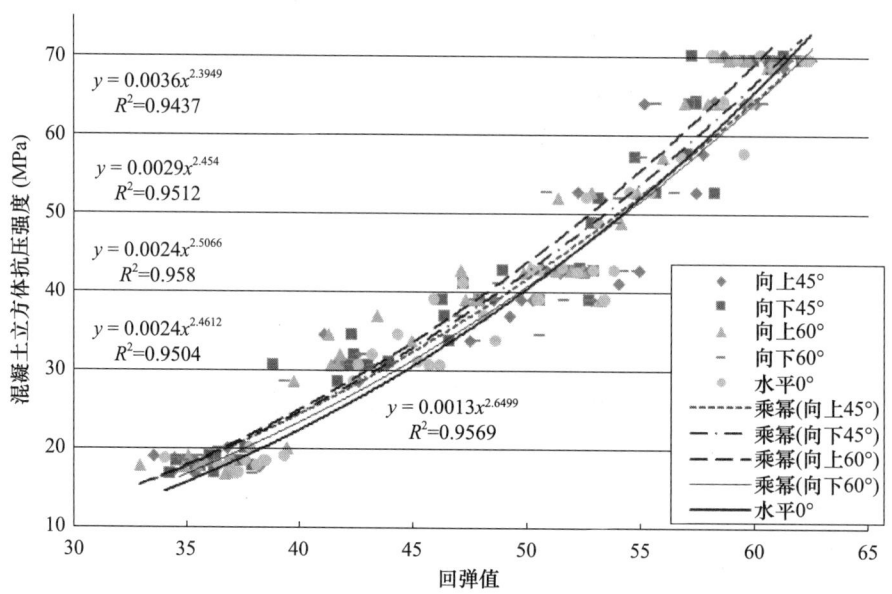

图 4-9-2　Q 值回弹仪不同角度回弹数据回归曲线

表 4-9-1　各方向回弹值与水平方向回弹值差值平均值

回弹方向	向上 45°	向下 45°	向上 60°	向下 60°
回弹值与水平方向回弹值差值平均值	−0.71	−0.96	−1.47	−0.32

分析图 4-9-1，Q 值回弹仪向上 45°、向上 60°、向下 45°、向下 60°、水平 0°回弹，各方向回弹值没有明显分别，表 4-9-1 中数据显示，各方向回弹值相差不超过 1.5。

分析图 4-9-2，Q 值回弹仪各方向回弹值与混凝土抗压强度值回归曲线均密切相关，各曲线相差很小，基本没有差距，只考虑混凝土抗压强度为 10～60MPa 的数据，回弹值相同时，回归曲线计算值从大到小排列依次为向上 60°、向下 45°、向上 45°、向下 60°、水平 0°，没有出现方向上和角度大小上的明确规律，说明这些数据的排序与回弹角度和方向无关。

以上数据分析证明，Q 值回弹仪各方向回弹值与回弹角度无关，无须进行弹击角度的修正。

4.9.2　石子粒径对 Q 值影响的分析

同条件制作、同条件养护石子粒径 5～10mm 细石混凝土与石子粒径 5～25mm 混凝土对比，如图 4-9-3 所示，分析图 4-9-3，两种粒径石子数据散点图无明显分别，回归曲线基本重合，证明石子粒径变化在 5～25mm 范围内时，对 Q 值回弹仪回弹值的影响不明显。

4.9.3　坍落度对 Q 值的影响

试验方案中混凝土强度等级为 C10、C20、C30、C40、C50，原材料种类相同，配合比不同，混凝土坍落度分别为 80mm 和 180mm，同条件制作、同条件养护不同坍落度混凝土 Q 值对比如图 4-9-4 所示。

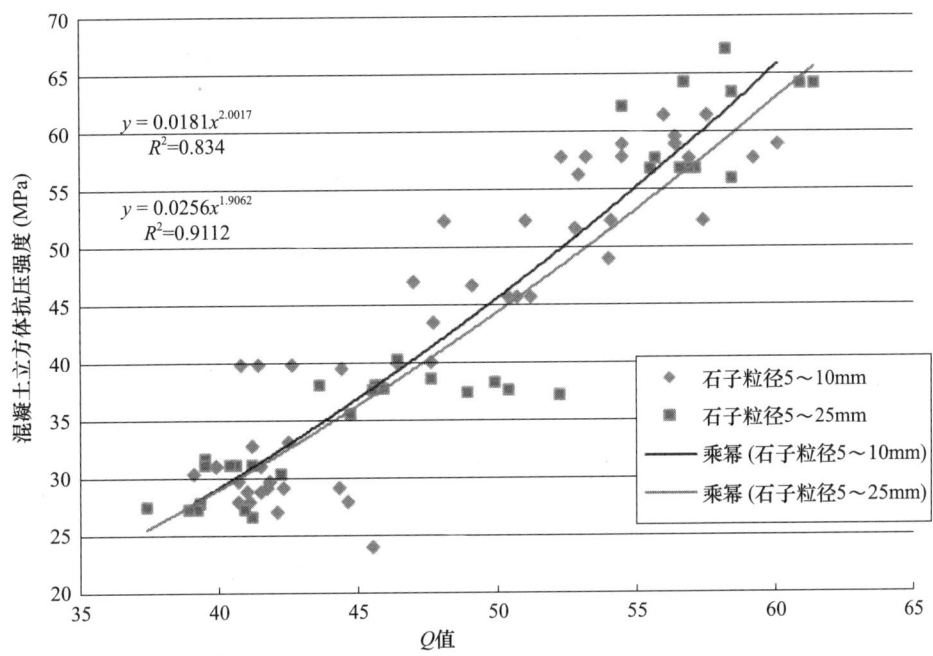

图 4-9-3 不同石子粒径混凝土对比

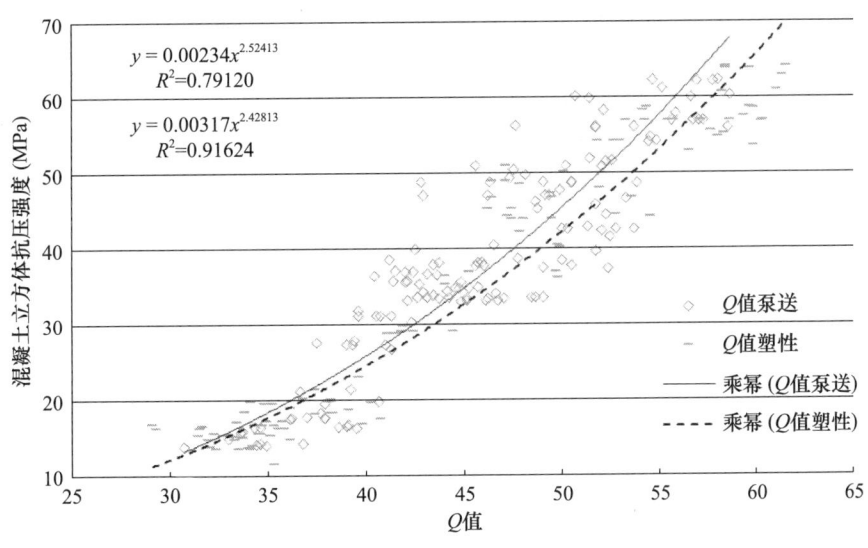

图 4-9-4 不同坍落度混凝土 Q 值对比

分析图 4-9-4 可知，混凝土强度 35MPa 以下时，不同坍落度混凝土数据散点图无明显分区，回归曲线基本重合，Q 值在 45 以上时，两种坍落度混凝土回归曲线差异随强度增大而增大，Q 值在 50 以上时，混凝土强度差异大于 5MPa，这种影响不容忽视。

4.9.4 碳化深度对 Q 值的影响

水泥水化过程中游离出大约 35% 的 $Ca(OH)_2$，混凝土表面的 $Ca(OH)_2$ 与空气中的

水和 CO_2 发生化学反应，在一般干燥环境中，生成硬度较高的碳酸钙，这就是混凝土的碳化现象。混凝土的碳化现象对回弹法测强有显著的影响。碳化现象使混凝土表面硬度增高，回弹值增大，但对混凝土强度影响不大，相关试验数据已证明碳化深度对 $R\text{-}f$ 相关关系的影响。

为分析混凝土的碳化现象对 Q 值回弹仪检测结果有怎样的影响，课题组将混凝土试块的试验数据按不同碳化深度值进行分级，划分出 0～0.5mm，1～1.5mm，2～2.5mm，3～3.5mm，4～4.5mm，5～5.5mm，6～6.5mm，7～10mm 及大于 10mm 九个碳化深度区段，对这九组数据分别进行回归分析，各级 $Q\text{-}f$ 回归曲线对比如图 4-9-5 所示。

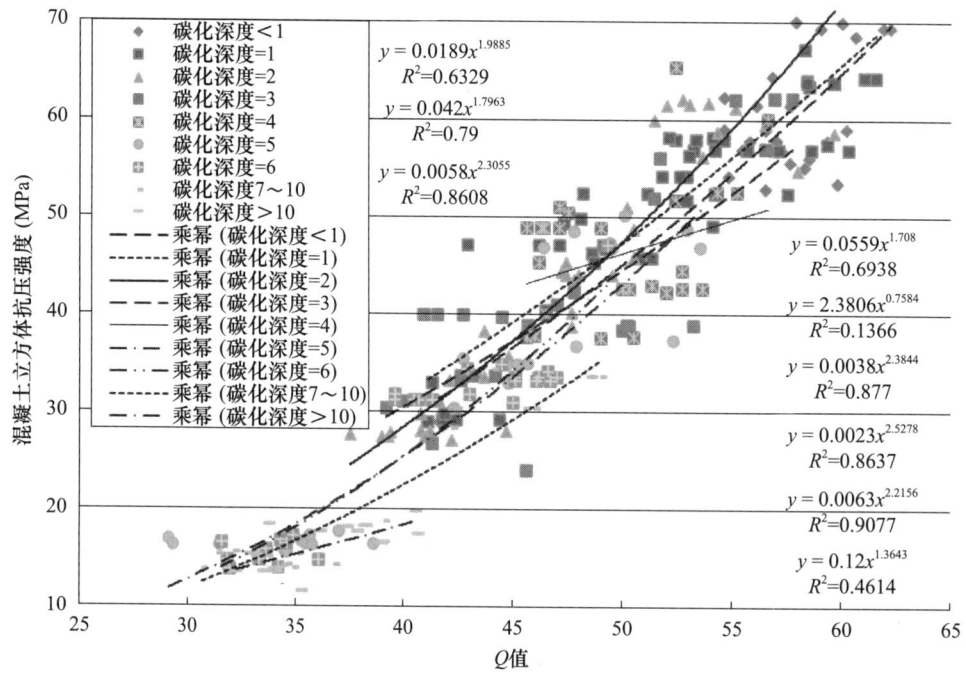

图 4-9-5　不同碳化深度分段数据

图 4-9-5 中数据要从多方面进行分析，数据按碳化深度分段后，首先是混凝土立方体抗压强度与碳化深度的关系更为明显，碳化深度小于 2.0mm 的混凝土立方体抗压强度 80% 以上都大于 45MPa，而碳化深度大于 6mm 的混凝土立方体抗压强度 80% 以上都小于 45MPa，碳化深度为 4.0mm 的混凝土立方体抗压强度集中在 35～60MPa，这种关系的存在干扰了碳化深度对 $Q\text{-}f$ 相关关系影响的判断。

为此，课题组将数据按混凝土立方体抗压强度分段，混凝土立方体抗压强度小于 45MPa 的数据对比碳化深度大于 4mm 的曲线；混凝土立方体抗压强度大于 45MPa 的数据对比碳化深度小于 6mm 的曲线；通过对比可以看出，Q 值随混凝土碳化深度增加而增大的趋势还是很明显的，说明混凝土碳化深度对 $Q\text{-}f$ 相关关系的影响也是不容忽略的，因此，在确定 Q 值回弹仪的测强曲线时，最好考虑将碳化深度作为一个变量。

4.9.5 R 值与 Q 值回归曲线分析

课题组将同条件试块分别采用 R 值回弹仪和 Q 值回弹仪同条件进行回弹试验,得到 R 值和 Q 值,回弹后试块进行混凝土立方体抗压强度试验,得到混凝土立方体抗压强度值,两组数据散点图、回弹值-混凝土抗压强度回归曲线如图 4-9-6 所示。

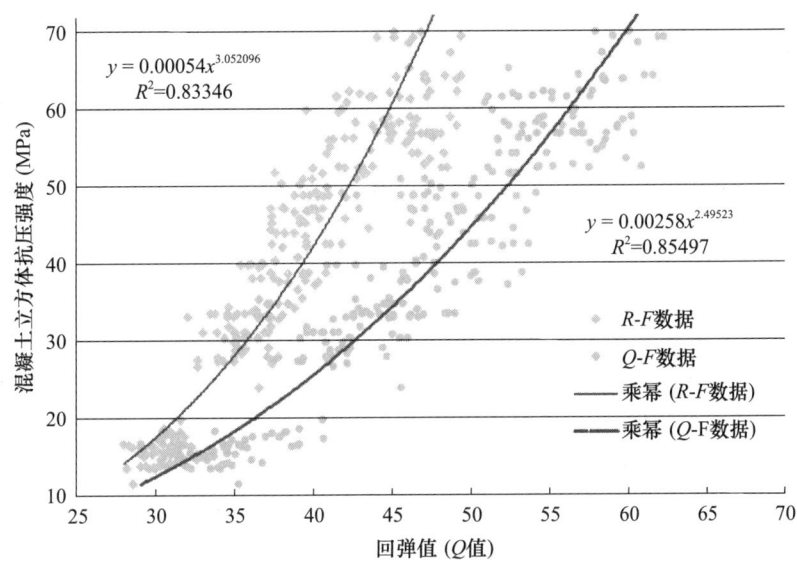

图 4-9-6 R 值回弹仪与 Q 值回弹仪回弹值-混凝土抗压强度回归曲线对比

分析图 4-9-6,课题组总结出以下几点规律。

(1) 两种回弹仪同批数据回归曲线精度差距不大,Q 值回弹仪回弹值-混凝土抗压强度回归曲线精度略高于回弹仪回弹值-混凝土抗压强度 R 值。

(2) 两条回归曲线中,混凝土抗压强度计算值与回弹值的关系,Q 值回弹仪回弹值-混凝土抗压强度回归曲线中混凝土抗压强度计算值随 Q 值增加基本保持均匀增长,而 R 值回弹仪回弹值-混凝土抗压强度回归曲线中混凝土抗压强度计算值随 R 值增加而加速增长,这种加速增长降低了高强混凝土检测精度,如 R 值由 40 增加到 45,混凝土抗压强度计算值从 41.9MPa 增加到 60.0MPa,变化率为 3.62MPa,而 Q 值由 40 增加到 45,混凝土抗压强度计算值从 25.7MPa 增加到 34.4MPa,变化率为 1.74MPa,这意味着同样是回弹值变化 1,R 值变化 3.62MPa,而 Q 值变化 1.74MPa,对于 R 值回弹仪,当回弹值受表面状况、养护方法等影响发生较小变化时,就引起混凝土强度计算值 3 倍以上的变化,这显然对检测是不利的。

4.9.6 Q 值回弹仪回弹检测影响因素分析的结论

通过理论分析和试验数据对比,我们得到以下结论。

(1) 从 Q 值回弹仪工作原理和特点分析,Q 值回弹仪构造简单,没有指针轴和指针滑块,不受中心导杆摩擦力等的影响,回弹值与回弹方向和角度无关,无须进行弹击角度的修正。

(2) 试验数据显示,Q 值回弹仪回弹值与回弹方向和角度确实无关,但 Q 值回弹仪

（3）从试验数据对比可看出，石子粒径对 Q 值影响不明显，但坍落度、碳化深度对 Q 值的影响不容忽视，建议对普通混凝土和泵送混凝土分别建立测强曲线，同时，测强曲线应考虑碳化深度的影响。

4.9.7　建立山东地区 Q 值回弹仪测强曲线

1. 普通塑性混凝土 Q 值回弹仪测强曲线

此处普通塑性混凝土是指混凝土抗压强度为 10～60MPa，采用非泵送法施工，坍落度不大于 100mm 的混凝土，测强曲线如下式所示。

$$f = 0.0123 R^{2.1029} 10^{(-0.012d)} \tag{4-9-1}$$

其中 $r=0.976$，$s=3.98\text{MPa}$，$\delta=10.65\%$，$e_r=12.87\%$。

式中：R——回弹值；

d——碳化深度值（mm）；

f——混凝土强度换算值（MPa）；

r——相关系数；

s——剩余标准离差（MPa）；

δ——回归方程的强度平均相对误差；

e_r——回归方程的强度相对标准差。

2. 普通泵送混凝土 Q 值回弹仪测强曲线

此处普通泵送混凝土是指混凝土抗压强度为 10～60MPa，采用泵送法施工，坍落度大于 120mm 的混凝土。测强曲线如下式所示。

$$f = 0.00958 R^{2.1889} 10^{(-0.0116d)} \tag{4-9-2}$$

其中 $r=0.930$，$s=6.18\text{MPa}$，$\delta=12.70\%$，$e_r=16.35\%$。

4.10　动能回弹法（Q 值回弹仪）检测技术要点

2018 年 3 月，山东省住房和城乡建设厅和山东省市场监督管理局下发《关于印发〈2018 年山东省工程建设标准编制修订计划〉的通知》（鲁建标字〔2018〕9 号），将《Q 值回弹仪回弹法检测混凝土抗压强度技术规程》列入编制计划。

2020 年山东省建筑科学研究院有限公司采用 Q 值回弹仪进行大量试验，确定山东省 Q 值回弹仪测强曲线，在此基础上完成《动能回弹法检测混凝土抗压强度技术规程》（DB37/T 5170—2020）。

下面对《动能回弹法检测混凝土抗压强度技术规程》（DB37/T 5170—2020）主要内容进行介绍并解释说明。

4.10.1　检测准备

同 4.8.3 检测准备。

4.10.2　测区布置

标准《动能回弹法检测混凝土抗压强度技术规程》（DB37/T 5170—2020）规定：

(1) 按单个构件检测时，每个构件测区数量不应少于10个，对于某一方向尺寸小于4.5m且另一方向尺寸小于0.3m的构件，其测区数量可适当减少，但不应少于5个。

(2) 按批抽样检测时，应根据构件类型和受力特征布置测区。每个构件测区数量不应少于3个，测区总数不应少于10个。

(3) 相邻两测区的间距不应大于2m，测区离构件端部或施工缝边缘的距离不宜大于0.5m，且不宜小于0.1m。

(4) 测区宜优先选择使回弹仪处于水平方向检测混凝土浇筑侧面，若不能满足这一要求，可选择使回弹仪处于非水平方向检测表面或底面。

(5) 测区宜选在构件的两个对称可测面上，也可选在一个可测面上，且应均匀分布。在构件的受力较大部位及薄弱部位应布置测区，并应避开预埋件。

(6) 测区尺寸宜为$0.04m^2$。

(7) 检测面应为清洁平整的原状混凝土面，并应避开蜂窝、麻面。

(8) 对于弹击时会产生颤动的薄壁、小型构件应进行固定。

(9) 测区应标有清晰的编号，宜在记录纸上绘制测区布置示意图和描述外观质量情况。

4.10.3 回弹值测量与计算

1. 回弹值测量

测点宜在测区范围内均匀分布，相邻两测点的净距不宜小于20mm，测点距构件边缘或外露钢筋、预埋件的距离不宜小于30mm。测点不应布置在气孔或外露石子上，同一测点只允许弹击一次。每一测区应记取16个回弹值，每一测点的回弹值读数精确至1。

2. 回弹值计算

计算测区平均回弹值，应从该测区的16个回弹值中，剔除3个最大值和3个最小值，然后将余下的10个回弹值按下列公式计算。

$$R_m = \frac{\sum_{i=1}^{10} R_i}{10} \tag{4-10-1}$$

式中：R_m——测区平均回弹值，精确至0.1；

R_i——第i个测点的回弹值，精确至1。

3. 回弹值检测面修正

回弹仪水平方向检测混凝土顶面或底面时，测区的平均回弹值应按下式修正。

$$R_m = R_{tm} + R_{at} \tag{4-10-2}$$
$$R_m = R_{bm} + R_{ab} \tag{4-10-3}$$

式中：R_{tm}，R_{bm}——水平方向检测混凝土顶面、底面时测区平均回弹值，精确至0.1；

R_{at}，R_{ab}——混凝土浇筑顶面、底面回弹值的修正值，按规程查表确定。

4.10.4 碳化深度值测量与计算

1. 碳化深度值测量

当采用M225型回弹仪检测时，回弹值测量完毕后，应在有代表性的测区测量碳化深度值，测点数不少于构件测区数的 30%；当同一构件各测区碳化深度值极差大于 2.0mm 时，应测量每个测区的碳化深度值。

测量碳化深度值时，可在测区表面剔凿出直径约 15mm 的孔洞，其深度应大于 10mm。然后除净孔洞中的粉末和碎屑，不得用水冲洗。应采用浓度为 1% 的酚酞酒精溶液，喷在孔洞内壁的边缘处，当已碳化与未碳化界限清晰时，再用深度测量工具多次测量已碳化与未碳化混凝土交界面到混凝土表面的垂直距离，读数精确至 0.5mm，取其平均值作为该测区的碳化深度值。

2. 碳化深度值计算

构件的平均碳化深度值按下式计算。

$$d_m = \frac{\sum_{i=1}^{n} d_i}{n} \tag{4-10-4}$$

式中：d_m——构件的平均碳化深度值，当 $d_m > 10.0$mm 时，取 $d_m = 10.0$mm，精确至 0.5mm；

d_i——第 i 个测区的碳化深度值；

n——测区数。

检测数据处理和混凝土强度推定详见"3.4 混凝土强度检测结果处理"。

第5章 超声回弹综合法检测混凝土强度技术

5.1 超声回弹综合法基本原理及发展

5.1.1 超声回弹综合法检测混凝土强度基本原理

超声回弹综合法是指采用超声仪、回弹仪及碳化深度尺，在结构混凝土同一测区分别测量超声声速值、回弹值及碳化深度值，然后利用已建立起来的测强公式推算混凝土抗压强度的一种方法。回弹值及碳化深度值测试时的操作要点与回弹法的要求相同，此处不再赘述。下面主要介绍与超声检测有关的内容。

5.1.2 超声回弹综合法检测的优点

回弹法检测混凝土强度实质上是通过混凝土表面硬度推定混凝土强度，具有简便、快捷、无损伤等优点，但单一回弹法受各种因素影响，有时测强误差较大，随着建筑技术的发展，高强高性能混凝土的应用日渐普及，混凝土原材料不再是单一的水泥、水、砂、石子，粉煤灰、矿渣、硅粉、外加剂等在混凝土中大量使用，混凝土细分为抗渗混凝土、防冻混凝土、泵送混凝土、高强混凝土、自流平免振混凝土等，常用混凝土外加剂多达十几种，混凝土掺合料、外加剂等的广泛使用，改变了混凝土的微观结构和物理力学性能，单一回弹法检测混凝土强度有时必然会有较大误差，为解决此问题，各国科研人员进行各种探索，超声回弹综合法检测混凝土强度是国内外研究较多、应用较广的一种无损检测方法。

5.1.3 混凝土超声回弹综合法检测技术的发展

超声脉冲技术被用于结构混凝土检测的历史不是很长。早在1880年人们就已经发现压电效应，1918年法国首先制成了一套利用压电效应的水声装置；1928年制成了第一台连续超声波材料探伤仪；1934年有人提出用脉冲超声波进行金属探伤。第二次世界大战期间，雷达技术发展很快，促进了超声脉冲技术的发展，"二战"后，超声脉冲技术开始民用化应用。在随后的30多年中，随着对该方面的研究不断深入，工程应用也逐渐普遍。目前，混凝土超声检测技术已成为检测工程结构质量的重要手段之一。

近10多年来，随着应用技术研究的深入和水平的提高，以及仪器设备的更新换代，这项测试技术在混凝土建设工程、岩体、工程地质、水文地质检测等方面有广泛的应用。从一般构件到大体积混凝土、岩土工程检测，从单一的测强发展到裂缝、缺陷（含基桩完整性）、损伤层厚度、弹性力学参数等，应用范围与深度不断增大。目前许多国家及国际学术团体都先后制定了混凝土超声检测规程、方法或建议。

国际有关的技术标准有美国《对通过混凝土的脉冲速度的标准试验方法》(ASTM C 597—2002)、英国《混凝土试验——第 203 部分：混凝土的超声波脉冲速度测量的推荐方法》(BS 1881-203—1986)、德国《混凝土试验 超声脉冲传播速度的确定》(UNE 83-308—1986)。

20 世纪 50 年代末，我国开始超声波检测混凝土质量技术的研究和应用，到 20 世纪 80 年代初期，基本弄清了超声波检测混凝土质量的主要影响因素，协调统一了一些基本测试方法。20 世纪 80 年代中期，"超声波检测混凝土缺陷""超声波检测混凝土强度""超声回弹综合法检测混凝土强度""超声波检测灌注桩完整性""超声波检测钢管混凝土质量"等研究成果先后通过技术鉴定。超声波检测混凝土质量技术在我国得到深入研究和推广，形成《超声法检测混凝土缺陷技术规程》《超声回弹综合法检测混凝土强度技术规程》等检测规程。这些规程的颁布实施，进一步促进了超声波检测混凝土质量技术的发展，促进混凝土超声波检测仪器的开发和研制。一批智能型非金属超声波检测分析仪研制成功并批量生产，反过来又促进了超声波检测混凝土质量技术的发展。

随着电子工业的发展，我国已基本形成混凝土超声波检测分析仪器的生产体系。近年来仪器的研究工作已向小型化、自动化和智能化的方向发展；在检测技术的研究方面，各科研单位投入了较大的人力、物力和财力，基本上形成了适合我国特点的方法体系，积累了较多的经验，在工程应用中，取得了良好的效果。

国内超声波检测技术应用于建筑工程中的有关标准包括《超声回弹综合法检测混凝土抗压强度技术规程》(T/CECS 02—2020)、《超声法检测混凝土缺陷技术规程》(CECS 21：2000)、《建筑基桩检测技术规范》(JGJ/T 106—2014)、《混凝土超声波检测仪》(JG/T 5004—1992)。

山东、福建、四川、江苏、北京、上海等省市根据各地特点，在试验研究的基础上，分别编制出超声波检测混凝土强度的地方标准。

1999 年山东省建筑科学研究院编制了《超声回弹综合法检测混凝土抗压强度技术规程》(DBJ 14-BG5—1999)，并于 2004 年进行了修编，形成了《超声回弹综合法检测混凝土抗压强度技术规程》(DBJ 14-027—2004)，此规程在考虑超声声速及回弹值的前提下又加入了碳化深度参数，使检测结果更为准确、可靠。2013 年山东省建筑科学研究院再次修编规程，《超声回弹综合法检测混凝土抗压强度技术规程》(DB37/T 2361—2013)由山东省质量技术监督局发布实施，此标准中新增了超声平测、角测方法和高强混凝土超声回弹综合法检测。2022 年山东省建筑科学研究院有限公司修编完成《超声回弹综合法检测混凝土抗压强度技术规程》(DB37/T 2361—2022)。

5.2 超声波基本知识

5.2.1 超声波的定义

物体振动时会发出声音。科学家们将每秒钟振动的次数称为振动的频率，它的单位是赫兹（Hz）。声波是物体机械振动状态（或能量）的传播形式。所谓振动是指物质的质点在其平衡位置附近进行的往返运动。譬如，鼓面经敲击后，它就上下振动，这种振动状态通过空气媒质向四面八方传播，这便是声波。

声波按频率分为以下几种。

(1) 次声波：频率小于20Hz。

(2) 可闻声波：频率20Hz～20kHz。

(3) 超声波：频率20kHz～1000MHz。

(4) 特超声波：频率大于1000MHz。

我们人类耳朵能听到的声波频率为16～20000Hz。因此，当物体的振动超过一定的频率，即高于人耳听阈上限时，人们便听不出来了，超声波是指振动频率大于20kHz以上的声波，其每秒的振动次数（频率）甚高，超出了人耳听觉的上限（20000Hz），人们将这种听不见的声波叫作超声波。超声波和可闻声波本质上是一致的，它们的共同点都是一种机械振动在材料介质中的传播，需要振动源和弹性介质，符合机械波的特征和基本规律。

5.2.2 振动与波

任何一块固体材料，从微观的角度来看，都可以看成是许多质点的集合体。这些质点之间通过一定的方式彼此联系，在弹性材料中，这种联系具有弹性性质，在弹黏塑性材料中，这种联系则具有弹塑性。固体材料的每一个质点都受到周围质点的牵联。因此，当其中的某一质点受激励产生振动时，必然把振动能量传递给周围质点，使周围质点也产生振动。在完全弹性的物体中，这种传递可一直延续下去；而在弹黏塑性的物体中，由于质点间"黏性元件"的驰豫而使能量逐渐损耗。

这种机械振动的传播过程即为机械波或声波。由此可见，材料中的波动是振动的必然结果，它和振动一样，与材料的应力-应变性质有着密切的联系。

根据质点的振动方向与波的传播方向的不同，可将机械波分为若干种类型。

(1) 纵波：质点的振动方向与波的传播方向一致，这种波称为纵波。产生纵波时，物体中质点的振动以疏密相间的形式向前传播。在较稀疏的区段内材料受到拉伸，在较稠密的区段内材料受到压缩。

由于纵波常由质点间的容变弹性和长变弹性引起，所以凡有容变弹性和长变弹性的物质，均能传播纵波，即纵波在固体、液体、气体中均能传播。

(2) 横波：质点的振动方向垂直于波的传播方向，这种波动称为横波。物体中的质点产生剪切变形。由于液体和气体中没有剪切特性，所以横波只能在固体中传播。

(3) 表面波：质点的振动方向与传播方向之间的关系介于纵波和横波之间，并沿着物体表面传播，振幅随着深度的增加而迅速衰减的波称为表面波。

(4) 板波：在板厚与波长相当的薄板中传播的波，只能在固体介质中传播。

此外，还有许多波动类型，但从运动学的角度来看，根据运动的叠加原理，任何复杂波型都是纵波和横波的叠加。纵波和横波是两种最简单、最基本的波。

波在物体中传播时，如果物体中各质点均做连续不断的运动，这种波称为连续波。在连续波中，若各质点均做同频率的谐振动，则这种连续波称为余弦波（也称简谐波或正弦波）；如果物体中各质点做单个或间歇的脉冲振动，这种波称为脉冲波。混凝土检测中常用的超声波就是脉冲波。而运用频谱分析的方法，不论是脉冲波还是非余弦的连续波，都可以认为是由许多不同频率的余弦波合成的。因此，余弦波是最基本的形式。

许多质点在振动时，各同相位的点所构成的轨迹平面，称为波阵面。而振动传播的方向称为波线。在某一时刻各质点振动传播的前沿的轨迹平面，称为波前。根据波阵面，机械波又可分为平面波、球面波和柱面波。

根据波动频率的不同，声波可分为次声波、可闻声波、超声波和特超声波。一般来说，用于材料无损检测的频率在 $0.02 \times 10^6 \sim 20 \times 10^6$ Hz，而混凝土检测中，常使用这一频段中的较低部分，即 $0.02 \times 10^6 \sim 0.5 \times 10^6$ Hz。

5.2.3 波的基本特点

1. 波的传播速度

波的传播速度取决于波本身的特性和媒质的特性。超声波的传播速度取决于媒质的惯性和弹性，具体说，就是取决于媒质的密度和弹性模量。

由于液体和气体只有容变弹性，所以只能传播与容变有关的弹性纵波，理论证明在液体和气体中纵波的传播速度为：

$$c = \sqrt{\frac{B}{\rho}} \tag{5-2-1}$$

式中：B——媒质的容变弹性模量；
ρ——媒质的密度。

对于理想气体，根据分子物理学和热力学原理可推出声速公式。

$$c = \sqrt{\frac{\gamma p}{\rho}} = \sqrt{\frac{1.4 \times 1.013 \times 10^5}{1.293}} = 331 \text{ (m/s)} \tag{5-2-2}$$

式中：γ——气体的定压摩尔热容与定容摩尔热容的比值，$\gamma = 1.4$；
p——气体的压强；
ρ——气体的密度。

由于固体中能够产生切变、容变、长变等各种弹性变形，所以固体中既能传播与切变有关的横波，又能传播与容变或长变有关的纵波。弹性理论可以证明，在固体中，横波和纵波的传播速度可分别用下列两式计算。

$$横波：c = \sqrt{\frac{G}{\rho}} \tag{5-2-3}$$

$$纵波：c = \sqrt{\frac{Y}{\rho}} \tag{5-2-4}$$

式中：G——媒质的切变弹性模量；
Y——媒质的杨氏弹性模量。

上式是理想弹性状态下在各向同性均匀固体媒质中的理论结果。

2. 弹性模量

（1）容变弹性模量 B 的定义：设有一立方体受到各方向的压力，使容积 V 缩小为 V'。如果用 f 表示正压力，S 表示受力面积，量值 $p = f/S$ 为压强，也叫应力。在应力 p 的作用下，立方体的容积 V 受到相应的变化，通常用 $\Delta V = V' - V$ 表示 V 的增量，把

$\Delta V/V$ 称作胁变。我们定义 B 为容变弹性模量。

$$B = -\frac{p}{\dfrac{\Delta V}{V}} \tag{5-2-5}$$

（2）杨氏弹性模量 Y 的定义：设有一柱体，两端受拉力 f 作用。如果柱体的横截面积为 S，长为 l，受力 f 作用时，伸长 Δl，则应力为 $\sigma = f/S$，应变为 $\Delta l/l$。胡克定律指出，在固体的弹性范围内，应力与应变之间有正比的关系。我们定义 Y 为杨氏弹性模量。

$$Y = \frac{f/S}{\Delta l/l} \tag{5-2-6}$$

（3）切变弹性模量 G 的定义：设有一柱体，两端底面上受到切向力 f 作用。这时产生一切变，切变中胁变的量值可用 ϕ 角表示，应力为 $\sigma = f/S$，柱体的底面积为 S。胡克定律指出，在固体的弹性范围内，应力与切变中胁变之间有正比的关系。我们定义 G 为切变弹性模量。

$$G = \frac{f/S}{\Delta l/l} \tag{5-2-7}$$

3. 波长、周期和频率

波长：波动传播时，同一波线上两个相邻的周相差为 2π 的质点之间的距离，即一个完整波的长度，用 λ 表示。横波波长等于两相邻波峰之间或两相邻波谷之间的距离；纵波波长 λ 等于两相邻密集部分的中心之间或两相邻稀疏部分的中心之间的距离。

波速：是指一定的振动周相在空间的传播速度。

波的周期：是指波传过一个波长的时间，或一个完整的波通过波线上某点所需的时间，用 T 表示。

波的频率：是指在单位时间内波动推进的距离中所包含的完整波长的数目，或单位时间内通过波线上某点的完整波长的数目。

根据上述定义可知，波速 c 和波长 λ 及周期 T 之间的关系是：

$$c = \frac{\lambda}{T} \tag{5-2-8}$$

$$\nu = \frac{1}{T} \tag{5-2-9}$$

$$c = \nu\lambda \tag{5-2-10}$$

5.2.4 波动方程

用数学函数式来描述一个前进中的波动（一般称为行波），即用数学函数式来描述媒质中各质点的位移随着各质点的平衡位置和时间的变化，这样的函数式称为行波的波动方程。

为使问题简化，在此只讨论平面声波在无衰减的理想介质中传播时的波动方程。

1. 平面波的波动方程

沿 x 方向传播的平面余弦波，位于任意 x 处的质点做同频率、同振幅的谐振动时，仅在相位上落后了一段时间 $\Delta t = x/v$，v 为沿 x 方向传播的速度，也称波速或声速，此时的波动方程为：

$$y = A\cos\left[\omega\left(t - \frac{x}{v}\right) + \varphi\right] \quad (5\text{-}2\text{-}11)$$

式中：y——质点在 t 时刻的振动位移，如是纵波，其位移方向与 x 轴平行，如是横波，则位移方向与 x 轴垂直；

A——振幅；

ω——圆频率；

v——声速；

φ——初相位角。

由式（5-2-11）看出，质点振动位移 y 主要受时间 t、距离 x 及声速 v 的影响。

2. 球面波的波动方程

对于球面波的传播，只要传播媒质是各向同性的均匀体，且无衰减、无频散现象，沿半径方向传播的球面余弦波的波动方程为：

$$y = \frac{A}{r}\cos\omega\left(t - \frac{r}{v}\right) \quad (5\text{-}2\text{-}12)$$

式中：A——距声源单位半径处的球面波振幅；

r——振动质点距声源的距离；

v——传声媒质的声速。

3. 柱面波的波动方程

对于柱面波，垂直于圆柱轴线方向传播的柱面波的波动方程为：

$$y = \frac{A}{\sqrt{r}}\cos\omega\left(t - \frac{r}{v}\right) \quad (5\text{-}2\text{-}13)$$

式中：A——距圆柱声源单位半径处的柱面波振幅；

r——振动质点距声源轴线的垂直距离；

v——传声媒质的声速。

5.2.5 超声场

超声波所充盈的空间称为超声场，超声场的状态可用声压、声强、声阻抗等几个特征量来描述。

1. 声压和声阻抗率

超声场中某一点在某一瞬间因超声波所引起的压强 P，称为声压。

若在声场中取出一体积元，该体积元的质量为 m，与声传播方向垂直的截面积为 $\mathrm{d}S$，长度为 $\mathrm{d}x$，并假设面各元 $\mathrm{d}S$ 上的压强为 P，则面积元上所受的力为 $F = P\mathrm{d}S$。根据动量原理，有

$$F\mathrm{d}t = mv \quad (5\text{-}2\text{-}14)$$

式中：v 为体积元振动速度，当体积元很小时，即为质点的振动速度。

$$v = \frac{\mathrm{d}\xi}{\mathrm{d}t} = -A\omega\sin\left[\omega\left(t - \frac{x}{C}\right)\right] \quad (5\text{-}2\text{-}15)$$

假定介质密度为 ρ，则

$$m = \rho\mathrm{d}S\mathrm{d}x \quad (5\text{-}2\text{-}16)$$

将 F、m、v 代入式（5-2-14）得：

$$P\mathrm{d}S\mathrm{d}t = \rho \mathrm{d}S \mathrm{d}x\left\{-A\omega\sin\left[\omega\left(t-\frac{x}{C}\right)\right]\right\} \tag{5-2-17}$$

因为 $\dfrac{\mathrm{d}x}{\mathrm{d}t}=C$，所以式（5-2-17）又可写成

$$P=\rho C v \tag{5-2-18}$$

由以上可见，声场中某点声压的大小与介质密度 ρ、声速 C、频率 ω 及声源振幅 A 成正比。当声压 P 相同时，ρC 越大，质点振动速度 v 就越小；ρC 越小，质点振动速度 v 就越大；在特定介质中 ρC 为一恒量。在声学中把 $\dfrac{P}{v}=\rho C$ 称为介质的声阻抗率，以 Z 表示。

2. 声强

将垂直于声波传播方向，在单位面积、单位时间内通过的声能量，称为声强 I。

当超声波在介质中传播时，某处的质点因振动而获得动能 E_n，同时因介质的弹性变形而获得势能 E_p，这两者互相交替，但总值守恒。

根据声强 I 的定义，声强可用单位时间内声压力所做的功的平均值来表示，即

$$I=\overline{Pv} \tag{5-2-19}$$

在无衰减平面行波中，可将式（5-2-19）代入 $p=\rho c v$ 中，并做如下变换：

$$I=\overline{pv}=\rho c v^2=\frac{\overline{p}^2}{\rho c}=\frac{1}{2}\rho c v_\mathrm{m}^2=\frac{1}{2}\frac{p_\mathrm{m}^2}{\rho c} \tag{5-2-20}$$

根据上面的公式可知：

$$v_\mathrm{m}=A\omega \tag{5-2-21}$$

式中：v_m——质点的最大振动速度。

所以

$$I=\overline{Pv}=\rho C v^2=\frac{\overline{P}^2}{\rho C}=\frac{1}{2}\rho C v_\mathrm{m}^2 \tag{5-2-22}$$

又可写成下式：

$$I=\frac{1}{2}\rho C A^2 \omega^2 \tag{5-2-23}$$

由式（5-2-23）可知，声强与声阻抗率 ρC 成正比，与质点振动位移的平方成正比，与圆频率的平方成正比。

3. 圆板形声源的扩散角和声压与距离的关系

在介质中，当某一点振动时，声波将从这一点向四周辐射，但当声源为一圆板形时，根据波的干涉和绕射原理，声波将形成一个波束。该波束以某一扩散角向前辐射，在圆板形声源的中心轴线上，声压（或声强）最大，偏离中心一角度时，声压减小形成声波的主瓣（主波束），离声源较近处（近场区）形成声波的副瓣。

主波束扩散角与声源直径及波长的关系为：

$$\sin\theta=1.22\frac{\lambda}{D} \tag{5-2-24}$$

式中：θ——半扩散角；

λ——波长；

D——声源直径。

由式（5-2-24）可知，超声波波束的扩散角随着 D 及 λ 的变化而变化。在同一介质中，若 λ 越大即频率 f 越小，则 θ 越大，说明指向性越差。

声源中心轴线上声压振幅的变化如下。

$$p = p_0 2\sin\left[\frac{\pi}{\lambda}\left(\frac{D^2}{4} + x^2 - x\right)\right] \tag{5-2-25}$$

式中：p_0——距离声源为零处的声压；

p——距离声源为 x 处的声压；

x——与声源的距离；

D——声源直径。

由式（5-2-25）可知，在距离 x 小于某一特定值 N 时，声压有若干个极大值；x 大于 N 后，声压随 x 的增加而衰减，称 N 为近场区和远场区的分界点。N 与 D 和 λ 有如下近似关系。

$$N = \frac{D^2}{4\lambda} - \frac{\lambda}{4} \tag{5-2-26}$$

若 $D > \lambda$，则 $\lambda/4$ 可以忽略，因而

$$N \approx \frac{D^2}{4\lambda} \tag{5-2-27}$$

由于近场区声压变化复杂，在检测时应尽可能避开这一区域，在混凝土中若所用探头直径 $D=4\text{cm}$，频率为 100kHz，声速 v 为 3000m/s，则

$$\lambda = \frac{v}{f} = \frac{3000 \times 10^3}{100 \times 10^3} = 30 \text{ （mm）}$$

$$\sin\theta = 1.22 \times \frac{3}{4} = 0.915$$

$$\theta = 66°$$

$$N = \frac{4^2}{4 \times 3} - \frac{3}{4} = 0.583 \text{ （cm）}$$

在混凝土测试中，由于 f 较低，故 θ 很大，即波束的方向性很差。而 N 虽然较大，但因混凝土测试时，试件的尺寸一般均较大，所以测试时一般不可能在近场区以内进行。

5.2.6 超声波在界面上的现象

混凝土是一种复合材料，在其内部有许多界面，因此在混凝土性能的超声测试中，超声波在界面上的行为是十分重要的。

当超声波从一种介质传播到另一种介质时，在这两种介质的界面上，超声波的传播方向、波型和能量都发生变化，其规律如下。

1. 声波的反射与折射

（1）反射定律。

超声波从一种介质（声阻抗率 $Z_1 = C_1\rho_1$）传播到另一种介质（声阻抗率 $Z_2 = C_2\rho_2$）时，在界面上有一部分能量产生反射，形成反射波。

入射波波线及反射波波线与界面法线的夹角分别为入射角 α 和反射角 α_1，入射角的正弦与反射角的正弦之比等于波速之比，即

$$\frac{\sin\alpha}{\sin\alpha_1}=\frac{C_1}{C'_1} \tag{5-2-28}$$

当入射波和反射波的波型相同时，$C_1=C'_1$，所以 $\alpha=\alpha_1$。

（2）折射定律。

超声波的部分能量将越过界面形成折射波，折射波波线与界面法线的夹角为折射角。入射角 α 的正弦与折射角 β 的正弦之比，等于入射波在第一介质中的波速 C_1 与折射波在第二介质中的波速 C_2 之比，即

$$\frac{\sin\alpha}{\sin\beta}=\frac{C_1}{C_2} \tag{5-2-29}$$

（3）反射率。

反射波声压 P' 与入射波声压 P 之比，称为反射率 γ，即

$$\gamma=\frac{P'}{P} \tag{5-2-30}$$

γ 的大小与入射波角度、介质声阻抗率及第二介质的厚度有关。

当第二介质甚厚时，

$$\gamma=\frac{Z_2\cos\alpha-Z_1\cos\beta}{Z_2\cos\alpha+Z_1\cos\beta} \tag{5-2-31}$$

如果这时声波垂直入射，即 $\alpha=\beta=0$，式（5-2-31）可简化为：

$$\gamma=\frac{Z_2-Z_1}{Z_2+Z_1} \tag{5-2-32}$$

当第二介质为薄层时，

$$\gamma=\left[\frac{\frac{1}{4}\left(m-\frac{1}{m}\right)^2\sin^2\left(\frac{2\pi\delta}{\lambda}\right)}{1+\frac{1}{4}\left(m-\frac{1}{m}\right)^2\sin^2\left(\frac{2\pi\delta}{\lambda}\right)}\right]^{\frac{1}{2}} \tag{5-2-33}$$

式中：m——声阻抗之比，即 $m=\frac{Z_1}{Z_2}$；

λ——波长；

δ——第二介质的厚度。

（4）反射系数。

反射声强 I' 与入射声强 I 之比，称为反射系数 k。其计算公式为：

$$k=\frac{I'}{I}=\left[\frac{Z_2\cos\alpha-Z_1\cos\beta}{Z_2\cos\alpha+Z_1\cos\beta}\right]^2 \tag{5-2-34}$$

若为垂直入射，即 $\alpha=\beta=0$，则

$$k=\left[\frac{Z_2-Z_1}{Z_2+Z_1}\right]^2=\gamma^2 \tag{5-2-35}$$

（5）透过率。

透过声压 P_2 与入射声压 P_1 之比，称为透过率 t，即

$$t=\frac{P_2}{P_1} \tag{5-2-36}$$

当第二介质甚厚时，

$$t=\frac{2Z_1\cos\beta}{Z_2\cos\alpha+Z_1\cos\beta} \tag{5-2-37}$$

若为垂直入射，即 $\alpha=\beta=0$，则

$$t=\frac{2Z_1}{Z_2+Z_1}=1-\gamma \tag{5-2-38}$$

当第二层介质为薄层时，

$$t=\left[\frac{1}{1+\frac{1}{4}\left(m-\frac{1}{m}\right)^2\sin^2\left(\frac{2\pi\delta}{\lambda}\right)}\right]^{\frac{1}{2}} \tag{5-2-39}$$

(6) 透过系数。

透过声强 I_2 与入射声强 I 之比，称为透过系数 T，其计算公式为：

$$T=\frac{I_2}{I}=\frac{4Z_1Z_2\cos\alpha\cos\beta}{(Z_1\cos\beta+Z_2\cos\alpha)^2} \tag{5-2-40}$$

垂直入射时，

$$T=\frac{4Z_1Z_2}{(Z_1+Z_2)^2}\approx 1-\gamma^2 \tag{5-2-41}$$

2. 波型的转换

当纵波从一种固体介质射入另一种固体介质时，除了在两种介质中产生反射纵波、折射纵波，还可能产生反射横波和折射横波，在特定条件下还可能产生表面波，这些波的反射角和折射角与入射角的关系，均符合前述的反射定律和折射定律，即

$$\frac{C_{l1}}{\sin\alpha}=\frac{C_{l1}}{\sin\alpha_1}=\frac{C_{s1}}{\sin\alpha_2}=\frac{C_{l2}}{\sin\beta_1}=\frac{C_{s2}}{\sin\beta_2} \tag{5-2-42}$$

式中：α——入射角；

α_1——纵波反射角；

α_2——横波反射角；

β_1——纵波反射角；

β_2——横波反射角；

C_{l1}——纵波在第一介质中的声速；

C_{l2}——纵波在第二介质中的声速；

C_{s1}——横波在第一介质中的声速；

C_{s2}——横波在第二介质中的声速。

因为在固体介质中 $C_s>C_l$，所以 $\alpha_1>\alpha_2$，$\beta_1>\beta_2$。当 α 为一适当角度，$\beta_1\geqslant 90°$ 时，在第二介质中将只存在横波，这时的 α 称为第一临界角。当 α 继续增大，使 β_2 恰好等于 $90°$ 时，横波沿表面传播，即形成表面波，该 α 称为第二临界角。这一现象可作为在试件中产生横波或表面波的方法之一。

由于超声波在界面上具有这些性质，当它在前进道路上遇到与原有介质声阻抗不同的障碍物时，如果障碍物的尺寸远大于波长，则发生反射和折射等现象；如果障碍物的尺寸与波长为相近的数量级，就发生了显著的绕射现象；当障碍物的尺寸比波长还小时，一般来说声波可以绕过这些障碍物继续前进，但同时总有一部分声能向这些障碍物

四周散射。如果障碍物为刚性球状物，其直径为 d，而且 $kd>1$（k 为波数，$k=\dfrac{2\pi}{\lambda}$），则该障碍物所造成的散射功率 w_s 可近似地用下式表示。

$$w_s \approx \frac{\pi}{2}d^2 I \tag{5-2-43}$$

式中：I——基质中的声强。

将式（5-2-23）代入式（5-2-43）得：

$$w_s \approx \frac{\pi}{2}ZA^2\omega^2 d^2 \tag{5-2-44}$$

式中：Z——基质的声阻抗率；

　　　A——基质中质点的振幅；

　　　ω——圆频率；

　　　d——基质中障碍物的直径。

从式（5-2-44）可知，粒状障碍物散射功率的大小与基质的声阻抗率、基质中声波的频率的平方及障碍物直径的平方成正比。在混凝土中，粗骨料对声波的散射功率与此类似。

5.2.7　超声波在混凝土中传播的特点

超声波根据波阵面的形式可分成平面波、球面波和柱面波。用于混凝土质量检测的超声波，因振源（换能器）尺寸较小，振动频率不太高，传播距离有限，因此一般按球面波来考虑，即点状振源将振动向周围传播，形成球面波。

用于混凝土质量检测的超声波频率多为 20～300kHz，是一种脉冲超声波。混凝土声速一般为 3.2～5.5km/s，其波长为 30～90mm，换能器的直径一般是 35～45mm，近声场与远声场的分界点 N 一般在 10mm 以内。

超声波在均匀媒质中沿直线传播，当超声波从一种媒质传播到另一种媒质时，在两种媒质分界面上，超声波将发生折射、反射、绕射等现象，产生方向、角度和波形的改变，超声波的反射和折射同光的反射和折射原理一样，也服从反射定律和折射定律。而混凝土为固-液-气三相组成的具有弹黏塑性质的复合材料，其内部存在着复杂的界面，如砂浆与粗骨料之间的界面，砂浆、粗骨料与气孔、微裂缝之间的界面，混凝土缺陷（裂缝、孔洞、不密实区等）所形成的界面。因此，超声波在混凝土中的传播比在均匀媒质中复杂得多。

超声波与混凝土的特性，决定了混凝土强度检测用超声波传播的以下特点。

（1）只能采用低频超声波。

由于混凝土中广泛存在着特性阻抗差异较大的媒质界面，超声波传播过程中，传播媒质的吸收衰减随频率增高而增大。水泥砂浆、石子、气孔及微裂缝组成的混凝土，使超声波的散射衰减很大，高频成分比低频成分散射更严重，所以，为了使超声波在混凝土中传播距离更大一些，接收信号更清晰准确，检测混凝土强度时，一般采用 50～100kHz 的低频超声波。

（2）超声波指向性较差。

由于低频超声波在混凝土中传播的波长较长（$\lambda=30～90$mm），而且发射换能器的直径较小（$D=30\sim40\text{mm}$），由超声波声场特性公式 $\theta=\sin^{-1}(1.22\lambda/D)$ 可知，波束的扩张角 2θ 为 $50°\sim90°$，近似为球面波。另外，超声波在混凝土中的众多不规则界面上发生反射和折射，并且相互干涉和叠加，使大部分超声波产生漫射。上述原因造成混凝土中超声波指向性较差。

超声波的反射与折射同光的反射和折射原理一样，也服从反射定律和折射定律。如声波从特性阻抗为 Z_1 的媒质入射，传播到特性阻抗为 Z_2 的媒质中，根据物理学中的反射和透射定律，则声压反射率 F 和声压透射率 K 与两种媒质的特性阻抗 Z_1，Z_2 存在如下关系。

声压反射率：

$$F=\frac{Z_2\cos\alpha-Z_1\cos\gamma}{Z_2\cos\alpha+Z_1\cos\gamma} \tag{5-2-45}$$

如果超声波在界面上垂直入射，即 $\alpha=\gamma=0$，式（5-2-45）可简化为：

$$F=\frac{Z_2-Z_1}{Z_2+Z_1} \tag{5-2-46}$$

声压透射率：

$$K=\frac{2Z_2\cos\alpha}{Z_2\cos\alpha+Z_1\cos\gamma} \tag{5-2-47}$$

当声波垂直入射，即 $\alpha=\gamma=0$ 时，式（5-2-47）可简化为：

$$K=\frac{2Z_2}{Z_2+Z_1} \tag{5-2-48}$$

由式（5-2-46）和式（5-2-48）得出如下结论。

若 $Z_1=Z_2$，则 $F=0$，$K=1$，这时超声波从第一种媒质全部透射入第二种媒质，即不产生反射波。

若 $Z_1>Z_2$，则 $F\approx1$，超声波在界面上几乎被全部反射，透射极少。超声波由空气进入混凝土时将会发生这种情况，检测时，如发射换能器不通过耦合剂，直接放于混凝土表面，超声波在混凝土表面全被反射掉，几乎没有声波进入混凝土，所以仪器接收不到信号。

若 $Z_1<Z_2$，则 $F\approx-1$，超声波在界面上也几乎被全部反射，且反射波与入射波相位相反（相位差 $180°$）。超声波由混凝土进入空气时将会发生这种情况，检测时，如接收换能器不通过耦合剂，直接放于混凝土表面，超声波几乎全被反射回混凝土中，通过个别接触点传播到接收换能器的超声波很少，所以仪器接收信号很微弱，甚至无法辨认。

超声波在传播路径上遇到的障碍物特性阻抗 Z_2 与原有媒质特性阻抗 Z_1 不同时，若障碍物的尺寸远大于波长（$\lambda=30\sim90\text{mm}$），则发生反射和折射现象；若障碍物的尺寸与波长相近时，则发生绕射现象，超声波中的大部分绕过障碍物继续传播；若障碍物的尺寸远小于波长，则超声波中的绝大部分不受障碍物影响直接传播，但有少部分高频成分在障碍物表面发生散射。

（3）非直线传播。

由于混凝土的非匀质性，超声波在无数不规则的石子与砂浆界面上发生反射和折射，使接收到的声波并不沿测试方向呈直线传播。混凝土可以简化为被水泥砂浆包裹不规则的石子，超声波从水泥砂浆进入石子时发生一次折射，从石子出来进入水泥砂浆时又发生一次折射，即每经过一个石子，超声波将发生两次折射，其传播的折线路程变长，相应声时变长，使按直线计算所得的声速相应降低，降低的幅度随水泥砂浆声速 v_j 与石子声速 v_s 的差值增加而变大。

（4）超声波的衰减较大。

超声波在媒质中传播时，其振幅将随着传播距离的增大而逐渐减小，这种现象称为衰减。衰减现象使测距受到限制，测距较大时，衰减使测试灵敏度降低，同时，衰减也有可利用的一面，衰减值是超声波检测混凝土缺陷的重要参数之一。

衰减包括吸收衰减、散射衰减和扩散衰减，混凝土强度检测的超声波近似球面波。除了传播媒质的吸收和散射衰减外，还有波束本身的扩散衰减。

由于混凝土中存在着广泛的界面，所以其散射损失是十分明显的，如果把混凝土中的骨料视为分散在砂浆中的球状障碍物，散射功率的大小与频率的平方成正比。因此，为了使超声波在混凝土中的传播距离增大，往往采用比金属材料探伤中所采用的频率低得多的超声频率。

（5）接收信号复杂。

由于超声纵波在混凝土中传播时，沿途会产生许多反射纵波、折射纵波及横波，这些众多复杂的波，以不同相位、不同路径进行叠加，使传播至接收换能器的信号十分复杂。

（6）检测参数单一。

目前，用于混凝土质量检测的超声波参数主要是纵波声速，只在检测混凝土缺陷时参考波幅变化，20多年来，混凝土强度检测规程更是以纵波声速为唯一参数进行评定。非金属超声仪生产单位对仪器的技术要求以规程为准，输出量也以纵波声速为主，这就造成超声波检测参数单一，离散性大。

超声回弹综合法实质上是利用表面硬度、超声声速等物理量，间接推定混凝土强度。采用超声仪、回弹仪等，在结构混凝土同一测区分别测量声时值、回弹值及碳化深度，然后利用已建立起来的测强公式推算混凝土抗压强度的一种方法。

由于混凝土强度受许多因素影响，建立强度和超声传播特性之间的简单关系是困难的，所以，超声测强至今还只能建立在试验归纳的基础上，一般是通过试验建立声速与强度的关系曲线（$v-f$ 曲线）或经验公式，作为超声测强的基本换算依据。可见，超声脉冲法测强的关键，就在于建立准确的 $v-f$ 关系，精确地测量被测混凝土的声速，以及弄清各种影响 $v-f$ 关系的因素三个方面。

5.3 混凝土超声检测仪

5.3.1 混凝土超声检测仪的发展及其基本组成

混凝土超声检测仪的作用，是向待测的结构混凝土发射超声脉冲，使其穿过混凝土，然后接收穿过混凝土后的脉冲信号，仪器显示超声脉冲穿过所需的时间、接收信号的波形、波幅等。根据超声脉冲穿越混凝土的时间和距离，即可计算声速；根据波幅，可求得超声脉冲在混凝土中的能量衰减；根据所显示的波形，经适当处理可得到接收信号的频谱等信息。

仪器是检测技术的物质基础和基本装备。仪器的发展为检测技术的发展提供了条件，而检测技术的发展又对仪器提出了更高的要求，两者相辅相成。

近年来仪器的研究工作已向小型化、自动化和智能化的方向发展，仪器设备的发展，为检测技术的发展提供了基础。

如果把20世纪50年代英国的UCT和波兰的BI等电子管的超声波检测仪作为第一代混凝土超声检测仪，那么20世纪60—70年代的半导体和集成电路所制成的数显仪器，可作为第二代仪器，其中具有代表性的型号有我国生产的CTS-25、SCY-2及JC-2型，英国的PUNDIT等。从第一代到第二代，在仪器的可靠性及小型化方面有所进展，但就仪器功能而言，并无太大改变。20世纪80年代，仪器的智能化受到重视，例如仪器与微处理器连接，机内预置程序，可对测量数据做一定的自动分析处理，我国生产的CTS-35、CTS-45、2000A型等均属这种类型，可算是混凝土超声检测仪器的第三代，这类仪器的出现是混凝土超声检测仪的一大进展，但由于数字采集与传输速度、存储容量及编程语言等方面的限制，无法实时动态地显示波形，难于承担需要由大容量处理单元和高速运算能力支持的信息处理工作，这三代非金属超声波检测仪还存在抗干扰性差，易出现判读误差等缺点。

超声检测仪的第四代产品是高智能化声测分析仪器，它由中心控制及处理单元（Central Control & Process Unit，CCPU）、高压发射与控制、程控放大与衰减、高速A/D采集四大部分组成。

检测人员曾对第二代、第三代及第四代超声检测仪进行对比试验，第二代CTS-25型超声检测仪需手动判读，且声波信号不稳定，易出现"丢波"现象，现已退出了检测领域。

第三代UTA-2000A型超声检测仪与第四代ZBL-U510型超声检测仪同条件对比试验证明，两种仪器检测所得超声声速值相差很小，可认为检测结果一致。但第三代UTA-2000A型超声检测仪也是手动判读，声波信号较稳定，但抗干扰性差，环境温度低于-5℃时不能使用，有时周围电磁场也干扰使用，只在对测时能得到较好的声波信号，平测没有信号。第四代ZBL-U510超声检测仪自动判读，大大提高检测速度与精度，同时抗干扰性好，使角测和平测成为可能。

混凝土超声检测仪按电路原理可分为模拟式、数字式。

模拟式混凝土超声检测仪由同步分频、发射与接收、扫描与示波、计时显示及电源五部分组成。这种超声检测仪属于第二代、第三代仪器，现已逐渐退出了检测领域。

数字式混凝土超声检测仪，是将接收到的模拟信号，经高速A/D转换器转换成离散的数字量直接输入计算机，通过有关软件进行分析处理，自动判读声时、波幅和主频率值并显示于仪器屏幕上。这种超声检测仪具有对数字信号进行采集、处理和存储等高度智能化的功能，本书重点介绍数字式混凝土超声检测仪。

数字式混凝土超声检测仪主要由主机、脉冲波发射系统、程控放大及衰减系统、数据采集与传输系统、电源五部分构成。

1. 数据采集与传输系统

数据采集与传输系统是应用高速 A/D 转换器，将连续的模拟波形信号转换成离散的数字信号。主要技术指标是采样频率、采样位数、最大采样长度。

(1) 采样频率，即单位时间内采集的样本点数，采样频率越高，采集的样本点间隔时间越短，对声时的分辨率越高。混凝土质量检测一般要求声时分辨率为 $0.1\mu s$，为达到此分辨率，采样频率应大于 10MHz。

(2) 采样位数，即采集数字信号的精度，位数超越，字长越长，信号精度越高，一般为 8 位。

(3) 最大采样长度，即一次采集的最大样本点数。在相同的采样频率下，采样长度越长，采集到的波形样本时间序列越长。

2. 程控放大及衰减系统

该系统用来调整接收信号的幅度及合适的信噪比，使之符合数据采集与传输系统输入端要求。当测距较短或测试对象质量较好时，接收到的信号很强，易出现首波截幅或失真，此时应对信号进行衰减；当测距较大或测试对象质量较差时，接收到的信号很弱，需要将信号放大，但增益过大又造成信噪比降低，因些在每次测试时，需根据信号的强弱和信噪比大小，用放大或衰减系统进行综合调节，使接收信号最优，便于正确判读。

3. 脉冲波发射系统

超声脉冲波的产生是通过电压脉冲激励发射换能器，使其压电体产生振动来实现的，振动能量的大小取决于激励脉冲电压的高低，检测时应根据被检测对象具体情况选择激励脉冲电压。通常情况下，当测距较短或测试对象质量较好时，可选择 200～500V；当测距较大或测试对象质量较差时，可选择 800～1000V。

4. 主机和电源

主机可采用通用型计算机，也可用一体化的通用工控机。电源可用 AC220V 或 DC12V 等。

5.3.2 智能型非金属超声检测仪的技术指标

随着超声检测技术的发展，将越来越多地运用信息处理技术，以便充分利用波形所带出的材料内部的各种信息，对被检测混凝土结构做出更全面、更可靠的判断。智能型超声检测仪就是为了适应这一需求而发展起来的新一代仪器。为了满足这些要求，它必须具备数据的高速采集和传输、大容量的存储与处理、高速运算能力，配置各种应用软件等。

智能型非金属超声检测仪由计算机、高压发射与控制、程控放大与衰减、A/D 转换与采集四大部分组成。高压发射电路受主机同步信号控制，产生受控高压脉冲，激励发射换能器，电声转换为超声脉冲传入被测介质，接收换能器接收到穿过被测介质的超声信号，并转换为电信号，经程控放大与衰减对信号做自动调整，将接收信号调节到最佳电平，输送给高速 A/D 采集板，经 A/D 转换后的数字信号以 DMA 方式传入计算机，由计算机进行各种处理。

我国建筑行业推荐标准《混凝土超声波检测仪》(JG/T 5004—1992) 定义的专业术语有：

(1) 手动游标读数：手动调节示波屏上的游标信号，使其前沿对准接收波的初始点，此时的声时读数即为手动游标读数。

（2）自动整形读数：仪器内部对接收波进行放大、整形，使其成方波，以方波的前沿去关闭计时器，仪器上即显示出时间读数。

（3）程序判读声时：在智能式仪器中，依据存储的声波数据由程序来进行的首波自动判读。

（4）发射方式：产生超声脉冲的方式。分为单次激发与连续激发两种，连续激发要求一定的激发频率。

（5）换能器：实现电能、声能相互转换功能的器件。

（6）衰减器：指定量地改变电压的装置，用 dB 或衰减比值表示。

（7）接收灵敏度：对数字式仪器是指能使计数器关门的最小接收信号；对智能式仪器是指首波达到一定的量化数值所要求的最小接收信号。

1. 技术性能要求

我国建筑行业推荐标准《混凝土超声波检测仪》（JG/T 5004—1992）规定了混凝土超声波检测仪技术性能的基本参数和一般要求，详见表 5-3-1。

表 5-3-1　混凝土超声波检测仪技术要求

类别	项目	数字式	智能式
基本参数	测时范围（μs）	0.1～999.9，1～9999	1～9999，*0.1～999.9
	测读方式	手动游标读数、自动整形读数	手动游标读数、程序判读声时
	发射方式和频率（Hz）	连续激发不小于 50	单次激发或连续激发不小于 50
	发射电压（V）	不小于 500 或分几档	
	换能器标称频率（Hz）	10～250，最常用 20～100	
	放大器频带（kHz）	10～250	
	接收灵敏度（μV）	≤50	
	示波器显示方式	外接示波器或仪器内装示波管	
	数据输出方式	显示波形和 t_1 值（或 t_1-t_0 值）	显示波形和 t_1 值，显示或打印 v_0 *打印波形声量化数据，分析出频率振幅谱
	示波器显示扫描宽度（μs）	50～100 分档	
	相对发射脉冲的扫描延时（μs）	40～5000 连续可调	
	游标调节	10～100μs 连续可调	10～300 个采样间隔连续可调
	衰减器衰减范围（dB）	0～80	
	衰减器精度	≤1	
仪器的一般要求	t_1 值（声时）测量精度（μs）	±0.1	±1 或±0.1
	游标读数稳定性	当 t≤50μs 时，末位±1 个字/h	
	测 t_1 的重复性	—	同一测试条件下，多次激发 t_1 值之差不大于末位±2 个字
	测标准试件的 t_1 或测量 v_0	t_1 与 $t_标$ 的相对误差不大于 1%；v_0 与 v_c 的相对误差不大于 0.5%〔注：t_1 为测读声时（μs）；$t_标$ 为标准试块的脉冲通过时间标定值（μs）；v_0 为空气声速的测试值（m/s）；v_c 为空气标准声速值（m/s）。〕	

2. 仪器正常工作条件

（1）环境温度0～40℃。

（2）空气中不含腐蚀性气体，相对湿度小于80%。

（3）不应有较大的振动和冲击。

3. 安全要求

电源插头与机壳之间的绝缘电阻应不小于100MΩ。经过潮湿试验后，绝缘电阻应不小于2MΩ。

4. 电源适应能力

（1）AC：(220±22)V，(50±1)Hz。

（2）DC：标称值±5%。

5. 连续工作时间

仪器的连续工作时间应不少于4h。

6. 可靠性

（1）产品失效时间服从指数分布规律。

（2）给定工作时间 t 为1000h。

（3）α 和 β 均为0.2。

7. 仪器的质量分等规定

仪器主要按灵敏度、游标读数稳定性、可靠性三项技术指标划分为合格品、一等品和优等品，其具体指标均应符合表5-3-2的规定。

表5-3-2 仪器的质量分等标准

序号	技术指标	合格品	一等品	优等品
1	灵敏度	≤100μV	≤50μV	≤30μV
2	游标读数稳定性	当 t_1≤50μs时，1个字/2h	当 t_1≤50μs时，1个字/4h	当 t_1≤50μs时，1个字/6h
3	可靠性	80%～92%	80%～94%	85%～95%

8. 外观要求

（1）接插件、紧固件无松动现象。

（2）喷漆电镀表面应平整，色调光泽一致，无脱皮、锈蚀、划痕等现象。

（3）文字符号和标志应清晰，各开关旋钮调节自如。

5.3.3 智能型混凝土超声检测仪的性能特点

1. 数字信号的采集

智能型超声检测仪均将波动信号的时间与幅度离散成数字量，变成数字信号，以便用数值计算的方法完成对信号的处理。由于数字信号可存储，不受时间顺序的约束，能按照理论算法进行运算，从而使仪器具有高度自动化、智能化的处理功能。因此，数字化信号采集与处理功能是智能型超声检测仪的基本条件。

智能型超声检测仪在高速A/D数据采集和DMA数据传输方式（直接将数据自RAM中存取而不经CPU控制的方法）的支持下，具有对重复周期信号的高速重复采集功能，在屏幕上可获得良好动感的数字波形动态效果，对于重复信号可实时监测被测信号，观察接收波形的动态变化，以及对于超声检测中观察换能器的耦合效果、在时域波形中识别离析反射信号、对孔检测时随换能器升降实现自动扫描检测等都具有重要的实用价值。

2. 声参量检测

超声检测仪的基本功能是产生、接收、显示超声脉冲，并经测量获取声时、波幅、频率等声学参数，声参量测试的准确性、精密性、重复性以及高速、简便、易操作等要求是衡量超声检测仪性能的重要指标。

(1) 首波的判定与捕捉。

在混凝土声测技术中，首波到达时，首波波峰值是重要的参数，因此首先必须准确地判定并捕捉到首波。以往常规的超声检测仪采用波形整形触发原理，当接收信号脉冲幅度达到一定量值（关门电平）时即判定为首波，采用这种方法，一方面因本机噪声或外界干扰过大容易造成误判，另一方面因首波幅度低缓容易造成滞后丢波。智能型超声检测仪设置了专用参数"基线控制线 W_n"，它是在基线上下的一对水平幅度线，距基线间距可调，它的作用相当于将固定的关门电平变为可调，只要将 W_n 调至介于首波波幅与噪声之间就可以快速准确地捕捉到首波，在此基础上，可以实现声时、幅度、主频等参量的自动判读。

(2) 声时测量。

智能型超声检测仪声时测试技术指标一般包括以下几种。

① 声时精度：0.1μs。

② 声时范围：0.1～420000μs。

③ 声时测试重复性：末位±2个字。

④ 声时测试相对误差：<1%。

智能型超声检测仪一般具有手动判读和自动判读两种方式。手动判读是人工移动水平游标，屏幕实时显示游标所在位置的声时值；自动判读则是在自动判定首波的基础上，利用软件判读方法自动反推到首波起始位置，获得首波声时值。

声时自动判读的特点在于：

① 利用基线控制线有效地解决了由前误判或滞后丢波引起的声时测量误差。

② 可以判定出首波的真实起始点，有效地解决了在信噪比低、首波起点不明显的条件下人为读数偏差过大的问题。

实践表明，即使在大测距、小信号、高噪声的条件下，只要具有一定的首波信噪比，智能型超声检测仪就可以有效快速地进行测试，对个别有疑问的测点，可以使用手动游标判读。

(3) 波幅测量。

波幅直接反映了超声波传播过程中的衰减程度，或在常规超声检测仪中，示波器显示的模拟波形不能量化，只能采用等幅测量的方法，直读衰减器的量值，一般动态范围为80dB，精度为±0.5dB。智能型超声检测仪的分级增益放大与衰减相互配合，通过计算机控制可做闭环的自动调节，动态范围为133dB，加之屏幕显示的数字化波形样品的量化范围是42dB，波幅总的动态范围达175dB，单次采样的波列样品可以用波形文件格式存储，根据波形文件中记录的工作参数和全波列样品点的 LSB 值，可以很容易地计算出全波列所有样本的波幅（dB）值。在仪器、换能器、信号电缆以及发射电压保持不变的条件下，多次测量过程中的波幅值具有相互可比性。

（4）频率测量及频谱分析。

超声脉冲通过被测混凝土时，由于多种频率成分的衰减不同，高频成分比低频成分的衰减大，因而主频率将向低频端漂移。因此，脉冲波主频率的漂移程度，是混凝土对超声衰减作用的重要表征量，智能型超声检测仪提供了幅度谱分析功能，即在频率域中表征动态信号幅度随频率的分布情况，并可在检测模式下自动判定主频率，参加 FFT 运算的波段窗口既可按设定的频率分辨率自动确定，也可在时域波形中用手动游标人工截取（矩形窗）。

对声时测试中零声时的标定与设置，既可应用标准声时棒进行自动零声时标定，又可人工置入已标好的零声时值。

在波形采集中既可自动调整采样起始点和波幅，使之满足已设定的状态参数，又可在声参量变化不大的测试中，以"记忆"方式延续保持上一测点的工作状态，以提高采样速度。

3. 数据输入输出的文件管理

混凝土超声检测过程中参数多，数量大，因此，数据的现场记录以及后期分析的数据录入工作都很烦琐，智能型超声检测仪对数据输入输出的文件管理功能使上述烦琐的工作变得简便、有序且易于管理。

文件的存贮、调用、查看等功能在屏幕提示下可以直观、简易、快速地完成。仪器配有大容量硬盘和各种接口，易于实现数据文件的大量存贮。

4. 配置分析软件包

为便于对检测结果的分析，智能型超声检测仪配置了内容丰富的应用软件。

5.3.4 超声换能器

1. 压电效应

某些晶体或多晶陶瓷受到压力或拉力而产生变形时，晶体产生极化或电场，表面出现电荷，这种现象称为压电效应。反之，若在晶体或多晶陶瓷表面上施加一电压，则在电场作用下产生变形，这种现象称为逆压电效应。具有压电效应的晶体或多晶陶瓷称为压电体。

向压电体施加一定幅值的脉冲电压时，压电体便同相应变形而产生振动，向外发出声波，从而实现了电向声的转换，即为发射换能器。若压电体接触振动的物体，会引起拉伸或压缩变形而产生与物体振动频率相对应的脉冲电信号，从而实现了声向电的转换，即为接收换能器。

压电效应实质上与晶体中原子的排列及电荷几何中心的平衡有关。在某方向压力作用下，氧原子被挤入硅原子之间，对面的硅原子则被挤入氧原子之间，因而正负电荷的几何中心不再重合，在一个表面就呈现负电荷，在另一个表面呈现正电荷。这种施力方向与电荷产生方向一致的压电效应称为纵向压电效应。若加力方向改为上述方向的垂直方向，产生施力方向与产生电荷方向相垂直的压电效应称为横向压电效应。

在混凝土超声检测仪中，目前应用最多的是压电陶瓷，它是一种多晶体。以钛酸钡为例。当温度高于某一温度 T_c 时，它属于立方晶系，而温度低于 T_c 时属于四方晶系。T_c 即为相变温度，又称居里点。由于在居里点以下时，呈四方晶系，钛离子向长轴方向移动，因而使电荷几何中心不再重合，出现自发极化，并在晶体中出现与自发极化方向一致的小区域，称为电畴。每个电畴均具有压电性，但在整块多晶体中取向混乱。所以压电陶瓷经极化处理使电畴转向，成定向排列，才能具有总体压电效应。显然，压电陶瓷的使用温度不应超过居里点，同时随使用时间的延长，或受冲击等因素的影响，电畴的定向排列渐趋混乱，而使灵敏度下降，通常称为老化。

除压电效应外，也可利用磁致伸缩效应等获得超声波，但在检测中应用较少。

由此可见，在一片状压电体两平行平面上加一电压时，根据晶体切割方向或压电陶瓷极化处理方向的不同，可产生厚度方向的振动或径向的振动。

根据上述压电效应原理，可将压电陶瓷制成各种不同形式，如圆管状、环状、半球壳状等，而且还可用简单形状的压电片进行复合和列阵组合，采用不同的极化方向和电场施加方向，以获得各种不同辐射状态的超声换能器。

2. 压电体的主要技术参数

压电材料具有正压电效应和逆电效应，在它身上将产生应力和应变等力学量与电感强度及电场强度等电学量之间的转化，这种转化存在着一定的比例关系，即所谓压电关系式，关系式中的比例系数就是描述压电材料压电性能的压电参数。

（1）压电应变恒量 d：当在不受外力作用（应力为零）的压电体上施一电压时，压电体的应变与电压成正比，所以，压电应变恒量 d 即为应变与电压之比，其单位为 m/V。

（2）压电应力恒量 e：使压电体受一束缚，而无法自由变形，即应变为零，若施加一电压，这时压电材料的应力与电压成正比，所以压电应力恒量 e 为应力与电压之比，其单位为 N/（V·m）。

这个恒量又称为压电发射系数，该系数越大，越能用较低的电压产生较高的声压。

（3）压电电压恒量 g：当压电体两输出端开路时，若施加一应力 T，则压电体上所产生的电压与应力成正比，即压电电压恒量 g 为应力所产生的电压与应力之比，单位为（V·m）/N

这一恒量又称为电压接收系数，若用以作为接收换能器，则 g 越大，同样的声压可在压电体上获得越高的电压，因而接收灵敏度越高。

（4）压电变形恒量 h：当应变恒定时，在压电体上施加一电场所引起的应力与电感强度之比，单位为 V/m。

以上四个恒量可根据压电材料的力学和电学性能互相换算，其中 d 最易测量，所以应用较多，而且可以由 d 推算出 e 和 g。

（5）机电耦合系数 K：在晶片上输入能量与转换能量之比，K 越大，则换能器效率越高，它是表征晶片性能的主要参数之一。

（6）品质因素 Q：晶片谐振时贮存的机械能量与在一个周期内损耗的机械能量之比。Q 越大，损耗越小，自振的延续时间越长。

（7）自振频率：晶片的自振频率即可发射的超声频率，与压电材料的性质和尺寸有关。

设晶片的厚度为 δ，晶片的声速为 C，则自振频率 f_0 为：

$$f_0 = \frac{C}{2\delta} \tag{5-3-1}$$

式中：δ——晶体厚度（mm）；

f_0——晶片自振频率（kHz）。

常用的压电材料中，厚度与频率的关系如下。

① 石英。

$$f_0 = \frac{2860}{\delta} \quad (x \text{ 切割})$$

$$f_0 = \frac{1960}{\delta} \quad (y \text{ 切割})$$

② 钛酸钡。

$$f_0 \approx \frac{2600}{\delta}$$

③ 锆钛酸铅。

$$f_0 \approx \frac{1890}{\delta}$$

④ 硫酸锂。

$$f_0 = \frac{2730}{\delta}$$

（8）居里温度：压电体在一定的温度范围内具有压电效应，而超出这一范围即失去压电效应，这一温度范围的下限称为下居里温度，上限称为上居里温度。上、下居里温度的区间越大，适应性就越强，在混凝土检测中一般均在居里温度范围之内，在蒸汽养护池内测量时也应将温度控制在居里温度范围之内。

目前，常用的压电体可分为单晶压电体和压电陶瓷两类。单晶压电体主要有石英（SiO_2 晶体）、酒石酸钾钠（$NaKC_4H_4O_5 \cdot 4H_2O$）和硫酸锂（$Li_2SO_4 \cdot H_2O$）；常用的有多晶压电陶瓷有钛酸钡（$BaTiO_3$）、锆钛酸铅（$PbZrO_3 PbTiO_3$）、偏铌酸铅（$PbNb_2O_6$）等数种。

石英是最早使用的压电材料，其居里温度较高，适用于高温下的检测，但它较易产生其他不希望产生的振动方式，而且压电转换性能较差。硫酸锂晶体发射性能介于石英和钛酸钡之间，但接收性能较佳，其阻抗与石英相同，因而可以与石英互换。硫酸锂振子所含不希望有的振动方式较少，加大阻尼后可获得比较窄的发射脉冲，但制作大尺寸的晶片比较困难，居里温度较低，而且易溶于水，需密封使用。

压电陶瓷的发射性能较好，但接收性能不如石英和硫酸锂。它的电气阻抗与石英和硫酸锂的相差较大，因而不能互换使用。由于压电陶瓷在加工过程中都需进行极化处理，在工艺上不易控制，所以各批材料之间特性差异比较大，而且有时效作用，有老化的现象。它的居里温度为 100～130℃，不宜用于高温，但压电陶瓷价格便宜，可制成各种形状，这是目前混凝土检测中使用最广的一种压电材料。

表 5-3-3 列出了几种常用压电晶体的性能。

表 5-3-3　几种常用压电体的性能

性能	石英 0°x 切割	硫酸锂 0°y 切割	酒石酸钾钠 45°x 切割	钛酸钡 A 型	钛酸钡 B 型	锆钛酸铅 4a 型	锆钛酸铅 5a 型	偏铌酸铅	单位
密度	2.65	2.06	1.77	5.7	5.7	7.6	7.5	5.8	$10^3\,kg/m^3$
声阻抗	15.2	11.2	5.13	30	31.5	22.8	22.5	16	$10^6\,kg/(m\cdot s)$
频率厚度常数	2870	2730	—	2600	2840	1890	1890	1400	$kHz/(s\cdot mm)$
介电常数	4.5	10.3	493	1700	1200	1200	1500	225	—
原向机电耦全系数	0.1	0.35	—	0.52	0.52	0.76	0.675	0.42	
径向机电耦合系数	10^6	—	—	400	400	500	75	11	
机电品质因数	2.3	16	—	190	140	300	320	80	$10^{-12}\,m/V$
原向压电形变常数	4.9	8.2	—	1.1	—	—	—	1.1	$10\,V/m$
压电应力常数	58	175	—	12.5	13.0	28.3	24.4	37	$10\,(V\cdot m)/N$
最高工作温度	550	75	—	70~90	70~90	250	290	500	℃
居里温度	570	—	45	115~150	115~150	320	365	550	℃
体积电阻（25℃）	$>10^{12}$	—	—	$>10^{11}$	$>10^{11}$	$>10^{12}$	$>10^{13}$	—	
杨氏模量	80	—	6.7	11.0	11.0	6.75	5.85	—	$10^{11}\,N/m^2$

3. 探头

探头按波型不同可分为纵波探头及横波探头，在混凝土声速测量中主要使用纵波探头，当需要测量剪切模量时，应采用横波探头。

（1）纵波探头。

纵波探头又可分为平面探头和径向探头。

平面探头的常用结构由压电体、外壳、绝缘压块、吸声块、弹簧等组成。外壳起保护、支承和绝缘的作用，其紧贴压电体的面板厚度应按多层介质反射及透射公式计算。晶片应根据发射及接收频率的要求选择适当的压电材料及尺寸。压电体两面镀以银膜，形成两个极板。一个极板直接与外壳连接而接地，另一个极板则通过引线及接插件与反射电路连接，压电体与外壳一般用环氧树脂、502 胶等胶结。为了消除压电体反向辐射，使发射脉冲宽度变窄，可加一块吸声块。吸声块一般用阻尼较大而声阻抗与压电体接近的材料（如钨粉加环氧树脂或有机玻璃等）制成，表面加工成螺纹状并做成楔形，使反向辐射经多次反射后在吸声块中被衰减，而且使压电体自振阻尼加大。混凝土测试中因一般测试距离较大，发射脉冲宽度要求不高，而且发射频率较低，吸声块作用不明显，因而探头中常省去吸声块。压电体极板的引线通过电气接插件引出，它应保持引线与发射或接收电路的接触良好，在长期使用中反复接插，往往接触不良，这是常见故障之一。

在结构混凝土的检测中，当检测距离较大时，为了获得较大的接收信号，往往需要采用频率较低的探头。若频率为 20kHz，按 $f_0=\dfrac{C}{2\delta}$ 计算，得出钛酸钡陶瓷的厚度约为 130mm。显然，这样的压电陶瓷不便于加工，也不经济。因此，目前低频探头常用夹心式。夹心式探头由配重块、压电陶瓷片、辐射体三部分叠合而成。配重块用钢制作，辐射体用轻金属制作，常用铝合金。受激励后叠合体一起振动，其频率可通过改变总厚度来调节。配重板迫使大部分能量向辐射体方向射出。

在检测基桩等下部结构的混凝土时，采用深孔检测，需使用径向发射的纵波探头。它利用圆片状或管状压电陶瓷的径向振动来发射或接收超声波。目前常用的是增压式径向发射探头，其外形呈圆柱状，内部构造是在一金属圆管内等距排列一组径向振动压电陶瓷圆片，圆片周边与金属管内壁密合，圆片间可串联、并联或串并联。这种组合方式可使金属圆管表面上所受到的声压全部加在面积较小的压电陶瓷圆片的周边柱面上，从而起到增压和提高灵敏度的作用。为了减少声压在金属管上的损失，常把金属管切成2瓣或4瓣。为了供水下使用，整个换能器和电缆接头均需要用树脂或橡胶类材料加以密封，密封材料的选择应以尽量减少声能的损失为准。

径向发射探头还可用管状压电陶瓷或空心球状压电陶瓷制作，而且还可把发射探头和接收探头组合在一整体中，用于单孔检测。

（2）横波探头。

横波探头有直入式和斜入式两种。

直入式横波探头主要利用压电陶瓷片在适当极化方向能产生横向振动的原理，构造与平探头相似。

斜入式横波探头又称斜探头，它主要利用界面上的波型转换现象。其基本构造与纵波探头相同，不同之处只是在压电晶片前垫一块楔形波型转换板。压电晶片发射的纵波垂直进入波型，在转换板与被测物体表面上纵波以一角度 θ（楔形板角度）射入被测物，这时只要 θ 选择适当，根据式（5-2-45），即可使纵波产生全反射，而在被测物中形成纯横波入射，波型转换板可用有机玻璃等制成。

斜入式横波探头主要用于较均质材料的检测。在混凝土中应用时，所产生的横波信号较弱，与纵波混杂，难以识别。

无论是直入式还是斜入式横波探头，为了使横波的切变运动较好地传入混凝土中，都必须把探头用水杨酸苯脂等胶粘剂与混凝土牢固黏结，或用适当的夹具将它们夹紧，一般柔性耦合剂不宜使用。

在使用横波探头时，还必须注意使发射探头与接收探头的横波偏振方向一致，否则接收灵敏度很低。

4. 产生声脉冲的其他方式

除了声电压换能器外，磁致伸缩换能器也可用于混凝土检测。这种换能器主要是应用某些铁氧体所具有的磁致伸缩特性，即在这些材料中沿某一方向施加磁场时，材料沿这一方向的长度会随磁场的强弱而发生变化的特性。产生这种现象的原因是，这些材料都具有磁畴。在外磁场中，磁畴为使自己磁化方向与外磁场方向一致而转向，外磁场越强，转动角度越大，从宏观上看，如果磁畴沿自发磁化方向的线度比其他方向要长（或短），则表现为沿外磁场方向的长度越长（或越短）。因此，只要形成一个变化的磁场，就可由一定磁致伸缩体变换为一定形式的超声能。

目前常用的磁致伸缩材料主要有镍铁合金、铝铁合金、铁钴钒合金、铁氧体等。用磁致伸缩材料制成的探头一般频率主要为数万赫兹。

另一种获得声脉冲的方法为锤击法：用一铁锤冲击混凝土表面即产生一脉冲向四周传播。若在某种传播途径中设置两个接收探头，通过仪器比较声脉冲从 A 探头到 B 探头所需要的时间，即可算出声速。也可用一个探头，测出从锤击点到探头接收到信号的时间间隔，同样可算出声速。用锤击法所形成的声脉冲，宽度较大，所以常用于较大体积混凝土构筑物的测试。

为了获得较陡、较窄的大功率脉冲，也可利用电极在水中放电的效应，制成电火花脉冲发生器，作为声脉冲发射源。一般用于地下大体积混凝土的深井探测或岩体探测。

5.3.5 超声检测仪的一般校验与维护

1. 声时校验

仪器声时显示是否准确，可用空气声速标定值与实测空气声速值比较的方法进行校验。其具体方法如下。

（1）测试。

在恒温室中，取检测用平面换能器一对，接于超声检测仪上，开机预热 30 min，在空气中将两换能器幅射面对准，依次改变两个换能器幅射面之间的距离（如 0.10 m，0.15 m，0.20 m，0.25 m，0.30 m，0.35 m，0.40 m），测读不同距离下的声时 t_1，t_2，t_3，…，t_n，至少测读 5 组数据，同时测量空气温度（准确至 0.2 ℃）。

测量时应注意下列事项。

① 换能器间距的测量误差应小于或等于 0.5 %；

② 换能器宜悬空相对，若置于地板或桌上时，应在换能器下面垫海绵块。

（2）计算空气声速。

以换能器距离为纵坐标，声时读数为横坐标，将各组数据点绘在直角坐标图上，各点应在一直线上。在坐标纸上画出该直线，或用回归分析方法求出直线方程，直线斜率即为空气声速实测值 v^0。

（3）空气声速计算值。

按公式（5-3-2）计算。

$$v^c = 0.3314\sqrt{1+0.00367T} \tag{5-3-2}$$

式中：v^c——空气声速计算值，精确至 0.01 km/s；

T——空气温度，精确至 0.1 ℃。

注：0 ℃时空气声速为 0.3314 km/s。

（4）误差计算。

空气声速计算值 v^c 与空气声速实测值 v^0 之间相对误差 E_r 按式（5-3-3）计算。

$$E_r = \frac{v^c - v^0}{v^c} \times 100\% \tag{5-3-3}$$

超声检测仪在正常情况下，相对误差 E_r 不应大于±0.5 %。

2. 维护保养

仪器的可靠使用是当前无损检测方法推广使用的关键所在，仪器的可靠性一方面有赖于仪器设计质量和元件质量及工艺水平的提高，但另一方面也与合理使用和精心维护保养有很大关系。尤其是许多建筑施工单位，以往电子仪器使用较少，往往因现场使用条件恶劣，再加上保养不善，长期搁置，导致无法使用。其实，对于超声检测仪器，只要工厂设计和生产保证质量，再加上精心维护，其可靠性是可以满足要求的。

由于超声检测仪的修理技术牵涉较广的电子学知识，所以一般应由专职技工修理，本部分仅就使用保养的一般常识问题加以说明。

所谓仪器的可靠性，是指仪器在一定的使用条件下，在一定的时间内，保持其性能完善的能力。随着使用时间的增加，可靠性将逐步降低，也就是说故障越来越多。仪器的故障大体上可分为两类：一类是偶然故障，如因仪器积灰而短路，因过载而烧损元件，接插件因磨损或积污而接触不良等；另一类是必然故障，如元件的老化等。一般说来，故障的发生与设计和工艺的合理性有关，这是使用人员无能为力的，但故障的发生，尤其是偶然故障的发生，与使用合理性有很大关系，若使用和维修合理，可使偶然故障避免或减少，也可使必然故障推迟发生，为此要注意以下几点。

（1）使用前务必了解仪器的使用特性，仔细阅读说明书，要对整个仪器的使用规定有全面的了解后再开机使用，而不要看一条操作一条。

（2）要对使用环境有清晰的了解，尤其是在现场测试时，更应注意。例如，电源、温度、砂尘、水雾、烈日等状况，要针对不同情况采取相应保护措施。

（3）电源电压要稳定，并要尽可能远离干扰源（如电焊机、强磁场等）。

（4）仪器的环境温度不能太高，以免元件变质损坏，一般半导体元件及集成电路组装，使用环境温度为-10~40℃。

（5）探头的温度应严格低于居里点，一般钛酸探头不得在70℃以上的构件上检测（如正在蒸汽养护的构件），锆钛酸探头不得超过250℃，酒石酸钾钠探头不得超过40℃，石英探头不得超过550℃。探头切忌敲击。

（6）连接使用时间不宜过长。

（7）保持仪器清洁，以免尘埃短路。清理时可用压缩空气或毛刷等清扫，也可用少量无水酒精擦试。

（8）定期开机驱潮，尤其是在南方的梅雨季节，更应定期接通电源，使仪器加热1h以上，并选择洁净干燥的房间储存仪器。

（9）为使无损检测工作顺利开展，仪器最好由经过专门培训的使用、维修人员保管。

5.4 超声波检测混凝土强度影响因素分析

5.4.1 混凝土声速计算基本模型

超声回弹综合法检测混凝土强度是利用表面硬度、超声声速、碳化深度间接推定混凝土强度，混凝土是一种多项复合材料，是由水泥凝胶包裹粗细骨料形成的混合物。超声波在混凝土中传播时必然受组成材料影响，材料中折射、衍射等现象，造成超声声速变化，引起检测结果不确定。因此，必须对影响超声声速的各种因素进行全面分析。

普通混凝土粗骨料最大粒径一般不大于40nn，泵送混凝土粗骨料多采用5~25mm连续级配，若将混凝土简化为水泥砂浆包裹不规则的粗骨料，粗骨料作为超声波传播中的障碍物，则会出现声波的绕射现象，即声波在遇到的障碍物尺寸较小（小于或等于波长）时，将局部改变方向，绕过障碍物继续传播。

若将混凝土简化为水泥砂浆包裹不规则的粗骨料，则混凝土、粗骨料、水泥砂浆中声速之间理论关系为：

$$\frac{l}{v}=\frac{l_a}{v_a}+\frac{l_m}{v_m} \tag{5-4-1}$$

式中：l——超声波在混凝土中的传播总测距；

l_a——超声波在粗骨料中的传播距离；

l_m——超声波在水泥砂浆中的传播距离；

v——混凝土声速；

v_a——超声波在粗骨料中的速度；

v_m——超声波在水泥砂浆中的速度。

整理后得：

$$v=\frac{lv_a v_m}{v_m l_a+v_a l_m} \tag{5-4-2}$$

理论分析认为，混凝土声速由下列因素决定。

(1) 粗骨料品种、粒径及所占比例，主要影响 l_a，v_a。

(2) 水泥砂浆强度及所占比例，主要影响 l_m，v_m。

(3) 水泥砂浆与粗骨料的粘结力、界面状况，主要影响声波在混凝土中的传播路径，即影响 l_a，l_m。

(4) 混凝土中外加剂、掺合料等，主要影响 v_m，l_a，l_m。

混凝土组成材料的多相性、复杂性决定了混凝土声波传播过程的复杂性，所以目前还无法从理论上得到混凝土超声声速的实用公式。

国内外学者一致认可，通过大量试验，用标准混凝土立方体试块抗压强度与混凝土超声声速之间的拟合曲线表达超声声速与混凝土抗压强度之间的关系。

5.4.2 原材料的影响

混凝土是一种多相复合材料，各复合组分的声学特性各不相同，它们的声速相差很大，混凝土的总声速随着各复合组分原材料及其所占比例的不同而不同。这就造成不同原材料性质及不同配合比对混凝土声速的影响。碎石骨料在混凝土中所占比例为 50% 以上，而且不同岩石的超声声速也不同，因此，碎石骨料种类、粒径等都可能对混凝土超声声速产生影响。

1. 碎石骨料岩石种类的影响

粗骨料在混凝土各组分中所占比例最大，为 50%～70%，粗骨料种类不同声速相差也很大，所以粗骨料声速及比例对混凝土总声速有决定性的影响。当混凝土中粗骨料本身声速大且所占比例大时，混凝土声速也偏大，反之，混凝土声速偏小。

国内普通混凝土粗骨料以碎石为主，部分地区采用卵石作为粗骨料，碎石由采石厂将天然岩石破碎而成，卵石为天然石块，在流水中冲刷、碰撞、摩擦而成，粗骨料超声声速取决于其天然岩石的超声声速，因此，有必要对生产碎石所用天然岩石的超声声速进行对比研究。

岩石是天然产出的具有稳定外形的矿物或玻璃集合体，按照一定的方式结合而成，是构成地壳和上地幔的物质基础。按成因分为岩浆岩、沉积岩和变质岩。其中，岩浆岩是由高温熔融的岩浆在地表或地下冷凝所形成的岩石，也称火成岩；沉积岩是在地表条件下由风化作用、生物作用和火山作用的产物经水、空气和冰川等外力的搬运、沉积和成岩固结而形成的岩石；变质岩是先成的岩浆岩、沉积岩或变质岩由于其所处地质环境的改变经变质作用而形成的岩石。

山地中的岩石极为多样，差别很大，进行工程分类十分必要。岩石的分类可分为地质分类和工程分类。地质分类主要根据其地质成因、矿物成分、结构构造和风化程度进行，可以用地质名称（岩石学名称）加风化程度表达，如强风化花岗岩、微风化砂岩等。这对于工程的勘察设计是十分必要的。工程分类主要根据岩体的工程性状进行，使工程师建立起明确的工程特性概念。地质分类是一种基本分类，工程分类应在地质分类的基础上进行，目的是较好地概括其工程性质，便于进行工程评价。

《建筑地基基础设计规范》（GB 50007—2011）中按岩石坚硬程度和岩体完整程度对岩石进行分类。

为分析粗骨料对混凝土超声声速的影响，课题组对山东省济南、青岛两地几种常用岩石进行超声声速测试，测试结果见表5-4-1。

表5-4-1　山东省济南、青岛两地混凝土中常用粗骨料岩石超声声速

产地	岩石种类	编号	岩石外观性状	岩石纵波超声声速（km/s）			
				单块岩石	最小值	最大值	平均值
济南	石灰岩	1	灰加黄分层	5.581	5.432	6.356	5.840
		2	灰黑色	6.307			
		3	青灰色带白色细纹	5.432			
		4	灰加黄	5.853			
		5	乳白色	5.509			
		6	灰黑色	6.356			
	花岗岩	7	红黄泛灰	5.212	5.197	5.492	5.300
		8	红黄	5.492			
		9	红黄	5.197			
	花岗片麻岩	10	灰白结晶状，麻面	4.967	4.932	4.967	4.950
		11	灰白结晶状，麻面	4.932			
青岛	花岗岩	12	红黄	5.153	2.644	6.217	5.685（不包括14号）
		13	红黄	6.217			
		14	土黄色风化严重，可在水泥地面上摔碎	2.644			
	板岩	15	黄绿色，层状	5.554	5.402	5.554	5.478
	板岩	16	灰黑色	5.402			
	大理石	17	灰白结晶状	6.194	—	—	6.194

由表5-4-1分析可以看出，同为济南石灰岩，超声声速相差可达17%，同为青岛

花岗岩，超声声速相差可达100%多，质量较好的青岛花岗岩，超声声速相差也达到20%，所以粗骨料超声声速不能简单以岩石种类、产地来划分。岩石种类及声波传播的复杂性决定此问题的复杂性，科学的做法是对全省各种岩石的超声声速进行普查，建立数据库，并建立各种岩石超声声速修正系数，工程检测时首先了解粗骨料产地、种类、工程分类，对照岩石的超声声速数据库查出其粗骨料超声声速，然后对混凝土超声声速值进行修正。考虑工程检测实际操作的可行性，课题组对此问题暂不进行深入研究。

山东省常用碎石骨料有济南石灰岩、青岛花岗岩。课题组重点对这两种碎石骨料进行对比试验。两种岩石骨料超声声速—混凝土立方体抗压强度回归曲线对比如图5-4-1所示。

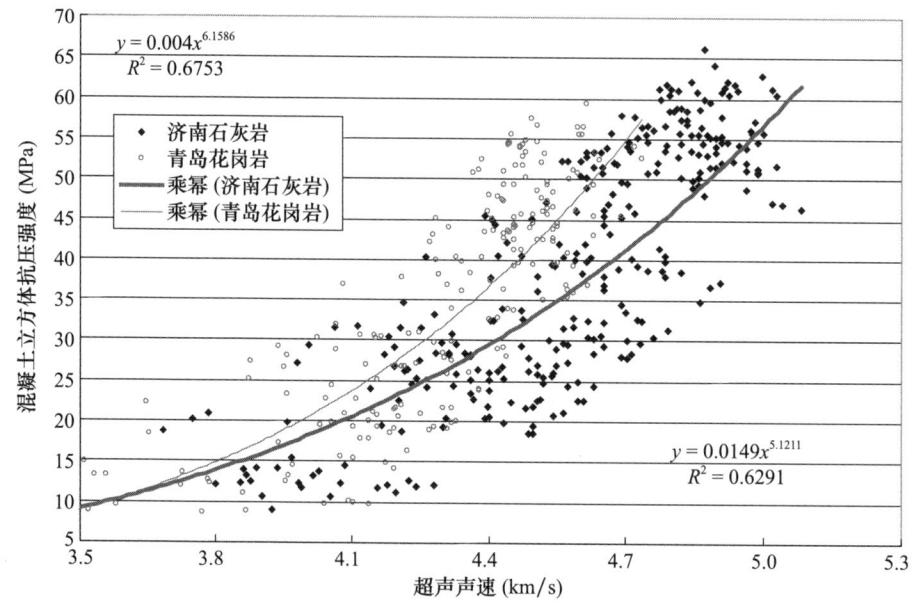

图5-4-1 岩石种类对超声声速的影响

由图5-4-1分析可知，同条件试块超声声速散点图及趋势线证明，济南石灰岩的超声声速大于青岛花岗岩的超声声速，并且此差异非常显著，随着混凝土强度增高，济南石灰岩与青岛花岗岩的超声声速差异也增大。

2. 碎石粒径的影响

目前工程中常用石子粒径一般为5～25mm和5～31.5mm混合级配，为分析石子粒径的影响，课题组采用粒径为5～25mm和5～31.5mm的两种石子进行对比试验，两种粒径下回归曲线对比如图5-4-2所示。

由图5-4-2分析可知，石子粒径对超声法测强有影响，但影响很小，对石子最大粒径不大于40mm的普通混凝土，可以不考虑其影响。

3. 掺合料对超声测强的影响

高性能混凝土中使用大量掺合料，为实现不同目的，掺合料的种类及掺量都不同，课题组对掺合料的影响进行初步探讨。粉煤灰混凝土中粉煤灰取代20%水泥，矿粉粉煤灰混凝土中矿粉粉煤灰取代30%～40%水泥，泵送剂粉煤灰混凝土掺泵送剂，粉煤

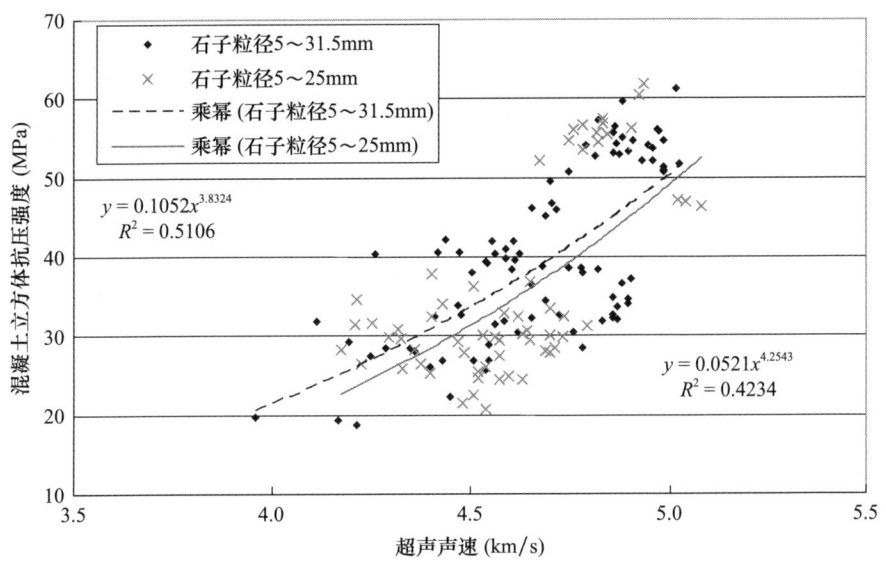

图 5-4-2　石子粒径对超声声速的影响

灰取代20%水泥，四种混凝土超声声速-混凝土立方体抗压强度回归曲线如图5-4-3所示。

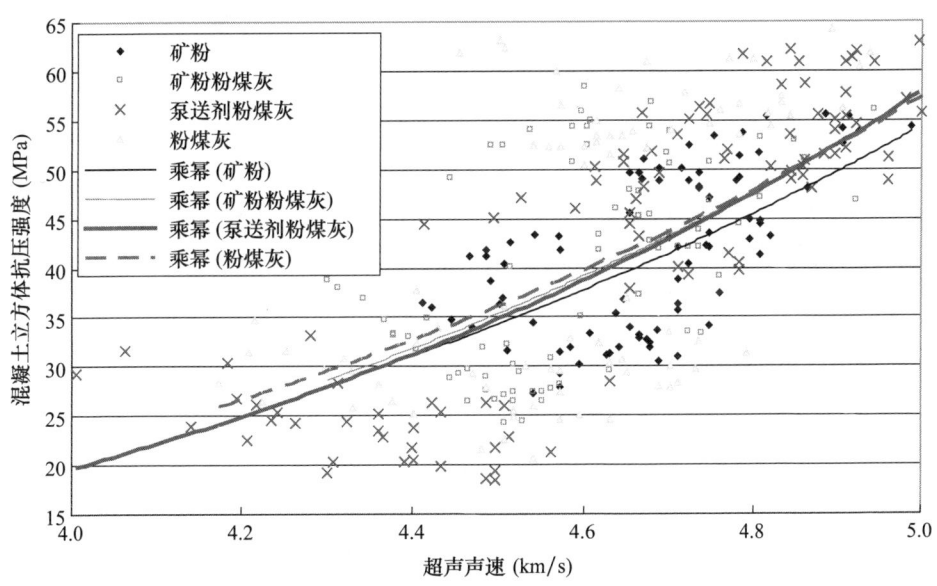

图 5-4-3　掺合料对超声测强的影响

由图5-4-3分析可知，考虑超声声速值本身离散性大，四种混凝土试验数据散点分布总趋势基本一致，同一强度范围内散点密布在一起，没有明显分别，因此，可认为掺入粉煤灰、矿粉对超声测强影响不显著。

4. 人工砂对超声测强的影响

细骨料在混凝土中所占比例大于30%，人工砂的细度模数、粒形比、表面积等与天然砂都不同。为分析人工砂对超声测强的影响，课题组进行对比试验，试验混凝土强度等级为 C20、C30、C40、C50，配合比完全相同，只是细骨料分别为天然砂、人工砂。"普通"代表天然砂混凝土，"人工砂"代表人工砂混凝土，对比显示 C20、C30、C40、C50 人工砂混凝土超声声速高于同强度 C20、C30、C40、C50 天然砂混凝土超声声速。测试曲线对比如图 5-4-4 所示，分析认为，人工砂混凝土超声声速略高于天然砂混凝土超声声速，而观察散点分布，两组数据没有明显分别，所以天然砂混凝土与人工砂混凝土超声声速有差异，但不明显。

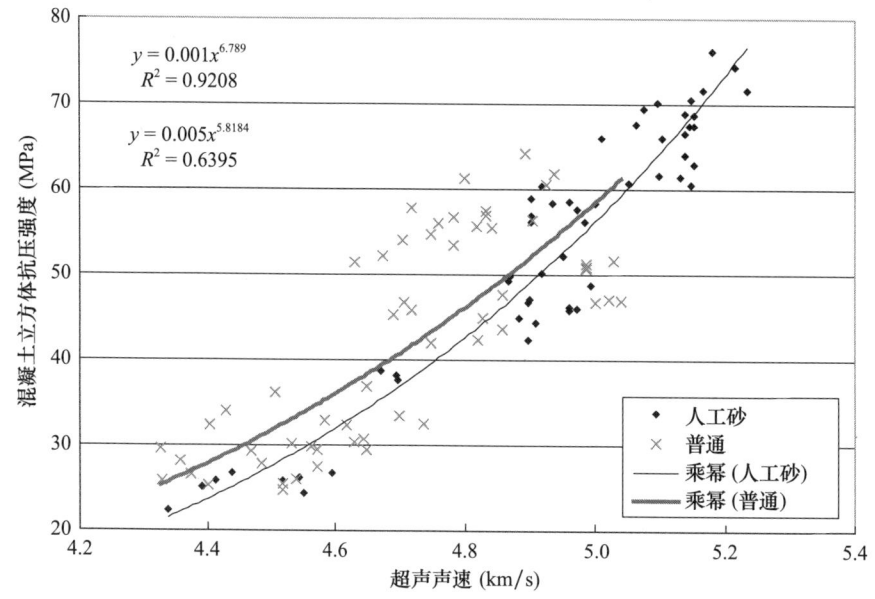

图 5-4-4 人工砂对超声测强的影响

回弹法检测混凝土强度技术中数据显示人工砂混凝土回弹值略低于天然砂混凝土，超声数据显示人工砂混凝土超声声速略高于天然砂混凝土超声声速，综合分析认为，人工砂代替天然砂对超声回弹综合法测强影响不明显。

5.4.3 外加剂的影响

1. 高效减水剂对超声测强的影响

高效减水剂的作用是减少用水量，使混凝土结构更致密。从理论上讲，结构致密的混凝土超声声速会提高，混凝土立方体抗压强度也会提高，超声声速与混凝土立方体抗压强度同时提高，对超声声速-混凝土立方体抗压强度测强曲线是否有较大影响，需要进行对比分析，课题组选择萘系减水剂、聚羧酸类减水剂混凝土与普通混凝土进行对比试验，混凝土强度等级为 C30、C40、C50，试验结果如图 5-4-5 所示，图中"BN"代表萘系减水剂混凝土，"BK"代表聚羧酸类减水剂混凝土，"普通"代表普通混凝土。

图 5-4-5 显示，萘系减水剂混凝土超声声速低于聚羧酸类减水剂混凝土，普通混凝土超声声速低于萘系减水剂混凝土。加减水剂混凝土超声声速大于不加减水剂混凝土超声声速。分析认为，高效减水剂的水泥分散作用使水泥颗粒在水中均匀分散，降低水胶比，减小混凝土孔隙率，使混凝土界面过渡区厚度减小，密实度提高，混凝土结构更致密，而混凝土超声声速和其密实度密切相关，所以加减水剂混凝土超声声速提高。

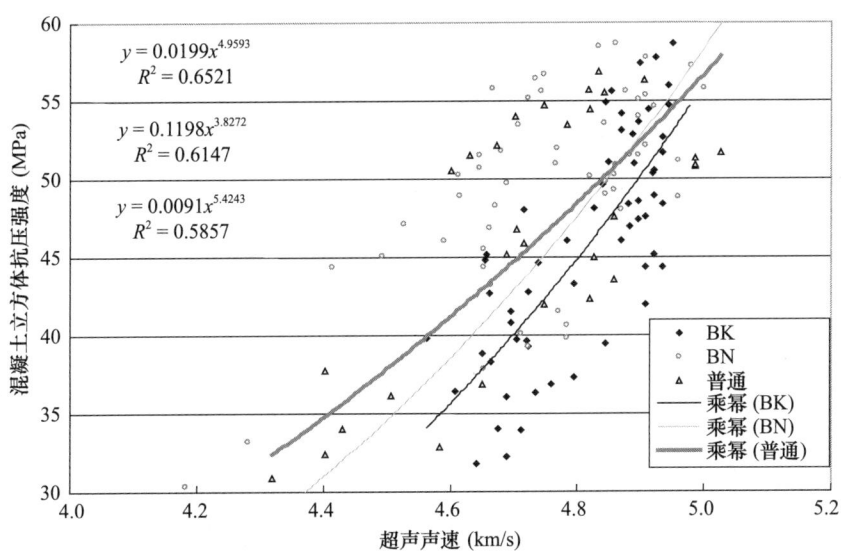

图 5-4-5 高效减水剂对超声测强的影响

加减水剂混凝土回弹值减小而超声声速增大，在两者互补作用下，减水剂对超声回弹综合法的影响降低。

2. 膨胀剂对超声测强的影响

理论分析认为，膨胀剂可提高混凝土密实性，同时提高混凝土抗压强度，膨胀混凝土与普通混凝土的超声声速对比如图 5-4-6 所示。

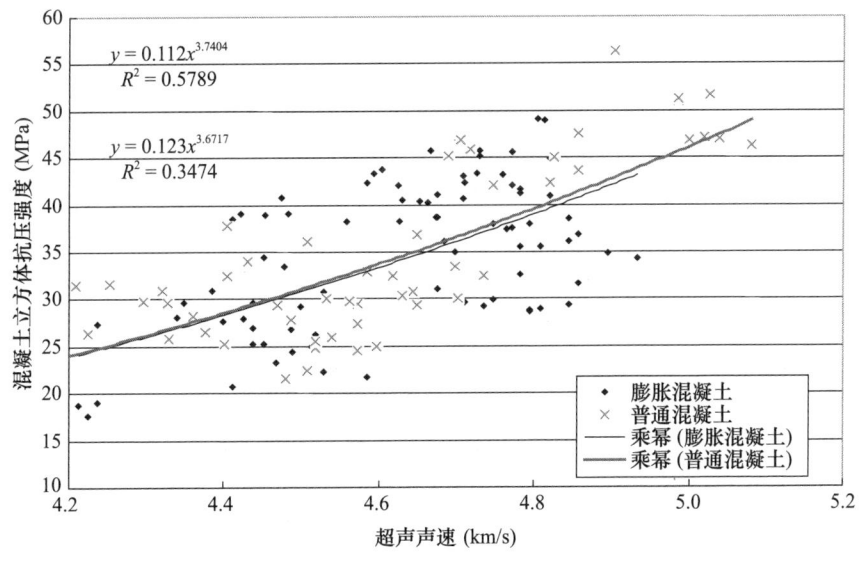

图 5-4-6 膨胀剂对超声测强的影响

通过分析可以看出，膨胀混凝土超声声速提高，同时混凝土立方体抗压强度也提高，反映为膨胀混凝土与同条件普通混凝土的测强曲线基本重合，证明膨胀剂对超声测强的影响不显著。

5.4.4 坍落度的影响

塑性混凝土与流动性、大流动性混凝土的配合比不同，流动性混凝土与大流动性混凝土中大量使用粉煤灰、矿渣等掺合料，胶凝材料比例增大，砂率增大，石子粒径偏小，且为达到流动性常使用各种减水剂等，这些变化对混凝土超声声速及抗压强度都将产生不同影响。课题组对塑性混凝土、流动性混凝土及大流动性混凝土进行对比分析，三种混凝土超声测强曲线对比如图 5-4-7 所示。

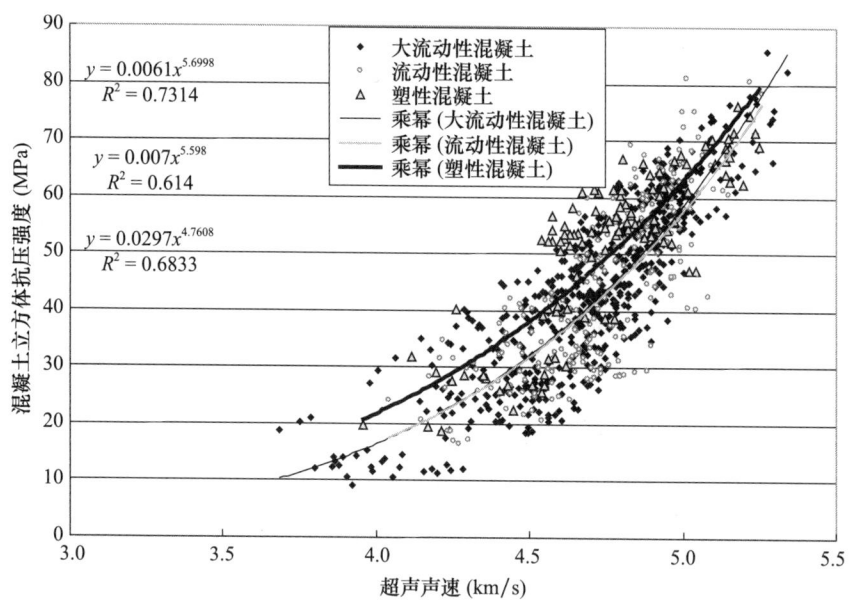

图 5-4-7 坍落度对超声测强的影响

由图 5-4-7 分析可知，流动性混凝土和大流动性混凝土超声测强曲线基本重合，可认为无差异。而塑性混凝土超声声速小于流动性混凝土和大流动性混凝土，这将使塑性混凝土测强曲线推定强度高于流动性混凝土和大流动性混凝土测强曲线推定强度。

混凝土微观结构分析认为，泵送剂的主要成分是减水剂，减水剂的水泥分散作用使水泥颗粒在水中均匀分散，降低水胶比，减小混凝土孔隙率，使水泥的水化反应更充分，水泥石结构更坚固，减小界面过渡区厚度，改善水泥石与骨料间界面过渡区的性质。随龄期增长，粉煤灰、矿粉二次反应消耗对强度不利的大量 $Ca(OH)_2$ 晶体，同时生成大量凝胶，水泥石和界面过渡区中的孔被凝胶填充，结构快速变密实，混凝土超声声速明显提高，表现为流动性混凝土和大流动性混凝土超声声速大于塑性混凝土超声声速。

5.4.5 构件尺寸的影响

因混凝土为多相混合材料，所以超声波在混凝土中是非直线传播的复杂球面波，混凝土构件垂直于声波传播方向横截面尺寸的变化将造成超声声速的变化。根据混凝土构件横截面尺寸的不同，纵波波速在混凝土中的传播可表现为双向细长杆件的波速、双向无限宽板的波速、单向窄板的表面波波速。其中，双向细长杆件的波速和单向窄板的表面波波速都比纵波在无限介质中的波速小。国内外大量研究证明，当构件横截面尺寸

$D \geqslant 2\lambda$（λ 为波长）时，传播速度与纵波在无限介质中的波速相同；当构件横截面尺寸 $\lambda < D < 2\lambda$ 时，传播速度将减小 2.5%～3%；当构件横截面尺寸 $0.2\lambda < D < \lambda$ 时，传播速度将减小 6%～7%，这种影响是显著的、不容忽视的。因此，在进行混凝土声速测量时，应充分考虑被测构件的横向尺寸与测距及波长之间的比例关系。

英国 R. 琼斯等研究表明，不同超声测距下构件最小断面尺寸所适应的换能器固有频率见表 5-4-2。

表 5-4-2 混凝土中超声波测距、构件最小断面尺寸及换能器固有频率关系

超声波测距（mm）	换能器固有频率（kHz）	构件最小断面尺寸（mm）
70～100	≥60	70
200～1500	≥40	150
>1500	≥20	300

5.4.6 混凝土温湿度的影响

研究表明，混凝土处于 5～30℃ 的环境温度下，温度对混凝土声速的影响不大。但混凝土自身温度与环境温度是不相同的，为分析混凝土温度对超声声速的影响，课题组选择 C10、C20、C30、C40、C50 混凝土立方体试块各三个，在冰柜和烘箱中恒温 24h 后，立即取出进行超声声速试验，恒温温度分别为 -20℃、-10℃、0℃、10℃、20℃、30℃，试验结果表明，混凝土自身温度在 -20～30℃ 范围内变化，对混凝土超声声速的影响不显著。

5.4.7 混凝土内部钢筋的影响

一般钢材的纵波声速为 5700m/s，换能器固有频率为 50kHz 时，根据周期 T、波长 λ 和波速 v 的关系（$\lambda = Tv$），计算得波长 $\lambda = 114$mm，钢筋直径 $D = 10～30$mm，出现横截面尺寸 $D = (0.088～0.263)\lambda$ 的现象，超声波在钢筋中的传播表现为双向细长杆件中的波速，声速将降低 8%～10%，据此计算钢筋中超声声速 $v_g \approx 5900$m/s，不同强度混凝土的超声声速在 3200～5500m/s，因此，混凝土中的钢筋会影响超声声速值，且混凝土强度越低，超声声速越低，钢筋对超声声速的影响越显著。

钢筋对混凝土超声声速的影响分两种情况，一种是超声传播方向与钢筋轴线相垂直；另一种是超声传播方向与钢筋轴线相平行。

当超声传播方向与钢筋轴线相垂直时，假设钢筋在声波传播路径中的分布如图 5-4-8 所示，此时，超声检测仪测量出的传播总时间 t 可表示为：

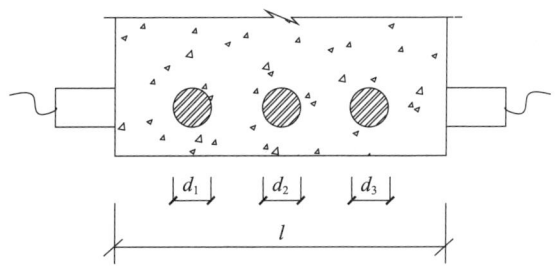

图 5-4-8 钢筋在声波传播路径中的分布

$$t = \frac{l}{v_b} = \frac{l-l_d}{v} + \frac{l_d}{v_d} \tag{5-4-3}$$

$$v = \frac{v_b v_d \ (l-l_d)}{v_d l - v_b l_d} \tag{5-4-4}$$

式中：l——超声测距；

l_d——处于声波传播路径中的钢筋长度之和；

v_b——存在钢筋的混凝土超声声速；

v——无钢筋的混凝土超声声速；

v_d——钢筋的声速。

由式（5-4-4）可知，在超声传播路径中，通过钢筋的长度相同时，随着混凝土声速降低，钢筋对声速的影响增大，超声声速 v_b 增大幅度增大；在混凝土声速相同时，钢筋的影响随声波通过钢筋长度的增大而增大，即 l_d 越大，超声声速 v_b 增大越多。

工程实践显示，在梁底、柱边缘等部位超声传播路径可能同时经过多根钢筋，钢筋的影响不能忽略，检测时应先查清构件配筋情况，然后布置测区。

当超声传播方向与钢筋轴线相平行时，声波在钢筋中的传播路径将会如图5-4-9、图5-4-10所示，此时，无论进行平测还是对测，都受钢筋的影响很大。

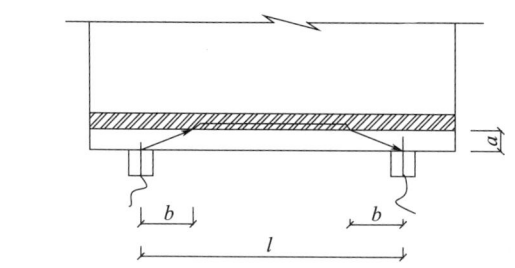

图 5-4-9 声波在钢筋中的传播路径（一）

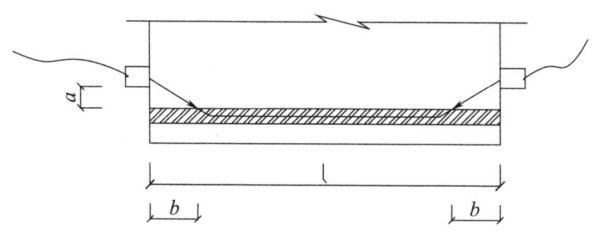

图 5-4-10 声波在钢筋中的传播路径（二）

因超声波在钢筋中传播速度比在混凝土中传播速度快，接收换能器接收到的超声波应是沿折线通过钢筋传播的声波，超声检测仪测量出的传播总时间 t 可表示为：

$$t_1 = \frac{2\sqrt{a^2+b^2}}{v} + \frac{l-2b}{v_d} \tag{5-4-5}$$

若欲使超声波到达接收换能器的时间最短，即 t_1 最小，式（5-4-5）对 b 求导，并令其等于0，得：

$$b = \frac{a^2 v}{\sqrt{v_d^2 - v^2}} \tag{5-4-6}$$

将式（5-4-6）代入式（5-4-5），得：

$$t_1 = \frac{l}{v_d} + 2a \frac{\sqrt{v_d^2 - v^2}}{v_d^2 v^2} \tag{5-4-7}$$

若超声波沿混凝土直线传播，传播总时间为：

$$t_2 = \frac{l}{v} \tag{5-4-8}$$

要使钢筋不产生影响，应使沿混凝土直线传播的波首先到达接收换能器，即

$$t_1 > t_2 \tag{5-4-9}$$

将式（5-4-7）和式（5-48）代入式（5-4-9），得：

$$\frac{l}{v} \leqslant \frac{l}{v_d} + 2a \frac{\sqrt{v_d^2 - v^2}}{v_d^2 v^2} \tag{5-4-10}$$

整理后得：

$$a = \frac{l}{2} \sqrt{\frac{v_d - v}{v_d + v}} \tag{5-4-11}$$

由以上理论分析得出，要避免钢筋的影响，必须使超声测点与附近钢筋的最短距离不小于 a，但钢筋声速 v_d 和混凝土声速 v 都不是定值，所以 a 的取值也是变化的。

实际检测时应尽量避免超声测试方向与受力主钢筋轴线平行，若条件限制无法避免（如剪力墙中平测时），应使两个换能器连线与钢筋的最小距离不小于 $l/5 \sim l/6$，或使两个换能器连线与受力主钢筋轴线保持一定夹角。

对比试验显示，混凝土强度越低，超声声速受附近钢筋的影响越大，钢筋越密集，对混凝土超声声速的影响也越大。钢筋中超声声速 $v_g \approx 5900 \text{m/s}$，不同强度混凝土的超声声速在 3200～5500m/s，混凝土中粗骨料纵波声速变化很大，为 4800～6600m/s，因此，钢筋对超声声速的影响还与混凝土中粗骨料纵波声速有关。若粗骨料纵波声速与混凝土钢筋中超声声速相当，则钢筋对混凝土超声声速的影响不明显，若粗骨料纵波声速与混凝土钢筋中超声声速相差较大，则钢筋对混凝土超声声速的影响会相对显著。

5.4.8 龄期对超声测强的影响

混凝土强度增长微观理论分析认为，混凝土在硬化过程中内部微观孔减少，结构逐渐致密，强度增长较快，同时由于水化反应和表面干燥失水，混凝土的含水率逐渐降低。混凝土内部结构的逐渐密实是其强度增长的原因，同时超声声速增高，但含水率逐渐降低又使超声声速有降低的趋势。

为分析混凝土超声声速随龄期变化的规律，课题组对同条件自然养护混凝土按龄期进行分类，并按龄期分别回归出超声声速-混凝土抗压强度相关曲线，各龄期超声声速-混凝土抗压强度相关曲线对比如图 5-4-11 所示。

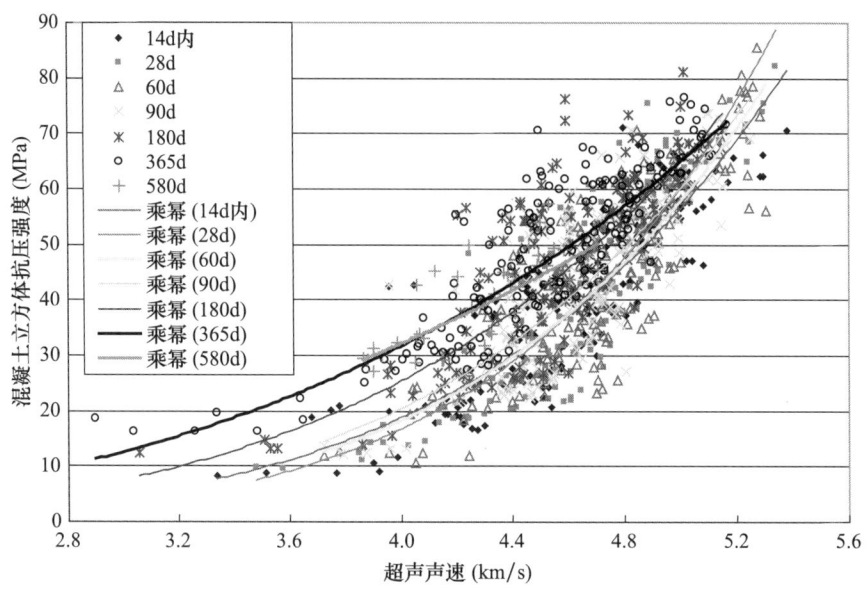

图 5-4-11 混凝土龄期对其超声声速的影响

由图 5-4-11 分析可知，同条件养护同强度混凝土，龄期越短超声声速越高，龄期越长超声声速越低，初步认为此现象产生的原因为，随着龄期增长，混凝土内部含水率逐渐降低，引起超声声速随着龄期增长而降低。更深层的原因还需要更深入的研究分析。

由图 5-4-11 还可以看出，混凝土强度越低，超声声速随龄期增长而降低的趋势越明显，在混凝土强度低于 50MPa 时，此影响比较显著。当混凝土龄期超过一年后，龄期的影响不再明显。

5.4.9 养护方式的影响

混凝土立方体试块养护方法有自然养护、标准养护和同条件养护，现场结构混凝土养护有自然养护、蒸汽养护、刷养护剂养护等方法。

课题组重点对混凝土立方体试块 28d 龄期时自然养护、标准养护的超声声速进行对比试验。

混凝土立方体试块 28d 龄期时自然养护、标准养护的超声声速对比如图 5-4-12 所示。对比显示，28d 龄期时标准养护的超声声速高于自然养护的超声声速，当混凝土立方体抗压强度相同时，标准养护的超声声速比自然养护的超声声速高约 0.2km/s，理论分析认为此不同主要是不同养护方法使混凝土含水率不同造成的。

5.4.10 超声声速检测方法的影响

超声声速的检测优先选择两相对可测面进行，在无法选择两相对可测面时，可采用两相邻检测面进行角测，或在同一检测面上进行平测。

平测法测距应选择多少比较合适？平测测距对超声声速是否有影响？平测检测面为浇筑侧面、顶面、底面的检测结果是否有差异？平测与对测的超声声速值是否有差异？差异产生原因是什么？为探讨这些问题，山东省建筑科学研究院有限公司进行各种分析试验。

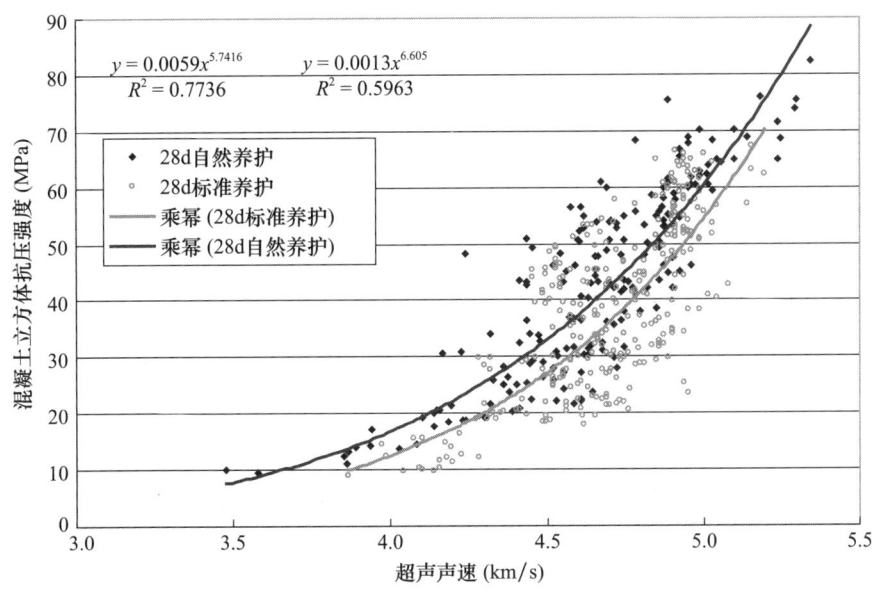

图 5-4-12　养护方法对混凝土超声声速的影响

各等级同条件混凝土试件同条件进行超声声速试验，选择的有代表性试件包括普通塑性混凝土、流动性混凝土、大流动性混凝土，强度等级 C10～C50，对同一试件进行超声声速检测时，在试件浇筑侧面、顶面、底面分别进行平测、对测、角测。

1. 平测测距选择

因平测法只能反映浅层混凝土的质量，所以厚度较大的板式结构（如混凝土承台、筏板等）不宜用平测法，可沿结构表面每隔一定距离钻一个 $\Phi40$～$\Phi50$mm 的超声测试孔，采用径向振动式换能器进行声速测量。

理论分析认为，由于波束的扩散，测距太大，超声波接收信号减弱，受混凝土内部钢筋、预埋件影响，测得的混凝土超声声速值离散性增大，结果不稳定。测距太小，超声波接收信号的首波起始点难捕捉，首波起始点判断错误会产生较大误差。

选择测距 200mm、250mm、300mm、400mm、500mm、600mm、700mm、800mm 进行对比试验。试验过程中发现，测距小于 200mm 时，首波在水平轴上下来回跳动，着波起始点难判断；当测距大于 500mm 时，超声波接收信号波幅明显减小；当测距大于 600mm 时，有时接收不到超声波信号，因此，平测时测距最好选择 200～500mm。

平测混凝土浇筑侧面不同测距试验数据对比如图 5-4-13 所示，从图中可以看出，测距在 200～500mm 范围内时，测距越大，超声声速越大。混凝土浇筑侧面平测曲线与对测曲线对比证明，平测超声声速比对测超声声速小。

理论分析认为，混凝土超声波检测技术中常用的声源（发射换能器）是平面振动式的压电陶瓷片，平测时声波沿混凝土表层以球面状形式向周围传播，由于波的干涉和绕射，形成一个似喇叭状的波束向外传播，如图 5-4-14 所示。此波束以圆板轴心线为中心向外辐射，在圆板形声源的中心轴上，声压（或声强）最大，形成声波的主波束，偏离中心轴一定角度，声压减小，形成声波的副波束。随着偏离角度 θ 的增大，声压迅速减小，当 θ 增大到某一角度 θ_0 时，声压降为 0，此时的 θ_0 角称为半扩散角。

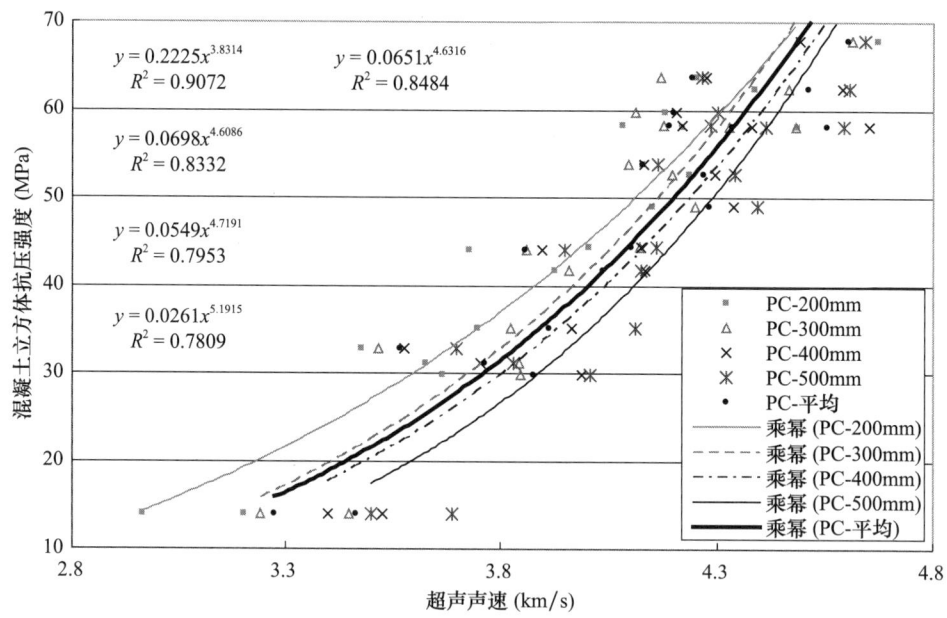

图 5-4-13 混凝土侧面超声平测测距影响对比

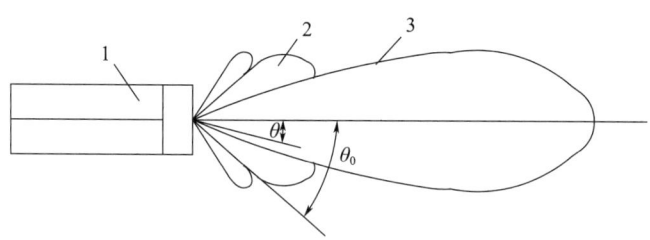

1—发射换能器；2—副波束；3—主波束。

图 5-4-14 波束传播形状

对测时，声波从发射换能器发射出后垂直于混凝土且面向混凝土内部传播，在与声波传播方向垂直的侧面声压最大，接收到的声波信号波幅更大、波速也较大。平测时接收换能器接收到的声波沿混凝土表层传播，且接收换能器接收方向平行于声波传播方向，声波偏离中心轴一定角度，声压相对较弱，所以平测超声声速明显小于对测超声声速。平测测距越大，接收到的声波信号越接近中心轴，所以在一定范围内，平测测距越大，超声声速越大。

2. 平测不同检测面对比

平测检测面可以选择浇筑侧面、表面、底面，因混凝土为多相混合材料，同时浇筑时的振捣等，会使混凝土浇筑侧面、表面、底面的状况略有不同，平测时超声波沿检测面传播，检测面状况不同必然对超声声速产生影响。

为分析不同检测面对平测超声声速的影响，课题组对同一混凝土试件的浇筑侧面、表面、底面分别进行超声声速的平测，结果如图 5-4-15 所示。

由图 5-4-15 可以看出，平测混凝土浇筑侧面与表面时超声声速较低，而平测混凝土浇筑底面的超声声速与对测超声声速基本一致。分析认为，混凝土存在分层泌水现象，

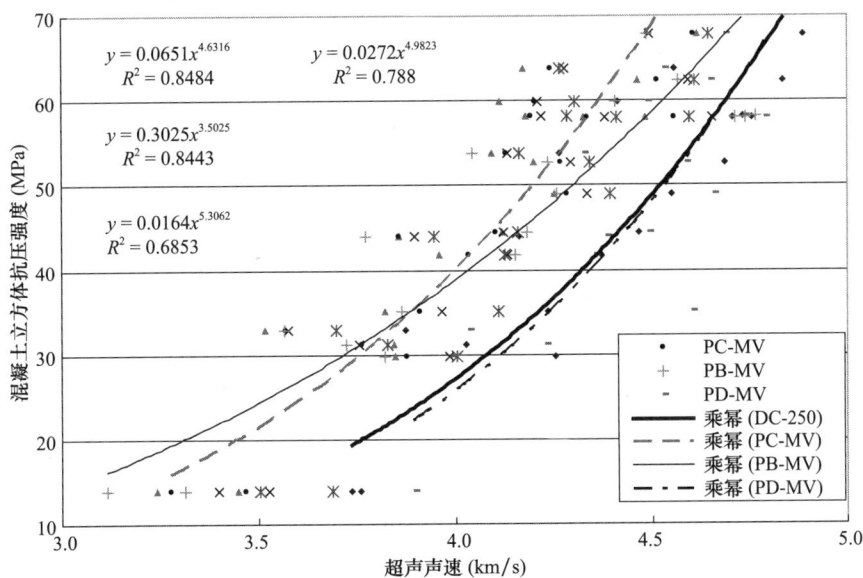

PC—平测混凝土浇筑侧面；PB—平测混凝土浇筑表面；PD—平测混凝土浇筑底面；
DC—对测混凝土浇筑侧面；MV—各测距平均。

图 5-4-15　混凝土超声平测不同浇筑面对比

混凝土硬化前重力作用下石子下沉，使浇筑底面石子较多较密实，而混凝土浇筑表层泌水，水灰比略大，表面浮浆较多，所以平测混凝土浇筑表面超声声速较低。

3. 角测不同检测面对比

角测可以选择两个浇筑侧面角（如角柱），可以选择一个浇筑表面、另一个浇筑侧面角测（如条形基础），也可以选择一个浇筑底面、另一个浇筑侧面角测（如楼梯梁）。检测面不同是否会对超声声速检测结果有影响？为研究此问题，课题组对同一混凝土试件进行不同检测面角测，结果如图 5-4-16 所示。

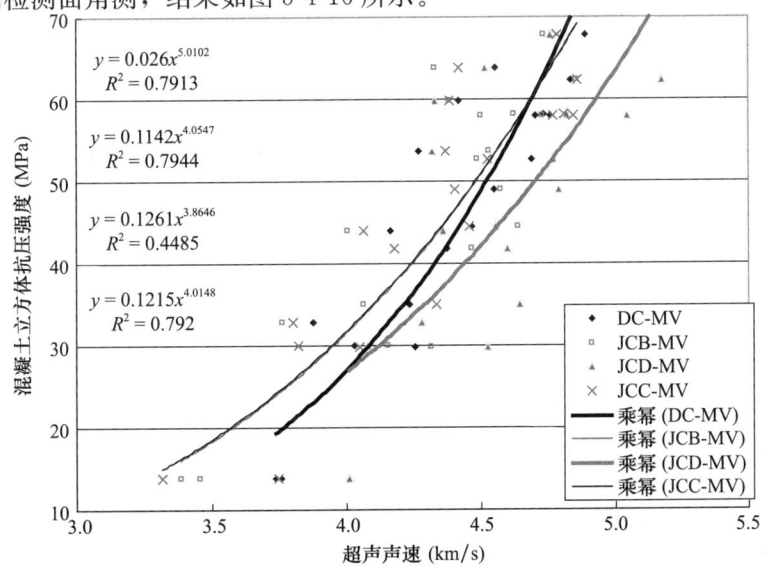

DC—对测混凝土浇筑侧面；JCB—角测混凝土浇筑表面；JCD—角测混凝土浇筑底面；
JCC—角测混凝土浇筑侧面；MV—各测距平均。

图 5-4-16　混凝土角测不同浇筑面超声声速对比

由图 5-4-16 可以看出，角测两检测面为混凝土浇筑表面-侧面、侧面-侧面时，超声声速较低，混凝土强度越低，表面、侧面超声声速与对测超声声速差异越大，而角测两检测面为混凝土浇筑侧面-底面时，超声声速较高，甚至高于对测超声声速。分析认为，这种现象产生的原因也是混凝土硬化前在重力作用下石子下沉，使混凝土浇筑底面石子较多较密实，所以，底面处超声声速偏高。

4. 角测不同测距对比

考虑构造柱等小截面构件角测测点选择不易，课题组选择测距 71mm、141mm、212mm、283mm 进行对比试验。试验结果如图 5-4-17、图 5-4-18 所示

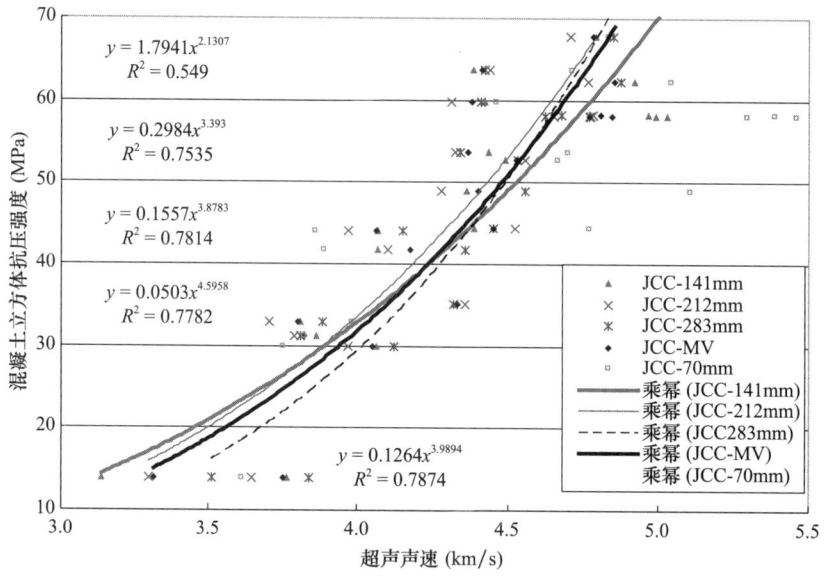

JCC—角测混凝土浇注侧面；MV—各测距平均。

图 5-4-17 混凝土浇筑侧面角测超声声速测距影响

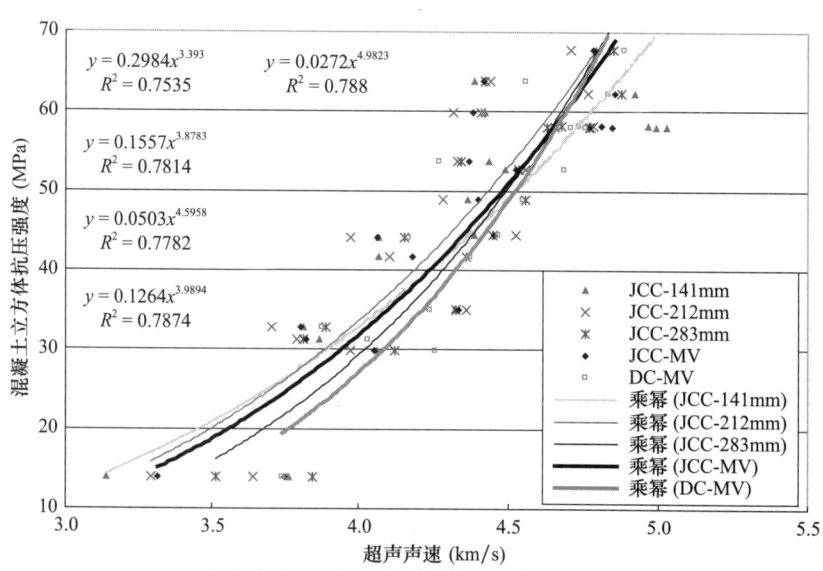

JCC—角测混凝土浇注侧面；MV—各测距平均；DC—对测混凝土浇筑侧面。

图 5-4-18 混凝土浇筑侧面角测超声声速

由图 5-4-17 至图 5-4-20 可以看出,当测距为 71mm 时,混凝土角测超声声速离散性较大,且检测结果与其他测距测试结果相差较大,此时数据不可靠。当测距为 141mm 时,混凝土角测超声声速与对测结果已比较接近。当测距为 212mm、283mm 时,混凝土角测超声声速与对测结果已很接近,同时,在混凝土强度低于 40MPa 时,测距越大,超声声速越大,与对测结果越接近。

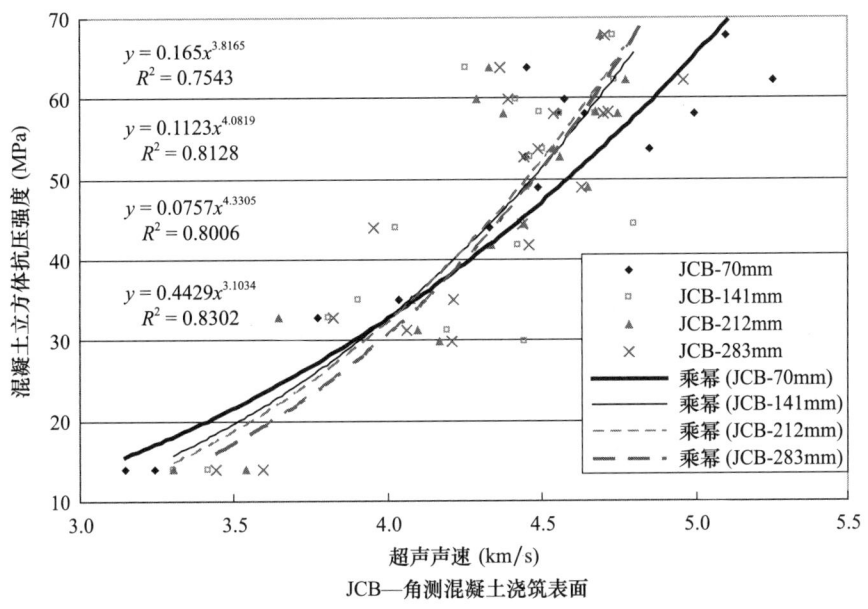

图 5-4-19 混凝土浇筑侧面-表面超声声速不同测距对比

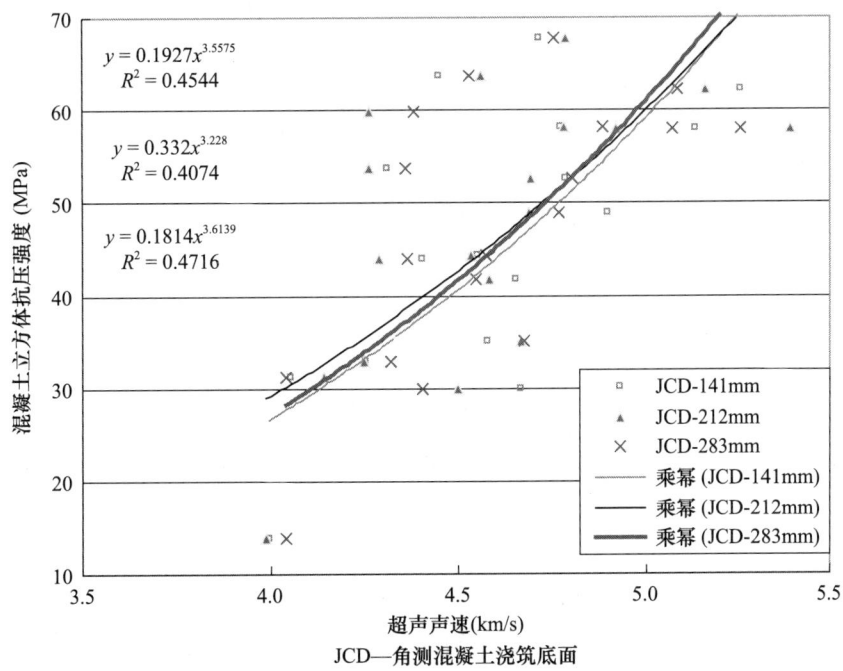

图 5-4-20 混凝土浇筑侧面-底面角测不同测距对比

根据分析试验结果，课题组认为布置角测测点时，换能器中心与构件边缘的距离不小于 150mm 时，检测结果较准确；换能器中心与构件边缘的距离不小于 200mm 时，混凝土侧面角测结果与对测结果很接近，可不考虑其影响，不进行修正。选择侧面-表面、侧面-侧面为检测面进行角测时，数据离散性较小，所得测强曲线相关性较好；而选择侧面-底面角测时，数据离散性较大，所得测强曲线相关性很差。分析认为，早强剂、泵送剂等外加剂的使用、坍落度的不同都会影响底面石子含量，混凝土浇筑底面石子较多，而石子品种、粒径等也对超声声速有影响，所以底部超声声速离散性大。

《超声回弹综合法检测混凝土抗压强度技术规程》（T/CECS 02—2020）附录 D 中要求布置超声角测点时，换能器中心与构件边缘的距离 l_{1i}、l_{2i} 不宜小于 300mm，且两者相差不宜大于 1.5 倍。

5. 平测、角测与对测对比

混凝土超声声速检测方式的多样性为此方法在工程中的使用提供了方便，但是，不同检测方式、不同检测面、不同测距对混凝土超声声速的影响各不相同，也增加了混凝土超声声速检测的复杂性。上文对比试验可证明，各种检测方式检测结果稳定、可靠，都是可行的，但各种检测方式检测数据的差异性也是明显的。各种检测方式所得数据平均值的对比如图 5-4-21 所示。

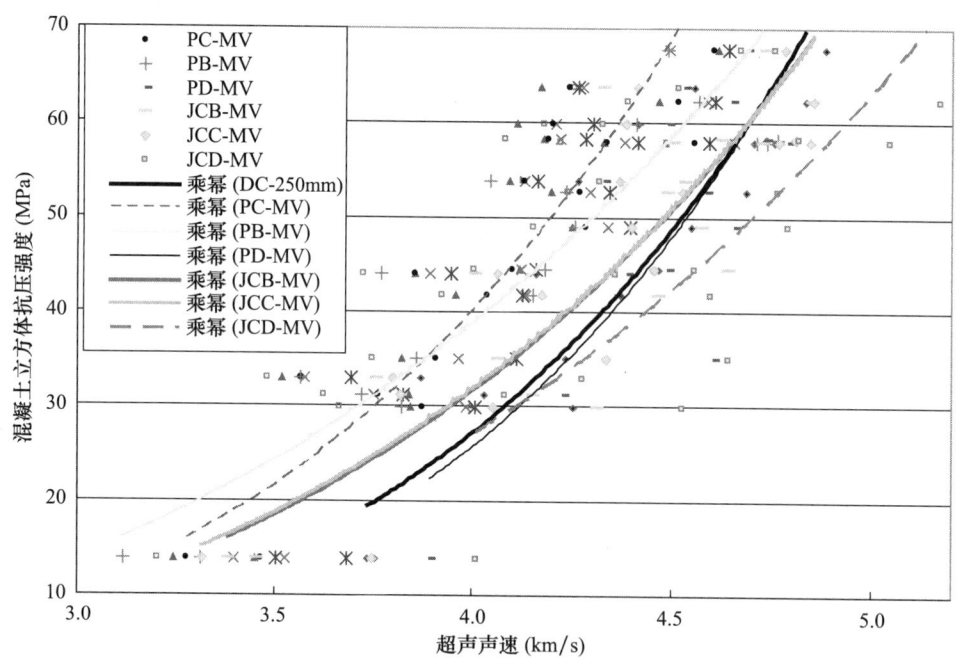

PC—平测混凝土浇筑侧面；PB—平测混凝土浇筑表面；PD—平测混凝土浇筑底面；
JCB—角测混凝土浇筑表面；JCC—角测混凝土浇筑平面；JCD—角测混凝土浇筑底面；
MV—各测距平均。

图 5-4-21 混凝土超声声速平测、角测与对测对比

因课题试验试件尺寸、外加剂品种等的局限性，图 5-4-21 中各条曲线只能是各种检测方式检测数据的定性反映，在具体工程结构混凝土强度检测中，应以混凝土浇筑侧面对测数据为主，不同检测方式的数据应按科学的方法修正或换算为混凝土浇筑侧面对侧数据。

5.5 超声回弹综合法测强曲线

5.5.1 建立超声回弹综合法测强曲线的基本要求

考虑我国地域辽阔，气候差别很大，混凝土原材料种类繁多，各地区原材料、气候条件、施工工艺、养护方法及技术水平等存在差异，这些差异都对混凝土回弹值、超声声速、抗压强度有影响，为减少这些因素的影响，凡有条件的省、自治区、直辖市，可采用本地区常用的有代表性的材料、施工工艺、养护方法，制作一定数量的混凝土立方体试件，进行超声、回弹和抗压试验，建立本地区测强曲线。同样情况，某些大型工程也可建立专用测强曲线。地区测强曲线或专用测强曲线可减少工程检测中的验证和修正工作量，同时也可避免因修正不当带入新的误差因素，从而提高超声加回弹综合法检测混凝土抗压强度的准确性和可靠性。

建立专用或地区测强曲线时，除了采用专项工程的混凝土原材料或本地区常用原材料，以及混凝土配合比，还应严格控制试件的制作、养护及超声、回弹和抗压强度试验等每一操作环节，并注意观察、记录试验过程中的异常现象（如试件测试面是否平整、试件是否为标准立方体、测试时试件表面干湿状态、抗压破坏是否有偏心受压、混凝土中的石子含量偏多或偏少及分布是否均匀等），对明显异常的数据，应认真分析其原因后再确定取舍。根据声速代表值、回弹代表值和试件抗压强度实测值进行回归分析、相关分析和误差分析，可得到混凝土强度曲线。根据回归方程的误差分析结果，也可针对误差特别大的个别数据进行分析判断，若系试验过程中带进的较大误差，可以剔除该数据后再进行回归分析。总之，建立测强曲线是一项技术性很强的工作，必须认真仔细、严肃对待。

建立地区测强曲线或专用测强曲线时，使用的仪器设备（包括回弹仪、超声检测仪、超声波换能器、混凝土试件压力试验机、混凝土试模、振动台等）应符合相关要求。

建立地区测强曲线或专用测强曲线应按下述步骤进行。

1. 原材料准备、试块制作和养护

(1) 建立专用测强曲线时，混凝土试件应采用与被测结构或构件混凝土相同的原材料、施工工艺、养护方法及强度等级。

(2) 建立地区测强曲线时，混凝土试件采用的水泥、砂、石、外加剂、掺合料、拌合用水应符合国家对相关产品的质量规定。

(3) 建立地区测强曲线时，应选用本地区常用水泥、粗骨料、细骨料，按常用配合比制作混凝土强度等级为 C15、C20、C30、C40、C50、C60 的标准试件；建立专用测强曲线，试件应按实际使用强度等级制作。

(4) 每一强度等级的混凝土试件，应取自同一盘或同一车混凝土中，均匀装模振动成型，做成边长为 150 mm 的立方体试件，同一强度等级的混凝土应一次成型完成。

(5) 在成型后的第二天，将试块移至与被测结构或构件相同的硬化条件下养护，如被测结构或构件采用自然养护，试件拆模后应浇水养护 7d，然后按品字形堆放在不受日晒雨淋处；如被测结构或构件采用蒸汽养护，则试块的养护制度应与被测结构或构件的养护制度相同，试块拆模日期与结构或构件的拆模日期相同。

（6）试件的测试龄期宜分为 14d、28d、60d、90d、180d 和 365d，试件每个强度等级每个龄期的最小数量为 30 个，合计每个强度等级混凝土试件不少于 180 个。

2. 试验操作过程

（1）整理试件。将被测试件四个浇筑侧面上的尘土、污物等擦拭干净，以同一强度等级混凝土的 3 个试件作为一组，依次编号。

（2）在试件测试面上标示超声测点。取试块浇筑方向的侧面为测试面，在两个相对测试面上分别画出相对应的 3 个（或 5 个）测点。

（3）测量试件的超声测距。采用钢卷尺或钢板尺，在两个超声测试面的两侧边缘处逐点测量两测试面的垂直距离，取两边缘对应垂直距离的平均值作为测点的超声测距值 l_1，l_2，l_3。

（4）测量试件的声时值。在试件两个测试面的对应测点位置涂抹耦合剂，将一对发射和接收换能器耦合在对应测点上，并始终保持两个换能器的轴线在同一直线上。逐点测读声时读数 t_1，t_2，t_3，精确至 $0.1\mu s$。

（5）计算声速值。分别计算 3 个测点的声速值 v_i。取 3 个测点声速的平均值作为该试件的混凝土中声速代表值 v，即

$$v = \frac{1}{3}\sum_{i=1}^{3}\frac{l_i}{t_i - t_0} \tag{5-5-1}$$

式中：v——试件混凝土中声速值（km/s），精确至 $0.01 km/s$；

l_i——第 i 个测点超声测距（mm），精确至 1mm；

t_i——第 i 个测点混凝土中声时读数（μs），精确至 0.1 μs；

t_0——声时初读数（μs）。

对于新型智能超声检测仪，输入测距，仪器可直接显示出超声声速值。

（6）测量回弹值、碳化深度值。按本书 4 回弹法检测混凝土强度技术的规定进行。

（7）混凝土立方体抗压强度试验。回弹值测试完毕后，卸荷将回弹测试面放置在压力机承压板正中，按现行国家标准《混凝土物理力学性能试验方法标准》（GB/T 50081—2019）的规定连续均匀加荷至破坏，计算抗压强度实测值 $f_{cu,i}$，精确至 $0.1 MPa$。

3. 测强曲线回归

测强曲线的回归方程，应按每一试块求得的回弹值、超声声速值、碳化深度值和抗压强度数据，采用最小二乘法原理计算，详见 3.1.3 建立测强曲线。

回归方程宜采用以下函数关系式。

$$f_{cu} = A R_m^B v_m^C \cdot 10^{Dd_m} \tag{5-5-2}$$

式中：R_m——试块的平均回弹值；

v_m——试块的平均超声声速值；

d_m——试块的平均碳化深度值；

A，B，C，D——回归系数。

回归方程的相对标准误差 e_r 及平均相对误差 δ，可按式（5-5-3）、式（5-5-4）计算。

$$\delta = \pm \frac{1}{n}\sum_{i=1}^{n}\left|\frac{f_{cu,i}^{c}}{f_{cu,i}} - 1\right| \times 100\% \tag{5-5-3}$$

$$e_{r} = \sqrt{\frac{1}{n-1}\sum_{i=1}^{n}\left(\frac{f_{cu,i}^{c}}{f_{cu,i}} - 1\right)^{2}} \times 100\% \tag{5-5-4}$$

式中：δ——回归方程的强度平均相对误差，精确至 0.1%；

e_r——回归方程的强度相对标准差，精确至 0.1%；

$f_{cu,i}$——由第 i 个试块抗压试验得出的混凝土抗压强度值，精确至 0.1MPa；

$f_{cu,i}^{c}$——对应于第 i 个试块的回弹值和碳化深度值按式（5-5-2）计算的强度换算值，精确至 0.1MPa；

n——制定回归方程的试块数。

4. 测强曲线要求

《超声回弹综合法检测混凝土抗压强度技术规程》(T/CECS 02—2020) 中规定，专用测强曲线或地区测强曲线应符合下列规定。

（1）专用测强曲线的平均相对误差（δ）不应大于±10.0%，相对标准差（e_r）不应大于±12.0%。

（2）地区测强曲线的平均相对误差（δ）不应大于±11.0%，相对标准差（e_r）不应大于±14.0%。

（3）专用测强曲线或地区测强曲线应与制定该类测强曲线条件相同的混凝土相适应，不得超出测强曲线的适用范围。

5.5.2 不同测强曲线的选用次序

混凝土抗压强度换算值可采用专用测强曲线、地区测强曲线或统一测强曲线计算，各检测单位应按专用测强曲线、地区测强曲线、统一测强曲线的次序选用测强曲线。

为提高混凝土强度换算值的准确性和可靠性，应优先采用专用或地区测强曲线进行计算。当无专用或地区测强曲线时，通过验证试验后，可采用标准《超声回弹综合法检测混凝土抗压强度技术规程》(T/CECS 02—2020) 中的统一测强曲线，但使用前应进行验证。

5.5.3 超声回弹综合法测强曲线的验证方法

测强曲线使用中应注意其适用范围，只能在制定曲线时的试件条件范围内使用，例如龄期、原材料、外加剂、强度区间等，不允许超出其使用范围。同时，使用过程中应经常抽取一定数量的同条件试块进行校核，如发现误差较大，应停止使用并查找原因。

测强曲线使用前及使用过程中的验证，可采用下述方法。

（1）选用本地区常用的混凝土原材料，按最佳配合比配制强度等级为 C15、C20、C30、C40、C50、C60 的混凝土，制作边长为 150mm 的立方体试件各 3 组，采用自然养护。

（2）采用符合要求的回弹仪和超声波检测仪等仪器设备。

（3）根据测强曲线的适用范围，选择不少于 3 个龄期、不少于 3 个月的时间段，在各龄期进行验证试验，得到各龄期混凝土试块回弹值、超声声速值、碳化深度值和标准立方体抗压强度值。

(4) 将混凝土试块回弹值、超声声速值、碳化深度值代入待验证测强曲线，计算出混凝土强度换算值。

(5) 根据实测混凝土抗压强度和混凝土强度换算值，计算平均相对误差（δ）和相对标准差（e_r），计算方法同式（5-5-3）和式（5-5-4）。

(6) 若所得平均相对误差（δ）不大于12%，且相对标准差（e_r）不大于15%，则可使用统一测强曲线，否则，应另行建立专用测强曲线或地区测强曲线。

5.5.4 超声回弹综合法山东地区测强曲线的建立

与回弹法一样，课题组汇总1995—2008年试验数据4000多组，最后确定四条超声回弹测强曲线，包括10～60MPa非泵送（塑性）混凝土超声回弹测强曲线、10～60MPa泵送混凝土超声回弹测强曲线、60～80MPa高强混凝土H550型回弹仪超声回弹测强曲线、60～80MPa高强混凝土H450型回弹仪超声回弹测强曲线。

1. 10～60MPa非泵送（塑性）混凝土超声回弹测强曲线

$$f_{cu,i}^c = 0.01426 R_{m,i}^{1.367} v_{m,i}^{1.928} 10^{(-0.0149 d_m)} \tag{5-5-5}$$

其中 $r=0.917$，$s=5.83\text{MPa}$，$\delta=10.89\%$，$e_r=13.98\%$。

r——相关系数；

δ——回归方程的强度平均相对误差；

e_r——回归方程的强度相对标准差；

式中：R——回弹值；

V——超声声速（km/s）；

d——碳化深度值（mm）；

f——混凝土强度换算值（MPa）。

10～60MPa非泵送（塑性）混凝土超声声速-抗压强度散点图及趋势线如图5-5-1所示。

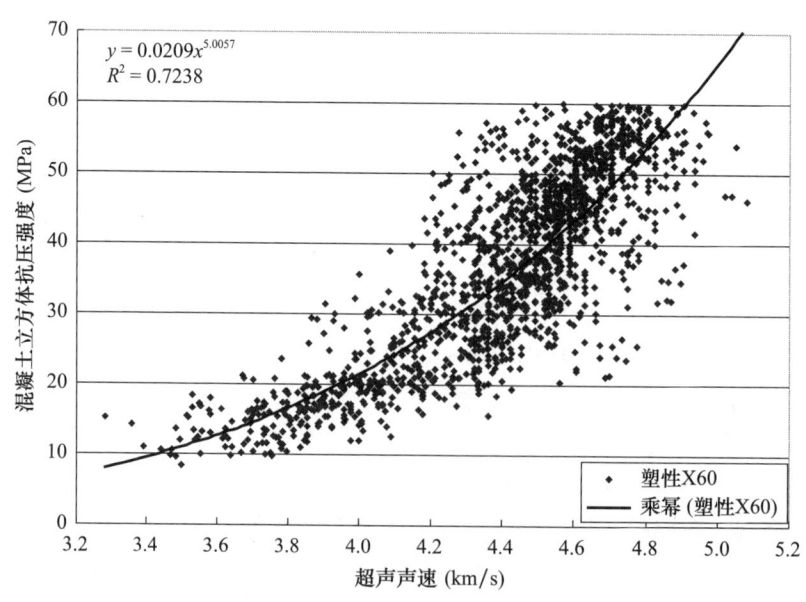

图5-5-1 非泵送（塑性）混凝土超声声速-抗压强度散点图

分析此图可知，混凝土超声声速随混凝土抗压强度增大而增大的趋势是显然的，但混凝土超声声速的离散性也是非常大的，图中混凝土超声声速为 4.5km/s 时，对应混凝土抗压强度在 30～50MPa 范围内数据都非常密集，出现这种现象的原因是，影响混凝土超声声速的因素较多，而一些主要影响因素如粗骨料的超声声速、使用外加剂、混凝土内钢筋、混凝土含水率等对超声声速的影响未被分析考虑，这也是单一超声声速不能准确推定结构混凝土抗压强度的原因，超声回弹综合使用，实质上是根据混凝土表面硬度和混凝土密实度推定结构混凝土抗压强度，两方面本身具有互补作用，因此，超声回弹综合法精度高于单一回弹法或超声法。

2. 10～60MPa 泵送混凝土超声回弹测强曲线

$$f_{cu,i}^c = 0.002726 R_{m,i}^{2.051} v_{m,i}^{1.405} 10^{(-0.0115 d_m)} \tag{5-5-6}$$

其中 $r=0.930$，$s=5.58\text{MPa}$，$\delta=10.86\%$，$e_r=13.92\%$。

10～60MPa 泵送混凝土超声声速-抗压强度散点图及趋势线如图 5-5-2 所示，10～60MPa 塑性混凝土与泵送混凝土超声声速对比如图 5-5-3 所示。

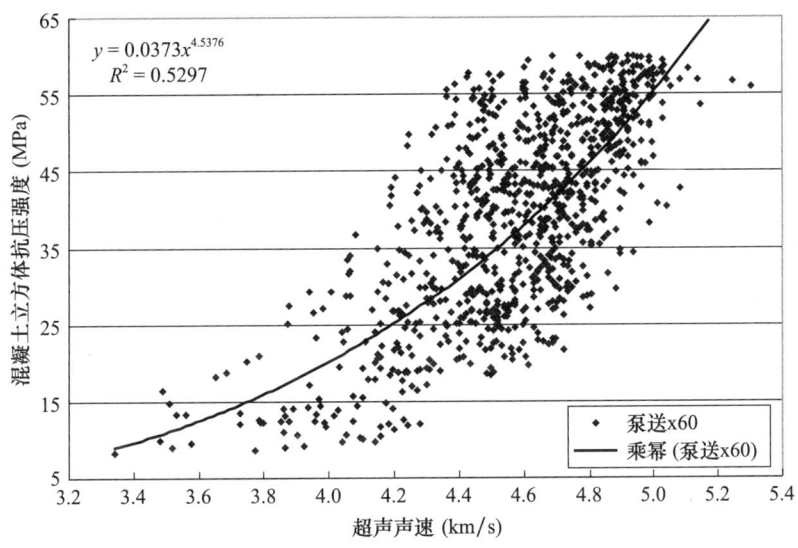

图 5-5-2　泵送混凝土超声声速-抗压强度散点图

由图 5-5-3 可以看出，当混凝土抗压强度大于 25MPa 时，塑性混凝土超声声速明显低于泵送混凝土超声声速，且强度越高越明显。分析认为，出现这种现象的原因如下：首先，泵送混凝土大量使用粉煤灰、矿渣等掺合料，混凝土强度增长机理研究显示，粉煤灰、矿渣的火山灰反应和填充作用使混凝土密实度提高；其次，泵送混凝土为实现其流动性，使用了减水剂、泵送剂等，这些外加剂的使用使混凝土水灰比降低，单位体积用水量减少，在增加混凝土流动性的同时，提高混凝土密实。高强混凝土掺合料、外加剂的用量大，因此，高强泵送混凝土超声声速高于高强塑性混凝土超声声速更明显。

3. 60～80MPa 高强混凝土 H550 型回弹仪超声回弹测强曲线

$$f = 2.405 R_{m,i}^{0.50} v_{m,i}^{0.914} \tag{5-5-7}$$

其中 $r=0.859$，$s=5.52\text{MPa}$，$\delta=6.03\%$，$e_r=7.64\%$。

确定此测强曲线时，课题组进行了对比，若考虑碳化深度对回弹值的影响，将碳化

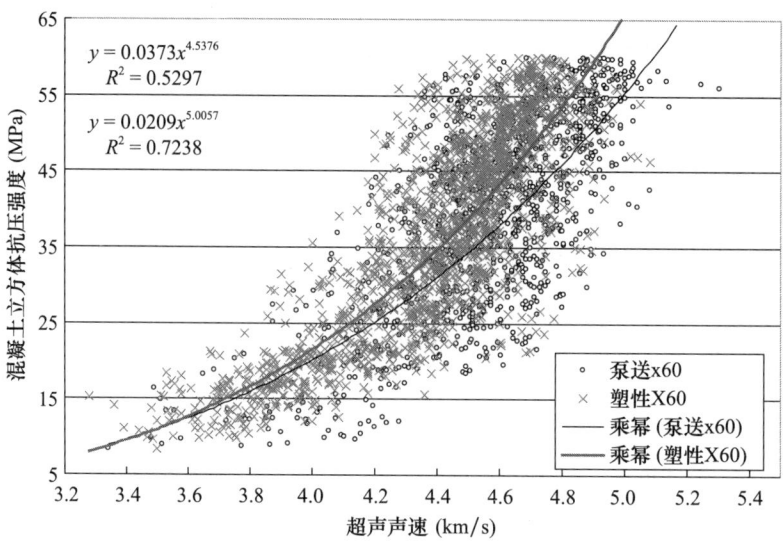

图 5-5-3 塑性混凝土与泵送混凝土超声声速对比

深度作为一个变量,则测强曲线为:

$$f=0.4726R^{0.6838}V^{1.4637}10^{(-0.0013d)} \tag{5-5-8}$$

其中 $r=0.867$,$s=6.80\mathrm{MPa}$,$\delta=8.61\%$,$e_r=10.73\%$

对比看出,将碳化深度作为一个变量时式(5-5-8)曲线精度并不比式(5-5-7)曲线精度高,同时碳化深度 $d=10\mathrm{mm}$,$10^{(-0.0013d)}=0.9705$,可见碳化深度对回弹值的影响很小,所以高强混凝土超声回弹测强曲线不再考虑碳化深度的影响。

高强混凝土超声声速-抗压强度散点图及趋势线如图 5-5-4 所示,分析得出,高强混凝土抗压强度随超声声速增大而均匀增大。

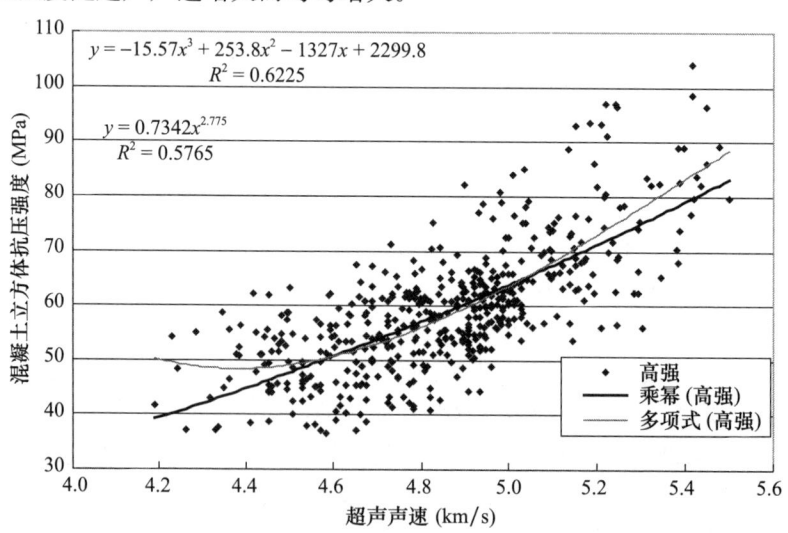

图 5-5-4 高强混凝土超声声速-抗压强度散点图

4. 60～80MPa 高强混凝土 H450 型回弹仪超声回弹测强曲线

$$f=1.0337R^{0.558}V^{1.189} \tag{5-5-9}$$

其中 $r=0.836$，$s=6.18\text{MPa}$，$\delta=6.59\%$，$e_r=8.38\%$。

5.6 山东省超声回弹综合法检测混凝土强度技术主要成果总结

山东省建筑科学研究院有限公司综合分析 1995 至今近 30 年的试验数据，得到下列主要结论。

（1）考虑塑性混凝土与泵送混凝土回弹值、超声声速值的差异，分别建立塑性混凝土超声回弹测强曲线与泵送混凝土超声回弹测强曲线，提高了超声回弹综合法检测精度。为拓展超声回弹综合法适用范围，分别采用 H550 型和 H450 型回弹仪进行试验，建立了高强混凝土 H550 型回弹仪超声回弹测强曲线和高强混凝土 H450 型回弹仪超声回弹测强曲线。这四条曲线涵盖混凝土强度范围 10～120MPa，坍落度 40～230mm，包括单掺粉煤灰、双掺粉煤灰和矿渣、单掺矿渣、双掺矿渣及硅灰等多种混凝土配合比。

（2）山东省普通混凝土中粗骨料以碎石为主，而碎石本身的超声声速取决于其天然岩石的超声声速。课题组对山东省济南、青岛两地常用岩石进行超声声速测试，结果显示，不同种类岩石超声声速不同，同类岩石产地不同其超声声速不同，同一产地同类岩石风化程度不同其超声声速也不同。这正是不能采用单一超声声速推定混凝土强度的原因。

（3）对比试验证明，碎石粒径不大于 40mm 时，粒径及级配变化对混凝土超声声速的影响不大，粉煤灰与矿粉、人工砂的使用对混凝土超声声速的影响不大。

（4）使用外加剂后，混凝土的性能将发生改变，不同外加剂作用不同，对混凝土超声声速的影响也不同，因外加剂种类繁多，对混凝土性状的改变多样，所以外加剂对超声测强的影响也是复杂多样的。

（5）试验证明，泵送混凝土超声声速明显高于塑性混凝土超声声速。分析认为，首先，泵送混凝土大量使用粉煤灰、矿渣等掺合料，混凝土强度增长机理研究显示，粉煤灰、矿渣的火山灰反应和填充作用使混凝土密实度提高；其次，泵送混凝土为实现其流动性，使用了减水剂、泵送剂等外加剂，这些外加剂的使用使混凝土水灰比降低，单位体积用水量减少，从而提高混凝土密实度。混凝土超声声速与其密实度密切相关，所以泵送混凝土超声声速明显高于塑性混凝土超声声速。

（6）根据混凝土中超声波传播特点，分析构件尺寸、内部钢筋、温湿度变化对混凝土超声声速的影响。

（7）通过对比试验，初步分析认为，龄期、养护方法对混凝土超声声速的影响，与混凝土内部含水率的变化有关，当混凝土龄期超过一年后，这些影响不再显著。

（8）通过对比试验分析，确定平测超声声速的最佳测距范围为 300～400mm。对比显示，平测测距在 200～500mm 范围内，测距越大，超声声速越大，同时，混凝土浇筑侧面平测超声声速小于混凝土浇筑侧面对测超声声速。

（9）对比试验证明，不同检测面平测混凝土超声声速不同，浇筑底面平测超声声速大于浇筑表面和侧面平测超声声速，浇筑底面平测超声声速与浇筑侧面对测超声声速接近。

(10) 对比试验分析认为，不同检测面角测混凝土超声声速不同，布置角测测点时，换能器中心与构件边缘的距离不小于 150mm，检测结果较准确；换能器中心与构件边缘的距离不小于 200mm 时，混凝土侧面角测结果与对测结果很接近，可不考虑检测方式的影响，不进行修正。选择侧面-表面、侧面-侧面为检测面进行角测时，数据离散性较小，所得测强曲线相关性较好；而选择侧面-底面进行角测时，数据离散性较大，所得测强曲线相关性很差。分析认为，早强剂、泵送剂等外加剂的使用，坍落度的不同都会影响底面石子含量，混凝土浇筑底面石子较多，而石子品种、粒径等也对超声声速有影响，所以底部超声声速离散性大。

(11) 混凝土超声声速检测方式的多样性为此方法在工程中的使用提供了方便，但是，不同检测方式、不同检测面、不同测距对混凝土超声声速的影响各不相同，也增加了混凝土超声声速检测的复杂性。在具体工程结构混凝土强度检测中，应以混凝土浇筑侧面对测数据为主，不同检测方式的数据应按科学的方法修正或换算为混凝土浇筑侧面对测数据。

5.7 超声回弹综合法检测技术要点

5.7.1 超声回弹综合法行业标准与山东省地方标准对比

目前全国通用的混凝土强度超声回弹综合法检测技术标准包括《超声回弹综合法检测混凝土抗压强度技术规程》（T/CECS 02—2020）和《高强混凝土强度检测技术规程》（JGJ/T 294—2013）。

山东省地方标准《超声回弹综合法检测混凝土抗压强度技术规程》（DB37/T 2361—2022），与《超声回弹综合法检测混凝土抗压强度技术规程》（T/CECS 02—2020）相比有下列特点。

(1) 增加高强混凝土测强曲线，60~80MPa 高强混凝土采用高强混凝土回弹仪 H550 型进行检测，将超声回弹综合法适用范围扩展到 80MPa。

(2) 增加异常数据判断处理，考虑混凝土是砂、石、水泥、掺合料等搅拌成的混合料，其强度受原材料、施工方法、养护条件等诸多因素影响，按批抽样检测时，要求进行异常数据判断和处理。

(3) 增加按批抽样检测混凝土强度推定区间，因为抽样检测是以部分样本的混凝土强度推测整体混凝土的强度，准确确定混凝土强度真值是不可能的，从概率统计意义上来说，给出置信度和保证率后，我们能够确定混凝土的真值处于某个区间。

(4) 增加异常构件处理，规定将同一检测批中各构件测区混凝土强度换算值的最小值 $f_{cu,min}^c$ 与 $f_{cu,e}^c$ 进行对比，若 $f_{cu,e}^c - f_{cu,min}^c > 5.0$，则应将该构件作为异常构件。强度明显低于 $f_{cu,e}^c$ 的异常构件正是结构混凝土的最薄弱部位，如果只是把这些数据简单剔除，就会给工程留下隐患，所以要求对这部分混凝土及同时施工的混凝土重新进行检测。

检测单位在检测前应与工程有关各方协商，确定检测方法及依据标准，检测时严格按照检测标准要求进行操作。

以下是对超声回弹综合法检测混凝土强度关键技术的介绍，以行业协会标准《超声回弹综合法检测混凝土抗压强度技术规程》（T/CECS 02—2020）为基础，同时考虑山东省地方标准《超声回弹综合法检测混凝土抗压强度技术规程》（DB37/T 2361—2022）和行业标准《高强混凝土强度检测技术规程》（JGJ/T 294—2013）的要求。

5.7.2 超声回弹综合法测强曲线的适用范围

1. 适用条件

超声回弹综合法检测混凝土抗压强度因混凝土原材料的多样性、环境条件各地区的差异性，没有统一的换算公式，所以，超声回弹综合法检测结构混凝土抗压强度前提条件是：考虑所用原材料、施工工艺、养护方法、环境条件等，确定适合于所检测工程结构的测强曲线。

《超声回弹综合法检测混凝土抗压强度技术规程》（T/CECS 02—2020）第 6.1.2 条要求：混凝土抗压强度换算值可采用专用测强曲线、地区测强曲线或统一测强曲线计算。第 6.1.3 条要求：使用超声回弹综合法检测混凝土抗压强度的地区和部门，宜制定专用测强曲线或地区测强曲线，经审定和批准后实施。各检测单位应按专用测强曲线、地区测强曲线、全国测强曲线的次序选用测强曲线。

第 6.1.1 条给出的适用条件如下。

（1）混凝土采用水泥、砂石、外加剂、掺合料、拌合用水符合国家现行标准的有关规定。

（2）自然养护或蒸汽养护后经自然养护 7d 以上，且混凝土表层为干燥状态。

（3）龄期 7～2000d。

（4）混凝土抗压强度为 10～70MPa。

《高强混凝土强度检测技术规程》（JGJ/T 294—2013）第 5.0.2 条规定："应优先采用专用测强曲线或地区测强曲线"；第 5.0.3 条规定："当无专用测强曲线和地区测强曲线时，可按本规程附录 D 的规定，通过验证后，采用本规程第 5.0.4 条或第 5.0.5 条给出的全国高强混凝土测强曲线公式"；第 5.0.1 条给出的全国高强混凝土回弹法测强适用条件如下。

（1）水泥应符合现行国家标准《通用硅酸盐水泥》（GB 175—2023）的规定。

（2）砂、石应符合现行行业标准《普通混凝土用砂、石质量及检验方法标准》（JGJ 52—2006）的规定。

（3）应自然养护。

（4）龄期不宜超过 900d。

注：《高强混凝土强度检测技术规程》（JGJ/T 294—2013）条文说明中介绍：建立测强曲线公式时，采用了最短龄期为 1d 的试验数据，测强曲线公式在短龄期的适用，有利于采用本规程为控制短龄期高强混凝土质量提供技术依据，公式的强度应用范围定为 20.0～110.0MPa，所用仪器为混凝土超声检测仪和 H450 型回弹仪。

山东省地方标准《超声回弹综合法检测混凝土抗压强度技术规程》（DB37/T 2361—2022）第 8.1 条规定了适用于符合下列条件的混凝土强度的检测。

（1）符合普通混凝土用材料、拌合用水的质量标准且粗骨料为碎石。

（2）采用普通成型工艺。

(3) 自然养护或蒸汽养护出池后经自然养护 7d 以上，且混凝土表层为干燥状态。

(4) 龄期为 14～1100d。

(5) 抗压强度为 10.0～80.0MPa。

《混凝土物理力学性能试验方法标准》（GB/T 50081—2019）标准规定：试件成型后应立即用不透水的薄膜覆盖表面。进行标准养护的试件，应在温度为（20±5）℃的环境中静置一昼夜至两昼夜，然后编号、拆模。1d 龄期混凝土刚刚拆模，表面未硬化，混凝土内部含水率较高，考虑高强混凝土采用外加剂、掺合料性能的多样性，此时进行回弹检测或超声声速检测都很不适宜。我们认为虽然高强混凝土强度发展较快，但采用超声回弹综合法检测时龄期最好不低于 3d，龄期 7d 以下检测的混凝土强度值仅适于施工参考，不宜用于强度评定。

2. 限制条件

标准《超声回弹综合法检测混凝土抗压强度技术规程》（T/CECS 02—2020）第 1.0.2 条规定不适用于检测因冻害、化学侵蚀、火灾、高温等已造成表面疏松、剥落的混凝土。

山东省地方标准《超声回弹综合法检测混凝土抗压强度技术规程》（DB37/T 2361—2022）第 8.2 条规定不适用于下列情况混凝土强度的检测。

(1) 测试部位表层与内部的质量有明显差异或内部存在缺陷。

(2) 遭受冻害、化学侵蚀、火灾、高温损伤。

《高强混凝土强度检测技术规程》（JGJ/T 294—2013）限制条件见本书 4.8.2 回弹法测强曲线适用范围。

3. 制定专用测强曲线或通过试验进行修正

山东省地方标准《超声回弹综合法检测混凝土抗压强度技术规程》（DB37/T 2361—2022）第 8.3 条规定：当混凝土有下列情况之一时，不得按本标准所给测强曲线计算测区混凝土抗压强度换算值，但可制定专用测强曲线或通过试验进行修正。

(1) 粗骨料最大粒径大于 40mm。

(2) 特种成型工艺制作的混凝土。

(3) 检测部位曲率半径小于 250mm。

(4) 长期处于高温、潮湿或浸水环境的混凝土。

5.7.3 检测准备

1. 检测前宜收集的资料

(1) 工程名称及建设单位、设计单位、施工单位和监理单位名称。

(2) 结构或构件名称、混凝土设计强度等级及设计施工图纸。

(3) 水泥安定性检验报告，砂石品种、碎石最大粒径，混凝土配合比情况、混凝土拌合物坍落度等，确定混凝土种类、适用方法及测强曲线。

(4) 施工时材料计量情况、模板类型、混凝土浇筑方式、养护情况及成型日期。

(5) 结构或构件的试块混凝土强度试压资料以及相关的施工技术资料。

(6) 存在的质量问题及检测原因。

2. 检测方式选择

混凝土强度检测可采用以下两种方式进行。

(1) 按单个构件检测：适用于单个柱、梁、墙、基础等构件检测，当检测批构件总数少于 5 个时，按单个构件检测，其检测结论不得扩大到未检测的构件或范围。

(2) 按批抽样检测：适用于检测批混凝土强度的检测。

大型结构按施工顺序可划分为若干个检测区域，每个检测区域作为一个独立构件，根据检测区域数量及检测需要，选择检测方式。

3. 回弹仪选择

山东省地方标准《超声回弹综合法检测混凝土抗压强度技术规程》（DB37/T 2361—2022）中规定了高强混凝土应采用 H550 型回弹仪检测，并规定了如何选择混凝土回弹仪，同本书 4.8.3 检测准备。

5.7.4 按批抽样检测的规定

标准《超声回弹综合法检测混凝土抗压强度技术规程》（T/CECS 02—2020）中规定：当同批构件按批进行一次或两次随机抽样检测时，随机抽样的最小样本容量宜符合规定，相关数据同表 3-3-1。山东省地方标准《超声回弹综合法检测混凝土抗压强度技术规程》（DB37/T 2361—2022）按批抽样检测时，应进行随机抽样，且随机抽样的最小样本容量同表 3-3-1。

《高强混凝土强度检测技术规程》（JGJ/T 294—2013）中规定：按批量进行检测时，应随机抽取构件，抽检数量不宜少于同批构件总数的 30%，且不宜少于 10 件。当检验批中构件数量大于 50 件时，构件抽样数量可按现行国家标准《建筑结构检测技术标准》（GB/T 50344—2019）进行调整，但抽取的构件总数不宜少于 10 件，并应按现行国家标准《建筑结构检测技术标准》（GB/T 50344—2019）进行检测批混凝土的强度推定。

5.7.5 测区布置的规定

标准《超声回弹综合法检测混凝土抗压强度技术规程》（T/CECS 02—2020）规定构件的测区应符合下列要求。

(1) 构件检测时，应在构件检测面上均匀布置测区，每个构件测区数不应少于 10 个，对于某一方向尺寸不大于 4.5m，且另一方向尺寸不大于 0.3m 的构件，其测区数量可适当减少，但不应少于 5 个。

(2) 在条件允许时，测区宜布置在构件混凝土浇筑方向的侧面。

(3) 测区可在构件的两个相对面、相邻面或同一面上布置。

(4) 测区宜均匀布置，相邻两测区的间距不宜大于 2m。

(5) 测区应避开钢筋密集区和预埋件。

(6) 测区尺寸宜为 200mm×200mm，采用平测时宜为 400mm×400mm。

(7) 检测面应为清洁、平整、干燥的混凝土原浆面，不应有接缝、施工缝、饰面层、浮浆和油垢，并应避开蜂窝、麻面部位。

(8) 检测时可能产生颤动的薄壁、小型构件，应对构件进行固定。

山东省地方标准《超声回弹综合法检测混凝土抗压强度技术规程》（DB37/T 2361—

2022）对测区的特殊要求如下。

（1）现浇结构构件单个构件检测时，每个构件测区数不应少于5个，对于某一方向尺寸小于4.5m且另一方向尺寸小于0.3m的构件，混凝土质量均匀时，其测区数量可适当减少，但不应少于3个，且测区布置应满足（5）要求。

（2）预制混凝土构件采用工业化生产，有长期质量控制措施时，构件测区数量可适当减少，但不应少于3个，且测区布置应满足（5）要求。

（3）对于重要结构构件或混凝土质量不均匀构件，其测区数量应适当增加。

（4）按批抽样检测时，应根据构件类型和受力特征布置测区，每个构件测区数量不得少于3个，检测批测区总数不得少于10个。

（5）相邻两测区的间距不应大于2m，测区离构件端部或施工缝边缘的距离不宜大于0.5m，且不宜小于0.1m。

（6）当采用M225型回弹仪时，测区宜优先选择使回弹仪处于水平方向检测混凝土浇筑侧面，若不能满足这一要求，可选择使回弹仪处于非水平方向检测。

（7）采用H550型回弹仪时，测区应选在使回弹仪处于水平方向检测混凝土浇筑侧面。

（8）其他同标准《超声回弹综合法检测混凝土抗压强度技术规程》（T/CECS 02—2020）的规定。

5.7.6 其他规定

构件的测区上宜标有清晰的编号，必要时在记录纸上绘制测区布置示意图并描述外观质量情况。

构件的每一测区，宜先进行回弹检测，后进行超声测试，再测量碳化深度。

计算混凝土抗压强度换算值时，非同一测区内的回弹值、声速值不得混用。

5.7.7 回弹值测量与计算

回弹值测量与计算基本内容与回弹法检测混凝土抗压强度技术相同，详见本书4.8.5回弹值测量与计算。

超声回弹综合法与回弹法中回弹值测量与计算的重要不同是回弹测点数量。

超声回弹综合法每个测区测量并记录10个回弹值，计算时，删除1个最大值和1个最小值，然后余下8个回弹值取平均值作为测区回弹平均值。

回弹法每个测区测量并记录12个回弹值，计算时，删除1个最大值和1个最小值，然后余下10个回弹值取平均值作为测区回弹平均值。

5.7.8 碳化深度值测量与计算

标准《超声回弹综合法检测混凝土抗压强度技术规程》（T/CECS 02—2020）、《高强混凝土强度检测技术规程》（JGJ/T 294—2013）均不要求检测混凝土碳化深度；山东省地方标准《超声回弹综合法检测混凝土抗压强度技术规程》（DB37/T 2361—2022）为进一步提高检测精度，要求检测混凝土碳化深度。

碳化深度值测量与计算详见本书"4.8.6碳化深度值测量与计算"。

5.7.9 超声声速值测量与计算

1. 基本要求

超声声速检测方式宜按以下顺序选择：对测、角测、平测。

在每个测区内应布置3~5个测点，超声声速测点应布置在回弹检测的同一测区内，且应避开钢筋。

测量超声声速值时，应保证换能器与混凝土耦合良好。

声时测量应精确至0.1μs，超声测距测量应精确至1.0mm，且测量误差不应超过±1%，声速计算应精确至0.01km/s。

2. 超声声速对测法测量与计算

在每个测区内的相对检测面上，应布置3~5个测点，且发射和接收换能器的轴线宜在垂直于检测面的同一直线位置上。

测区超声声速值应按下列公式计算。

$$v_i = \frac{l_i}{t_i - t_0} \tag{5-7-1}$$

$$v_m = \frac{1}{n}\sum_{i=1}^{n} v_i \tag{5-7-2}$$

式中：v_i——第 i 个测点测区超声声速值（km/s）；

l_i——第 i 个测点的超声测距（mm）；

t_0——超声检测仪在检测时的声时初读数（μs）；

t_i——测区中第 i 个测点的声时值（μs）；

v_m——测区混凝土超声声速平均值（μs）。

当在混凝土浇筑的顶面与底面检测时，测区声速值应按下式修正。

$$V_a = \beta_d v \tag{5-7-3}$$

式中：v_a——修正后的测区超声声速代表值（km/s）；

β_d——超声对测检测面修正系数。在混凝土浇筑顶面及底面检测时，$\beta_d = 1.034$。

3. 超声声速角测法测量与计算

当结构或构件被测部位只有两个相邻面可供检测时，可采用角测方法测量混凝土中声速。角测的检测面可以选择两个浇筑侧面、一个浇筑表面和一个浇筑侧面或一个浇筑底面和一个浇筑侧面。角测换能器布置如图5-7-1所示。

布置超声角测点时，换能器中心与构件边缘的距离 l_{i1}、l_{i2} 不宜小于200mm。

角测时超声测距可按下列公式计算。

$$l_i = \sqrt{l_{i1}^2 + l_{i2}^2} \tag{5-7-4}$$

式中：l_i——角测第 i 个测点的超声测距（mm）；

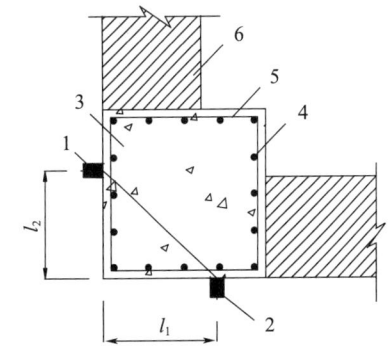

1—发射换能器；2—接收换能器；3—混凝土构件；
4—主筋；5—箍筋；6—墙体。

图5-7-1 超声波角测示意

l_{i1}, l_{i2}——角测第 i 个测点换能器与构件边缘的距离（mm）。

测区声速值应按下列公式计算。

$$v_i = \frac{l_i}{t_i - t_0} \tag{5-7-5}$$

$$v_m = \frac{1}{n}\sum_{i=1}^{n} v_i \tag{5-7-6}$$

式中：v_i——角测第 i 个测点的超声声速值（km/s）；

t_i——角测第 i 个测点的声时值（μs）；

t_0——超声检测仪在检测时的声时初读数（μs）；

n——测区内测点数，一般取 3~5。

4. 超声声速平测法测量与计算

（1）平测测点布置。

当构件被测部位只有一个面可供检测时，可采用平测方法测量混凝土超声声速。平测检测面可以是浇筑侧面、表面或底面，平测时超声波沿检测面传播，检测面状况不同必然对超声声速产生影响。

布置平测测点时，每个测区应布置一排超声测点，发射换能器和接收换能器的连线与附近钢筋轴线宜成 40°~50°角（图 5-7-2）。应以两个换能器内边距分别为 200 mm、250 mm、300 mm、350 mm、400 mm、450 mm、500 mm 进行平测，逐点测读相应声时值（t），并用回归分析方法求出下列直线方程。

$$l = a + ct \tag{5-7-7}$$

式中：c——平测测区混凝土超声声速代表值 v_p。

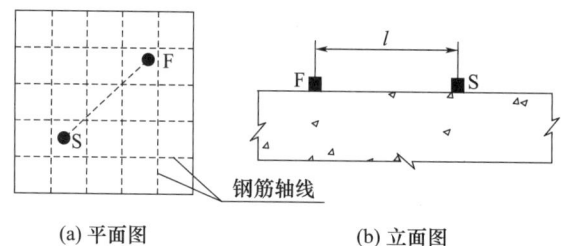

(a) 平面图　　(b) 立面图

F—发射换能器；S—接收换能器。

图 5-7-2　超声波平测示意

（2）平测超声声速修正为对测超声声速。

应选取有代表性且具有对测条件的构件，将平测测区混凝土超声声速代表值 v_p 修正为对测测区混凝土超声声速代表值 v_d。

在构件上采用对测法得到对测测区混凝土超声声速代表值 v_d，并采用平测法得到平测时代表构件混凝土平测超声声速 v_{pp}，按式（5-9-8）计算平测超声声速修正系数。

$$\lambda = \frac{v_d}{v_{pp}} \tag{5-7-8}$$

式中：v_d——对测测区混凝土超声声速代表值（km/s）；

v_{pp}——平测时代表性构件混凝土平测超声声速（km/s）；

λ——平测超声声速修正系数。

平测法修正后的测区混凝土超声声速代表值应按式（5-7-9）计算。

$$v_a = \lambda v_p \tag{5-7-9}$$

式中：v_a——修正后的测区混凝土超声声速代表值（km/s）；

v_p——平测测区混凝土超声声速代表值（km/s）；

λ——平测超声声速修正系数。

（3）平测超声声速检测面修正。

平测测点布置在混凝土浇筑的顶面或底面时，平测超声声速还应按下列公式进行检测面修正。

$$v_a = \beta v_m \tag{5-7-10}$$

式中：β——超声声速的检测面修正系数，顶面平测 $\beta=1.05$，底面平测 $\beta=0.95$。

5.7.10 钻芯修正

当对超声回弹综合法检测结果有怀疑时，宜进行钻芯修正。

钻取芯样部位、加工技术要求和修正系数计算等均应符合钻芯法的规定，详细介绍见 9 钻芯法检测混凝土强度技术。

5.8 Q 值回弹仪超声回弹综合法山东地区测强曲线建立

Q 值回弹仪应用后回弹值变化了，需要建立 Q 值、超声声速、碳化深度-混凝土立方体抗压强度测强曲线。

5.8.1 普通塑性混凝土 Q 值回弹仪测强曲线

此处普通塑性混凝土是指抗压强度为 10～60MPa，采用非泵送法施工，坍落度不大于 100mm 的混凝土，测强曲线如下。

$$f = 0.0126 R^{1.8956} V^{0.5272} 10^{(-0.0089d)} \tag{5-8-1}$$

其中 $r=0.960$，$s=4.95\text{MPa}$，$\delta=10.90\%$，$e_r=13.58\%$。

式中：V——超声声速（km/s）。

5.8.2 普通泵送混凝土 Q 值回弹仪测强曲线

此处普通泵送混凝土指抗压强度为 10～60MPa，采用泵送法施工，坍落度不小于 120mm 的混凝土，测强曲线如下。

$$f = 0.001335 R^{1.7652} V^{2.2762} 10^{(-0.0013d)} \tag{5-8-2}$$

其中 $r=0.951$，$s=4.63\text{MPa}$，$\delta=10.16\%$，$e_r=13.05\%$。

第6章　后锚固法检测混凝土强度技术

6.1　后锚固法介绍

选择与混凝土强度密切相关，而又能在结构物上直接测量，并且不损坏结构物本身的物理量，是探索新的混凝土强度现场检测方法的一个途径，物理量的选择，将直接影响测强结果的准确性。山东省建筑科学研究院有限公司大胆试验创新，总结出多种现场混凝土强度微破损检测方法，统称为后锚固微破损法。

后锚固微破损法包括表面锚固法、无约束后锚固法、后锚固法。

理论分析表明，后锚固微破损法所检测的混凝土破坏力和混凝土强度同属于力学范围，混凝土破坏力与混凝土强度之间应具有良好的相关关系，同条件试块对比试验证明，后锚固微破损法检测精度应高于非破损检测方法。后锚固微破损法检测混凝土强度对结构混凝土损伤很小，而检测结果准确性很高、离散性小，不受龄期、养护方法、表面状况、环境条件等限制，具有广阔的推广应用前景。

后锚固法是指在混凝土上钻孔，用高强快硬粘结材料将锚固件锚固在混凝土中，待粘结材料固化，锚固牢固后，通过锚固件将混凝土拉至锥形破坏，同时测力仪检测最大破坏力，根据混凝土锥形破坏力推定结构混凝土强度。

2009年山东省建筑科学研究院联合江苏盐城二建集团有限公司、国家建筑工程质量监督检验中心、甘肃省建设投资（控股）集团总公司、福建省建筑科学研究院等十多家单位，编制出行业标准《后锚固法检测混凝土抗压强度技术规程》（JGJ/T 208—2010），2010年由住房城乡建设部发布实施，后锚固法具有精度较高，受原材料、施工方法、龄期、养护方法等因素影响较小，可检测高强度、大流动性、高性能混凝土等优点，在福建、辽宁、甘肃、广东等地推广使用后，取得良好的经济效益和社会效益。

考虑山东省测强曲线与行业标准曲线的差异，为提高检测精度，山东省建筑科学研究院有限公司依据后锚固法山东地区测强曲线，主编了山东省地方标准《后锚固法检测混凝土抗压强度技术规程》（DB37/T 2364—2013）。

2012年福建省建筑科学研究院主编的《后锚固法检测混凝土抗压强度技术规程》（DBJ/T 13-145—2012），通过福建省住房和城乡建设厅审查，批准为福建省工程建设地方标准，自2012年2月1日起执行。

根据《山东省市场监督管理局关于公布2020年度地方标准复审结果的通知》，2022年山东省建筑科学研究院有限公司修订完成《后锚固法检测混凝土抗压强度技术规程》（DB37/T 2364—2022）。

6.2 试验简图和仪器设备

后锚固法试验装置应由钻孔机、锚固件、定位圆环注胶器、测力系统等组成。

钻孔机、测力系统应具有产品合格证,测力系统的计量仪表应定期校准。

后锚固法试验装置的反力支撑圆环应有足够的强度和刚度,内径应为120±2mm,净高不应小于50mm;壁厚不应小于10mm;锚固深度应为30±0.5mm,锚固件尺寸允许误差应为±0.1mm。锚固件应采用屈服强度不小于355MPa的金属材料制作,详细尺寸如图6-2-1所示。

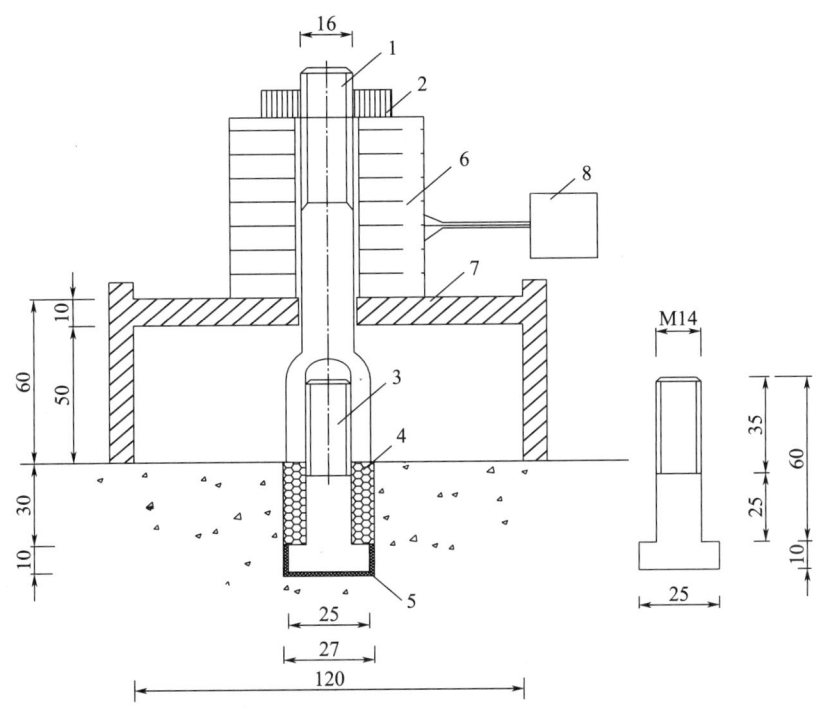

1—拉杆;2—紧固螺母;3—锚固件;4—锚固胶;5—橡胶套;6—加荷装置;
7—反力支撑环;8—测力仪。

图6-2-1 后锚固法试验装置示意(单位:mm)

6.2.1 测力系统

测力系统由拉杆、加荷装置、测力仪、紧固螺母及反力支撑环组成,连接如图6-2-1所示。测力仪应具备以下技术性能。

(1) 最大额定拔出力应不小于50kN。
(2) 工作最大拔出力应在额定拔出力的20%~80%范围以内。
(3) 工作行程不应小于6mm。
(4) 允许示值误差应为仪器额定拔出力的±2%。
(5) 测力装置应具有峰值保持功能。

6.2.2 测力仪校准

当遇有下列情况之一时，测力仪应进行校准。
(1) 新仪器启用前。
(2) 经维修后。
(3) 出现异常时。
(4) 达到校准有效期限（有效期限为一年）。
(5) 遭受严重撞击或其他损害。

6.2.3 钻孔机

钻孔机宜带有控制垂直度及深度的装置，可采用金刚石薄壁空心钻或冲击电锤。金刚石薄壁空心钻应带有冷却水装置。

6.2.4 锚固胶

锚固胶一般采用专门配制的改性环氧树脂胶粘剂，也可采用其他材料，如结构加固用碳纤维底胶、植筋胶等。检测时气温在10℃以上，且混凝土强度不高于50MPa时，可采用与混凝土粘结、浸渍性能较好的结构加固用A级胶。检测时气温低于10℃，或被测混凝土强度高于50MPa时，锚固胶性能指标应符合表6-2-1的规定。《工程结构加固材料安全性鉴定技术规范》(GB 50728—2011)中以混凝土为基材、粘贴纤维复合材用结构胶中的A级胶可直接用作锚固胶。行业标准《后锚固法检测混凝土抗压强度技术规程》(JGJ/T 208—2010)中锚固胶性能指标还对受拉弹性模量、伸长率提出要求，在编制山东省地方标准时，分析认为锚固胶应保证混凝土破坏面为完整锥形，锚固胶受拉弹性模量和伸长率对检测没有直接影响，不再做要求，同时，检测用胶不需要考虑耐久性等要求。

表6-2-1中锚固胶性能指标对混合后初黏度提出要求，是为了保证锚固胶能充满锚固件与混凝土之间的空隙，并浸润至混凝土中。当环境温度较低，锚固胶不易固化时，可调整锚固胶配合比或采用加热装置对待检测部位混凝土进行加热，加热温度控制在150℃以下（经查研究资料发现，200℃以下高温对混凝土抗压强度无影响），也可对胶进行水浴加热。

表6-2-1 锚固胶性能

项目	性能要求	试验方法
抗拉强度（MPa）	≥40	《树脂浇铸体性能试验方法》(GB/T 2567—2021)
抗压强度（MPa）	≥70	《树脂浇铸体性能试验方法》(GB/T 2567—2021)
混合后初黏度（23℃时）(mPa·s)	≤1800	《塑料 环氧树脂 黏度测定方法》(GB/T 22314—2008)
钢-钢拉伸剪切强度（MPa）	≥14	《树脂浇铸体性能试验方法》(GB/T 2567—2021)

注：表中的性能指标均为平均值。

6.3 试验步骤及破坏形式

(1) 用钻头直径为 26mm 的冲击钻或外径为 27mm 的薄壁金刚石空心钻在混凝土检测面钻孔，用空气压缩机与钢丝刷清孔。

(2) 将定位圆盘注胶器拧在锚固件上，控制好锚固深度，用快速固化胶将定位圆盘注胶器封闭、固定在混凝土表面，如图 6-3-1 所示。

(a)

(b)

图 6-3-1 后锚固法注胶后锚固件

(3) 待快速固化胶硬化，通过自注胶孔注入配制好的锚固胶，注入量应当以持压漏斗中充满锚固胶为准，持压漏斗中锚固胶液面高度应比钻孔孔壁高 5mm，根据连通器原理，当持压漏斗中充满锚固胶时，孔内锚固胶注满，且当锚固胶渗入钻孔周围的混凝土时，持压漏斗中的胶会给予补充。当孔内锚固胶固化后，将定位圆盘拧下。

(4) 安装内径为 120mm 反力支撑环和多功能数显测力仪，将拉杆连接头与锚固件连接，转动加力手柄，拉杆向上移动，锚固件受拉，传感器受压，根据力平衡原理，锚固件拉力与传感器压力相等，从传感器连接的数显仪上读出力值。检测时匀速加载，加载速率控制在 0.5~1.0kN/s，施加拔出力直至混凝土破坏，测力仪读数不再增加，记录混凝土破坏时的极限拉力，检测后混凝土锥形破坏如图 6-3-2、图 6-3-3 所示。

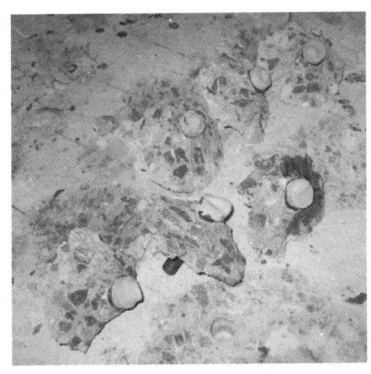

图 6-3-2 后锚固试验后混凝土锥形破坏

图 6-3-3 后锚固法混凝土锥形破坏体

后锚固法破坏体表现为以下四种破坏形式（图6-3-4）：①锚固件拔断；②混凝土锥体破坏；③锚固件拔脱破坏；④混凝土锥体及胶体粘结破坏。

破坏形式①：在锚固深度较大的情况下，当锚固深度范围内的锚固力超过锚固件的抗拉强度时出现，如图6-3-4（a）所示。

破坏形式②：混凝土完整锥体破坏，破坏力由混凝土强度决定，如图6-3-4（b）所示。

破坏形式③：在试验时偶有发生，主要是胶强度低及孔壁未清理干净所致，此类破坏也可以避免，如图6-3-4（c）所示。

破坏形式④：是锚固较深或者反力支撑环直径较小情况下出现的破坏，如图6-3-4（d）所示。

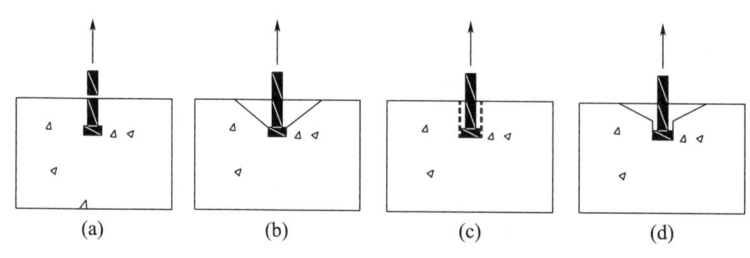

图6-3-4 后锚固法破坏形式

6.4 后锚固法理论分析

后锚固法也可归为拔出法的一种，但又有其自身特点，它克服了后装拔出法操作难度大、危险性高的缺点，保留了预埋拔出法检测结果离散性小、精度高的优点。

后锚固法锚固件的传力路径与后装拔出法不同，后装拔出法锚固件直接传递至锚固件与磨槽处混凝土接触面，后锚固法锚固件通过胶粘剂传递给混凝土。胶层的厚度、反力支撑环直径、锚固深度对胶粘剂的受力状况影响非常显著，以下内容将分析这些因素对后锚固法的影响并确定试验参数。

6.4.1 计算假定

在计算分析中做如下假定。
(1) 在受力过程中，粘结胶体的应变与锚固件、混凝土的应变满足变形协调原理。
(2) 锚固件与混凝土、胶体与混凝土间有足够好的粘结，无相对滑移。
(3) 假定反力支撑环对混凝土反力为环形线荷载。
(4) 胶体和混凝土为理想弹性体。

6.4.2 界面应力分析

后锚固法各部分受力分析简图如图6-3-5所示，N为拉拔力，F_R为反力支撑环提供的反力，D为反力支撑环直径，d为锚固钻孔直径，σ_1为孔壁处微元体主应力。

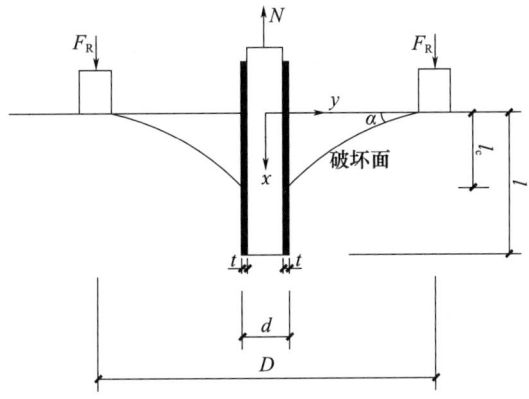

图 6-4-1 受力分析示意图

由力的平衡条件及假定（3）得：

$$N=\pi D F_R \tag{6-4-1}$$

由 F_R 产生在胶体与混凝土界面处的各应力分量：

$$\sigma_x^{F_R}=-\frac{2F_R}{\pi}\frac{x^3}{\left[x^2+\left(\frac{D-d}{2}\right)^2\right]^2} \tag{6-4-2}$$

$$\sigma_y^{F_R}=-\frac{2F_R}{\pi}\frac{x\left(\frac{D-d}{2}\right)^2}{\left[x^2+\left(\frac{D-d}{2}\right)^2\right]^2} \tag{6-4-3}$$

$$\tau_{xy}^{F_R}=-\frac{2F_R}{\pi}\frac{x^2\left(\frac{D-d}{2}\right)}{\left[x^2+\left(\frac{D-d}{2}\right)^2\right]^2} \tag{6-4-4}$$

由 N 产生在胶体与混凝土界面处的各应力分量：

$$\sigma_x^N=\frac{2N}{\pi}\frac{x^3}{\left[x^2+\left(\frac{d}{2}\right)^2\right]^2} \tag{6-4-5}$$

$$\sigma_y^N=\frac{2N}{\pi}\frac{x\left(\frac{d}{2}\right)^2}{\left[x^2+\left(\frac{d}{2}\right)^2\right]^2} \tag{6-4-6}$$

$$\tau_{xy}^N=\frac{2N}{\pi}\frac{x^2\left(\frac{d}{2}\right)}{\left[x^2+\left(\frac{d}{2}\right)^2\right]^2} \tag{6-4-7}$$

在 N 及 F_R 合力作用下各应力分量为二者分量之和。将合力分量带入主应力计算公式。

$$\sigma_1=\frac{1}{2}(\sigma_x^{N+F_R}+\sigma_y^{N+F_R})+\sqrt{\left(\frac{\sigma_x^{N+F_R}-\sigma_y^{N+F_R}}{2}\right)^2+(\tau_{xy}^{N+F_R})^2} \tag{6-4-8}$$

σ_1 是 x 和 d 的二元函数，利用高等数学相关知识可以求二元函数极值。

无约束反力（反力架为间距较大的三点式或直径很大的圆环式），可以忽略反力的影响。可以根据式（6-4-5）至式（6-4-8），计算出无约束反力情况下混凝土孔壁与胶体粘结界面处最大应力 σ_1。在同样大小的外力 N 作用下，同一锚固深度处，无约束反力情况下混凝土孔壁与胶体粘结界面处的最大应力 σ_1 要明显大于强约束情况下最大应力 σ_1，无约束反力情况下在混凝土孔壁与胶体粘结界面上达到混凝土与胶体粘结破坏应力的深度要比强约束情况下小。

当锚固件锚固深度大于混凝土破坏深度时，锚固件在拉力作用下的受力状态如图 6-4-2 所示。

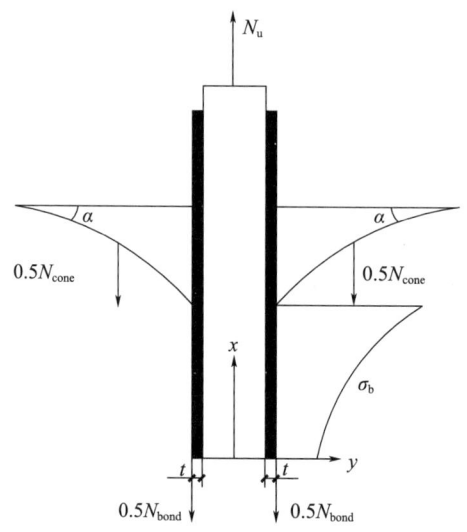

图 6-4-2　锚固件及破坏面受力简图

把锚固件及破坏面单独拿出来进行分析，根据力的平衡条件可得：

$$N_u = N_{cone} + N_{bond} \tag{6-4-9}$$

$$N_{cone} = \pi f_t \left(\frac{l_c}{\tan\alpha}\right)^2 \tag{6-4-10}$$

$$N_{bond} = \int_0^{-l_c} \sigma_b \pi d \, dx \tag{6-4-11}$$

式（6-4-9）至式（6-4-11）中，N_u 为极限锚固力，N_{cone} 为混凝土锥体破坏力，N_{bond} 为胶体粘结破坏力，f_t 为混凝土抗拉强度，l_c 为混凝土破坏深度，d 为开孔直径。

极限锚固力由混凝土锥体破坏力和胶体粘结破坏力共同承担，但是影响胶体粘结破坏力的因素太多，包括胶体深度、胶体厚度、胶体力学性能等，胶体力学性能还与配合比、环境温度、湿度等有关，所以要准确检测混凝土强度，应该把胶体粘结破坏力减到最小，实现 $N_{bond}=0$，式（6-4-9）变成式（6-4-12）。

$$N_u = N_{cone} \tag{6-4-12}$$

式（6-4-12）中，极限锚固力 N_u 只取决于混凝土锥体破坏力 N_{cone}，而混凝土锥体破坏力 N_{cone} 取决于混凝土强度、破坏深度、锚固孔直径、反力支撑环内径等。

6.4.3　界限锚固深度

由图 6-4-3 可知，锚固件锚固深度等于破坏深度时，混凝土开始发生锥体破坏，我们定义此深度为界限锚固深度。

图 6-4-3　混凝土锥体破坏实体

在本书"6.3 试验步骤及破坏形式"中我们讨论后锚固法破坏体四种破坏形式（图 6-3-4）：①锚固件拔断；②混凝土锥体破坏；③锚固件拔脱破坏；④混凝土锥体及胶体粘结破坏。

当实际锚固深度 l 小于或等于界限锚固深度 l_c 时，混凝土发生混凝土锥体破坏；实际锚固深度 l 大于界限锚固深度 l_c 时，混凝土发生混凝土锥体及胶体粘结破坏。

分析可知，当锚固件锚固深度小于界限锚固深度时，就能保证避免混凝土锥体及胶体黏结破坏，而出现混凝土锥体破坏。

试验数据同样证明，确定反力支撑环直径后，使后锚固件锚固深度小于界限锚固深度，就能确保混凝土锥体破坏，从而实现根据锚固拉力精确地推定混凝土强度。

6.4.4　后锚固法有限元分析

为了取得拔出试验过程中开裂前的混凝土受力特性，下面对此阶段的混凝土进行有限元分析。

拔出试验试件尺寸为 240mm×710mm×2100mm，混凝土计算参数取自《混凝土结构设计标准（2024 年版）》（GB 50010—2010）。应力密度分布云图如图 6-4-4 所示；剪应力分布云图如图 6-4-5 所示。由两图可知，在拔出力作用下，锚固件和反力支撑环附近应力较大，锚固件端头变截面处出现应力集中，最大应力达到 420MPa，最大剪应力达到 86MPa，图 6-4-6 为无反力支撑环情况下应力密度分布云图，图 6-4-7 为无反力支撑环情况下剪应力分布云图，比较可以看出，反力支撑环对锚固件应力分布的影响较大。因此，在反力支撑环作用下对胶层与混凝土界面处的应力进行分析是非常必要的。

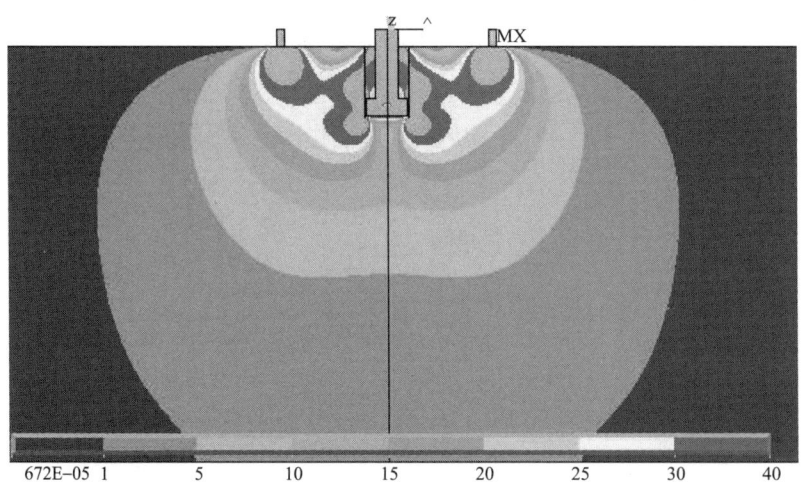

图 6-4-4　应力密度分布云图

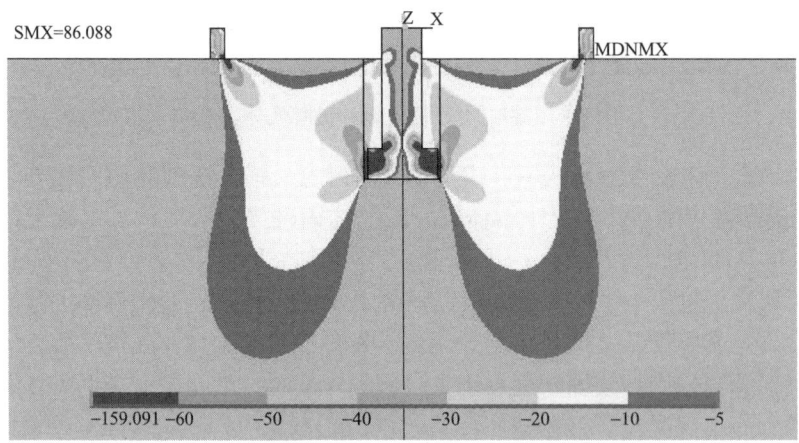

图 6-4-5　剪应力分布云图

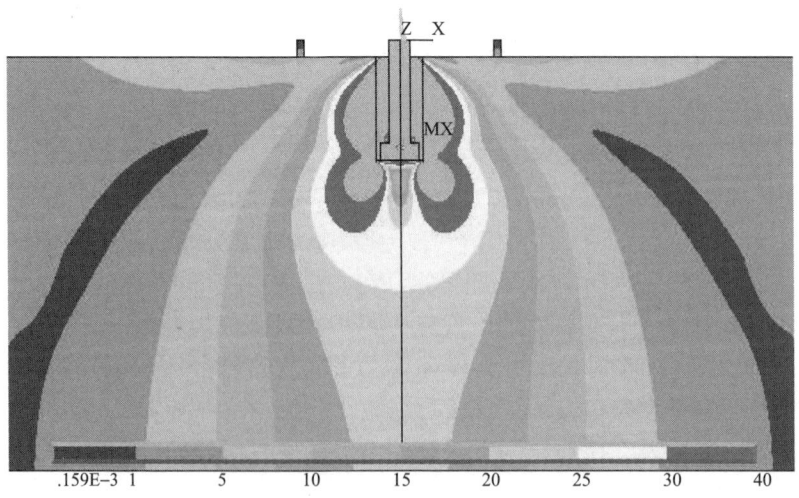

图 6-4-6　无反力支撑环情况下应力密度分布云图

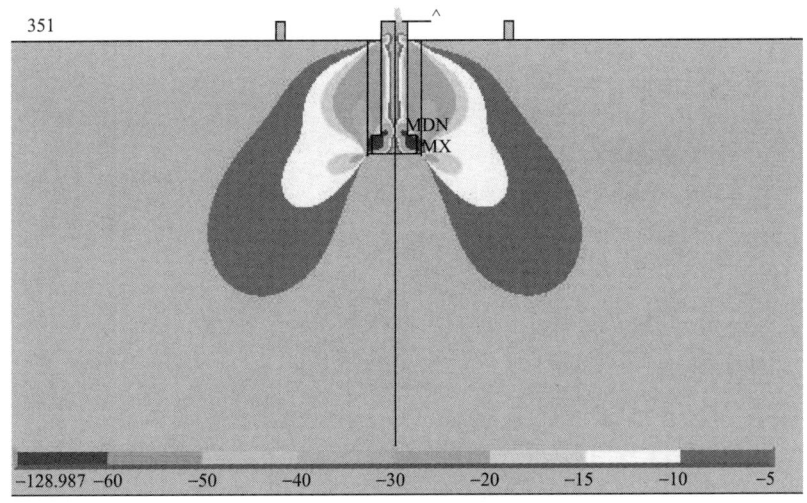

图 6-4-7 无反力支撑环情况下剪应力分布云图

6.5 后锚固法试验参数确定

试验参数包括反力支承方式、锚固深度、锚固件直径、锚固件结构等。

6.5.1 反力支承方式选择

后锚固法反力支承可采用三点式，也可采用圆环式，为确定反力支承方式，课题组对比了三点式反力支承和圆环式反力支承，总结显示这两种支承方式主要有下列不同：①三点式支承破坏面较大，对结构或构件损伤较大；②三点式支承检测数据离散性比圆环式支承大；③三点式支承需要测点间距大，测点距结构或构件边缘距离大，受钢筋、预埋件等影响大；④圆环式支承对检测面平整度的要求比三点式支承严格。

图 6-5-1 和图 6-5-2 显示为三点式支承在构件角部试验时的破坏状态，三支承点间距离为 120mm，测点距构件边缘距离为 200mm，测点锚固件锚固深度为 50mm，混凝土强度 C30，拉拔试验后破坏面长 350mm、宽 300mm，一个角缺损，这个破坏面已比较大。

图 6-5-1 三点式支承示意

图 6-5-2 三点式支承破坏状态

图 6-5-3 用黑线标示出了圆环式支承与三点式支承的破坏面，圆环式支承破坏面是很规则的圆形，而三点式支承破坏面不规则，对结构损伤较大。同时，数据分析显示，三点式支承试验数据离散性较大。

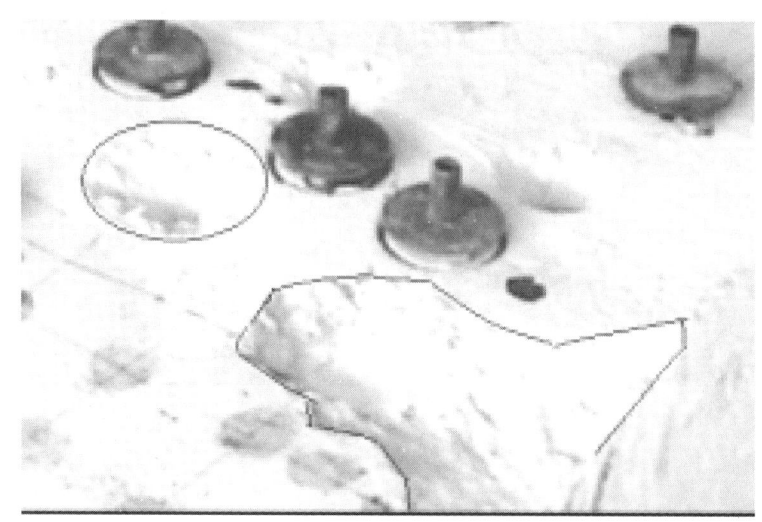

图 6-5-3　圆环式支承与三点式支承破坏面对比

综合考虑上述因素，后锚固法选择圆环式支承。

6.5.2　最优锚固深度与反力支撑环直径试验研究

1. 探索试验

开始研究试验时，课题组参考《后装拔出法检测混凝土强度技术规程》（CECS 69：2011），采用的圆环式反力支撑环内径 $D=55$mm，锚固深度 $h=25$mm，试验出现下列问题。

（1）较多出现混凝土表层的锥形破坏和锚固件下半部分胶与混凝土间剪切破坏同时发生的混合型破坏。混凝土强度越高，混合型破坏出现越多。

（2）高强混凝土拔出力较大，直径 12mm，14mm 的螺杆被拉断。

为此，课题组否定了"圆环式反力支撑环内径 $D=55$mm，锚固深度 $h=25$mm"这一方案。

圆环式反力支撑环内径取多少？反力支撑环内径越大，破坏面直径越大，对结构损伤越大，对检测面平整度要求也越高，从这方面考虑反力支撑环内径应越小越好。试件在反力支撑环及拔出力联合作用下，破坏体混凝土受拔出力提供的拉力、反力支撑环提供的压力及径向箍力作用。同强度混凝土在锚固深度一定的情况下，由于混凝土处于三向受力状态，反力支撑环内径越小，混凝土锥形破坏力越大，混凝土破坏面不再是简单的锥形受拉破坏，较多出现的是混凝土表层的锥形破坏和锚固件下半部分胶与混凝土间剪切破坏同时发生的混合型破坏。这种混合型破坏，拔出力由两部分组成：表层混凝土的拉力和锚固件下半部分胶与混凝土间粘结力。用此拔出力评定混凝土强度会受混凝土与胶之间粘结力的影响，这样做是不科学的，应在试验中避免混合型破坏出现，要准确推定混凝土强度，理想状态是混凝土出现完全锥形破坏，因此，反力支撑环内径并不是越小越好。

2. 不同反力支撑环内径对比试验

为了保证在检测范围内的混凝土都出现混凝土锥形破坏,课题组专门设计制作了内径 60mm、85mm、100mm、120mm、150mm、180mm 等 6 个型号的反力支撑环,在泵送 C80 混凝土试件上对锚固深度 30mm 的 12 个试验点进行试验。试验结果见表 6-5-1。

表 6-5-1 不同反力支撑环直径下破坏体深度与破坏直径试验数据

试验编号	锚固深度 (mm)	反力支撑环直径 (mm)	破坏体深度 (mm)	破坏体直径 (mm)
1	30	60	15	60
2	30	60	13	60
3	30	85	20	85
4	30	85	17	85
5	30	100	24	100
6	30	100	25	100
7	30	120	29	120
8	30	120	30	120
9	30	150	30	128
10	30	150	30	124
11	30	180	30	127
12	30	180	30	129

从表 6-5-1 可以得出:

(1) 在锚固深度一定的情况下,随着反力支撑环内径的增加,破坏深度逐渐增大。反力支撑环内径为 60mm 时,破坏深度平均值为 14mm,破坏形式为混凝土锥体及胶体粘结破坏(④类破坏)。当反力支撑环内径增加到 120mm 时,破坏深度平均值为 29.5mm,基本达到了锚固深度,破坏形式表现为混凝土锥体破坏(②类破坏)。

(2) 在试验中,当反力支撑环直径不大于 120mm 时,破坏体直径均等于反力支撑环直径,当反力支撑环内径为 150mm 时,破坏体直径并未达到反力支撑环直径,增大反力支撑环内径到 180mm,破坏体直径基本不增加,原因是当反力支撑环内径增大到混凝土破裂角范围之外后,破坏直径便由混凝土破裂角决定。

(3) 当反力支撑环内径为 150mm,180mm 时,破坏体直径为 124~129mm,证明锚固深度 30mm 对应混凝土破坏直径在 124~129mm。

3. 不同锚固深度、反力支撑环内径对比试验

随着锚固深度增大,混凝土锥形破坏力增大,并且容易出现混合型破坏,高强混凝土甚至出现螺杆被拉断的情况,而锚固深度太小,一方面只能反映表层混凝土强度,另一方面会出现混凝土与胶之间的分离破坏或混凝土断裂成几个不规则的块体。因此,应选择一个合适的锚固深度。

分别取锚固深度 h 为 25mm、30mm、35mm、40mm、45mm、50mm 进行对比试验,初步试验数据分析显示,锚固深度 30mm $\leqslant h \leqslant$ 40mm 时,混凝土强度在 80MPa 以

下,不会因拉力过大而出现螺杆被拉断的现象,同时不会因锚固力不足而出现混凝土与胶之间的分离破坏,为确定锚固深度应取 30mm 还是 40mm,课题组进行了对比试验。

试验方案为采用 8 个不同配合比、不同强度等级的混凝土试件,在每个试件上布置 12 个测点,测点布置如图 6-5-4 所示,其中 1~3 号为反力支撑环内径为 85mm、锚固深度为 40mm 的试件;4~6 号为反力支撑环内径为 85mm、锚固深度为 30mm 的试件;7~9 号为反力支撑环内径为 120mm、锚固深度为 40mm 的试件;10~12 号为反力支撑环内径为 120mm、锚固深度为 30mm 的试件。试验结果见表 6-5-2~表 6-5-6 和图 6-5-5~图 6-5-14。

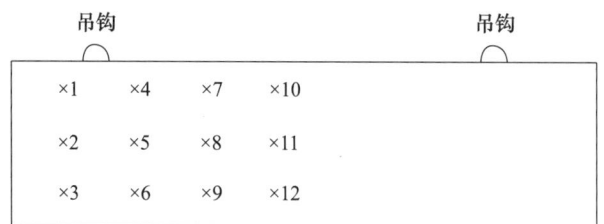

图 6-5-4 测点布置

表 6-5-2 泵送 C20 混凝土测点数据

序号	反力支撑环内径 (mm)	锚固深度 (mm)	破坏深度 (mm)	拔出力 (kN)
1	85	40	27	32.3
2	85	40	27	36.5
3	85	40	25	36.8
4	85	30	30	19.2
5	85	30	30	18.4
6	85	30	28	17.6
7	120	40	40	25.2
8	120	40	40	25.0
9	120	40	40	25.4
10	120	30	30	16.3
11	120	30	30	15.7
12	120	30	30	15.0

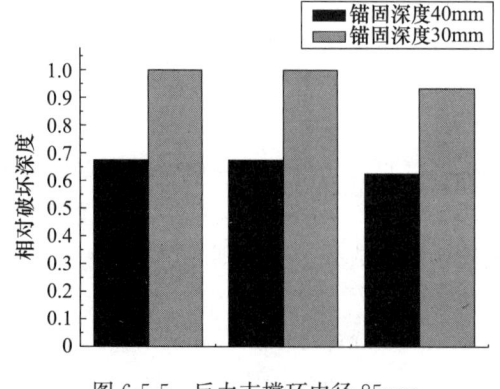

图 6-5-5 反力支撑环内径 85mm

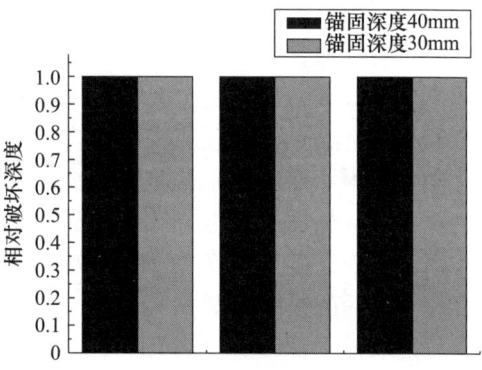

图 6-5-6 反力支撑环内径 120mm

从表 6-5-2 和图 6-5-5 及图 6-5-6 可以得出：

(1) 在内径为 85mm 反力支撑环作用下，锚固深度 40mm 比锚固深度 30mm 的拔出力高 91.3%；在内径为 120mm 反力支撑环作用下，锚固深度 40mm 比锚固深度 30mm 的拔出力高 60.8%。在锚固深度为 40mm 的情况下，内径为 85mm 反力支撑环拔出力比内径为 120mm 反力支撑环拔出力高 40%（10kN）；在锚固深度为 30mm 的情况下，内径为 85mm 反力支撑环拔出力比内径为 120mm 反力支撑环拔出力高 17%（2.7kN）。

(2) 在内径为 85mm 反力支撑环作用下，相对破坏深度（相对破坏深度为锥体破坏深度与锚固深度的比值）小于 1.0；在内径为 120mm 反力支撑环作用下，相对破坏深度等于 1.0。

表 6-5-3　泵送 C30 混凝土测点数据

序号	反力支撑环内径（mm）	锚固深度（mm）	破坏深度（mm）	拔出力（kN）
1	85	40	29	37.4
2	85	40	22	39.0
3	85	40	26	37.8
4	85	30	26	24.5
5	85	30	25	23.7
6	85	30	25	22.9
7	120	40	30	38.5
8	120	40	27	36.2
9	120	40	30	36.1
10	120	30	29	19.3
11	120	30	27	18.7
12	120	30	27	17.9

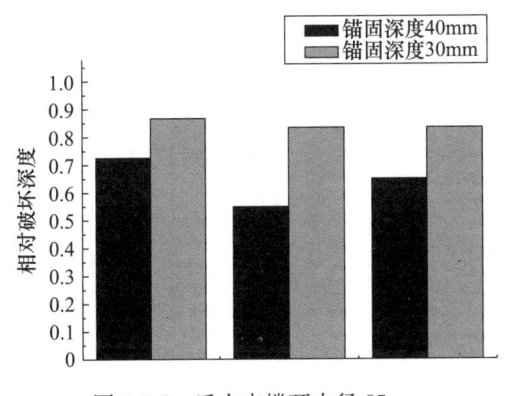

图 6-5-7　反力支撑环内径 85mm

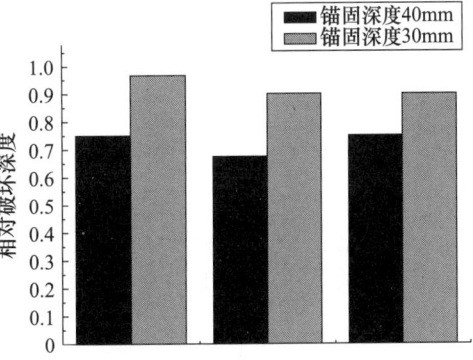

图 6-5-8　反力支撑环内径 120mm

从表 6-5-3 和图 6-5-7 及图 6-5-8 可以得出：

(1) 在内径为 85mm 反力支撑环作用下，锚固深度 40mm 的拔出力比锚固深度 30mm 的拔出力高 61%；在内径为 120mm 反力支撑环作用下，锚固深度 40mm 的拔出力比锚固深度 30mm 的拔出力高 98%。在锚固深度为 40mm 的情况下，内径为 85mm 反力支撑环拔出力比内径为 120mm 反力支撑环拔出力高 1%（1.1kN）；在锚固深度为 30mm 的情况下，内径为 85mm 反力支撑环拔出力比内径为 120mm 反力支撑环拔出力高 27%（5.0kN）。

（2）在内径为 85mm 反力支撑环作用下，锚固深度为 40mm 的测点相对破坏深度为 0.64，锚固深度为 30mm 的测点相对破坏深度为 0.84；在内径为 120mm 反力支撑环作用下，锚固深度为 40mm 的测点相对破坏深度为 0.72，锚固深度为 30mm 的测点相对破坏深度为 0.92。

表 6-5-4　泵送 C40 混凝土测点数据

序号	反力支撑环内径（mm）	锚固深度（mm）	破坏深度（mm）	拔出力（kN）
1	85	40	13	46.8
2	85	40	14	46.1
3	85	40	13	45.3
4	85	30	27	27.9
5	85	30	20	29.3
6	85	30	25	26.5
7	120	40	22	32.5
8	120	40	29	33.1
9	120	40	30	31.4
10	120	30	28	28.4
11	120	30	30	26.0
12	120	30	30	27.3

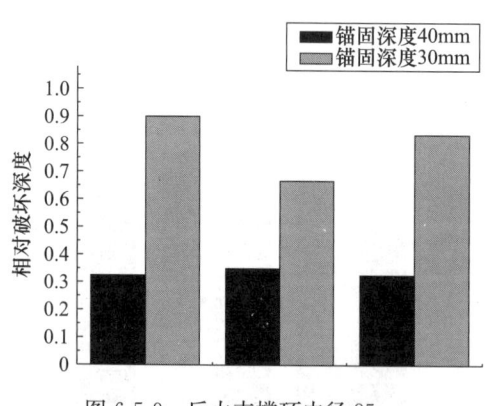

图 6-5-9　反力支撑环内径 85mm　　　图 6-5-10　反力支撑环内径 120mm

从表 6-5-4 和图 6-5-9 及图 6-5-10 可以得出：

（1）在内径为 85mm 反力支撑环作用下，锚固深度 40mm 的拔出力比锚固深度 30mm 的拔出力高 65%；在内径为 120mm 反力支撑环作用下，锚固深度 40mm 的拔出力比锚固深度 30mm 的拔出力高 19%。在锚固深度为 40mm 的情况下，内径为 85mm

反力支撑环拔出力比内径为 120mm 反力支撑环拔出力高 42%（13.7kN）；在锚固深度为 30mm 的情况下，内径为 85mm 反力支撑环拔出力比内径为 120mm 反力支撑环拔出力高 2.4%（0.7kN）。

（2）在内径为 85mm 反力支撑环作用下，锚固深度为 40mm 的测点相对破坏深度为 0.33，锚固深度为 30mm 的测点相对破坏深度为 0.8；在内径为 120mm 反力支撑环作用下，锚固深度为 40mm 的测点相对破坏深度为 0.68，锚固深度为 30mm 的测点相对破坏深度为 0.98。

表 6-5-5　泵送混凝土 C50 测点数据

序号	反力支撑环内径（mm）	锚固深度（mm）	破坏深度（mm）	拔出力（kN）
1	85	40	22	43.2
2	85	40	21	44.1
3	85	40	19	46.3
4	85	30	22	28.2
5	85	30	24	27.0
6	85	30	25	28.5
7	120	40	26	33.5
8	120	40	26	35.0
9	120	40	23	36.8
10	120	30	29	30.2
11	120	30	28	29.4
12	120	30	30	28.1

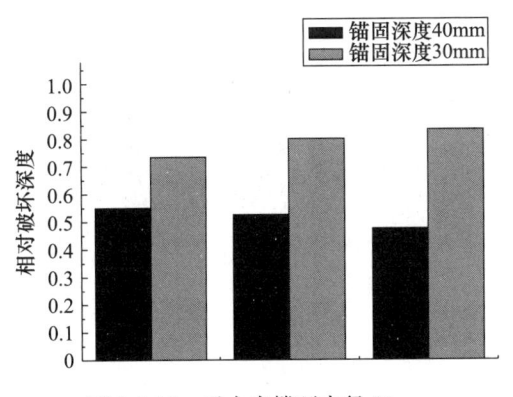

图 6-5-11　反力支撑环内径 85mm　　　图 6-5-12　反力支撑环内径 120mm

从表 6-5-5 和图 6-5-11 及图 6-5-12 可以得出：

（1）在内径为 85mm 反力支撑环作用下，锚固深度 40mm 的拔出力比锚固深度 30mm 的拔出力高 60%；在内径为 120mm 反力支撑环作用下，锚固深度 40mm 的拔出力比锚固深度 30mm 的拔出力高 20%。在锚固深度为 40mm 的情况下，内径为 85mm 反力支撑环拔出力比内径为 120mm 反力支撑环拔出力高 27%（9.4kN）；在锚固深度为

30mm 的情况下，内径为 85mm 反力支撑环拔出力比内径为 120mm 反力支撑环拔出力低 4.6%（1.3kN）。

（2）在内径为 85mm 反力支撑环作用下，锚固深度为 40mm 的测点相对破坏深度为 0.52，锚固深度为 30mm 的测点相对破坏深度为 0.79；在内径为 120mm 反力支撑环作用下，锚固深度为 40mm 的测点相对破坏深度为 0.62，锚固深度为 30mm 的测点相对破坏深度为 0.97。

表 6-5-6　S40 混凝土测点数据

序号	反力支撑环内径（mm）	锚固深度（mm）	破坏深度（mm）	拔出力（kN）
1	85	40	13	46.8
2	85	40	14	46.1
3	85	40	13	45.3
4	85	30	27	27.9
5	85	30	20	29.3
6	85	30	25	26.5
7	120	40	22	32.5
8	120	40	29	33.1
9	120	40	30	31.4
10	120	30	28	28.4
11	120	30	30	26.0
12	120	30	30	27.3

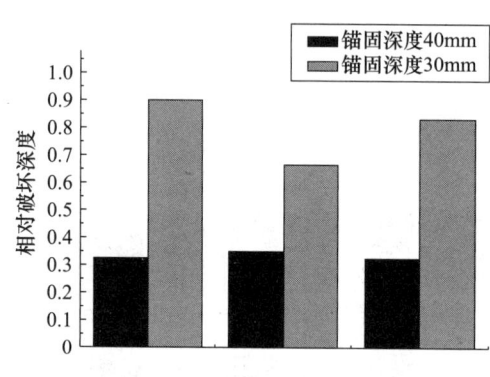

图 6-5-13　反力支撑环内径 85mm

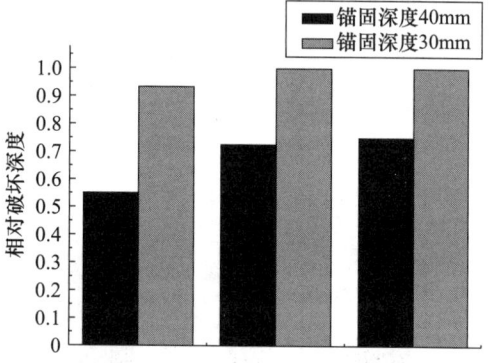

图 6-5-14　反力支撑环内径 120mm

从表 6-5-6 和图 6-5-13 及图 6-5-14 可以得出：

（1）在内径为 85mm 反力支撑环作用下，锚固深度 40mm 的拔出力比锚固深度 30mm 的拔出力高 65%；在内径为 120mm 反力支撑环作用下，锚固深度 40mm 的拔出力比锚固深度 30mm 的拔出力高 19%。在锚固深度为 40mm 的情况下，内径为 85mm 反力支撑环拔出力比内径为 120mm 反力支撑环拔出力高 42%（13.7kN）；在锚固深度为 30mm 的情况下，内径为 85mm 反力支撑环拔出力比内径为 120mm 反力支撑环拔出力低 2.4%（0.7kN）。

（2）在内径为 85mm 反力支撑环作用下，锚固深度为 40mm 的测点相对破坏深度为 0.33，锚固深度为 30mm 的测点相对破坏深度为 0.8；在内径为 120mm 反力支撑环作用下，锚固深度为 40mm 的测点相对破坏深度为 0.68，锚固深度为 30mm 的测点相对破坏深度为 0.98。

4. 不同反力支撑环内径试验数据分析

课题组对比反力支撑环内径 $D=85$mm 和 $D=120$mm 试验结果，反力支撑环内径 $D=85$mm，混凝土强度大于 40MPa 时，破坏状态以混合型为主，锥形破坏面深度小于锚固深度，锚固件底部为胶与混凝土分离及胶本身的剪切破坏。试验数据回归分析显示，反力支撑环内径 $D=85$mm 时，试验数据离散性较大，相关系数 $r=0.814$，回归曲线如图 6-5-15 所示。反力支撑环内径 $D=120$mm 时，试验数据离散性小，相关系数 $r=0.921$，回归曲线如图 6-5-16 所示。

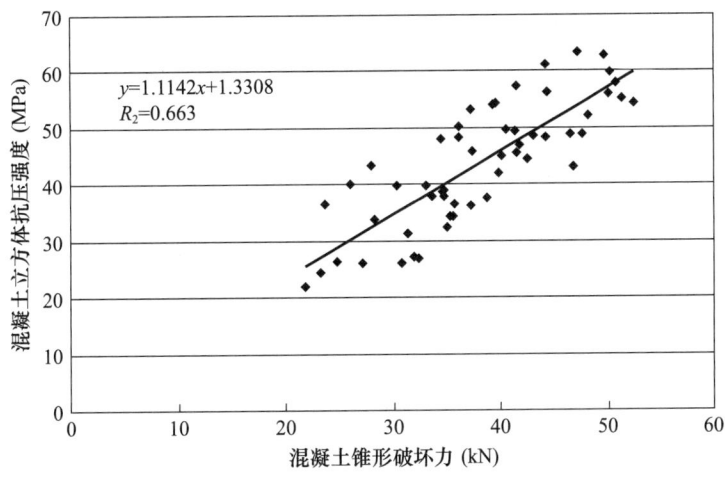

图 6-5-15　反力支撑环内径 $D=85$mm 回归曲线

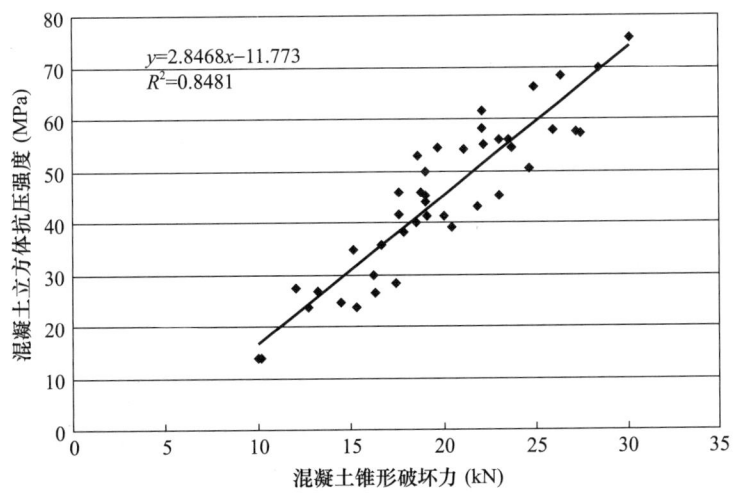

图 6-5-16　反力支撑环内径 $D=120$mm 回归曲线

5. 不同锚固深度下应力分析

图 6-5-17~图 6-5-19 给出了 S40 试件在胶层厚度 t 为 3mm，反力支撑环内径 D 为 120mm 的情况下，锚固深度 h 为 30mm，40mm，50mm 时的第一主应力和剪应力沿深度的分布。图中横轴代表锚固深度，纵轴代表应力大小；SXY 代表界面剪力，S1 代表第一主应力。由图可以看出，锚固深度为 30mm 时最大主应力是 45.5MPa，最大剪应力是 46.4MPa；锚固深度为 40mm 时最大主应力是 58.6MPa，最大剪应力是 58.7MPa；锚固深度为 50mm 时最大主应力是 69.7MPa，最大剪应力是 66.7MPa；锚固深度为 50mm 时最大主应力比锚固深度为 40mm 时最大主应力提高幅度为第一主应力 18.9%，剪应力为 13.6%，锚固深度为 40mm 时最大主应力比锚固深度为 30mm 时最大主应力提高幅度为第一主应力 28.8%，剪应力为 26.5%。由以上数据可知，界面应力随着锚固深度的增大而显著增大，增加幅度逐渐减小。在理论分析和试验总结的基础上，课题组确定最优锚固深度 $h=30$mm。

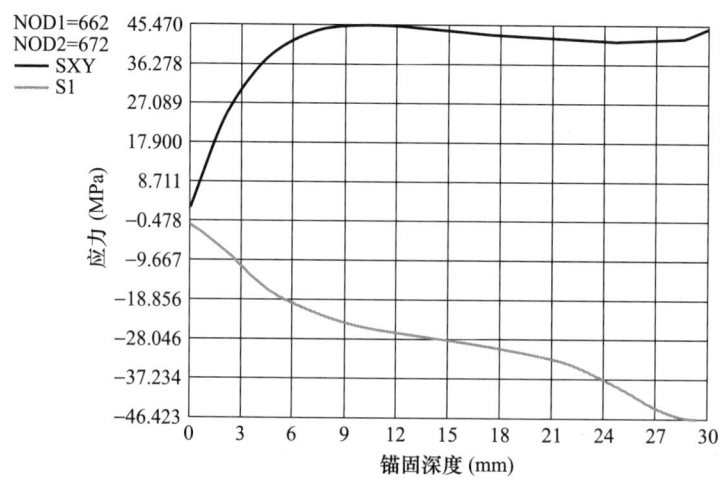

图 6-5-17　混凝土-胶界面剪力-深度分布（$t=3$mm，$D=120$mm，$h=30$mm）

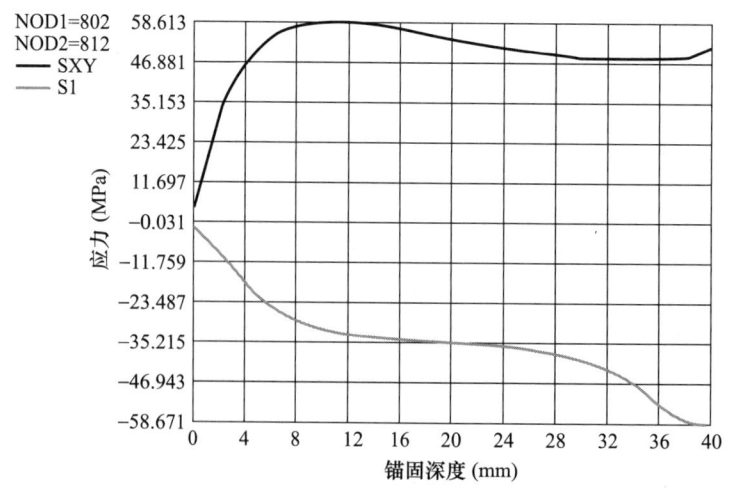

图 6-5-18　混凝土-胶界面剪力-深度分布（$t=3$mm，$D=120$mm，$h=40$mm）

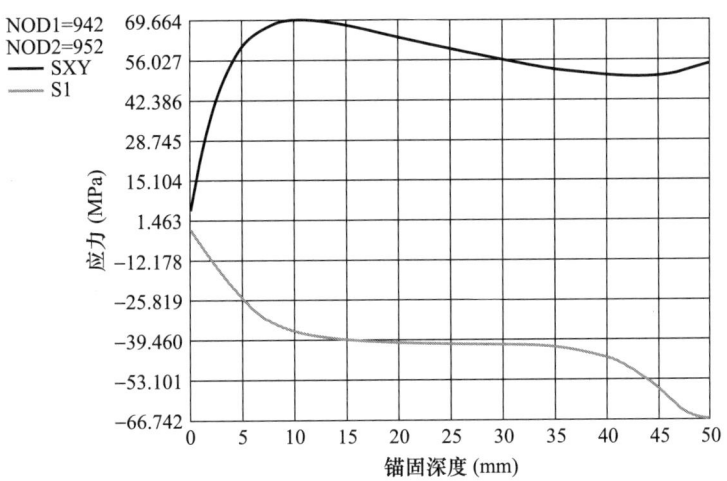

图 6-5-19　混凝土-胶界面剪力-深度分布（$t=3$mm，$D=120$mm，$h=50$mm）

6. 不同反力支撑环内径下应力分析

图 6-5-20、图 6-5-21 给出了 S40 试件在胶层厚度 t 为 3mm，锚固深度 h 为 30mm 的情况下，反力支撑环内径 D 为 85mm，100mm，120mm 时第一主应力和剪应力沿深度的分布。图中横轴代表锚固深度，纵轴代表应力大小；SXY 代表界面剪力，S1 代表第一主应力。由图可以看出，在反力支撑环内径为 85mm 时最大主应力是 63.6MPa，最大剪应力是 69.4MPa；在反力支撑环内径为 100mm 时最大主应力是 55.1MPa，最大剪应力是 58.2MPa；在反力支撑环内径为 120mm 时最大主应力是 45.5MPa，最大剪应力是 46.4MPa；反力支撑环内径为 100mm 时最大主应力比反力支撑环内径为 85mm 时最大主应力下降幅度为第一主应力 15.4%，剪应力为 19.2%，反力支撑环内径为 120mm 时最大主应力比反力支撑环内径为 100mm 时最大主应力下降幅度为第一主应力 21.1%，剪应力为 25.4%。由以上数据可知，界面应力随着反力支撑环内径的减小而显著增大。结合试验数据可知，最优反力支撑环内径取 120mm。

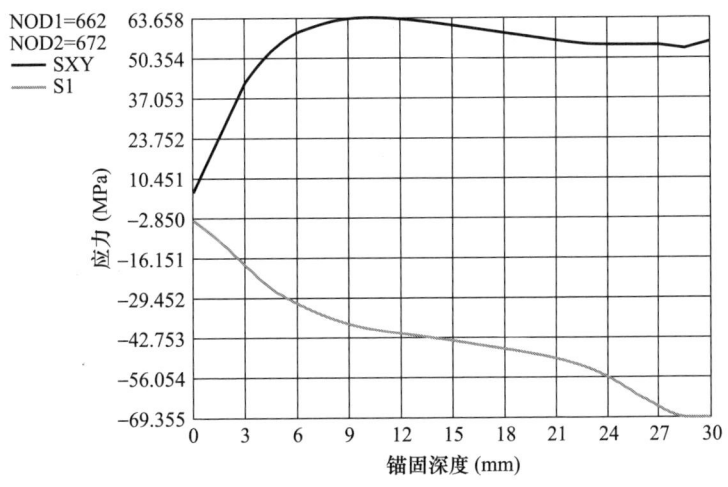

图 6-5-20　混凝土-胶界面剪力-深度分布（$t=3$mm，$D=85$mm，$h=30$mm）

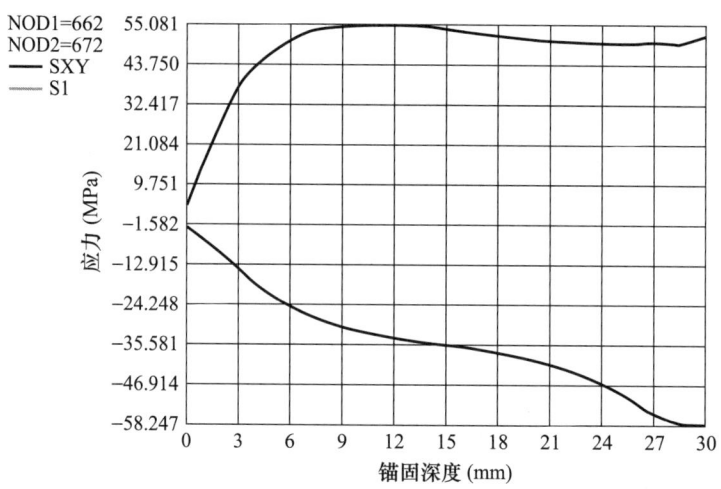

图 6-5-21 混凝土-胶界面剪力-深度分布（$t=3$mm，$D=100$mm，$h=30$mm）

6.5.3 最优胶层厚度分析

图 6-5-22～图 6-5-27 给出了在反力支撑环内径 D 为 120mm，锚固深度 h 为 30mm 的情况下，胶层厚度 t 为 1～6mm 时第一主应力和剪应力沿深度的分布。图中横轴代表锚固深度，纵轴代表应力大小；SXY 代表界面剪力，S1 代表第一主应力。由图可以看出，在 $t=1$～3mm 时应力变化显著，$t>3$mm 时，应力变化比较缓慢。其中剪应力最大值 $t=1$mm 时为 54.2MPa，$t=2$mm 时为 48.6MPa，下降幅度为 10.3%，$t=3$mm 时为 46.6MPa，比 $t=2$mm 时下降 4.1%；$t=4$mm 时为 45.3MPa，比 $t=3$mm 时下降 2.8%，$t=5$mm 时为 44.6MPa，比 $t=4$mm 时下降 1.5%，$t=6$mm 时为 44.1MPa，比 $t=5$mm 时下降 1.1%。因此可以取胶层厚度 $t=3$mm。

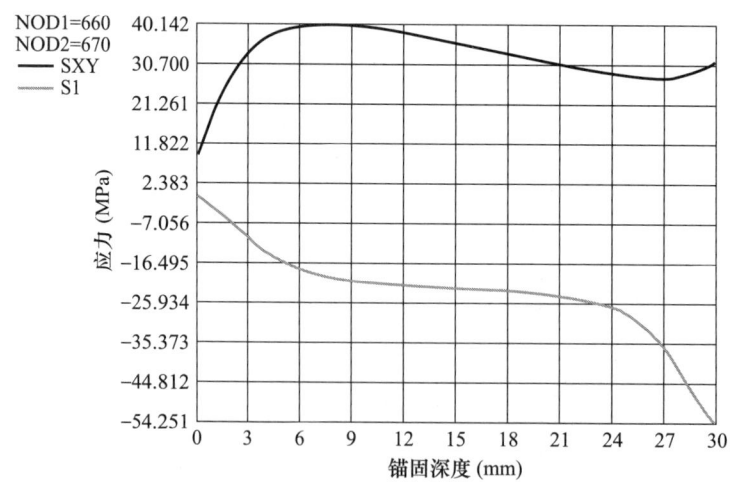

图 6-5-22 混凝土-胶界面剪力-深度分布（$t=1$mm，$D=120$mm，$h=30$mm）

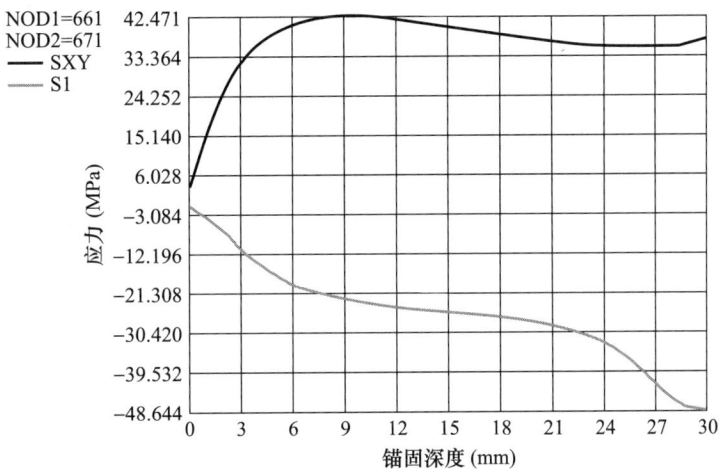

图 6-5-23 混凝土-胶界面剪力-深度分布（$t=2\mathrm{mm}$，$D=120\mathrm{mm}$，$h=30\mathrm{mm}$）

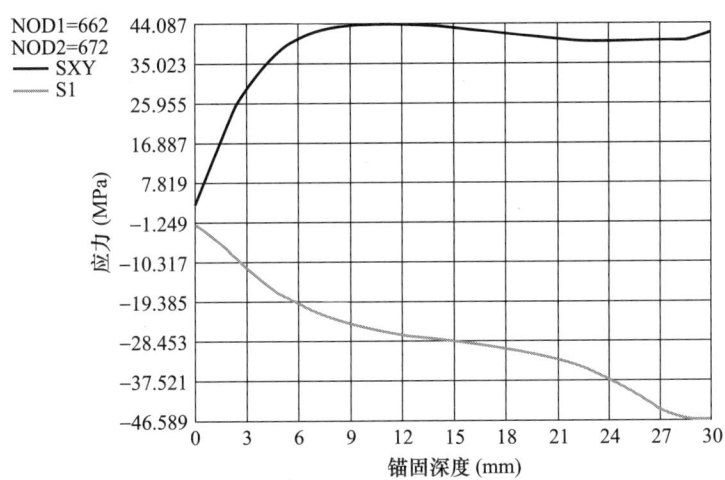

图 6-5-24 混凝土-胶界面剪力-深度分布（$t=3\mathrm{mm}$，$D=120\mathrm{mm}$，$h=30\mathrm{mm}$）

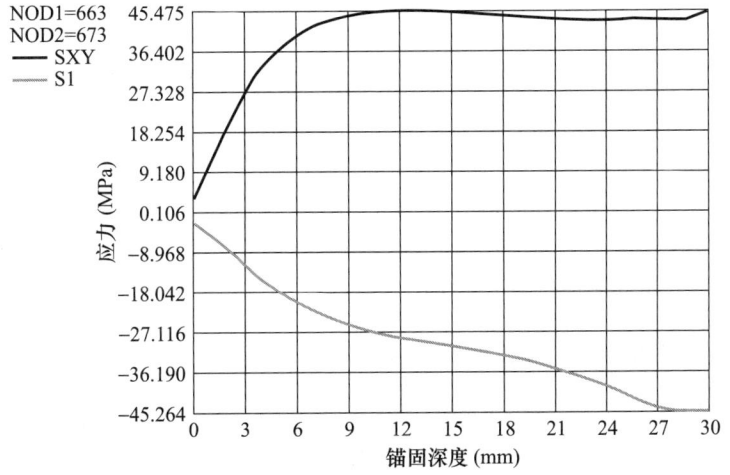

图 6-5-25 混凝土-胶界面应力-深度分布（$t=4\mathrm{mm}$，$D=120\mathrm{mm}$，$h=30\mathrm{mm}$）

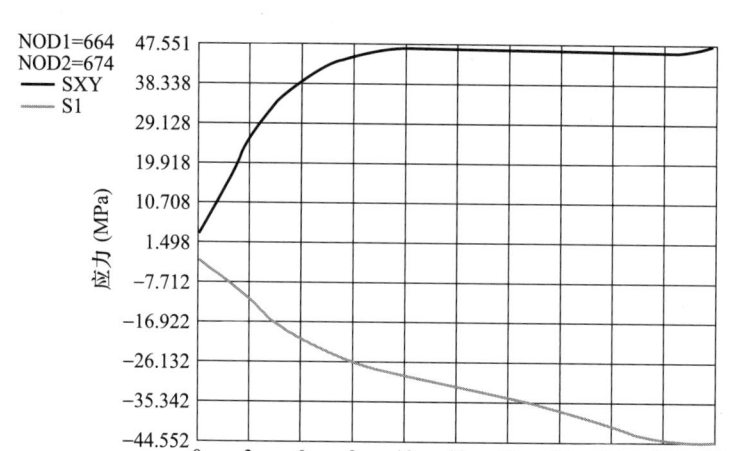

图 6-5-26　混凝土-胶界面应力-深度分布（$t=5$mm，$D=120$mm，$h=30$mm）

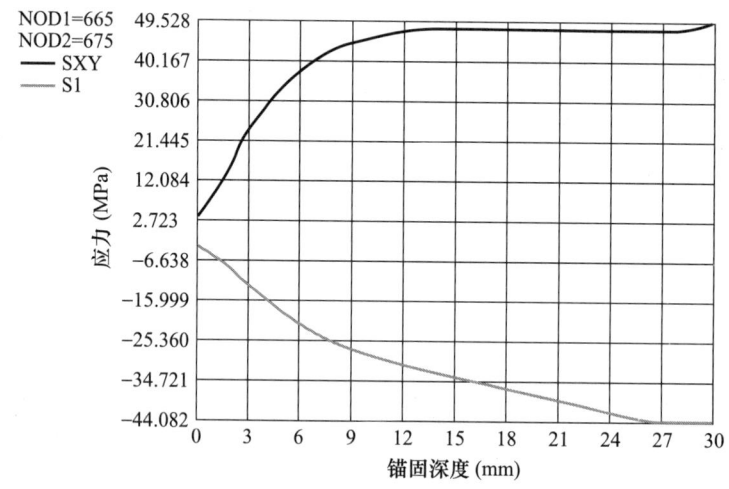

图 6-5-27　混凝土-胶界面应力-深度分布（$t=6$mm，$D=120$mm，$h=30$mm）

6.6　影响后锚固法主要因素分析

后锚固法实质上是通过检测混凝土内部锚固件拉出的锥形破坏力推定混凝土抗压强度，理论分析认为，混凝土锥形破坏力面上存在拉应力和剪应力集中，当锥形截面不能承担施加的拉力时，整个破坏面形成，拉力达到极限，在此过程中影响混凝土破坏面力学性能的因素都可能影响后锚固法检测。

6.6.1　混凝土原材料、配合比的影响

（1）石子粒径的影响：目前工程中常用石子粒径一般为 5～25mm 和 5～31.5mm 混合级配，为分析石子粒径的影响，课题组采用 5～25mm 和 5～31.5mm 两种粒径的石子进行对比试验，两种粒径下回归曲线对比如图 6-6-1 所示，对比显示，石子粒径 5～

25mm 和 5~31.5mm 回归曲线非常接近，混凝土立方体抗压强度低于 60MPa 时，两条回归线相差不到 5%，证明石子粒径对后锚固法检测混凝土强度的影响不显著，可不考虑。

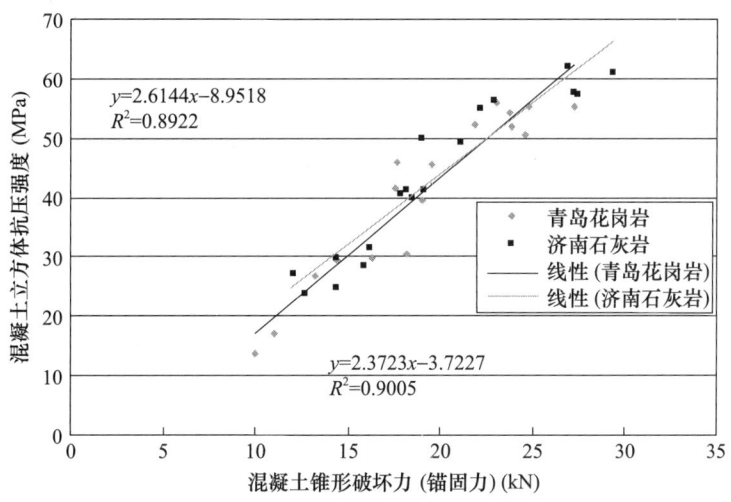

图 6-6-1　后锚固法不同石子粒径对比

（2）不同石子种类的影响：课题组选择山东省使用最广泛的石子，以济南石灰岩、青岛花岗岩进行对比试验，回归曲线如图 6-6-2 所示。通过对比可以看出，济南石灰岩回归曲线与青岛花岗岩回归曲线是两条非常接近的平行线，两条回归线推定强度差值不超过 2MPa，证明石子种类对后锚固法检测混凝土强度影响不显著，可不考虑。

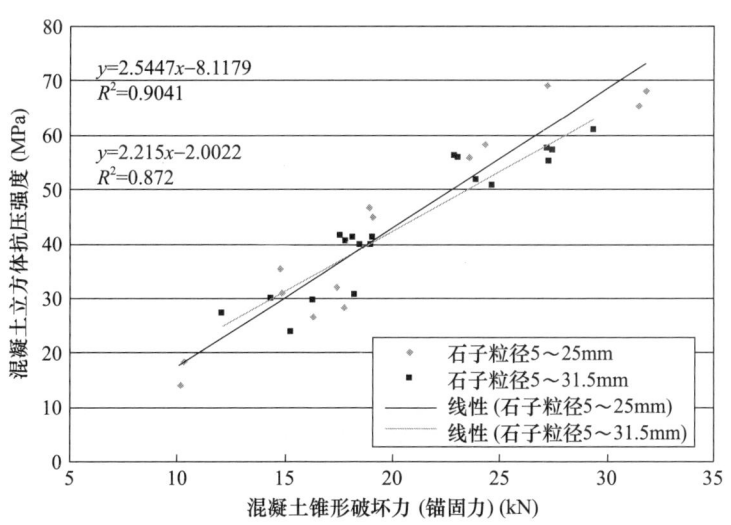

图 6-6-2　后锚固法不同石子种类对比

（3）坍落度的影响：坍落度小于 100mm 的塑性混凝土、坍落度 100~160mm 的流动性混凝土与坍落度不小于 160mm 的大流动性混凝土对比试验结果（图 6-6-3）显示，塑性混凝土与流动性混凝土回归曲线基本重合，当混凝土立方体抗压强度低于 40MPa 时，大流动性混凝土回归曲线与塑性混凝土、流动性混凝土回归曲线交叉，三条回归曲线相差不大,无明显规律,可不考虑其影响。当混凝土强度高于40MPa时,大流动性混凝土测强曲线明显高于塑性混凝土与流动性混凝土,证明高强、大流动性混凝土锥形破坏力(锚固力)偏低。

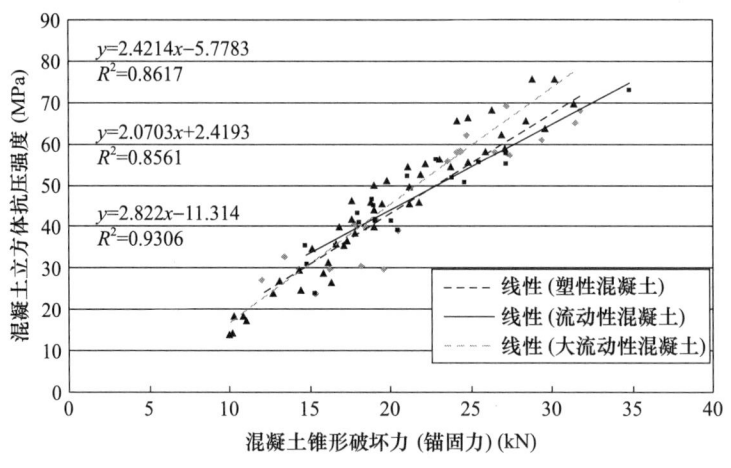

图 6-6-3　后锚固法不同坍落度对比

（4）钢筋、预埋件的影响：混凝土锥形破坏截面处的钢筋、预埋件等必然对试验结果有影响，钢筋、预埋件与混凝土的粘结强度决定了此影响的大小，因钢筋表面状况及混凝土强度等的不同，不存在一个确定的影响系数，因此，试验时应采用钢筋探测仪测出钢筋及预埋件位置，测点尽量避开钢筋、预埋件。

6.6.2　混凝土施工方法、龄期、养护方法、环境条件的影响

后锚固法试验要求锚固深度为30mm，理论分析认为，混凝土内部30mm处受施工方法、养护方法、环境条件等影响很小，对比试验未发现明显影响，因此后锚固法检测可不考虑这些因素的影响。

6.6.3　试验仪器系统及操作技术的影响

（1）仪器系统精度的影响：混凝土锚固力力值范围为8～40kN，按规定仪器量程应使检测力值在其最大量程的20%～80%，使用仪器量程应为50kN，课题组发明的多功能数显测力仪最大量程可为10kN、20kN、30kN、50kN等，以50kN压力传感器测力，精度达到±1%，可满足试验量程、精度要求。

（2）加载速率的影响：混凝土锚固力一般不超过40kN，加载速度过快可使试验拔出力值增大30%以上，因此应严格控制加载速度，试验采用压力传感器测力，控制加载速率为0.5～1.0kN/s。

（3）锚固件垂直度和注胶饱满度的影响：为解决此问题，课题组发明了定位圆盘注胶器，并在试验中对其构造不断进行优化改进，同时，对锚固用胶等进行选择，试验证明定位圆盘注胶器能够在竖直面检测时，保证锚固件垂直度和注胶饱满度。

（4）锚固件锚固深度的影响：由摩尔-库仑准则理论分析得到锚固力与锚固深度的关系式。

$$P = \frac{\pi h \left[f_c (1-\sin\phi) \cos\alpha + 2f_t \sin(\alpha-\phi) \right] (d\cos\alpha + h\sin\alpha)}{2\cos\phi \cos^2\alpha} \quad (6\text{-}6\text{-}1)$$

式中：h——锚固件锚固深度；

d——孔直径；

α——半顶角；

ϕ——材料的摩擦角。

从式（6-6-1）得：

$$\Delta P = \frac{\pi \left[f_c (1-\sin\phi) \cos\alpha + 2f_t \sin(\alpha-\phi) \right] (d\cos\alpha + 2h\sin\alpha)}{2\cos\phi \cos^2\alpha} \Delta h \quad (6\text{-}6\text{-}2)$$

以上两式相除得：

$$\frac{\Delta P}{P} = \frac{d\cos\alpha + 2h\sin\alpha}{d\cos\alpha + h\sin\alpha} \cdot \frac{\Delta h}{h} \quad (6\text{-}6\text{-}3)$$

本课题具体数据：$d=25\text{mm}$，$h=30\text{mm}$，$\alpha=56.89°$，代入式（6-6-3）得：

$$\frac{\Delta P}{P} = 1.6479 \frac{\Delta h}{h} = 0.0549 \Delta h \quad (6\text{-}6\text{-}4)$$

从式（6-6-4）可知，如果锚固件锚固深度偏差 1mm，则引起的锚固力误差为 5.5%，因此要求锚固件锚固深度偏差不超过 1mm。

6.7 后锚固法测强曲线建立

6.7.1 确定测强曲线

同条件制作、养护尺寸为 2100mm×700mm×250mm 混凝土试件和尺寸为 150mm×150mm×150mm 混凝土立方体试块，在每一试验龄期，对混凝土试件进行后锚固法试验，得到混凝土有约束后的锚固力值，同时对混凝土立方体试块进行抗压强度检测试验，得到混凝土立方体抗压强度。

剔除异常点后，采用线性回归、乘幂回归、指数回归、多项式回归进行对比，利用电子表格对回归结果进行直观的观察、分析，选择其中相关系数较大、平均相对误差和剩余标准离差较小的方程做测强曲线。

后锚固法散点图及各种形式的回归曲线如图 6-7-1 所示，各种形式回归曲线的精度对比见表 6-7-1。

比较四种回归曲线的回归指标，可以看出乘幂回归、指数回归精度低于线性回归和多项式回归，其中多项式回归精度最高，课题组确定后锚固法混凝土锥形破坏力（锚固力）与混凝土立方体抗压强度之间关系方程采用多项式形式。

$$f_{\text{cu},i}^c = -0.0375 T_i^2 + 4.158 T_i - 21.42$$

其中 $r=0.948$，$s=4.86\text{MPa}$，$\delta=9.95\%$，$e_r=12.69\%$

式中：f——混凝土抗压强度换算值（MPa）；

t——混凝土锥形破坏力（锚固力）（kN）。

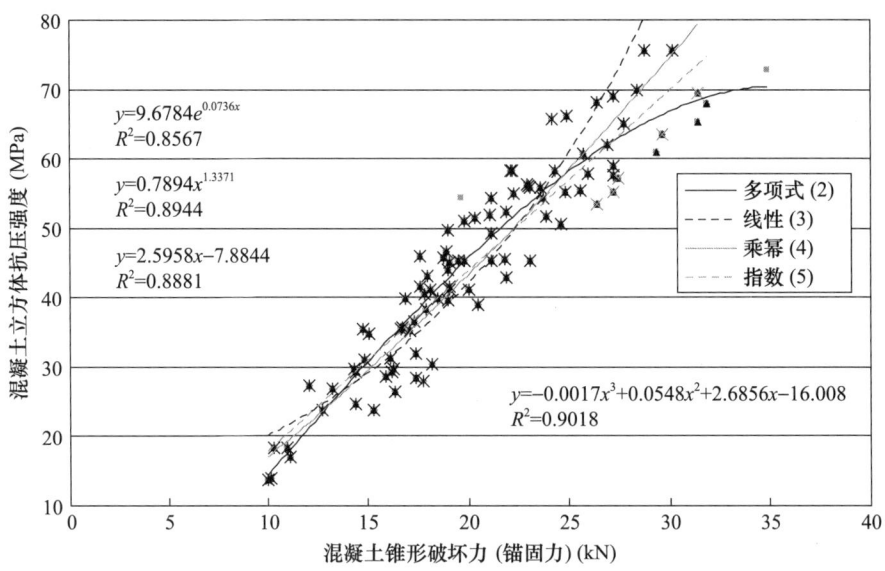

图 6-7-1 后锚固法散点图及各种形式的回归曲线

表 6-7-1 各种形式回归曲线的精度对比

曲线类型	公式	相关系数 r	剩余标准离差 s（MPa）	平均相对误差 δ（%）
直线	$f=2.5958t-7.8844$	0.942	4.949	9.45
多项式	$f=-0.0017t^3+0.0548t^2+2.6856t-16.008$	0.950	4.654	8.40
乘幂	$f=0.7894t^{1.3371}$	0.946	5.160	10.04
指数	$f=9.6784e^{0.0736t}$	0.926	5.367	11.45

6.7.2 普通混凝土与高性能混凝土后锚固法试验对比

不同配合比下不同掺合料配制的不同坍落度混凝土回归线对比如图 6-7-2 所示，其中普通混凝土与流动性泵送混凝土回归线基本重合，大流动性混凝土回归线推定强度值高于普通混凝土，当混凝土立方体抗压强度高于 40MPa 时，大流动性混凝土推定强度值高于普通混凝土 5% 以上，分析认为，高强大流动性混凝土使用粉煤灰、高效减水剂、硅粉等，电镜扫描及孔结构试验证明，混凝土内部结构更加致密，从有限元分析结果来看，后锚固法混凝土锥形破坏力与混凝土抗拉强度、抗压强度关系密切，高强混凝土与普通混凝土相比脆性增大，因此出现高强、大流动性混凝土锥形破坏力偏低，而其测强曲线推定强度偏高的结果。

6.7.3 山东省后锚固法检测混凝土强度技术主要成果总结

（1）试验数据回归分析结果证明，在严格遵守试验操作规程的情况下，混凝土锥形破坏力（锚固力）与同条件混凝土立方体试块抗压强度具有良好的线性相关关系。同条件混凝土试件后锚固法测强曲线与无损检测方法测强曲线对比，后锚固法测强曲线剩余标准离差和相对误差更小，证明其测强曲线精度更高。

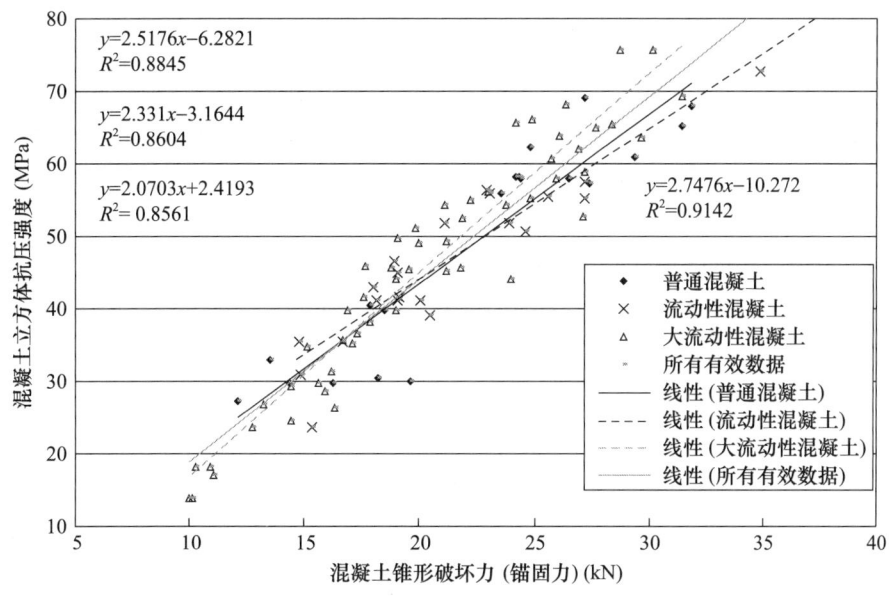

图 6-7-2　不同坍落度混凝土回归线对比

（2）对比试验证明，高性能大流动性混凝土与普通混凝土相比混凝土锥形破坏力偏低，而其测强曲线推定强度偏高，为此，课题组分别建立了高性能大流动性混凝土与普通混凝土的测强曲线。

（3）根据力的平衡条件推导了混凝土锥形破坏力的通用公式，由理论公式推导可知，混凝土锥形破坏力由反力支撑环内径、锚固深度、界限锚固深度、胶体剪切模量、胶体弹性模量、胶层厚度、锚固孔径等参数决定。在理论分析基础上，课题组提出了界限锚固深度及最优反力支撑环内径。锚固深度小于界限锚固深度，可有效避免混凝土锥体和胶体联合破坏，保证混凝土出现锥体破坏，提高检测精度。

（4）对后锚固法进行了有限元分析，通过不同约束情况下的应力分布云图的对比，得出了反力支撑环内径对混凝土锥形破坏力的影响，理论分析与试验数据分析相结合，确定了后锚固法的最优反力支撑环内径、胶层厚度及最优锚固深度。

（5）后锚固法与现行的混凝土非破损检测方法比较，受原材料、施工方法、龄期、养护方法等因素影响较小，具有试验方法可靠、测试精度高、测试费用低、对结构基本无损伤，可重复检测等优点，具有在我国推广应用的前景。

6.8　后锚固微破损法专用检测仪器设备研制

6.8.1　定位圆盘注胶器

在检测构件的侧面埋设锚固件时，在注入粘结树脂后，如直接插入锚固件，由于重力的影响，锚固件会自然下倾，粘结树脂也会从孔中流出。这就出现三个难题：①如何保证锚固件垂直于检测面？②如何保证锚固件锚固深度？③如何实现竖直检测面胶的饱满灌注？

为攻克这三个难题,课题组尝试了增大粘结树脂稠度、表面封堵、粘结树脂中掺加填料等多种方法,最后课题组成员集思广益,研制出了定位圆盘注胶器,如图6-5-1所示。定位圆盘注胶器拧在锚固件上,保证锚固件垂直于检测面,同时可控制锚固深度,再在定位圆盘注胶器上增加注胶孔和排气孔,以压力灌入法注入锚固胶,实现竖直检测面胶的饱满灌注,此装置已获国家发明专利。

定位圆盘注胶器能保证锚固件垂直于混凝土检测面,并确保锚固件有效锚固深度为(30±0.5) mm。定位圆盘注胶器应设有注胶孔、排气孔及持压漏斗。持压漏斗深度应不小于20mm,在混凝土侧立面埋设锚固件时,持压漏斗应向上,确保锚固胶注满锚固件与混凝土的空隙,连接如图6-8-1所示。

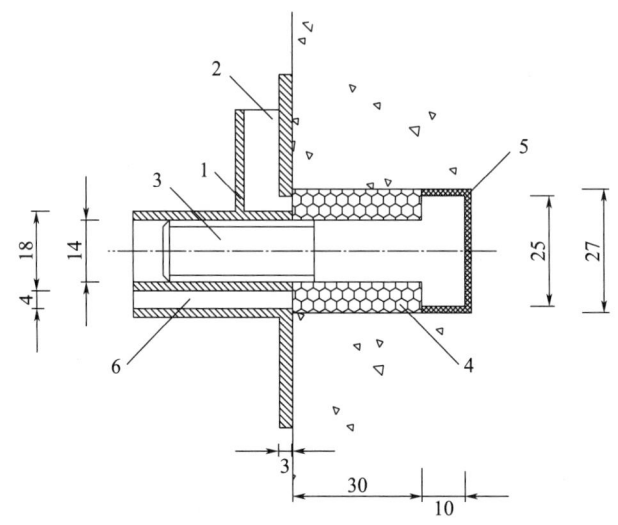

1—定位圆盘注胶器;2—持压漏斗;3—锚固件;4—锚固胶;5—橡胶套;6—注胶孔。

图6-8-1 定位圆盘注胶器与锚固件连接示意(单位:mm)

图6-8-1中定位圆盘注胶器直径$D=100$mm,锚固件端头直径$d_2=25$mm,套丝部分直径$d_1=14$mm,锚固件上包裹橡胶套,橡胶套的作用是隔离锚固件端头部分与混凝土的粘结,避免钻孔深度不同和孔端不规则等对拔出力的不良影响。持压漏斗与排气孔相连,排出孔内空气,有利于注胶饱满。

定位圆盘注胶器安装步骤如下。

构件检测部位打孔、清孔后,把锚固件拧在定位圆盘注胶器上,如图6-8-2所示,定位圆盘到锚固件锚固头的距离为锚固深度,在定位圆盘注胶器上涂上快速硬化胶粘剂,将锚固件连同定位圆盘注胶器粘贴在检测部位,持压漏斗开口向上,锚固件垂直于检测面并固定在孔中间。

快速硬化胶粘剂固化后,自注胶孔注入配制好的锚固胶,注入量应当以持压漏斗中充满锚固胶为准,根据连通器原理,当持压漏斗中充满锚固胶时,孔内锚固胶注满,且当锚固胶渗入钻孔周围的混凝土时,持压漏斗中的胶会给予补充。当孔内锚固胶固化后,将定位圆盘注胶器拧下,检查注胶效果(图6-8-3)。

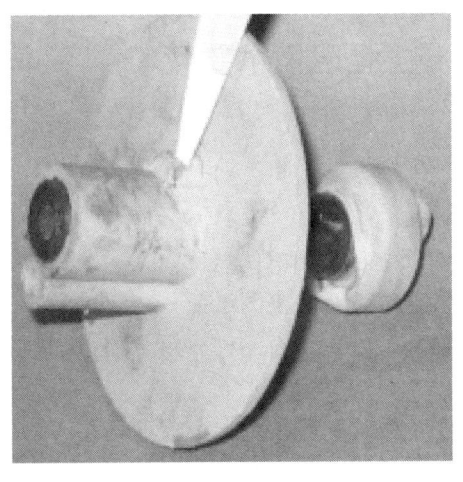

图 6-8-2 锚固件拧上定位圆盘

图 6-8-3 注胶效果检查

6.8.2 多功能数显测力仪

后锚固法试验破坏力一般不大于 40kN，试验加载速率对检测结果影响非常显著，为提高检测精度，要求匀速加载，加载速率控制在 0.5～1.0kN/s。为此，课题组设计制作量程分别为 10kN、30kN、50kN 的多功能数显测力仪，如图 6-8-4 所示，此仪器已获得实用新型专利。

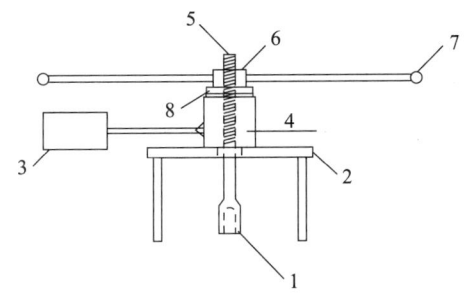

1—拉杆连接头；2—反力支撑座；3—数显仪表；4—传感器；
5—拉杆；6—加力螺栓；7—加力手柄；8—传力垫。

图 6-8-4 多功能数显测力仪示意

此仪器操作简单，测力准确，精度不低于±1%，加荷速度便于控制，便于现场携带使用。机械传力、手动加载、结构简单，不会出现液压式测力仪液压油渗漏、油泵无力等故障。

检测时，将拉杆连接头与锚固件连接，转动加力手柄，拉杆向上移动，锚固件受拉，传感器受压，根据力平衡原理，锚固件拉力与传感器压力相等，从传感器连接的数显仪上读出力值。压力传感器灵敏度、准确度、稳定性等均高于普通油压表，提高了检测精度。

6.9 后锚固法检测混凝土强度技术要点

6.9.1 检测前宜收集的资料

检测前宜收集的资料如下。
(1) 工程名称及建设单位、设计单位、施工单位和监理单位名称。
(2) 被检测结构或构件名称、混凝土设计强度等级及施工图纸。
(3) 水泥品种、出厂日期及强度、安定性检验报告、砂石品种、粗骨料最大粒径以及混凝土配合比情况等。
(4) 施工时材料计量情况、模板类型、混凝土浇筑和养护情况及成型日期。
(5) 结构或构件的试块混凝土强度试压资料以及相关的施工技术资料。
(6) 存在的质量问题及检测原因。

6.9.2 仪器设备检查

检测前，应检查钻孔机、测力系统的工作状态是否正常，钻头、锚固件的规格尺寸是否满足要求。

6.9.3 检测方式选择

混凝土强度检测可采用以下两种方式进行。
(1) 单个构件检测：适用于单个柱、梁、墙、基础等构件检测，当检测批构件总数少于9个时，按单个构件检测，其检测结论不得扩大到未检测的构件或范围。
(2) 按批抽样检测：适用于检测批混凝土强度的检测。
(3) 大型结构按施工顺序可划分为若干个检测区域，每个检测区域作为一个独立构件，根据检测区域数量及检测需要，选择检测方式。

6.9.4 按批抽样检测

行标《水泥密度测定方法》（JGJ/T 208—2014）要求：按批抽样检测时，应进行随机抽样，且抽测构件最小数量应符合表 6-9-1 的规定。

表 6-9-1　按批抽样检测随机抽测构件最小数量　　　　　　　　　　单位：个

同一检测批构件总数	9～15	16～25	26～50	51～90	91～150
抽测构件最小数量	3	5	8	13	20
同一检测批构件总数	151～280	281～500	501～1200	1201～3200	3201～10000
抽测构件最小数量	32	50	80	125	200

山东省地方标准《后锚固法检测混凝土抗压强度技术规程》（DB37/T 2364—2022）要求：按批抽样检测时，应进行随机抽样，且抽测构件最小数量应符合表 6-9-2 的规定。

表 6-9-2　按批抽样检测随机抽测构件最小数量　　　　　单位：个

检测批的容量	检测类别和样本最小容量			检测批的容量	检测类别和样本最小容量		
	A	B	C		A	B	C
9～15	2	3	5	91～150	8	20	32
16～25	3	5	8	151～280	13	32	50
26～50	5	8	13	281～500	20	50	80
51～90	5	13	20	501～1200	32	80	125

注：1. 检测类别A适用于施工资料完善，且已有资料结果合格，采取放宽检测的情况。
　　2. 检测类别B适用于施工资料完善，需要进一步确定混凝土质量状况的工程质量检测，采取正常检测的情况。
　　3. 检测类别C适用于施工资料不完善，或已有资料结果不合格，或现场发现存在问题较多，采取加严检测的情况。
　　4. 无特别说明时，样本单位为构件。

对比两个表可以看出，抽测构件最小数量行标《水泥密度测定方法》（JGJ/T 208—2010）只有一种结果，对应于山东省地方标准《后锚固法检测混凝土抗压强度技术规程》（DB37/T 2364—2022）的检测类别B，山东省地方标准《后锚固法检测混凝土抗压强度技术规程》（DB37/T 2364—2022）三种检测类别对应三种结果。关于山东省地方标准《后锚固法检测混凝土抗压强度技术规程》（DB37/T 2364—2022）抽测构件最小数量来源与说明见本书"3.3.2 检测方式和抽样方法"。

6.9.5　测点布置

当混凝土表层与内部的质量有明显差异时，应将表层混凝土清除干净后方可进行检测。构件的测点应符合下列要求。

（1）每一构件至少均匀布置3个测点，当最大拔出力值或最小拔出力值与中间值之差大于中间值的15%（包括两者均大于中间值的15%）时，应在最小拔出力测点附近再加测2个测点。

（2）按批抽样检测时，应根据构件类型和受力特征布置测点，每个构件测点数量不得少于1个，测点总数不得少于10个。

（3）测点应优先布置在构件混凝土成型的侧面，混凝土成型的侧面确实无法布置测点时，可在混凝土成型的顶面布置测点，此时应清除混凝土表层浮浆，并使测点部位混凝土不平整度在100mm长度内不大于0.2mm，保证反力支撑环面与混凝土面完全接触。

（4）测点宜布置在构件的受力较大或薄弱部位，相邻两测点的间距不应小于300mm，测点距构件边缘不应小于150mm。

（5）检测面不应有装饰层、浮浆、油垢。

（6）测点应避开接缝、蜂窝、麻面部位，同时避开对检测结果有影响的钢筋、预埋件，保证破坏面无外露钢筋及预埋件。

（7）测点应标有编号，便于分析不同部位混凝土质量状况；查找最小拔出力测点部位，以便在其附近增加测点；当试验出现异常时便于分析原因。

6.9.6　操作步骤

1. 钻孔

在钻孔过程中，钻头应始终与混凝土表面保持垂直，成孔尺寸应符合下列规定。

(1) 钻孔直径应为（27±1）mm。
(2) 钻孔深度应为（45±5）mm。

2. 清孔与锚固

孔壁残留的粉尘会降低锚固胶与混凝土之间的粘结效果，因此，钻孔完毕后，应采用空气压缩机、吹风机等清除孔内粉尘，使孔壁清洁、干燥。

将锚固件的螺杆拧入定位圆盘注胶器后放入检测孔中，使锚固件的锚固深度为（30±0.5）mm，用快硬材料将后锚固连接件紧密粘贴在待检测混凝土表面，封闭后锚固连接件外露螺杆，从注胶孔向锚固件与混凝土的空隙中注胶，锚固胶从持压漏斗中溢出时，停止注胶，封堵注胶孔。

待锚固胶固化后，将定位圆盘注胶器从锚固件上拧下，对测点编号，并检查记录锚固胶饱满状况。

3. 拔出试验

测力系统与锚固件用拉杆连接，施加拔出力应连续均匀，其速度控制在 0.5～1.0kN/s，加力至混凝土破坏、测力仪读数不再增加为止，记录拔出力值，精确至 0.1kN。

当后锚固法试验出现下列异常情况之一时，应做详细记录，并将该值舍去。查明出现异常的原因，排除不利影响后，在其附近补测一个测点。

(1) 锚固件拔断。
(2) 锚固件在混凝土孔内滑移或拔脱破坏。
(3) 被测构件在拔出检测过程中出现断裂。
(4) 反力支撑环内的混凝土仅有小部分破损或被拔出，而大部分无损伤。
(5) 在拔出混凝土的破坏面上，有粒径超过 40mm 的碎石、裂缝、蜂窝、孔洞、疏松等缺陷或有泥土、砖块、煤块、钢筋、铁钎等异物。
(6) 在反力支撑环外出现混凝土裂缝。

检测过程中应采取有效措施防止测力系统或机具脱落，检测后应对混凝土破损部位进行修补。修补方法常采用比检测混凝土实际强度高一个强度等级的微膨胀细石混凝土，修补前应清理干净破坏面并充分湿润，修补后应充分养护。

6.9.7 钻芯修正

当对后锚固法检测结果有怀疑时，宜进行钻芯修正，钻取芯样部位、芯样加工技术要求及修正量计算等均应符合钻芯法的有关规定。

6.10 后锚固法测强曲线

6.10.1 适用条件

标准《后锚固法检测混凝土抗压强度技术规程》（DB37/T 2364—2022）适用于符合下列条件的混凝土抗压强度的检测。

(1) 符合普通混凝土用材料且粗骨料为碎石，粗骨料最大粒径不大于 40mm，干密度为 2000～2800kg/m³ 的普通混凝土。

(2) 抗压强度为 10～80MPa。

(3) 采用普通成型工艺。

(4) 自然养护或蒸气养护出池后经自然养护 7d 以上，且混凝土表层为干燥状态。

6.10.2 制定专用测强曲线或通过试验进行修正

当混凝土有下列情况之一时，不得按所给测强曲线计算测点混凝土抗压强度换算值，但可按规定制定专用测强曲线或通过试验进行修正。

(1) 粗骨料最大粒径大于 40mm。

(2) 特种成型工艺制作。

(3) 长期处于高温、潮湿或浸水环境。

6.10.3 统一测强曲线

根据住房城乡建设部发布的《2009 年工程建设标准规范制订、修订计划》的要求，为使后锚固法检测混凝土强度新技术尽快为国家经济建设服务，山东省建筑科学研究院抓紧落实，迅速与各参编单位团结协作，全国范围内选择有代表性的地区进行试验，编制组特别选择甘肃省建筑科学研究院代表西北地区；福建省建筑科学研究院代表东南地区；辽宁省建设科学研究院代表东北地区；江苏省建筑科学研究院代表中部地区，经过大量的试验确定了全国统一测强曲线。

《后锚固法检测混凝土抗压强度技术规程》（JGJ/T 208—2010）第 6.1.1 条规定：当无专用测强曲线和地区测强曲线时，可采用统一测强曲线，按式（6-10-1）计算测点混凝土强度换算值。

$$f^c_{cu,i}=2.1667T_i+1.8288 \qquad (6-10-1)$$

式中：$f^c_{cu,i}$——第 i 个测点的混凝土强度换算值，精确至 0.1 MPa；

T_i——第 i 个测点的拔出力值（kN），精确至 0.1 kN。

6.10.4 山东省地区测强曲线

山东省建筑科学研究院有限公司标准修订编制组总结 2006—2020 年混凝土强度现场检测相关研究成果，获得丰富翔实的第一手数据资料，分析外加剂、掺合料、龄期等因素对混凝土强度检测的影响，采用多种数学模型进行数据回归分析，2022 年优化了山东地区测强曲线，各测点混凝土强度换算值按下式计算。

$$f^c_{cu,i}=-0.0375T_i^2+4.158T_i-21.42 \qquad (6-10-2)$$

6.10.5 测强曲线选择

行业标准《后锚固法检测混凝土抗压强度技术规程》（JGJ/T 208—2010）条文说明第 6.1.1 条解释：计算混凝土强度的换算值时，应依次优先选用专用测强曲线和地区测强曲线。

6.11 检测数据分析处理

6.11.1 单个构件检测

单个构件混凝土强度推定值 $f_{cu,e}^c$，应按下列规定取值。

（1）当构件 3 个拔出力中的最大值和最小值与中间值之差均不大于中间值的 15% 时，取最小值对应的混凝土强度换算值作为该构件混凝土强度推定值 $f_{cu,e}^c$。

（2）当按本书第 6.9.5 条第 1 款加测时，加测的 2 个拔出力值和最小拔出力值一起取平均值，再与前一次的拔出力中间值进行比较，取较小值对应的混凝土强度换算值作为该构件混凝土强度推定值 $f_{cu,e}^c$。

6.11.2 按批抽样检测

后续数据处理、计算和按批抽样检测混凝土强度推定按本书"3.4 混凝土强度检测结果处理"进行。

第7章 拔出法检测混凝土强度技术

7.1 拔出法介绍

7.1.1 拔出法定义和分类

拔出法：先将锚固件安装在混凝土中，通过拉拔安装在混凝土中的锚固件，测定极限拔出力，并根据预先建立的极限拔出力和混凝土抗压强度之间的相关关系推定混凝土抗压强度。拔出法是一种微破损检测方法。

拔出法可以分为两类：预埋拔出法、后装拔出法。后装拔出法按照反力支撑方式不同分为三点式和圆环式。

后装拔出法：在已硬化的混凝土表面钻孔、磨槽、嵌入锚固件并安装拔出仪进行拔出法检测，进而推定混凝土抗压强度。

预埋拔出法：对预先埋置在混凝土中的锚盘进行拔出法检测，测定极限拔出力，进而推定混凝土抗压强度。

7.1.2 拔出法检测混凝土强度技术的发展

LOK 试验技术是预埋拔出法中的代表，在混凝土表层下一定距离处预先埋入一个钢制锚固件，混凝土硬化后，通过锚固件施加拔出力，当拔出力增至一定限度时，混凝土将沿着一个与轴线呈一定角度的圆锥面破裂，并最后拔出一个类圆锥体。LOK 拔出试验仪是丹麦技术大学于 20 世纪 60 年代后期研制成的，在世界上许多国家得到广泛使用，我国研制的 TYL 型混凝土拔出试验仪与丹麦的 LOK 拔出试验仪基本相同。

预埋拔出法试验在北欧、北美等许多国家得到了迅速的推广应用，这种试验方法在现场应用相当方便，而且试验费用低廉，尤其适合用于混凝土质量现场控制的检测。例如，决定拆除模板或施加荷载的适当时间，决定停止湿热养护或冬期施工时停止保温的适当时间。在丹麦，这种方法已被作为一种混凝土强度现场测定方法并可作为验收评定的依据。

预埋拔出法尽管有许多优点，但它也有缺点，主要是必须事先做好计划，不能像其他大多数现场检测那样在混凝土硬化后随时进行。为克服上述缺点，人们便开始研究一种在已硬化的混凝土上钻孔，然后再装入锚固件进行拔出试验的技术。

20 世纪 70 年代，丹麦的 Petersen 在 LOK 试验的基础上提出了 CAPO 试验，也就是后装拔出试验。这种试验的原理、试验时混凝土受力状态和受力部分的尺寸、施加拔出力所用的器具、试验得出的混凝土抗拔力与 LOK 试验完全一样，所不同的是 CAPO

试验无须在浇筑混凝土前布置测试点和锚固件，混凝土硬化后在任意选定的地点用专用的机器钻孔，扩大钻孔的根部，嵌入一个特许专利的可扩张的胀圈，然后用 LOK 试验的油泵和千斤顶对混凝土施加拔出力，CAPO 试验技术是后装拔出法中的代表。我国对后装拔出法的研究较多，并已取得不少科研成果。

我国在 1985 年前后开始这项工作技术的研究工作，引进了丹麦的 LOK 和 CAPO 拔出试验仪，取得了不少科研成果，几种不同类型的拔出试验仪研制成功，各种拔出试验仪的锚固件及锚固深度、反力支撑尺寸等参数各不相同。概括起来可分为两大类：一类是圆环式反力支撑试验，如 TYL 型混凝土拔出试仪验；另一类是三点式反力支撑。与圆环式反力支撑不同的，还有三点式反力支撑的尺寸一般都比较大，如 SW-40 型拔出试验仪等。所有这些拔出试验仪包括从丹麦引进的 LOK 和 CAPO 拔出试验仪，都已应用于工程质量检测，受到普遍欢迎。

20 世纪 80 年代，哈尔滨建筑工程学院、中国建筑科学研究院结构所和北京市建筑工程总公司承担了中国城乡建设环境保护部下达的课题"后装拔出法测定混凝土强度"，研制成功了后装拔出法的成套设备，并制定了适合我国实际的各种几何尺寸。他们在铁道部科学研究院研究成果的基础上最终形成了我国标准《后装拔出法检测混凝土强度技术规程》(CECS 69：94)，此标准仅介绍了后装拔出法，未给出测强曲线，无法直接使用。从 2007 年开始，中国建筑科学研究院和哈尔滨工业大学对此标准进行修编，2011 年 6 月中国工程建设标准化协会发布《拔出法检测混凝土强度技术规程》(CECS 69：2011)，2011 年 10 月 1 日起施行，此标准中增加了预埋拔出法的内容，同时提供了后装拔出法和预埋拔出法的全国统一测强曲线。

山东省建筑科学研究院为推广后装拔出法在山东地区的应用，于 1999 年制定了山东省工程建设标准《后装拔出法检测混凝土抗压强度技术规程》(DBJ 14-BG6—1999)。2004 年山东省建筑科学研究院对此标准进行修订，完成山东省工程建设标准《后装拔出法检测混凝土抗压强度技术规程》(DBJ 14-028—2004)，2013 年山东省建筑科学研究院对此标准再次进行修订，完成山东省地方标准《后装拔出法检测混凝土抗压强度技术规程》(DB37/T 2365—2013)。

根据《山东省市场监督管理局关于公布 2020 年度地方标准复审结果的通知》，2022 年山东省建筑科学研究院有限公司修订完成《后装拔出法检测混凝土抗压强度技术规程》(DB37/T 2365—2022)。

7.2 拔出法检测混凝土强度技术在国外的发展

早在 1953 年，苏联就开始使用拔出法进行混凝土强度的检测。然而，一直到 20 世纪 70 年代，在 Richards 和 Mallhotra 的研究报告之后，这种试验才开始被认为是一种实用的现场混凝土强度检测方法。从那时起，许多国家在这个领域进行了研究，各种各样获得专利的试验体系被发展起来。如丹麦有 LOK 试验法和 CAPO 试验法。尽管这些方案各有优劣，但是大量的试验资料足以导致一个同样结论：在极限拔出力和混凝土抗压强度之间确实存在着某种近似线性的相关关系。这就揭示了拔出法良好的发展前景。因此，一些有影响的技术组织已将拔出试验列为标准试验方法。1978 年，美国材料试验协会（ASTM）发表了用于检测混凝土拔出强度的一个试验方法的暂行标准 C-90-78T。这个标准稍后进行了修改并自 1982 年起正式出版，这就是美国材料试验协会标准《硬化混凝土拔出强度标准试验方法》（ASTMC-900-99）。除此之外，将拔出法列为标准试验方法的还有国际标准化组织《硬化混凝土拔出强度的测定》（ISO/DIS 8046），苏联标准《拔出法试验混凝土强度》（Γ OCT 21243—75），丹麦标准化局《硬化混凝土拔出试验方法》（DS 423.31），瑞典标准化委员会《硬化混凝土拔出试验》（SS 137238），挪威标准化局《混凝土试验-拔出试验》（NS 3679）。

7.3 拔出法检测装置

7.3.1 基本要求

拔出法检测装置由钻孔机、磨槽机、锚固件及拔出仪等组成。钻孔机、磨槽机及拔出仪必须具有制造工厂的产品合格证，拔出仪还必须经法定计量部门校准合格。

拔出法检测装置分为圆环式后装拔出法检测装置（图 7-3-1）、三点式后装拔出法检测装置（图 7-3-2）、预埋拔出法检测装置（图 7-3-2），锚固件及成孔尺寸主要技术要求见表 7-3-1。

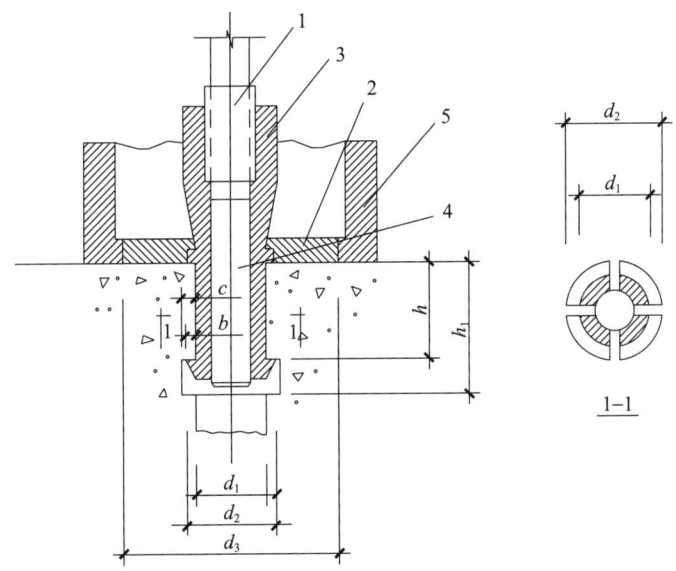

1—拉杆；2—对中圆环；3—胀簧；4—胀杆；5—反力支撑。

图 7-3-1 圆环式后装拔出法检测装置示意

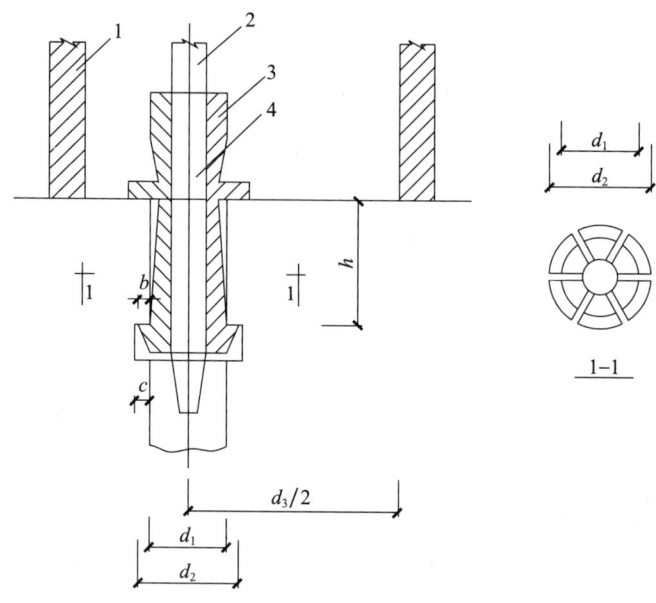

1—反力支撑；2—胀杆；3—胀簧；4—胀杆。

图 7-3-2　三点式后装拔出法检测装置示意

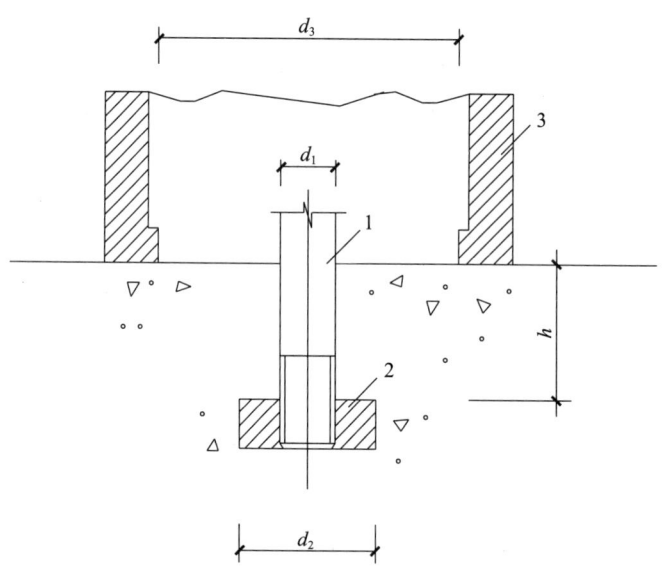

1—拉杆；2—锚盘；3—反力支撑。

图 7-3-3　预埋拔出法检测装置示意

表 7-3-1　锚固件及成孔尺寸主要技术要求

项目	技术要求		
	圆环式后装拔出法	三点式后装拔出法	预埋拔出法
反力支撑内径 d_3（mm）	55±1	120±1	55±1
胀簧锚固台阶外径 d_2（mm）	25±0.1	29±0.1	—

续表

项目	技术要求		
	圆环式后装拔出法	三点式后装拔出法	预埋拔出法
胀簧锚固台阶宽度 b（mm）	3.5±0.1	3.5±0.1	3.5±0.1
锚固件的锚固深度 h（mm）	25±0.5	35±0.5	25±0.5
钻孔直径 d_1（mm）	18.0±1.0	22.0±1.0	—
环形槽深度（mm）	3.6~4.5	3.6~4.5	—
成孔深度（mm）	50±5	60±5	—
锚盘直径 d_2（mm）	—	—	25±0.5
拉杆直径 d_1（mm）	—	—	10.0±0.5

7.3.2 拔出仪

拔出仪由加荷装置、测力系统及反力支撑三部分组成，主要技术性能要求如下。
(1) 试件破坏荷载应大于测力系统全量程的20%且小于测力系统全量程的80%。
(2) 允许示值误差为测力系统全量程的±2%。
(3) 圆环式拔出仪工作行程不小于4mm；三点式拔出仪工作行程不小于6mm。
(4) 测力系统应具有峰值保持功能。
当遇有下列情况之一时，拔出仪应送计量单位进行校准。
(1) 新仪器启用前。
(2) 经维修后。
(3) 出现异常时。
(4) 达到校准有效期限（有效期限为一年）。
(5) 遭受严重撞击或其他损害。

7.3.3 钻孔机

钻孔机可采用金刚石薄壁空心钻或冲击电锤。金刚石薄壁空心钻应有冷却装置。钻孔机宜有控制垂直度及深度的装置。

7.3.4 磨槽机

磨槽机由电钻、金刚石磨头、定位圆盘及冷却水装置组成。为保证胀簧锚固台阶外径，应经常检查金刚石磨头的外径，及时更换磨头。

7.4 后装拔出法试验研究

7.4.1 圆环式后装拔出法测强影响因素分析

1. 混凝土原材料影响

山东省建筑科学研究院有限公司对后装拔出法检测混凝土抗压强度技术进行系统的

研究，对比研究工程中常用的两种高性能混凝土：泵送混凝土和微膨胀抗渗混凝土。同条件制作 C30、C40、C50 混凝土试件和边长为 150mm 立方体混凝土试块，在各个龄期分别进行后装拔出法试验和边长为 150mm 立方体混凝土试块抗压强度试验。普通塑性混凝土、泵送混凝土和微膨胀抗渗混凝土试验数据对比如图 7-4-1 所示。

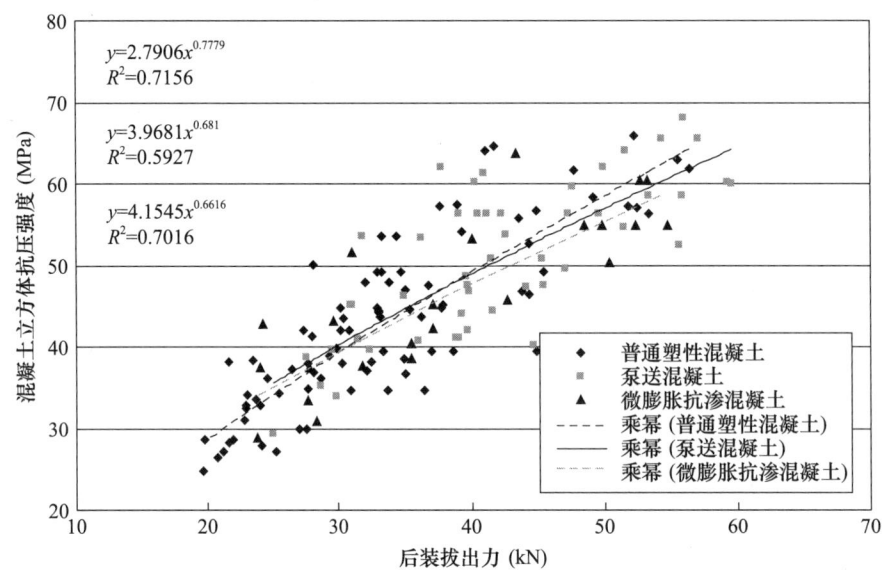

图 7-4-1　不同混凝土后装拔出法试验数据对比

由图 7-4-1 可以看出，三种混凝土散点图无明显分别，在混凝土强度不大于 50MPa 时，测强曲线基本重合，混凝土强度大于 50MPa 时，微膨胀抗渗混凝土后装拔出力稍大，分析认为，50MPa 时微膨胀抗渗混凝土密实性比普通塑性混凝土和泵送混凝土好，所以受拉拔破坏所需力增大 5％左右。

总体分析认为，普通塑性混凝土、泵送混凝土和微膨胀抗渗混凝土试验数据无明显分别，测强曲线相差不超过 5％，证明采用圆环式后装拔出法检测混凝土强度受原材料、外加剂等影响较小。

2. 龄期影响

理论分析认为，后装拔出法应不受龄期影响，课题组将试验数据按龄期分类，对比结果如图 7-4-2 所示。

分析图 7-4-2 可知，各龄期数据没有明显分区，无规律性，证明龄期对后装拔出法的影响不显著。

7.4.2　圆环式后装拔出法测强曲线

理论分析和对比试验证明，高性能混凝土采用圆环式后装拔出法检测准确可靠，且高性能混凝土与普通混凝土圆环式后装拔出法检测结果无明显差异，可采用同一条测强曲线。圆环式后装拔出法散点图及测强曲线如图 7-4-3 所示。

课题组通过对大量试验数据的研究分析，考虑各种因素的影响，在剔除一些异常数据后，考虑实际工作中使用的便利及现场检测时条件的限制，最后确定了山东地区圆环式后装拔出法测强曲线。

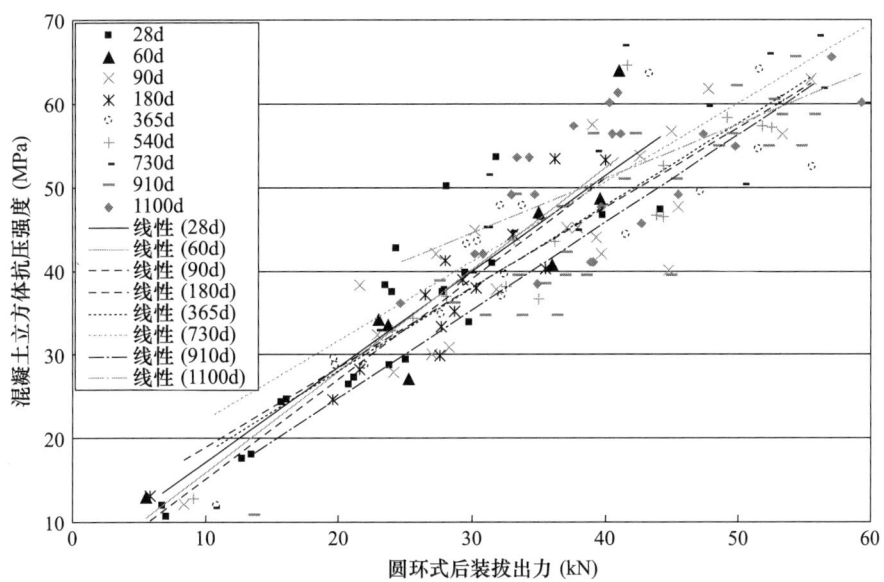

图 7-4-2　圆环式后装拔出法龄期对比

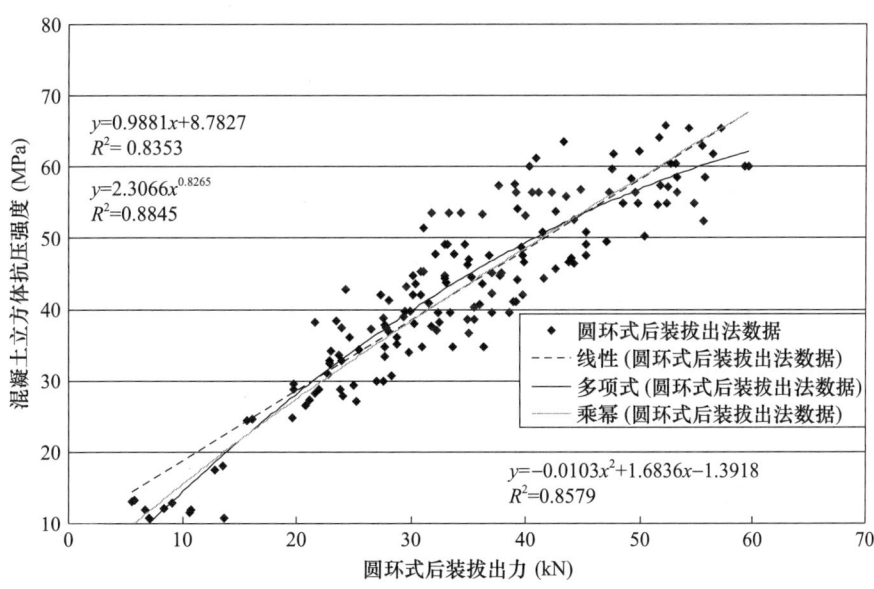

图 7-4-3　圆环式后装拔出法散点图及测强曲线

$$f = 2.3066 T^{0.8265} \tag{7-4-1}$$

其中 $r=0.940$，$s=5.22\text{MPa}$，$\delta=10.08\%$，$e_r=11.92\%$。

式中：T——圆环式后装拔出力值（kN）；

f——混凝土强度换算值（MPa）。

图 7-4-3 中对比了线性回归、乘幂回归、多项式回归三种曲线形式，分析了散点分布与回归曲线的关系，可以看出，线性回归曲线在抗压强度小于 30MPa 时偏离了散点

区，多项式回归与乘幂回归曲线穿过散点中心，同时乘幂回归相关系数最高，因此，课题组确定测强曲线为乘幂回归曲线。

7.4.3 三点式后装拔出法测强影响因素分析

本课题组重点研究泵送混凝土和微膨胀抗渗混凝土两种高性能混凝土，泵送混凝土采用奈系外加剂和聚羧酸类外加剂，同时掺加粉煤灰、矿粉。普通塑性混凝土、泵送混凝土和微膨胀抗渗混凝土试验数据对比如图 7-4-4 所示。

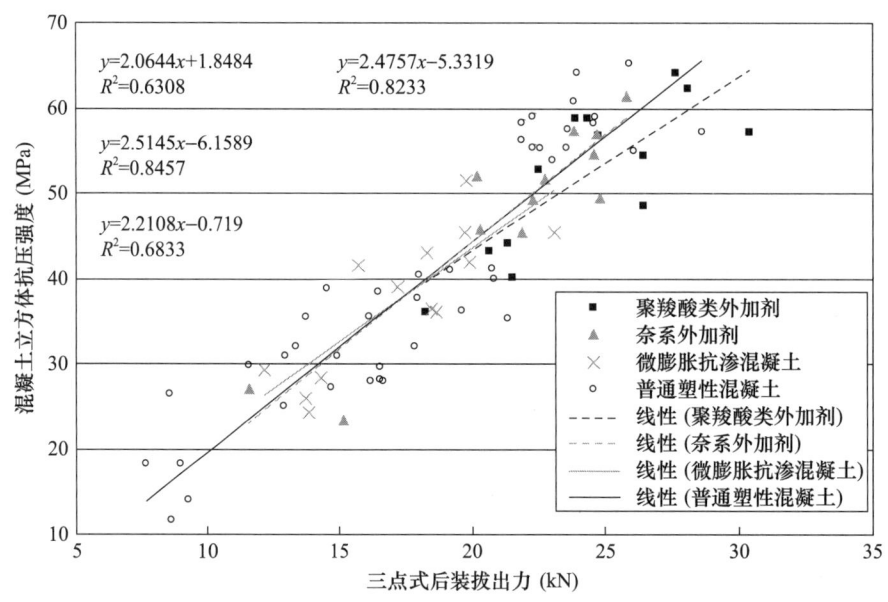

图 7-4-4　三点式后装拔出法混凝土原材料影响对比

由图 7-4-4 可以看出，普通塑性混凝土、泵送混凝土、微膨胀抗渗混凝土试验数据无明显分别，在混凝土强度不大于 50MPa 范围内，测强曲线基本重合，混凝土强度大于 50MPa 时，测强曲线相差不超过 5%，证明采用三点式后装拔出法检测混凝土强度受原材料、外加剂、坍落度等影响较小。

7.4.4 三点式后装拔出法测强曲线

理论分析和对比试验证明，高性能混凝土采用三点式后装拔出法检测准确可靠，且高性能混凝土与普通混凝土三点式后装拔出法检测结果无明显差异，可采用同一条测强曲线。三点式后装拔出法散点图及测强曲线如图 7-4-5 所示。

由图 7-4-5 中对比了线性回归、乘幂回归、多项式回归三种曲线形式，三种回归曲线基本重合，为简化计算，课题组确定测强曲线为线性回归曲线。

课题组通过对大量试验数据的研究分析，考虑各种因素的影响，在剔除一些异常数据后，考虑实际工作中使用的便利及现场检测时条件的限制，最后确定了山东地区三点式后装拔出法测强曲线。

$$f = 2.3815T - 4.1291 \quad (7\text{-}4\text{-}2)$$

其中 $r=0.912$，$s=6.04\text{MPa}$，$\delta=9.80\%$，$e_r=11.77\%$。

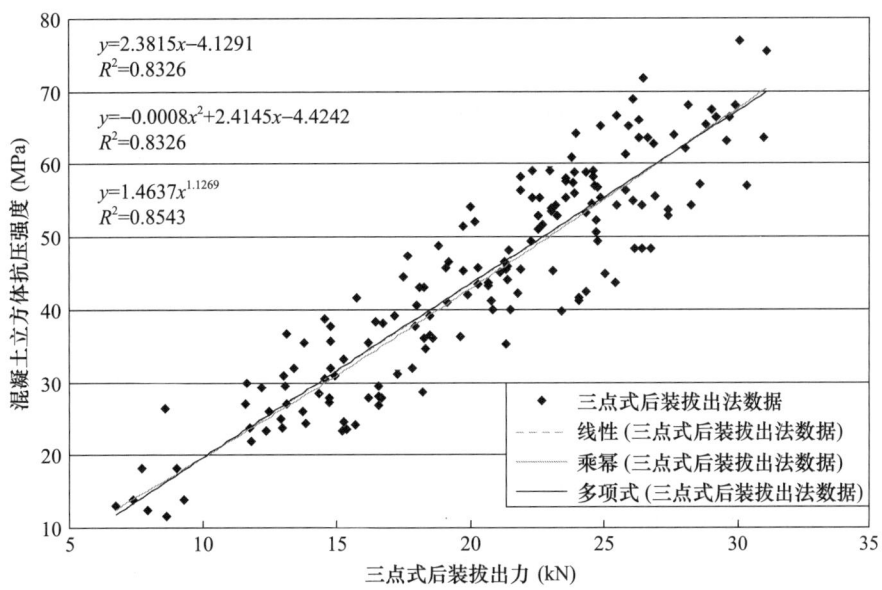

图 7-4-5　三点式后装拔出法散点图及测强曲线

式中：T——三点式后装拔出力值（kN）；
　　　f——混凝土强度换算值（MPa）。

7.4.5　山东省后装拔出法检测混凝土强度技术主要研究成果

（1）课题组通过对大量试验数据的研究分析，考虑各种因素的影响，在剔除一些异常数据后，考虑实际工作中使用的便利及现场检测条件的限制，最后确定了山东省圆环式、三点式后装拔出法测强曲线。

（2）理论分析和对比试验证明，高性能混凝土采用后装拔出法检测准确可靠，且高性能混凝土与普通混凝土后装拔出法检测结果无明显差异，可建立统一测强曲线。

（3）试验证明，后装拔出法受混凝土原材料、外加剂、坍落度等因素影响较小，适用范围广。

7.5　拔出法检测基本要求

7.5.1　拔出法行业协会标准与山东省地方标准对比

山东省于 2022 年发布《后装拔出法检测混凝土抗压强度技术规程》（DB37/T 2365—2022），与行业协会标准《拔出法检测混凝土强度技术规程》（CECS 69：2011）相比有下列特点。

（1）山东省地方标准为后装拔出法检测混凝土抗压强度技术规程，不包括预埋拔出法，行业协会标准包括预埋拔出法。

（2）山东省地方标准适用范围为 10～70MPa，行业协会标准适用范围为 10～80MPa。

（3）山东省地方标准增加异常数据判断处理，考虑混凝土是砂、石、水泥、掺合料等搅拌成的混合料，其强度受原材料、施工方法、养护条件等诸多因素影响，按批抽样检测时，要求进行异常数据判断和处理。

（4）山东省地方标准增加按批抽样检测混凝土强度推定区间，因为抽样检测是以部分样本的混凝土强度推测整体混凝土的强度，准确确定混凝土强度真值是不可能的，从概率统计意义上来说，给出置信度和保证率后，我们能够确定混凝土的真值处于某个区间。

（5）山东省地方标准增加异常构件处理，规定将同一检测批中各构件测区混凝土强度换算值的最小值$f_{cu,min}$与$f_{cu,e}$进行对比，若$f_{cu,e}-f_{cu,min}>5.0$，则应将该构件作为异常构件。强度明显低于$f_{cu,e}$的异常构件正是结构混凝土的最薄弱部位，如果只是把这些数据简单剔除，就会给工程留下隐患，所以要求对这部分混凝土及同时施工的混凝土重新进行检测。

检测单位在检测前应与工程有关各方协商，确定检测方法及依据标准，检测时严格按照检测标准要求进行操作。

以下是对拔出法检测混凝土强度关键技术的介绍，以行业协会标准《拔出法检测混凝土强度技术规程》（CECS 69：2011）为基础，同时介绍山东省地方标准《后装拔出法检测混凝土抗压强度技术规程》（DB37/T 2365—2022）。

7.5.2 拔出法测强曲线

《拔出法检测混凝土强度技术规程》（CECS 69：2011）适用于测试面与内部质量一致的混凝土结构或构件的检测，被检测混凝土抗压强度为 10.0~80.0MPa，混凝土强度换算值可按下列公式计算。

（1）后装拔出法（圆环式）。

$$f_{cu}^c = 1.55F + 2.35 \tag{7-5-1}$$

（2）后装拔出法（三点式）。

$$f_{cu}^c = 2.76F - 11.54 \tag{7-5-2}$$

（3）预埋拔出法。

$$f_{cu}^c = 1.28F - 0.64 \tag{7-5-3}$$

式中：f_{cu}^c——混凝土强度换算值（MPa），精确至 0.1MPa；

F——拔出力代表值（kN），精确至 0.1kN。

《拔出法检测混凝土强度技术规程》（CECS 69：2011）规定：当有地区测强曲线或专用测强曲线时，应按地区测强曲线或专用测强曲线计算，测强曲线相对标准差不应大于 12%。

山东省地方标准《后装拔出法检测混凝土抗压强度技术规程》（DB37/T 2365—2022）规定：本标准适用于符合下列条件的混凝土强度的检测。

（1）粗骨料为碎石，干密度为 2000~2800kg/m³ 的普通混凝土。

（2）检测部位混凝土表层与内部质量应一致。

（3）采用符合《混凝土结构工程施工质量验收规范》（GB 50204—2015）规定的钢模、木模及其他材料制作的模板。

(4) 自然养护或蒸汽养护出池后经自然养护7d以上,且混凝土表层为干燥状态。
(5) 龄期14d以上。
(6) 抗压强度为10.0～70.0MPa。

后装拔出法山东地区测强曲线见表7-5-1。

表 7-5-1　后装拔出法山东地区测强曲线

分类	测强曲线	相关系数 r	剩余标准离差 s（MPa）	平均相对误差 δ（%）	相对标准差 e_r（%）
圆环式	$f=2.3066T^{0.8265}$	0.940	5.22	10.08	11.92
三点式	$f=2.3815T-4.1291$	0.912	6.04	9.80	11.77

山东省地方标准《后装拔出法检测混凝土抗压强度技术规程》(DB37/T 2365—2022)同时规定:当混凝土有下列情况之一时,不得按本规程所给测强曲线计算测点混凝土抗压强度换算值,但可制定专用测强曲线或通过试验进行修正。
(1) 粗骨料最大粒径大于40mm。
(2) 特种成型工艺制作。
(3) 长期处于高温、潮湿或浸水环境。

7.5.3　确定检测方法

《拔出法检测混凝土强度技术规程》(CECS 69:2011)中预埋拔出法规定:下列情况宜采用预埋拔出法。
(1) 确定拆除模板或施加荷载的时间。
(2) 确定施加或放张预应力的时间。
(3) 确定预制构件吊装的时间。
(4) 确定停止湿热养护或冬季施工时停止保温的时间。

预埋拔出法反力支撑环内环直径为55mm,与圆环式后装拔出法相同,采用圆环式拔出仪进行检测。

7.5.4　检测前收集资料

检测前应全面、正确地了解被检测结构或构件的情况,宜收集下列资料。
(1) 工程名称及建设单位、设计单位、施工单位和监理单位名称。
(2) 结构或构件名称、混凝土设计强度等级及施工图纸。
(3) 水泥品种、强度等级、安定性检验报告、用量、厂名、出厂日期,砂石品种、粒径,外加剂或掺合料品种、掺量以及混凝土配合比情况等。
(4) 施工时材料计量情况、模板类型、混凝土浇筑和养护情况及成型日期。
(5) 结构或构件的试块混凝土强度试压资料以及相关的施工技术资料。
(6) 结构或构件存在的质量问题或检测原因等。

上述情况中以了解水泥的安定性合格与否最为重要,若水泥的安定性不合格,则不适于采用该方法进行检测。

7.5.5 确定检测方式

检测结构或构件混凝土强度可采用两种方式，其适用范围及检测构件数量应符合下列规定。

（1）单个构件检测：适用于单独的结构或构件的检测；主要用于对独立结构（如现浇整体的壳体、烟囱、水塔、连续墙等）和单独构件（如结构物中的柱、梁、屋架、板、基础等）的混凝土强度进行检测推定。对施工异常或有明显的质量问题的某些构件，宜采用单个构件检测的方法。

（2）按批抽样检测：适用于混凝土强度等级相同，原材料、配合比、施工工艺、养护条件基本一致，龄期相近，且所处环境相同的同种类结构或构件。同一检测批构件总数不应少于5个，否则，应按单个构件检测。

确定单个构件检测或按批抽样检测的方法，主要应根据检测要求及被检测结构或构件情况而定。当施工正常且构件较多，因未预留试块使得建筑物资料不齐全，或对预留试块强度有怀疑时，常采用按批抽样检测的方法对同批混凝土构件强度进行推定。需要强调指出的是，按批抽样检测只能适用于同一检测批混凝土结构或构件。具体抽样的方法和数量，一般由建设单位、施工单位、监理单位和检测单位等多个单位共同协商确定，但应遵守随机抽样原则。

《拔出法检测混凝土强度技术规程》（CECS 69：2011）规定：当同批构件按批抽样检测时，抽检数量应符合现行国家标准《建筑结构检测技术标准》（GB/T 50344—2019）的有关规定，每个构件宜布置1个测点，且最小样本容量不宜少于15个。

山东省地方标准《后装拔出法检测混凝土抗压强度技术规程》（DB37/T 2365—2022）规定，按批抽样检测时，应进行随机抽样，且抽测构件最小数量应符合表3-3-1的要求。

7.6 后装拔出法检测技术要点

7.6.1 一般规定

后装拔出法可采用圆环式拔出仪或三点式拔出仪进行检测。

拔出法检测前，应检查钻孔机、磨槽机、拔出仪的工作状态是否正常，测量钻头、磨头、锚固件的规格、尺寸是否满足成孔要求。

7.6.2 测点布置

测点布置应符合下列规定。

（1）按单个构件检测时，应在构件上至少均匀布置3个测点。当3个拔出力值中的最大值和最小值与中间值之差均小于中间值的15%时，仅布置3个测点即可；当最大拔值或最小值与中间值之差大于中间值的15%（包括两者均大于中间值的15%）时，应在最小拔出力值测点附近再加测2个测点。

（2）当同批构件按批抽样检测时，抽检数量应符合"7.5 拔出法检测基本要求"节有关规定,每个构件至少布置 1 个测点,且最小样本容量不宜少于 15 个。

(3) 测点宜布置在构件混凝土成型的侧面,混凝土成型的侧面确实无法布置测点时,可在混凝土成型的顶面布置测点。此时,应用电动磨平机将测点部位混凝土打磨平整,不平整度在 100mm 长度内不大于 0.2mm,圆环式支承应保证反力支撑环面与混凝土面完全接触。

(4) 在构件的受力较大及薄弱部位应布置测点,相邻两测点的间距不应小于 250mm,测试部位的混凝土厚度不宜小于 80 mm;当采用圆环式拔出仪时,测点距构件边缘不应小于 100mm;当采用三点式拔出仪时,测点距构件边缘不应小于 150mm。

(5) 测点应避开接缝、蜂窝、麻面部位和混凝土表层的钢筋、预埋件。

(6) 检测面应为原状混凝土面,不应有装饰层、疏松层、浮浆、油垢,否则应将装饰层、疏松层和杂物清除,必要时进行磨平处理,并将残留的粉末和碎屑清理干净。

7.6.3 钻孔与磨槽

在钻孔过程中,钻头应始终与混凝土表面保持垂直,垂直度偏差不应大于 3°。

在混凝土孔壁磨环形槽时,磨槽机的定位圆盘应始终紧靠混凝土表面回转,磨出的环形槽应规整。

成孔尺寸应满足"7.3.1 基本要求"中的要求,环形槽深度 c 应不小于胀簧锚固台阶 b。

7.6.4 拔出检测

将胀簧插入成型孔内,通过胀杆使胀簧锚固台阶完全嵌入环形槽内,保证锚固可靠。

拔出仪与锚固件用拉杆连接对中,并与混凝土表面垂直。

施加拔出力应连续均匀,速度应控制在 0.5~1.0kN/s。施加拔出力至混凝土拔出破坏、测力显示器读数不再增加为止,记录极限拔出值,精确至 0.1kN。

对结构或构件进行检测时,应采取有效措施防止拔出仪及机具脱落摔坏或伤人。

拔出检测后,应对拔出检测造成的混凝土破损部位进行修补。

当后装拔出检测出现下列情况之一时,应做详细记录,并将该值舍去,在该测点附近补测一个测点。

(1) 锚固件在混凝土孔内滑移或断裂。

(2) 被测构件在拔出检测时出现断裂。

(3) 反力支撑内的混凝土仅有小部分破损或被拔出,而大部分无损伤。

(4) 在拔出混凝土的破坏面上,有蜂窝、空洞、疏松等缺陷;有泥土、砖块、钢筋、木板等异物。

(5) 当采用圆环式后装拔出法检测装置时,检测后在混凝土测试面上见不到完整的环形压痕;在反力支撑环外出现混凝土裂缝。

7.7 预埋拔出法检测技术要点

7.7.1 测点布置

预埋件的布点数量和位置应预先规划确定。按单个构件检测时，应至少设置 3 个预埋点；当按批抽样检测时，抽检数量应满足"7.3.1 基本要求"中的规定，且被抽检构件每个至少 1 个预埋点，同批预埋点总数不宜少于 15 个。

预埋点相互之间的距离不应小于 250mm；预埋点离混凝土边缘的距离不应小于 100mm；预埋点部位的混凝土厚度不宜小于 80mm；预埋件与钢筋边缘间的净距离不应小于 25mm。

7.7.2 检测前期工作

预埋拔出法检测现场操作步骤为安装预埋件、浇筑混凝土、拆除连接件、拉拔锚盘、拔出试验。

锚盘、定位杆和连接圆盘连接组成预埋件，如图 7-7-1 所示。在连接圆盘、锚盘和定位杆外表宜薄涂一层机油或其他隔离剂，以便拆除连接圆盘、定位杆等。

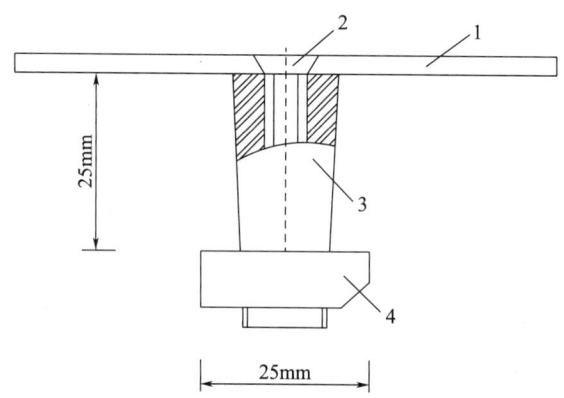

1—连接圆盘；2—沉头螺钉；3—定位杆；4—锚盘。

图 7-7-1 预埋件结构示意

在浇筑混凝土前，预埋件应安装在划定测点部位和模板内侧。连接圆盘与模板牢固连接。当测点在浇筑顶面时，应将连接圆盘牢固连接在木板上，确保木板漂浮在混凝土表面。

混凝土浇筑振捣过程中，应注意不损伤预埋件，同时预埋件附近的混凝土应与其他部位同样浇筑振捣密实，不得漏振。

混凝土拆模后应预先将定位杆旋松；进行拔出试验前，应把连接圆盘和定位杆拆除。

7.7.3 拔出检测

拔出检测前，应确认预埋件未受损伤，并检查拔出仪工作状态是否正常。

拔出检测时，应将拉杆一端穿过小孔旋入锚盘中，另一端与拔出仪连接。拔出仪的反力支撑应均匀地压紧混凝土测试面，并与拉杆和锚盘处于同一轴线。

施加拔出力应连续均匀，速度应控制在 0.5~1.0kN/s。施加拔出力至混凝土开裂破坏、测力显示器读数不再增加为止，记录极限拔出力值，精确至 0.1kN。

对结构或构件进行检测时，应采取有效措施防止拔出仪及机具脱落摔坏或伤人。

拔出检测后，应对拔出检测造成的混凝土破损部位进行修补。

当预埋拔出检测出现下列情况之一时，可采用后装拔出法补充检测。

(1) 单个构件检测时，因预埋件损伤或异常而导致有效测点不足 3 个。

(2) 按批抽样检测时，因预埋件损伤或数据异常而导致样本容量不足 15 个，无法按批进行推定。

7.8 拔出法混凝土强度推定

7.8.1 单个构件检测混凝土强度推定

(1) 单个构件的拔出力代表值，应按下列规定取值。

① 当构件 3 个拔出力值中的最大值和最小值与中间值之差的绝对值均小于中间值的 15% 时，取最小值作为该构件的拔出力代表值。

② 当构件 3 个拔出力值中的最大值和最小值与中间值之差的绝对值有一个或全部大于中间值的 15% 时，按"7.6.2 测点布置的规定"加测，加测的 2 个拔出力值和最小拔出力值一起取平均值，再与前一次的拔出力中间值比较，取小值作为该构件拔出力代表值。

(2) 将单个构件的拔出力代表值根据不同的检测方法代入对应公式中，计算混凝土强度换算值，作为单个构件混凝土强度推定值 $f_{cu,e}$。

7.8.2 钻芯修正

《拔出法检测混凝土强度技术规程》(CECS 69：2011) 修订后取消了钻芯法修正的内容。

山东省地方标准《后装拔出法检测混凝土抗压强度技术规程》(DB37/T 2365—2022) 规定：当对后装拔出法检测结果有怀疑时，宜进行钻芯修正，钻取芯样部位、芯样加工技术要求及修正量计算等均应符合钻芯法的有关规定。

后续数据处理、计算和按批抽样检测混凝土强度推定按"3.4 混凝土强度检测结果处理"进行。

第8章 剪压法检测混凝土强度技术

8.1 剪压法定义和基本原理

1999年中国建筑科学研究院研制开发了剪压法检测混凝土抗压强度的新方法，2010年编制出《剪压法检测混凝土抗压强度技术规程》（CECS 278：2010），剪压法是一种对构件具有直角边的角部微破损的方法，检测精度较高，损伤也比较轻，有比较广阔的应用前景。

剪压法是用专用剪压仪对混凝土构件直角边施加垂直于承压面的压力，使构件直角边产生局部剪压破坏，并根据剪压力来推定混凝土强度的检测方法。因此，不适用于表层与内部质量有明显差异或内部存在缺陷的结构或构件混凝土强度的检测。剪压法检测混凝土的抗压强度时，其构件截面应具备能固定剪压仪的条件，所检测构件应具有2个平行的面，另一侧面需与2个平行面垂直。

本部分以《剪压法检测混凝土抗压强度技术规程》（CECS 278：2010）为基础，介绍剪压法检测混凝土抗压强度技术。

8.2 剪压仪

8.2.1 剪压仪结构

剪压仪应由基架、螺杆、加压油缸、手摇泵、数字压力表等组成（图8-2-1）。

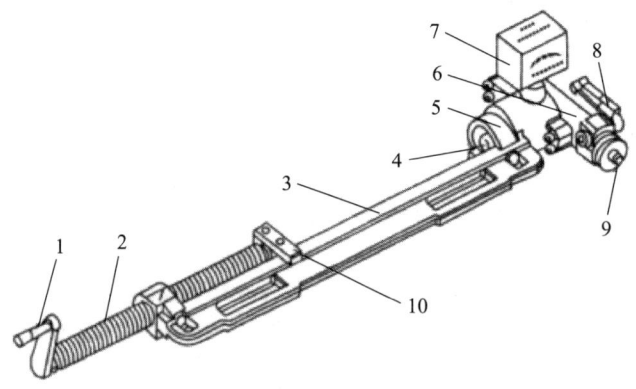

1—螺杆摇柄；2—螺杆；3—基架；4—压头；5—加压油缸；6—手摇泵；
7—数字压力表；8—手摇泵手柄；9—加压螺杆；10—承压板。

图8-2-1 剪压仪

8.2.2 剪压仪技术要求

用于混凝土强度检测的剪压仪应有产品合格证和经校准后符合测试要求的校准证书。使用时的环境温度应为－10～40℃，同时还应符合下列规定。

(1) 剪压仪压头的直径应为（20±0.2）mm。
(2) 剪压仪应设有限位装置。剪压仪就位后，压头圆柱面与构件承压面垂直的相邻面应相切。
(3) 压头工作行程不应小于15mm。
(4) 最大剪压力不应小于70kN。
(5) 在最大剪压力下，基架侧向变形不应大于基架长度的1/500。
(6) 数字压力表最小分度应为0.1kN，数字压力表每递增5kN后的读数与标准压力传感器或测力计的相对误差宜在±2%以内。
(7) 数字压力表应具有峰值保持、延时断电和数据储存功能。
(8) 承压板尺寸不宜小于40mm×45mm，且其任意转动的角度不宜小于2°。
(9) 剪压仪上宜设防止仪器坠落的安全装置。

剪压仪的压头直径是确定的，若直径不统一，则会引起剪压部位承压面面积的变化，从而导致剪压力的不同。剪压仪压头的直径之所以取（20±0.2）mm，是考虑梁、柱、墙的钢筋保护层厚度一般不小于25mm，这样可避免混凝土中钢筋对剪压仪检测的影响。

剪压仪的螺杆、油缸尺寸等导致最大剪压力不宜大于90kN。一般而言，仪器设备的使用范围在量程的20%～80%时较准确，平时使用时，剪压仪的剪压力宜控制在70kN以下。

8.2.3 剪压仪校准与保养

剪压仪是用来产生剪压力的仪器。一般量测剪压力大小是通过量测油压系统的油压大小来实现的，由于油缸和活塞之间存在摩擦力，而且摩擦力大小随着仪器的使用次数增加、油的黏度变化及零件更换等而变化，并将影响剪压力的量测精度。为此，规程规定了定期校准，更换油及零件后以及维修后需进行校准。剪压仪具有下列情况之一时，应进行校准。

(1) 新剪压仪启用前。
(2) 超过校准有效期。
(3) 累计剪压次数超过1000次。
(4) 遭受严重撞击或其他损害。
(5) 更换液压油及零件。
(6) 维修后。
(7) 对测试值有怀疑时。

剪压仪的校准有效期宜为1年，应对装配于剪压仪上的数字压力表读数、压头直径和工作行程进行校准，对定位螺杆尺寸与基架变形状况进行核查，校准结果应符合剪压仪的技术要求。

剪压仪应按下列要求进行保养。

（1）仪器外露部件应进行定期擦洗，重点擦洗定位螺杆与加压螺杆上的灰尘等杂物，擦洗后应在螺杆上涂抹润滑油。

（2）当仪器长时间不用时，应将数字压力表内的电池取出。

剪压仪使用完毕后应将挤压头退回缸体内，使回程弹簧处于自由状态，应清除仪器上的污垢、灰尘，将仪器平放在干燥阴凉处。

8.3 剪压法检测技术要点

8.3.1 适用条件

被检测结构或构件的混凝土应符合下列规定。

（1）混凝土用水泥应符合现行国家标准《通用硅酸盐水泥》（GB 175—2023）的规定。

（2）混凝土用砂、石骨料应符合现行行业标准《普通混凝土用砂、石质量及检验方法标准》（JGJ 52—2006）的规定。

（3）混凝土应采用普通成型工艺。

（4）钢模、木模及其他材料制作的模板应符合现行国家标准《混凝土结构工程施工质量验收规范》（GB 50204—2015）的规定。

（5）龄期不应少于 14d。

（6）抗压强度应在 10～60MPa 范围内。

（7）结构或构件厚度不应小于 80mm。

8.3.2 检测准备

1. 收集资料

在结构或构件混凝土强度检测前，检测人员宜对下列情况进行了解。

（1）工程名称及建设、设计、施工、监理（或监督）单位名称。

（2）结构或构件名称、外形尺寸、数量及混凝土设计强度等级。

（3）水泥品种、强度等级，砂、石种类与粒径，混凝土配合比等。

（4）混凝土生产与输送方式，模板、浇筑、养护情况及成型日期等。

（5）必要的设计图纸和施工记录。

（6）检测原因。

2. 检测方式选择

结构或构件混凝土强度可按单个构件检测或按检验批抽样检测。按检验批抽样检测时，构件抽样数不应少于同批构件数的 10%；当同一检验批中构件混凝土外观质量较差或构件混凝土强度差异较大时，构件抽样数不应少于同批构件数的 15%。

当结构或构件需按检验批进行检测时，同时符合下列条件的同一单位（单体）工程的构件方可作为同一检验批。

(1) 混凝土强度等级相同。
(2) 混凝土原材料、配合比、成型工艺、养护条件及龄期基本相同。
(3) 构件种类相同。
(4) 所处环境相同。

3. 测区布置

测位数量与布置应符合下列规定。

(1) 在所检测构件上应均匀布置3个测位，当3个剪压力中的最大值和最小值与中间值之差的绝对值均超过中间值的15%时，应再加测2个测位。

(2) 测位宜沿构件纵向均匀布置，相邻两测位宜布置在构件的不同侧面上。测位离构件端头不应小于0.2m，两相邻测位间的距离不应小于0.3m。

(3) 测位处混凝土应平整，无裂缝、疏松、孔洞、蜂窝等外观缺陷。测位不得布置在混凝土成型的顶面。

(4) 测位处相邻面的夹角应在88°～92°之间，当不满足这一要求时，可用砂轮略做打磨处理。

(5) 测位应避开预埋件和钢筋；

(6) 结构或构件的测位宜标有清晰的编号。

考虑构件不同侧面的测位剪压力可能有差异，相邻两测位宜布置在构件的不同侧面上，以保证测位有一定的代表性。

剪压检测时，在承压平面内破坏面宽度一般小于100mm，距承压面的深度一般小于80mm，测位离构件端头过近，易引起对剪压面的约束作用，使剪压力不能反映混凝土的实际强度，因此，规定测位离构件端头不应小于0.2m；如两相邻测位间的距离过近，会引起相邻测试点破坏面的重叠，从而导致剪压力不能反映混凝土的实际强度，因此，规定两相邻测位间的距离不应小于0.3m。测位处混凝土的裂缝、疏松、孔洞、蜂窝等外观缺陷会影响剪压力的大小，应避开外观质量有缺陷的部位。混凝土成型的顶面往往不平，表面水泥浆过多，不能真实反映混凝土的强度，因此，应避免在混凝土成型的顶面布置测位。对于现浇楼板而言，应将测位布置在楼板底面。

剪压检测前可用钢筋磁感仪或雷达仪检测钢筋或预埋件的位置，测位应避开钢筋和预埋件。检测后应查看破坏面有无钢筋或预埋件，如果有钢筋或预埋件，则应按要求进行重测。

8.3.3 剪压力测量

检测前，应对剪压仪的工作状态进行检查。在确认其工作状态良好后，方可进行检测。由于剪压仪不固定在构件上，主要通过手扶维持。另外，剪压检测时有角部混凝土崩落现象，因此应注意安全。

检测时，应将剪压仪在测位安装就位，圆形压头轴线与构件承压面应垂直，压头圆柱面与构件承压面垂直的相邻面应相切（图8-3-1）。

对构件进行检测时，应采取有效保护措施，防止剪压仪及混凝土脱落伤人。开启数字压力表后，应按清零键并使数字压力表处于峰值保持状态。摇动手摇泵手柄，应连续均匀施加剪压力，加力速度宜控制在1.0kN/s以内，直至剪压部位混凝土破坏，记录

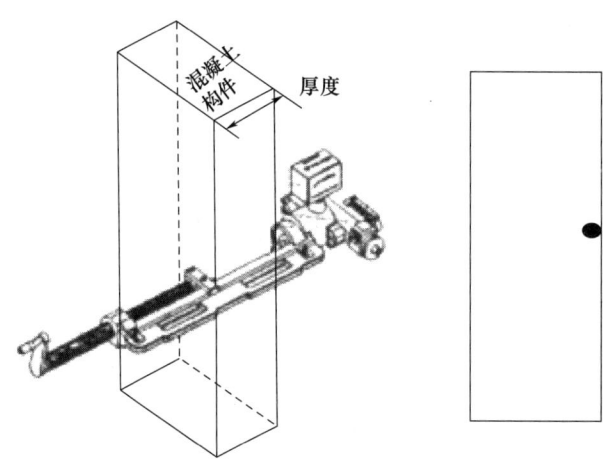

(a) 压头轴线与构件承压面垂直　　(b) 压头圆柱面与构件承压面
　　　　　　　　　　　　　　　　　　 垂直的相邻面相切

图 8-3-1　剪压仪安装示意

破坏状态和破坏时的剪压力，精确至 0.1kN。

剪压检测后，构件在测位的角部混凝土一般碎裂、剥落，剥落后的缺陷呈斧头状，被剪面的缺陷呈圆形。缺陷部位混凝土的破坏特征有混凝土中的粗骨料与砂浆的界面破坏、粗骨料破坏、粗骨料及其与砂浆的界面同时破坏、构件出现裂缝。对与承压方向垂直的钢筋配筋率达 0.2% 以上的钢筋混凝土构件而言，破坏特征为出现裂缝的现象几乎很少；对素混凝土而言，粗骨料最大粒径较大时混凝土中的粗骨料碎裂往往伴随被测构件开裂。当剪压破坏面出现下列情况之一时，检测无效，并应在距测位 0.3～0.5m 处补测。

(1) 有外露的钢筋。
(2) 有外露的预埋件。
(3) 有夹杂物。
(4) 有空洞。
(5) 其他异常情况。

当检测结果异常时，应特别注意破坏的状况，避免出现因测位处非剪压破坏而引起测试结果失真的情况。其他异常情况主要指以下几种：其一，剪压仪安装不妥，加压后剪压仪滑脱而引起剪压破坏面过小、剪压力偏低；其二，测位处有粗骨料，加压后仅粗骨料从混凝土中剥脱，也引起剪压破坏面过小、剪压力偏低；其三，当剪压破坏面中未发现有粗骨料时，剪压力会偏低。

检测后，应对剪压检测造成的混凝土破坏部位进行修补。剪压检测后，构件角部局部破坏属于正常现象，但应注意剪压后剪压部位是否有裂缝产生，产生的裂缝是否对构件受力有一定影响，并应用恰当的修复方法来恢复原有构件受力性能。

8.3.4　混凝土抗压强度计算及推定

1. 剪压法测强曲线确定

剪压法测强曲线是根据中国建筑科学研究院有限公司、安徽省建筑科学研究设计院、重庆市建筑科学研究院有限公司、深圳市建设工程质量检测中心、陕西省建筑科学研究院有限公司、黑龙江省寒地建筑工程质量检测中心、陕西省建筑科学研究院有限公司等试验结果回归的曲线，详见表8-3-1。

表 8-3-1　剪压法测强曲线

剪压法测强曲线	强度范围（MPa）	相关系数
$f_{cu,i}^c = 1.4N_i$	7.5～60.0	0.91

为了解含水率对剪压法测强的影响，合肥市检测中心和马鞍山市检测中心进行了不同含水率对剪压法测强的影响试验，其比对试验结果见表8-3-2。试验结果表明，混凝土强度在40MPa及以下时，不同含水率对剪压法测强的影响很小，绝对误差在3MPa以内；混凝土强度在40MPa以上时，含水率为情况饱水状态导致绝对误差在3～5MPa，故规定含水率情况为表干或面层潮湿状态均可。

表 8-3-2　混凝土含水率对碎石普通混凝土剪压法测强的影响

含水率情况	测强曲线	相关系数	测强范围（MPa）
表面干燥	$f_{cu,i}^c = 1.1566N + 4.1626$	0.83	17.0～50.9
表面潮湿	$f_{cu,i}^c = 1.4517N - 3.1640$	0.94	16.4～51.6
饱水状态	$f_{cu,i}^c = 1.4326N - 0.9389$	0.90	16.6～50.2

为了解粗骨料粒径对剪压法测强的影响，安徽省建筑工程质量第二监督检测站有限公司和芜湖市检测公司进行了不同粗骨料粒径对剪压法测强的影响试验，其比对试验结果见表8-3-3。试验结果表明，混凝土强度在35MPa以下时，不同粒级混凝土剪压法测强的绝对误差在3MPa以内；混凝土强度在40MPa以上时，不同粒级混凝土剪压法测强误差较大，但5～25mm粒级与16～32mm粒级间绝对误差在1MPa以内，一般采用5～25mm和16～32mm粒级配制C35以上混凝土。因此，剪压法测强曲线可不考虑各种粒级的影响。

表 8-3-3　粗骨料粒径对剪压法测强的影响

碎石粒径	测强曲线	相关系数	测强范围（MPa）
5～25mm	$f_{cu,i}^c = 1.3038N - 0.7082$	0.84	23.6～60.6
5～40mm	$f_{cu,i}^c = 1.7464N - 8.6389$	0.95	24.4～58.1
16～32mm	$f_{cu,i}^c = 1.2456N + 2.2443$	0.94	22.5～56.0
20～40mm	$f_{cu,i}^c = 1.5831N - 5.9318$	0.93	13.2～40.2

当现场检测条件与测强曲线的适用条件有较大差异时，应从结构或构件中钻取混凝土芯样试件进行修正。当绝大多数剪压破坏面中未发现有粗骨料时，有可能造成检测结果偏低，应考虑用钻芯法对剪压法检测结果进行修正。

修正的方法有修正系数法和修正量法，《剪压法检测混凝土抗压强度技术规程》（CECS 278：2010）采用修正系数法。在确定修正系数时，芯样试件数量不应少于4个，且应在不同的构件上钻取芯样试件。

工程实践和理论分析表明，修正系数的准确程度与确定修正系数的试件数量有关。

混凝土芯样试件越多，其准确度越高，但结构或构件中钻取混凝土芯样过多，会影响结构或构件的承载力，因此，规定钻取的芯样数量不应少于4个。

2. 计算混凝土抗压强度换算值

结结构或构件第 i 个测位混凝土抗压强度换算值应按下式计算。

$$f_{cu,i}^c = 1.4 N_i \qquad (8\text{-}3\text{-}1)$$

式中：$f_{cu,i}^c$——测位混凝土抗压强度换算值（MPa），精确至0.1MPa；

N_i——测位的剪压力（kN），精确至0.1kN。

3. 钻芯修正

当结构或构件所采用的材料与《剪压法检测混凝土抗压强度技术规程》（CECS 278：2010）第4.1.1条所规定的材料有较大差异，或对剪压法检测结果有怀疑时，应从结构或构件中钻取混凝土芯样，根据芯样强度对混凝土抗压强度换算值进行修正。芯样数量不应少于4个，在每个钻取芯样部位的附近进行3个测位的剪压检测，取3个剪压力的平均值代入式（8-3-2）中，计算每个芯样附近的混凝土抗压强度换算值，修正系数应按下式计算。

$$\eta = \frac{1}{n} \sum_{i=1}^{n} \frac{f_{cor,i}}{f_{cu,i}^c} \qquad (8\text{-}3\text{-}2)$$

式中：η——修正系数，精确至0.01；

$f_{cu,i}^c$——第 i 个芯样附近的混凝土抗压强度换算值（MPa），精确至0.1MPa；

$f_{cor,i}$——第 i 个芯样试件的混凝土抗压强度值（MPa），精确至0.1MPa；

n——芯样数（个）。

当用钻芯法对剪压法进行修正时，芯样的钻取、加工、试验等应符合现行行业标准《钻芯法检测混凝土强度技术规程》（CECS 03：2007）的要求。各测位混凝土抗压强度换算值均应乘以修正系数 η。

4. 混凝土强度推定

当按单个构件检测时，构件上的总测位数为3个或5个，构件混凝土强度代表值和推定值的确定参照现行国家标准《混凝土强度检验评定标准》（GB/T 50107—2010）中混凝土强度标准差未知时的非统计评定方法。应将构件中各测位混凝土强度换算值的平均值作为构件混凝土强度代表值，将构件混凝土强度代表值除以1.15后的值作为构件混凝土强度推定值。

当检验批中所抽检构件数少于10个时，检验批的混凝土强度推定值的确定参照现行国家标准《混凝土强度检验评定标准》（GB/T 50107—2010）中混凝土强度标准差未知时的非统计评定方法，检验批的混凝土强度推定值应按下列公式计算。

$$f_{cu,e1} = \frac{m_{f_{cu}^c}}{1.15} \qquad (8\text{-}3\text{-}3)$$

$$f_{cu,e2} = \frac{f_{m,min}^c}{0.95} \qquad (8\text{-}3\text{-}4)$$

式中：$f_{cu,e1}$，$f_{cu,e2}$——检验批的混凝土强度推定值；

$m_{f_{cu}^c}$——检验批中所抽检构件混凝土强度代表值的平均值（MPa），精确至0.1MPa；

$f_{\mathrm{m,min}}^{\mathrm{c}}$——检验批中构件混凝土强度代表值中的最小值（MPa），精确至0.1MPa。

取$f_{\mathrm{cu,e1}}$，$f_{\mathrm{cu,e2}}$中的较小值作为该检验批的混凝土强度推定值。

当检验批中所抽检构件数不少于10个时，检验批的混凝土强度推定值的确定参照现行国家标准《混凝土强度检验评定标准》（GB/T 50107—2010）中混凝土强度标准差未知时的统计评定方法。检验批中所抽检构件混凝土强度代表值的平均值和标准差应按下列公式计算。

$$m_{f_{\mathrm{cu}}^{\mathrm{c}}} = \frac{1}{n}\sum_{i=1}^{n} f_{\mathrm{m},i}^{\mathrm{c}} \tag{8-3-5}$$

$$S_{f_{\mathrm{cu}}^{\mathrm{c}}} = \sqrt{\frac{\sum_{i=1}^{n}(f_{\mathrm{m},i}^{\mathrm{c}} - m_{f_{\mathrm{cu}}^{\mathrm{c}}})^2}{n-1}} \tag{8-3-6}$$

式中：$m_{f_{\mathrm{cu}}^{\mathrm{c}}}$——检验批中所抽检构件混凝土强度代表值的平均值（MPa），精确至0.1MPa；

n——检验批中所抽检的构件数；

$f_{\mathrm{m},i}^{\mathrm{c}}$——第$i$个构件混凝土强度代表值（MPa），精确至0.1MPa；

$S_{f_{\mathrm{cu}}^{\mathrm{c}}}$——检验批中所抽检构件混凝土强度代表值的标准差（MPa），精确至0.01MPa。

当检验批中所抽检构件数不少于10个时，检验批的混凝土强度推定值应按下列公式计算。

$$f_{\mathrm{cu,e1}} = m_{f_{\mathrm{cu}}^{\mathrm{c}}} - \lambda_1 s_{f_{\mathrm{cu}}^{\mathrm{c}}} \tag{8-3-7}$$

$$f_{\mathrm{cu,e2}} = \frac{f_{\mathrm{m,min}}^{\mathrm{c}}}{\lambda_2} \tag{8-3-8}$$

式中：$f_{\mathrm{cu,e1}}$，$f_{\mathrm{cu,e2}}$——检验批的混凝土强度推定值；

$m_{f_{\mathrm{cu}}^{\mathrm{c}}}$——检验批中所抽检构件混凝土强度代表值的平均值（MPa），精确至0.1MPa；

$S_{f_{\mathrm{cu}}^{\mathrm{c}}}$——检验批中所抽检构件混凝土强度代表值的标准差（MPa），精确至0.01MPa；

$f_{\mathrm{m,min}}^{\mathrm{c}}$——检验批中构件混凝土强度代表值中的最小值（MPa），精确至0.1MPa；

λ_1，λ_2——判定系数，应按表8-3-4取值。

表8-3-4 混凝土强度判定系数

抽检构件数	10～14	15～19	≥20
λ_1	1.15	1.05	0.95
λ_2	0.90	0.85	

5. 异常值判断与处理

确定检测批混凝土强度测定值时，可剔除构件混凝土强度代表值中的离群值。剔除规则应按现行国家标准《数据的统计处理和解释 正态样本离群值的判断和处理》

(GB/T 4883—2008）的规定执行。剔除离群值后，检验批中构件数应满足最少构件数的要求，并应重新计算检验批中混凝土强度代表值的平均值、标准差和最小值。

对按检验批抽样检测的构件，当混凝土强度代表值的标准差出现下列情况之一时，该批构件应全部按单个构件进行检测。

(1) 当该批构件混凝土强度代表值的平均值 $m_{f_{cu}^c}<25.0$MPa 时，标准差 $S_{f_{cu}^c}>4.50$MPa；

(2) 当该批构件混凝土强度代表值的平均值 $m_{f_{cu}^c}\geqslant25.0$MPa 时，标准差 $S_{f_{cu}^c}>5.50$MPa。

第 9 章　钻芯法检测混凝土强度技术

9.1　钻芯法研究必要性及发展方向

钻芯法是指利用专用钻机，从结构混凝土中钻取芯样以检测混凝土强度或观察混凝土内部质量的方法。由于它对结构混凝土造成局部损伤，所以是一种半破损的现场检测手段。用钻芯法检测混凝土的强度、裂缝、接缝、分层、孔洞或离析等缺陷，具有直观、精度高等特点，因而广泛应用于工业与民用建筑、水工大坝、桥梁、公路、机场跑道等混凝土结构或构筑物的质量检测。

钻芯法检测混凝土强度技术在国外的应用已有几十年的历史，英国、美国、德国、日本、比利时和澳大利亚等国家分别制定钻取混凝土芯样进行强度试验的标准。国际标准化组织也提出了国际标准草案《硬化混凝土芯样的钻取检查及抗压试验》（ISO/DIS 7034）。

我国于 1948 年就已经开始使用钻芯法检测混凝土路面的厚度，并制定《钻取混凝土试件长度之检验法》。1949 年后我国曾有一些单位利用地质钻机，对水工工程、大型桩基或基础等结构钻取混凝土芯样进行抗压强度、抗折强度及内部缺陷的检验。但是，将钻芯法作为一种现场检测混凝土抗压强度的专门技术，并使其标准化的工作，是从 20 世纪 80 年代开始的，钻芯机、人造金钢石薄壁钻头、切割机及其配套使用的机具在研制和生产方面已取得了很大进展，现在国内已可生产十几种型号的钻机和几十种规格的钻头，方便钻芯法检测选择和使用。

经过大量的试验研究和工程应用，1988 年由中国工程建设标准化委员会批准并发行了《钻芯法检测混凝土强度技术规程》（CECS 03：88），规程的颁布和实施，使钻芯法在结构混凝土的质量检测中得到了普遍应用，并取得了明显的技术经济效益。随着科学技术的发展，工程检测技术也不断发展，1999 年中国建筑科学研究院组织九个单位组成了《钻芯法检测混凝土强度技术规程》修编组对规程进行修编，2007 年颁布《钻芯法检测混凝土强度技术规程》（CECS 03：2007）。

随着科学技术不断发展，现代建筑也不断向高层化、大跨度、大开间方向发展。桥梁、大坝、核电站、体育场馆等基本建设投资增大，这些大型建筑或公共建筑结构受力较复杂，对抗灾、耐久等方面要求更高，对混凝土的力学性能也提出更高的要求。同时，绿色高性能混凝土推广应用，外加剂、掺合料在混凝土中大量使用，混凝土微观结构和力学性能发生变化，混凝土强度现场检测技术不再只是立方体抗压强度的检测，混凝土抗折强度、劈裂抗拉强度也成为建设者关注的指标。2012 年中国建筑科学研究院提出《钻芯法检测混凝土强度技术规程》（CECS 03：2007）修编计划，建议采用钻芯法检测混凝土抗折强度和劈裂抗拉强度，2016 年修编完成，颁布《钻芯法检测混凝土强度技术规程》(JGJ/T 384—2016)。

1997年山东省建筑科学研究院开始"钻芯法检测混凝土强度技术研究与应用"课题研究,1999年参与《钻芯法检测混凝土强度技术规程》(CECS 03:88)规程修编,2012年参与《钻芯法检测混凝土强度技术规程》(CECS 03:2007)规程修编,对钻芯法检测混凝土强度技术进行长期系统研究,积累大量试验数据。主要包括:

(1) 对比研究芯样端面补平材料、加工技术,提出端面加工的正确方法和要求,提高了钻芯法检测精度。

(2) 研究中考虑各种直径的芯样,最终确定小直径芯样直径应不小于75mm,且不得小于骨料最大直径的2倍。小直径芯样的应用解决了原来大直径芯样易截断钢筋、对结构损伤大的问题,使钻芯法应用范围更大、更广。

(3) 分析钻芯法高强混凝土强度试验方法和要求,提出检测高强度混凝土中应注意的各种问题。

(4) 分析高径比与混凝土抗压强度关系,确定不同芯样高径比H/d与芯样抗压强度比β之间的换算关系。

为推广钻芯法检测混凝土强度技术在山东地区的应用,2004年山东省建筑科学研究院完成山东省工程建设标准《钻芯法检测混凝土抗压强度技术规程》(DBJ 14-029—2004),2013年山东省建筑科学研究院对此标准进行修订,完成山东省地方标准《钻芯法检测混凝土抗压强度技术规程》(DB37/T 2368—2013)。

根据《山东省市场监督管理局关于公布2020年度地方标准复审结果的通知》,2022年山东省建筑科学研究院有限公司修订完成《钻芯法检测混凝土抗压强度技术规程》(DB37/T 2368—2022)。

9.2 钻芯法主要用途和特点

利用从结构混凝土中钻取的芯样,根据检测的目的和要求,可进行下列项目的试验和检查。

(1) 混凝土的抗压强度。

(2) 混凝土的抗折强度。

(3) 混凝土的劈裂抗拉强度。

(4) 混凝土的容重、吸水性及抗冻性。

(5) 混凝土的裂缝深度或受冻层深度。

(6) 混凝土接缝、分层、离析、孔洞等缺陷。

(7) 机场跑道、公路路面混凝土厚度。

钻芯法检测混凝土抗压强度和缺陷无须进行某种物理量与强度或缺陷之间的换算,普遍认为它是一种直观、可靠和准确的方法,但由于在检测时对结构混凝土造成局部损伤,大量取芯受到一定的限制。在检测混凝土强度时,可用芯样强度验证或修正回弹法或超声回弹综合法检测强度,以提高非破损检测的精度。

9.3 钻芯法检测适用条件

在正常情况下，混凝土强度的验收与评定应按现行国家标准《混凝土结构工程施工质量验收规范》(GB 50204—2015)和《混凝土强度检验评定标准》(GB/T 50107—2010)中的有关规定执行。当对结构或构件的混凝土强度有怀疑或争议时，可采用钻芯法检测推定结构混凝土抗压强度，并可作为结构混凝土质量的评判依据之一。钻芯法主要适用于下列条件下的混凝土检测。

(1) 对立方体试块抗压强度的测试结果有怀疑或因材料、施工、养护不良而发生混凝土质量问题时。

(2) 混凝土遭受冻害、火灾、化学侵蚀或其他损害时。

(3) 需检测经多年使用的结构中混凝土强度时。

(4) 需检测鉴定结构中混凝土强度，而其他检测方法不适用时。

(5) 适用于抗压强度为 10～100MPa 的普通混凝土抗压强度的检测。

(6) 钻芯法与其他混凝土强度检测方法配合使用，通过钻取有代表性芯样，修正非破损检测方法检测结果，提高非破损检测方法检测精度，同时减小对结构的损伤。

轻骨料混凝土、强度高于 100MPa 的高强混凝土等采用钻芯法检测时，应进行专门的试验研究。

9.4 端面加工试验研究分析

9.4.1 端面加工方法

从结构中钻取出的芯样需进行端面加工，使芯样高径比、垂直度、平整度达到要求，芯样端面加工一般采用磨平或补平。磨平、补平设备应能够保证加工后芯样的垂直度和平整度。

从同一试件上取出的同直径、同高径比芯样采用多种补平材料，包括水泥净浆、108 胶水泥净浆、快硬水泥、环氧胶泥、硫磺胶泥、结构胶、结构胶水泥等与磨平芯样进行对比试验。

部分补平材料制成 70.7mm×70.7mm×70.7mm 立方体试块，同条件养护 3d 后，进行抗压强度试验，试验结果见表 9-4-1。

表 9-4-1 部分补平材料 3d 强度

材料名称	水泥净浆	108 胶水泥净浆	快硬水泥	硫磺胶泥
强度（MPa）	17.9	12.8	47.8	15.4

补平材料边长为 70.7mm 立方体试块抗压强度不能作为芯样补平层强度，实际芯样补平层厚度较薄，一般不超过 2mm，根据试件尺寸对材料抗压强度的影响规律，试件高度减小，其抗压强度应增大，补平层厚度为 2mm，即试件高度仅为 2mm，其抗压强度大于边长为 70.7mm 立方体试块抗压强度。

补平材料对芯样抗压强度的影响很大，对高强混凝土影响更大，设 $\alpha = \dfrac{\text{补平芯样抗压强度}}{\text{磨平芯样抗压强度}}$，采用不同补平材料，试验结果见表9-4-2。

表9-4-2　部分不同补平材料芯样强度对比系数

强度范围 （MPa）	芯样强度对比系数 α					
	快硬水泥	水泥净浆	环氧胶泥	结构胶水泥	硫磺胶泥	108胶水泥净浆
10～40	0.936	0.900	0.992	0.705	0.704	0.930
40～60	0.935	0.779	0.923	0.679	0.679	0.782
60～100	0.917	0.814	0.892	0.626	0.620	—
10～100	0.928	0.824	0.920	0.670	0.657	—

从表9-4-2可以看出，硫磺胶泥补平效果最差，不易使用。水泥净浆及108胶水泥净浆补平效果尚可，但养护时间长。快硬水泥及环氧胶泥补平效果好，且养护时间短，操作方便。

各种加工方法的对比分析如下。

（1）水泥净浆：缺点是易出现干缩裂缝，需保湿养护，硬化时间长，补平后一般需养护3d以上，才可进行抗压强度试验；优点是水泥价低易购，适于50MPa以下的混凝土芯样补平。

（2）108胶水泥净浆：不易出现干缩裂缝，需保湿养护，硬化时间长，同类型芯样108胶水泥净浆补平强度低于水泥净浆补平强度，C60以上高强混凝土补平强度低20%以上，因此仅适于40MPa以下混凝土补平。

（3）快硬水泥：不易出现干缩裂缝，可控制硬化时间，在空气、水中都可硬化，硬化后强度较高，补平后24h可进行抗压试验，适于各等级混凝土芯样的补平。

（4）环氧胶泥：不易出现干缩裂缝，可通过调整配合比控制硬化时间，价低易购，硬化后强度高，补平后24h可进行抗压试验，适于各等级混凝土芯样的补平。

（5）硫磺胶泥：补平层易出现脆裂，硬化极快，一般30min后可进行抗压试验，但有时硬化太快不易操作，价低易购，适于低强度等级混凝土补平，高强混凝土用硫磺胶泥补平，在混凝土破坏前补平层已脆裂，达不到补平的目的。

（6）结构胶：结构胶直接补平流动度太大，操作不便，结构胶中加入水泥等材料，增加稠度后使用，硬化快，强度高，但胶体流变性使补平端面与竖面垂直度不易控制。

（7）磨平：磨平后当天可做抗压试验，不受补平材料性能的影响，适于各等级混凝土芯样加工，准确可靠。

日常检测中，芯样切割后端面已较平整，有人认为不需要再进行端面加工，为此，我们将同一个长芯样切成两个短芯样，一个做磨平处理，另一个切平后不进行端面加工。通过磨平与切平不磨芯样抗压强度对比发现，切平芯样抗压强度低20%左右，$\dfrac{\text{切平芯样抗压强度}}{\text{磨平芯样抗压强度}} = 0.7 \sim 0.9$，可见切割后芯样不做端面加工，直接进行芯样抗压强度试验是错误的。

9.4.2 端面加工方法有限元分析

1. 技术问题

钻芯法检测混凝土,对芯样试件端面平整度及垂直度要求很高。而芯样在锯切过程中,由于受到振动、夹持不紧、偏斜等因素的影响,芯样端面的平整度及垂直度可能不能满足试验要求,常常需采用专用机具进行磨平或补平处理。补平法与磨平法对芯样的抗压强度有何影响?研究人员针对两种方法的受力机理进行了分析。补平法是指芯样端面存在空洞,仅对空洞处使用补平材料进行修补,将其余部位磨平的方法。

2. 补平法处理芯样

(1) 混凝土及补平材料的换算刚度。

假设混凝土芯样端面有一个面积为 A_1,深度为 l_1 的缺陷,如图 9-4-1 所示,使用补平材料修补。在芯样受力过程中,芯样被压缩,补平材料与混凝土各自的受力分析属于超静定分析,与各种材料的换算刚度有关。

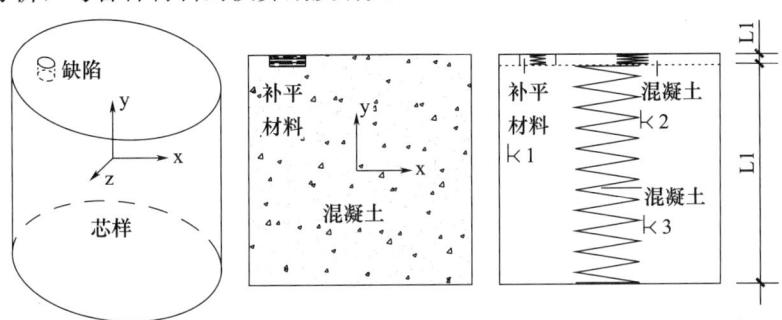

图 9-4-1 芯样补平与换算刚度

对于混凝土及补平材料,其应力 σ、应变 ε、弹性模量 E 与换算刚度 k 的关系为:

$$\sigma = E\varepsilon \tag{9-4-1}$$

$$\sigma = \frac{N}{A} \tag{9-4-2}$$

$$\varepsilon = \frac{\Delta l}{l} \tag{9-4-3}$$

$$N = k \cdot \Delta l \tag{9-4-4}$$

将式 (9-4-4) 代入式 (9-4-2),将式 (9-4-3) 代入式 (9-4-1),得到芯样及补平材料的换算刚度为:

$$k \cdot \Delta l / A = E \cdot \Delta l / l$$

即

$$k = \frac{E \cdot A}{l} \tag{9-4-5}$$

式中:A——材料截面积;

Δl——材料受压后的压缩量;

l——材料受压方向的高度;

N——芯样所受压力。

由此可见,换算刚度是材料弹性模量、截面积、高度的综合反映。对于图 (9-4-1) 所列条件,补平材料换算刚度为:

$$k_1 = \frac{E_1 \cdot A_1}{l_1} \tag{9-4-6}$$

自端面算起 l_1 深度内的混凝土换算刚度为：

$$k_2 = \frac{E_c \cdot (A - A_1)}{l_1} \tag{9-4-7}$$

自端面算起 l_1 深度外的混凝土换算刚度为：

$$k_3 = \frac{E_c \cdot A}{l - l_1} \tag{9-4-8}$$

芯样的综合换算刚度 k，相当于 k_1 与 k_2 并联后与 k_3 串连。

$$k = \frac{1}{\frac{1}{k_1 + k_2} + \frac{1}{k_3}} \tag{9-4-9}$$

(2) 端面应力传递情况。

对芯样做抗压试验时，芯样在压力 N 作用下被压缩 Δl，设芯样 l_1 长度内压缩量为 Δl_1，芯样 $l - l_1$ 长度内压缩量为 Δl_3，则：

$$\Delta l_1 + \Delta l_3 = \Delta l \tag{9-4-10}$$

$$k_3 \cdot \Delta l_3 = N = k \cdot \Delta l \tag{9-4-11}$$

$$(k_1 + k_2) \cdot \Delta l_1 = N = k \cdot \Delta l \tag{9-4-12}$$

将式（9-4-6）代入式（9-4-9），有：

$$\Delta l_1 = \frac{k \cdot \Delta l}{k_1 + k_2} = \frac{k_3 \cdot \Delta l}{k_1 + k_2 + k_3} \tag{9-4-13}$$

补平材料处的压力为：

$$N_1 = k_1 \cdot \Delta l_1 = \frac{k_1 \cdot k_3 \cdot \Delta l}{k_1 + k_2 + k_3} \tag{9-4-14}$$

补平材料传递的应力为：

$$\sigma_1 = \frac{N_1}{A_1} = \frac{k_1 \cdot k_3 \cdot \Delta l}{(k_1 + k_2 + k_3) A_1} \tag{9-4-15}$$

同理，端面其余混凝土传递的应力为：

$$\sigma_c = \frac{N_c}{A - A_1} = \frac{k_2 \cdot k_3 \cdot \Delta l}{(k_1 + k_2 + k_3)(A - A_1)} \tag{9-4-16}$$

由于混凝土材料的弹性模量（约 3×10^4 MPa）比补平材料的弹性模量（约 3×10^3 MPa）高一个数量级，补平材料的截面积 A_1 又远小于同一层面上的混凝土截面积（$A - A_1$），所以芯样端部补平材料的等效刚度比同一层面混凝土的等效刚度要小两个数量级，甚至更多。芯样受压时，σ_1 与 σ_c 相差较大，受力不均匀，往往造成芯样提前破坏。

3. 磨平法与补平法芯样受压状态有限元分析

（1）计算模型。

研究人员对采用磨平法与补平法修补的芯样进行了有限元分析，为简化计算，有限元分析时采用二维平面应力的受力状态。芯样简化为高 100mm、宽 100mm 的平面受力体，芯样左上端面有一处表面缺陷，使用补平材料进行了修补。采用位移法进行加载，芯样上端向下产生 0.1mm 的位移，芯样下端固定。计算模型及受力工况见表 9-4-3。

第9章 钻芯法检测混凝土强度技术

表 9-4-3 计算模型和受力工况

工况	j-0	j-1	j-2	j-3	j-10	j-11
	芯样磨平	芯样补平				
补平直径（mm）×深度（mm）	—	10×5	10×3	15×5	10×5	10×5
补平材料弹性模量（GPa）	—	3.0	3.0	3.0	1.5	3.0
混凝土弹性模量（GPa）	30	30	30	30	30	38

（2）计算结果。

从有限元计算结果可以看出，补平法与磨平法加工的芯样，其端面在受压作用下的应力传递是不同的：采用磨平法加固的芯样，端面应力传递较均匀，如图 9-4-2 所示；采用补平法加工的芯样，端面完好混凝土部分传递了大部分应力，补平材料传递的应力较小，如图 9-4-2（a）所示。

不同情况下的应力云图如图 9-4-3～图 9-4-5 所示。

各种工况下距芯样顶部 12mm 和 25mm 处各点应力分布情况见表 9-4-4 和表 9-4-5，以及图 9-4-6 和图 9-4-7。

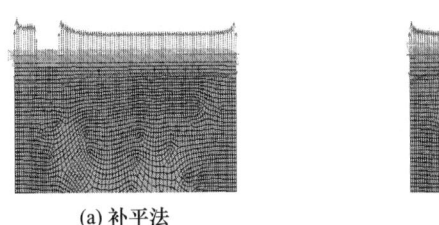

图 9-4-2 补平法与磨平法芯样受力状态对比

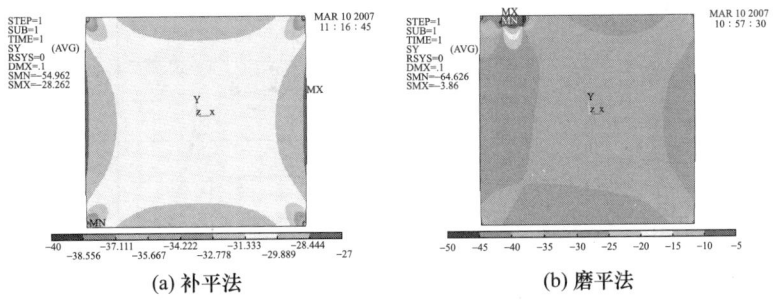

图 9-4-3 工况 j-0 下磨平芯样与补平芯样应力云图

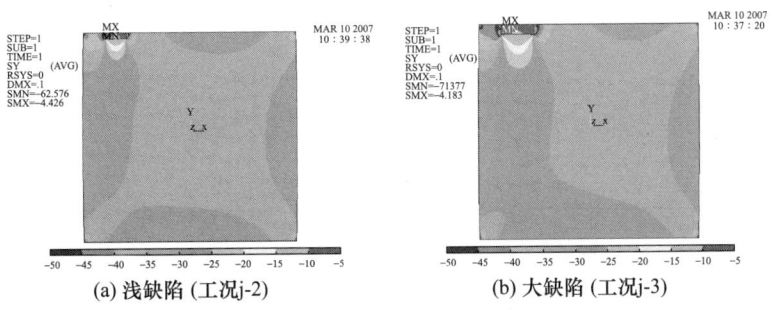

图 9-4-4 浅缺陷（工况 j-2）芯样与大缺陷（工况 j-3）芯样应力云图

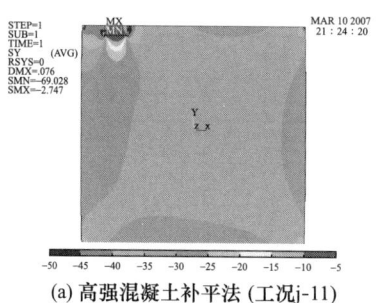
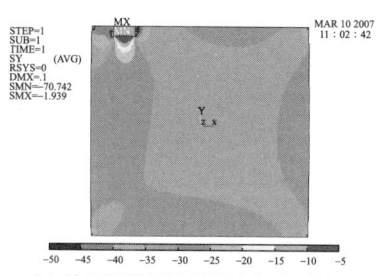

(a) 高强混凝土补平法 (工况j-11)   (b) 补平材料弹性模量减小 (工况j-10)

图 9-4-5 　高强混凝土补平（工况 j-11）时和补平材料弹性模量减小（工况 j-10）时应力云图

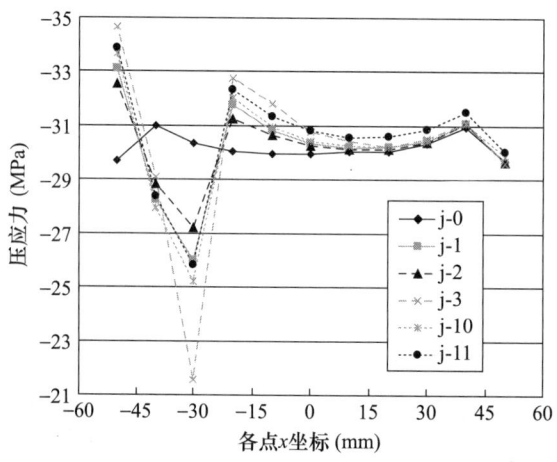

图 9-4-6 　距顶部 12mm 处各点应力分布

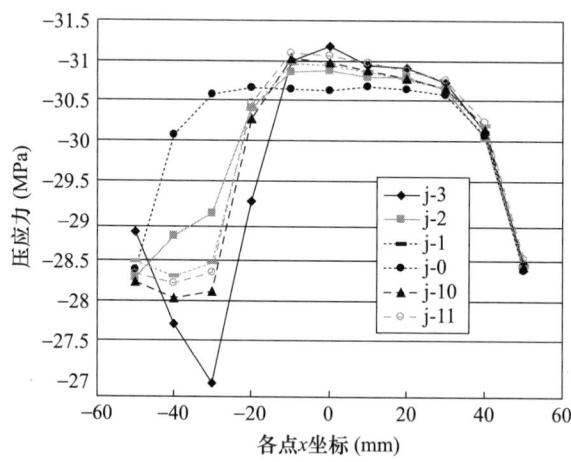

图 9-4-7 　距顶部 25mm 处各点应力分布

表 9-4-4 　距顶部 12mm 处各点应力　　　　　　　　　　　　　　单位：MPa

x 点坐标	j-0	j-1	j-2	j-3	j-10	j-11
−50	−29.701	−33.121	−32.546	−34.650	−33.661	−33.877
−40	−30.990	−28.251	−28.837	−29.105	−27.943	−28.381

续表

x 点坐标	j-0	j-1	j-2	j-3	j-10	j-11
−30	−30.357	−26.009	−27.204	−21.557	−25.202	−25.830
−20	−30.049	−31.755	−31.265	−32.774	−32.039	−32.343
−10	−29.963	−30.827	−30.631	−31.806	−30.966	−31.319
0	−29.954	−30.359	−30.278	−30.799	−30.426	−30.803
10	−30.028	−30.155	−30.122	−30.418	−30.246	−30.578
20	−30.061	−30.197	−30.150	−30.225	−30.215	−30.610
30	−30.368	−30.439	−30.395	−30.533	−30.448	−30.850
40	−30.942	−31.084	−31.086	−31.133	−31.085	−31.499
50	−29.702	−29.642	−29.658	−29.616	−29.879	−30.032
平均值	−30.192	−30.168	−30.197	−30.238	−30.192	−30.557
标准差	0.437	1.840	1.371	3.265	2.168	2.078
极差	1.289	7.112	5.342	13.093	8.459	8.047

表 9-4-5　距顶部 25mm 处各点应力　　　　　单位：MPa

x 点坐标	j-0	j-1	j-2	j-3	j-10	j-11
−50	−28.390	−28.478	−28.282	−28.862	−28.240	−28.331
−40	−30.071	−28.299	−28.809	−27.707	−28.032	−28.218
−30	−30.575	−28.468	−29.083	−26.962	−28.108	−28.354
−20	−30.653	−30.384	−30.402	−29.235	−30.263	−30.464
−10	−30.648	−30.964	−30.863	−30.994	−31.033	−31.094
0	−30.632	−30.937	−30.877	−31.177	−30.982	−31.064
10	−30.680	−30.856	−30.797	−30.946	−30.883	−30.973
20	−30.645	−30.766	−30.788	−30.904	−30.783	−30.877
30	−30.581	−30.650	−30.633	−30.726	−30.660	−30.757
40	−30.064	−30.193	−30.031	−30.118	−30.133	−30.230
50	−28.390	−28.442	−28.408	−28.473	−28.429	−28.540
平均值	−30.121	−29.858	−29.907	−29.646	−29.777	−29.900
标准差	0.885	1.162	1.048	1.481	1.281	1.248
极差	2.290	2.665	2.595	4.215	3.001	2.876

（3）计算结果分析。

以上计算中，采用磨平法加工的芯样，各点应力的标准差不超过 1MPa，受压时大部分区域应力分布均匀，对芯样的抗压强度会产生有利的影响。

对于端面有缺陷、需要补平的芯样，由于补平材料的换算刚度较小，补平材料传递的应力比其余混凝土部分传递的应力小，补平材料下方应力较小，补平材料周围混凝土传递的应力又有所提高，在以上的计算中可以看出，各点应力的标准差为 1~3MPa，应力最大值与最小值之间的极差达 5~13MPa，距离补平位置越近，应力分布越不均匀。补平的芯样受力不均匀，会对芯样的抗压强度产生不利影响。

从反应内部应力离散性的标准差来看，工况 j-2 中，当采用较薄的补平材料（缺陷较浅）时，应力分布的不均匀程度会降低；工况 j-3 中，补平材料面积扩大（缺陷面积大）时，应力分布的不均匀程度有很大提高。

对于同样的混凝土材料（弹性模量不变），补平材料的弹性模量减小，即工况 j-10 中，补平材料传递应力的能力减弱，补平材料下方混凝土各点应力的标准差会变大；对于工况 j-11，同样的补平材料（弹性模量不变），高强混凝土（弹性模量增大）中非补平材料部分传递的应力会变大，补平材料下方混凝土各点应力的标准差也会变大。

4. 试验验证

我们对钻芯法检测混凝土抗压强度进行试验研究的过程中，在同一试件上取出同直径、同高径比的芯样补平时采用多种补平材料，如水泥净浆、快硬水泥、环氧胶泥等与磨平芯样进行对比试验，设 $\alpha = \dfrac{\text{补平芯样抗压强度}}{\text{磨平芯样抗压强度}}$，不同补平材料芯样抗压强度对比系数见表 9-4-6。

表 9-4-6 不同补平材料芯样抗压强度对比系数

强度范围 （MPa）	芯样抗压强度对比系数 α		
	快硬水泥	水泥净浆	环氧胶泥
10～40	0.936	0.900	0.992
40～100	0.926	0.797	0.908
10～100	0.928	0.824	0.920

从表 9-4-6 可以看出，补平材料对芯样抗压强度的影响较大，对高强混凝土的影响更大。采用不同材料补平，结构混凝土抗压强度低于 40MPa 时，表 9-4-6 中各类补平材料的补平效果尚可，可以满足测试需要；抗压强度高于 40MPa 时，补平效果略有降低。

研究人员对环氧胶泥强度和弹性模量的增长进行了初步试验研究。试验结果（图 9-4-8）表明，测试龄期 20～120h 内，龄期对弹性模量的影响较大，对强度的影响较小；1d 后补平材料强度即达 70MPa，比普通混凝土强度高；补平材料弹性模量最大约 3.5GPa，比普通混凝土弹性模量低。有必要通过在胶泥中增加石英砂等填料含量等措施提高其弹性模量，以提高补平材料的弹性模量。

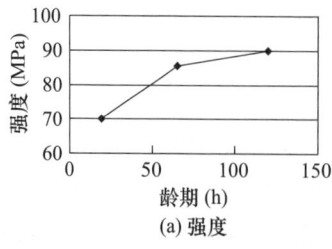
(a) 强度

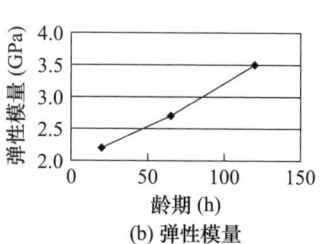
(b) 弹性模量

图 9-4-8 不同龄期补平材料强度和弹性模量增长曲线

尽管环氧胶泥 1d 强度比通常芯样高,但由于其弹性模量较低,抗压试验中,修补材料下方应力会有分布较不均匀的情况。补平后芯样若能多养护一段时间,待其弹性模量有较大程度的增长,应力分布不均匀的情况就会有改善。

5. 结论

(1) 采用磨平法加工芯样,做抗压强度试验时,芯样端面受力均匀,较能反映芯样的实际抗压强度。采用补平法加工芯样,芯样端面受力不均匀现象与芯样强度等级有关,芯样强度等级越高,影响越大,故钻芯法试验宜优先使用磨平法处理芯样,特别是在混凝土强度较高的情况下。

(2) 采用补平法加工芯样,做抗压强度试验时,芯样端面受力有不均匀现象,不均匀程度与补平材料的弹性模量、补平厚度和面积有关。补平材料弹性模量增大、补平厚度和补平面积减小对减少应力分布不均匀的情况有利。实际检测过程中对芯样加工时可选取适当部位切割,辅以磨平的方法,尽可能减小端面的缺陷和补平的范围,并采取提高补平材料弹性模量的措施。

(3) 使用结构胶泥修补芯样,虽然 1d 内其强度即高于芯样强度,但仍宜继续养护,使其弹性模量提高。配制结构胶泥时,可多添加石英砂等添加料,以提高补平材料的弹性模量。

(4) 对于低强度等级的混凝土,由于芯样在磨平的过程中有可能进一步受到损伤,可采用补平法进行端面加工,但宜采用弹性模量与混凝土相近的补平材料进行修补,以减少芯样受压时应力分布不均匀的情况。

9.5 不同直径芯样抗压强度对比分析

9.5.1 合理的芯样直径范围研究

CECS 03:1988 标准认为直径和高度均为 100mm 或 150mm 的芯样试件的抗压强度测试值,可直接作为混凝土的抗压强度换算值。此标准执行过程中,钻取芯样最小直径为 100mm,为减小钻芯对结构的损伤,我们希望芯样直径越小越好,但芯样直径变化可能会引起芯样试件抗压强度的变化,同时影响检测精度。

课题组分别对直径为 50～100mm 混凝土芯样进行对比,探讨抗压试验、抗折试验、劈裂抗拉试验等试验方法。从各单位数据汇总结果来看,直径 50mm 混凝土芯样试验数据离散性较大,异常数据较多,不能保证检测精度,课题组最后确定小直径芯样直径应不小于 70mm,且不得小于骨料最大粒径的 2 倍。

9.5.2 不同直径芯样抗压强度对比研究

在同一试件上分别钻取 75mm、100mm 两种直径芯样,磨平后进行抗压强度试验,设 $\lambda = \dfrac{\text{直径 100mm 芯样抗压强度}}{\text{直径 75mm 芯样抗压强度}}$,试验结果见表 9-5-1。

表 9-5-1　75mm、100mm 两种直径芯样抗压强度对比

试件编号	强度等级	100mm 芯样抗压强度	75mm 芯样抗压强度	λ	试件编号	强度等级	100mm 芯样抗压强度	75mm 芯样抗压强度	λ
A	C10	19.25	20.33	0.9469	N	BC40	53.14	45.53	1.1671
A	C102	23.63	22.87	1.0332	M	P4C40	55.30	53.30	1.0375
B	C10B	23.84	30.84	0.7730	J	C50	53.64	45.47	1.1797
A	C102	19.90	24.70	0.8057	H	C40B	54.85	65.93	0.8319
Q	C20-2	28.80	30.91	0.9317	K	BP5C20	64.80	55.00	1.1782
C	C20	29.82	32.20	0.9261	H	P5C40	55.19	45.01	1.2262
T	C20-3	30.01	30.92	0.9706	M	P4C40	55.20	50.96	1.0832
C	C20-1	31.70	34.09	0.9299	K	C50B	58.00	67.28	0.8621
B	C102	33.22	34.43	0.9649	N	BC40	58.06	67.72	0.8574
L	BC30	33.60	30.53	1.1006	E	C30	51.20	61.90	0.8271
B	C102	36.00	35.50	1.0141	F	WC60	62.73	62.73	1.0000
E	C30	37.72	39.77	0.9485	G	C70	63.82	60.91	1.0478
M	P4C40	40.35	43.88	0.9196	H	P5C40	69.50	66.00	1.0530
D	C20B	42.31	52.06	0.8127	N	BC40	64.00	68.10	0.9398
C	C20	42.85	44.66	0.9595	P	BC50	68.83	81.12	0.8485
R	C30-2	43.15	47.48	0.9088	P	BC50	72.52	66.90	1.0840
U	C30-3	43.64	42.63	1.0237	P	BC50	74.20	72.80	1.0192
E	C30	44.64	49.74	0.8975	Q	BC60	75.23	69.73	1.0789
E	C30-1	44.67	46.18	0.9673	Q	BC60	80.55	66.97	1.2028
K	BP5C20	45.10	41.80	1.0789	Q	BC60	87.70	81.40	1.0774
L	BC30	46.24	43.19	1.0706	F	WC60	81.83	65.46	1.2501
P	C80K	46.99	47.06	0.9985	M	C70B	83.58	85.81	0.9740
L	BC30	48.50	47.00	1.0319	L	C60B	86.10	79.67	1.0807
J	C50	47.33	46.68	1.0139	N	C80H	87.03	73.80	1.1793
F	C30B	47.34	58.16	0.8140	R	KC80	107.00	87.10	1.2285
J	C50	47.43	57.61	0.8233	R	KC80	87.57	79.83	1.0970
S	C40-2	48.91	50.90	0.9609	G	C70	98.20	87.90	1.1172
J	C50	60.70	51.10	1.1879	D	FC80	90.33	85.87	1.0519
W	C40-3	51.14	50.00	1.0228	F	WC60	83.20	91.70	0.9073
K	BP5C20	51.53	47.52	1.0844	D	FC80	101.50	93.70	1.0832
C	C20	47.40	52.20	0.9080	R	KC80	96.98	86.83	1.1169
G	C40-1	52.50	60.73	0.8645	D	FC80	99.88	84.64	1.1801

对比直径 100mm 芯样抗压强度与直径 75mm 芯样抗压强度之比 λ，结论如下。

（1）总体上看，75mm、100mm 两种直径芯样抗压强度相差不大，总体 λ 平均值接

近于1，若按强度大小进行分段对比分析，λ值随混凝土抗压强度增高而增大，分析结果见表 9-5-2。

表 9-5-2　强度不同 λ 值变化对比

强度范围（MPa）	芯样数量（个）	λ 平均值	λ 标准差
10～40	624	0.9454	0.0892
40～60	1360	0.9918	0.1244
60～100	1306	1.0735	0.1012
10～100	3290	1.0092	0.1224

（2）为研究石子粒径对 λ 值的影响，用 10～20mm、10～30mm、20～40mm 三种粒径碎石配制 C20，C30，C40 混凝土，混凝土实际抗压强度为 20～55MPa，对比结果见表 9-5-3。

表 9-5-3　不同石子粒径芯样抗压强度对比

碎石粒径	10～20mm	10～30mm	20～40mm
λ 平均值	0.917	0.928	1.006

从表 9-5-1 可知，当芯样强度小于 60MPa 时，直径 75mm 芯样抗压强度高于直径 100mm 芯样抗压强度，即 λ<1；当芯样抗压强度大于 60MPa 时，直径 75mm 芯样抗压强度低于直径 100mm 芯样抗压强度，即 λ>1。由表 9-5-1 可知，λ 值随石子粒径增大而增大，而直径 75mm 芯样抗压强度在粗骨料粒径较大时，接近直径 100mm 芯样抗压强度，这表明直径 75mm 芯样抗压强度随粗骨料粒径增大而明显降低，为保证检测结果统一，对芯样直径应加以限制，任何情况下，芯样直径应不小于粗骨料最大粒径的 2 倍。

（3）泵送混凝土和非泵送混凝土对比，泵送混凝土 λ＝0.949，非泵送混凝土 λ＝0.964，λ 值差异不明显，可认为芯样直径变化对泵送混凝土和非泵送混凝土的影响一致。

（4）直径 75mm 与 100mm 芯样抗压强度离散性比较。

一般认为直径 75mm 芯样抗压强度比直径 100mm 芯样抗压强度离散性大，从同一试件上取出的 75mm、100mm 两种直径芯样抗压强度标准差、变异系数对比见表 9-5-4。

表 9-5-4　不同直径芯样抗压强度标准、差变异系数对比

芯样直径（mm）	标准差平均值（MPa）	变异系数平均值
75	1.500	0.0283
100	1.392	0.0274

通过比较可以看出，直径 75mm 芯样抗压强度标准差、变异系数仅稍大于直径 100mm 芯样抗压强度标准差、变异系数。因此，在实际工程检测中直径 75mm 芯样足可以取代直径 100mm 芯样进行检测，但钻取的芯样数量可适当增加。

（5）直径 75mm 与 100mm 芯样抗压强度换算关系。

定量分析直径 75mm 与 100mm 芯样抗压强度之间的一一对应关系，将从同一试件

上取得的不同直径的两组芯样的抗压强度平均值作为一对相关数据，以直径75mm芯样抗压强度为自变量，直径100mm芯样抗压强度为因变量，按最小二乘法进行线性回归，确定直径75mm与100mm芯样抗压强度换算关系，回归曲线及回归方程如图9-5-1所示。

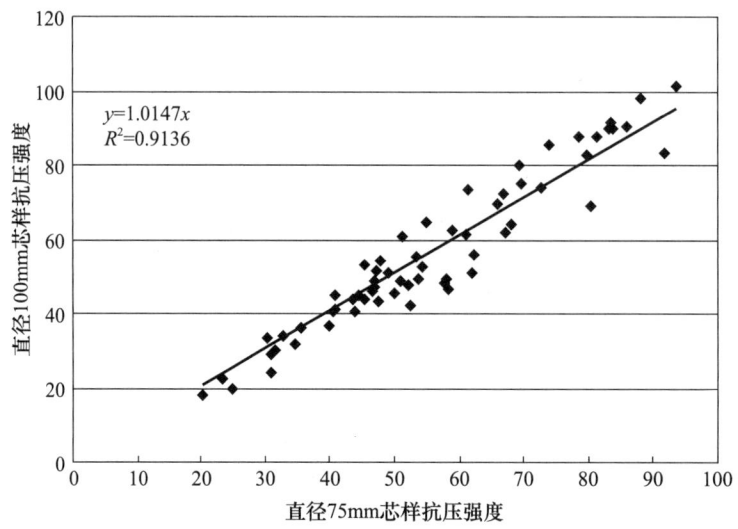

图 9-5-1　直径75mm与直径100mm芯样抗压强度换算

9.6　不同直径芯样抗压强度与立方体试块抗压强度对比分析

考虑C10～C80、泵送混凝土与非泵送混凝土、不同石子粒径等因素，共制作20组试样。每一试验组采用同盘搅拌混凝土，同时制作钻芯用混凝土试件2件、标准混凝土立方体试块2组，一组标准混凝土立方体试块与2件钻芯用混凝土试件同条件自然养护，另一组标准混凝土立方体试块进行标准养护。龄期28d时，同条件进行抗压强度试验，以系数 β 表示混凝土立方体试块抗压强度与芯样抗压强度比值，令 $\beta_1=\dfrac{\text{标准养护抗压强度}}{\text{直径100mm芯样抗压强度}}$、$\beta_2=\dfrac{\text{同条件自然养护抗压强度}}{\text{直径100mm芯样抗压强度}}$、$\beta_3=\dfrac{\text{标准养护抗压强度}}{\text{直径75mm芯样抗压强度}}$、$\beta_4=\dfrac{\text{同条件自然养护抗压强度}}{\text{直径75mm芯样抗压强度}}$，试验结果见表9-6-1。

表 9-6-1　28d抗压强度系数对比汇总

试件编号	强度等级	标准养护抗压强度	同条件自然养护抗压强度	直径100mm芯样抗压强度	直径75mm芯样抗压强度	β_1	β_2	β_3	β_4
B	C10B	23.3	23.0	23.84	30.84	0.9774	0.9648	0.7555	0.7458
C	C20—1	24.3	23.7	31.70	34.52	0.7666	0.7476	0.7039	0.6866
E	C30-1	39.5	38.9	44.67	44.47	0.8843	0.8708	0.8882	0.8747
T	C20-3	27.2	26.6	30.01	31.50	0.9064	0.8864	0.8635	0.8444

续表

试件编号	强度等级	标准养护抗压强度	同条件自然养护抗压强度	直径100mm芯样抗压强度	直径75mm芯样抗压强度	β_1	β_2	β_3	β_4
Q	C20-2	23.5	23.2	28.80	30.91	0.8160	0.8056	0.7603	0.7506
R	C30-2	39.8	36.3	43.15	47.48	0.9225	0.8413	0.8382	0.7645
S	C40-2	44.7	40.7	48.91	50.90	0.9139	0.8321	0.8782	0.7996
D	C20B	40.3	38.1	42.31	52.60	0.9525	0.9005	0.7662	0.7243
U	C30-3	42.1	43.8	43.64	43.65	0.9647	1.0037	0.9645	1.0034
W	C40-3	50.1	52.6	51.14	49.00	0.9797	1.0286	1.0224	1.0735
F	C30B	49.4	52.6	46.43	58.16	1.0640	1.1329	0.8494	0.9044
G	C40-1	55.9	54.2	49.33	57.84	1.1332	1.0987	0.9665	0.9371
H	C40B	51.3	53.7	56.16	62.24	0.9135	0.9562	0.8242	0.8628
J	C50	54.1	52.3	48.45	57.61	1.1166	1.0795	0.9391	0.9078
P	C80K	45.3	44.0	46.99	46.98	0.9640	0.9364	0.9642	0.9366
K	C50B	60.8	59.4	61.81	67.28	0.9837	0.9610	0.9037	0.8829
L	C60B	77.3	81.5	83.00	79.67	0.9313	0.9819	0.9703	1.0230
M	C70B	85.7	80.9	89.99	83.06	0.9523	0.8990	1.0318	0.9740
N	C80H	79.5	82.2	85.30	73.80	0.9320	0.9637	1.0772	1.1138

从表9-6-2可以看出，直径100mm芯样抗压强度比同条件自然养护抗压强度高5%～10%，直径75mm芯样抗压强度比同条件自然养护抗压强度高10%～20%。

按标准养护强度高低分段进行对比，平均系数 β_1，β_2，β_3，β_4 见表9-6-2，可以看出：

(1) 直径100mm的芯样中，10～40MPa的低强度混凝土芯样抗压强度比标准立方体试块抗压强度高15%左右，40～60MPa的混凝土芯样抗压强度与标准立方体试块抗压强度较为接近，60～100MPa的高强混凝土芯样抗压强度与标准立方体试块抗压强度相差5%左右。

(2) 直径75mm的芯样中，10～40MPa的低强度混凝土芯样抗压强度比标准立方体试块抗压强度高20%左右，40～60MPa的混凝土芯样抗压强度与标准立方体试块强度相差10%左右，60～100MPa的高强混凝土芯样抗压强度与标准立方体试块抗压强度较为接近。

表9-6-2 芯样抗压强度与标准立方体试块抗压强度对比

强度范围（MPa）	β_1	β_2	β_3	β_4
10～40	0.8788	0.8527	0.8016	0.7778
40～60	1.0002	0.9965	0.9083	0.9055
60～100	0.9498	0.9514	0.9957	0.9984
10～100	0.9550	0.9450	0.9110	0.9060

从表 9-6-2 可以，40～60MPa 的直径 100mm 芯样混凝土抗压强度与标准立方体试块抗压强度较为接近，60～100MPa 的高强混凝土芯样抗压强度与标准立方体试块抗压强度相差 5% 左右。40～60MPa 的直径 100mm 混凝土芯样抗压强度与标准立方体试块抗压强度相差 10% 左右，60～100MPa 的高强混凝土芯样抗压强度与标准立方体试块抗压强度较为接近。

直径 75mm 芯样抗压强度、直径 100mm 芯样抗压强度、边长为 150mm 立方体试块标准养护抗压强度、边长为 150mm 立方体试块同条件自然养护抗压强度之间的线性相关性显著，如图 9-6-1 至图 9-6-4 所示为它们之间的相关曲线，通过这些相关曲线可以对各种抗压强度之间的关系进行定量分析。

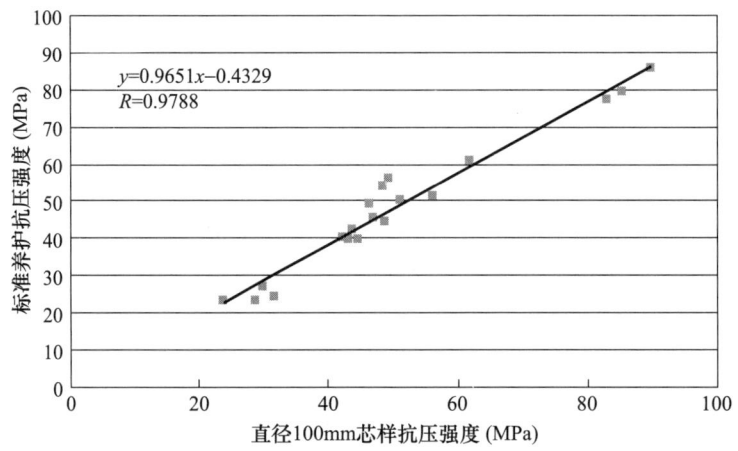

图 9-6-1　直径 100mm 芯样抗压强度与标准养护立方体试块抗压强度换算曲线

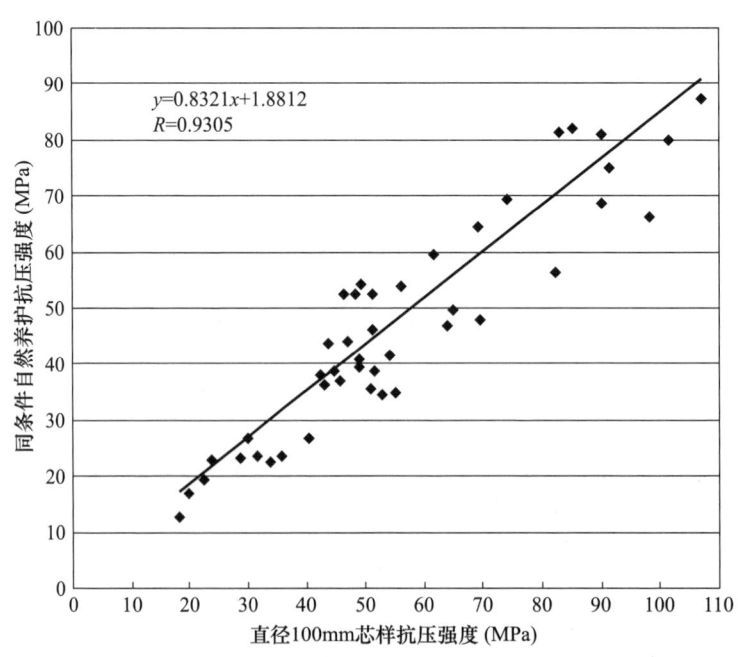

图 9-6-2　直径 100mm 芯样抗压强度与同条件自然养护立方体试块抗压强度换算曲线

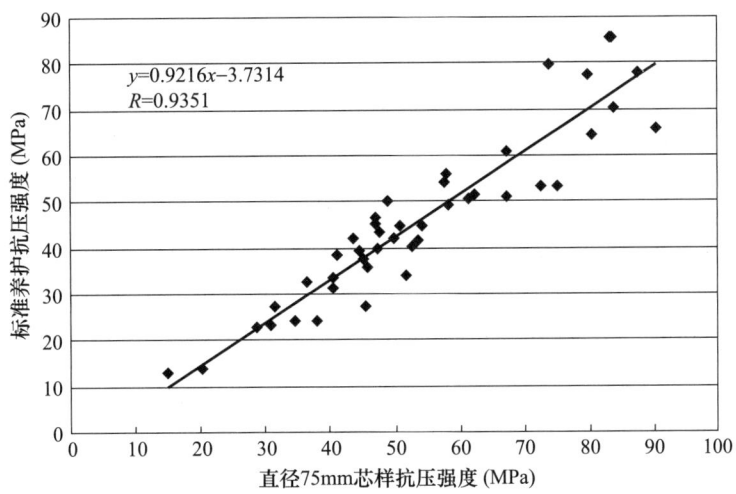

图 9-6-3　直径 75mm 芯样抗压强度与标准养护立方体试块抗压强度换算曲线

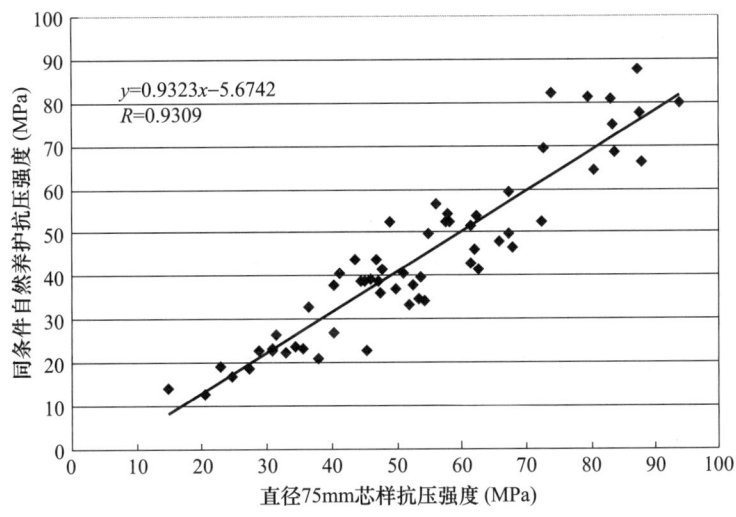

图 9-6-4　直径 75mm 芯样抗压强度与同条件自然养护立方体试块抗压强度换算曲线

9.7　高强混凝土钻芯法检测试验研究

9.7.1　高强混凝土钻芯法检测的特殊要求

试验显示钻取高强混凝土芯样较一般混凝土阻力更大，更困难。因此钻取高强混凝土所用混凝土钻芯机功率、转速应更大，以保证芯样能在 10～20min 内顺利取出。为减少钻取时钻头振动，钻头胎体对钢体同心度及径向跳动要求更严格。为防止卡钻或芯样折断事故发生，钻机应牢牢固定。

因补平材料对芯样抗压强度的影响很大，对高强混凝土的影响更大，所以高强混凝土芯样端面加工宜采用磨平法，仅在特殊情况下方可考虑补平法，补平时要选择合适的补平材料，必要时选用不同材料进行对比验证。

芯样端面与轴线的不垂直度总是存在的，高强混凝土脆性大，对不垂直度引起的偏心影响更为敏感，因此高强混凝土钻芯法检测时对不垂直度的控制应更为严格。在严格控制芯样不垂直度的条件下，芯样抗压强度试验压力试验机的上下压板应为灵活球铰支座，能够自动找平。

经大量试验分析认为，高强混凝土芯样尺寸偏差应符合下列规定。

（1）芯样高径比以 1.0 为基准时，经端面加工后芯样高度不小于 $0.95d$（d 为芯样平均直径），并不大于 $1.05d$。芯样高径比不以 1.0 为基准时，经端面加工后芯样高度范围应在充分试验基础上确定，同时要考虑尺寸效应进行修正。

（2）沿芯样高度任一直径与平均直径相差不大于 1mm。

（3）抗压芯样端面的不平整度不超过直径的 0.1%。

（4）芯样端面与轴线的不垂直度不应超过 1°。

9.7.2 高强混凝土钻芯法检测芯样的合理直径

由表 9-5-4 分析得出，λ 值随混凝土抗压强度增高而增大，即随着抗压强度的增高，直径 75mm 芯样抗压强度逐渐接近并小于直径 100mm 芯样抗压强度。因此，在一定范围内高强混凝土芯样直径不宜过小。

分析两种直径芯样抗压强度离散性，从同一试件上取出的 75mm、100mm 两种直径芯样抗压强度标准差、变异系数对比，见表 9-7-1。

表 9-7-1 不同直径芯样抗压强度离散性对比

芯样直径 （mm）	40～60MPa		大于 60MPa		所有抗压强度芯样	
	标准差 平均值 （MPa）	变异系数 平均值	标准差 平均值 （MPa）	变异系数 平均值	标准差 平均值 （MPa）	变异系数 平均值
75	1.321	0.027	1.888	0.025	1.583	0.026
100	1.303	0.026	1.666	0.021	1.471	0.024

通过对比可以看出，直径 75mm 芯样抗压强度标准差、变异系数稍大于直径 100mm 芯样抗压强度标准差、变异系数。在一定条件下，直径 75mm 芯样抗压强度标准差及变异系数均能达到准确评价混凝土抗压强度要求，能够保证钻芯法检测高强混凝土的准确性。因此，在实际工程检测中直径 75mm 芯样足可取代直径 100mm 芯样进行检测，但钻取的芯样数量可适当增加，同时，在检测过程中要严格控制试样的加工精度，否则可能使检测数据有较大的离散性，甚至对混凝土抗压强度造成误判。

9.8 小高径比芯样混凝土抗压强度试验研究

9.8.1 试验方案

行业标准《钻芯法检测混凝土强度技术规程》（JGJ/T 384—2016）规定，芯样高径比以 1.0 为主，考虑部分混凝土板厚度仅 60mm，有些芯样处理后厚度仅有 50mm，课题组准备对高径比小于 1.0 芯样进行对比试验研究。

采用施工常用原材料（包括水泥、砂、石、掺合料、外加剂等），设计混凝土配合比，制作钻芯用大试件：各强度等级两个尺寸为 240mm×700mm×2000mm 试件，采用自然养护，同时制作尺寸为 150mm×150mm×150mm 混凝土立方体抗压强度标准试块，4 组同条件养护，1 组标准养护，共 5 组。

按《混凝土物理力学性能试验方法标准》（GB/T 50081—2019）要求准备混凝土标准试模，并准备钻芯用大试件模板。

联系混凝土搅拌站，按工程常用配合比，设计试验配合比，按配合比准备所需材料，如砂、石、水泥、外加剂、掺合料等，一次进足料，进行必要原材料检测。每一强度等级搅拌足量混凝土，同时浇筑两个钻芯大试件、混凝土立方体抗压强度试块。

在规定龄期前 14d 开始钻取混凝土芯样，各强度等级各类试验钻取抗压芯样，直径为 75mm，100mm，高径比分别为 0.6，0.8，1.0，进行对比试验；对取得的芯样按行业标准 JGJ/T 384—2016 要求进行芯样端面磨平处理。

9.8.2 试验数据汇总

此次试验重点研究高径比小于 1.0 的芯样，对直径为 100mm，75mm，高径比为 0.6，0.8，1.0 芯样进行对比试验。试验混凝土强度等级 C10～C80，实测混凝土立方体抗压强度 26.6～88.4MPa，分析数据时，首先对不同直径芯样抗压强度平均值、标准差、变异系数进行对比，所得数据见表 9-8-1。设 $\lambda = \dfrac{\text{直径 100mm 芯样抗压强度}}{\text{直径 75mm 芯样抗压强度}}$，由表 9-8-1 分析得出，高径比在 0.95～1.05 范围内，芯样直径 75mm，100mm 混凝土抗压强度相差不大，λ 平均值为 0.988，λ 的标准差为 0.081，不同直径芯样抗压强度变异系数也非常接近。因此现行标准中要求：芯样高径比控制在 0.95～1.05 范围内，直径 75mm，100mm 芯样抗压强度不进行尺寸修正。

表 9-8-1 高径比 1.0 不同直径芯样抗压强度对比

试件编号	直径 75mm 芯样抗压强度			直径 100mm 芯样抗压强度			不同直径芯样抗压强度比 λ
	平均值（MPa）	标准差（MPa）	变异系数	平均值（MPa）	标准差（MPa）	变异系数	
QH10-1	31.2	2.86	0.092	26.6	2.40	0.090	0.853
PZ20	33.2	2.42	0.074	38.7	4.08	0.105	1.166
S20-1	37.6	2.84	0.076	35.7	1.62	0.045	0.949
PY30	46.2	1.66	0.036	45.1	4.54	0.101	0.976
CL30-2	47.0	2.66	0.057	49.0	4.56	0.093	1.043
BN60-2	56.2	3.52	0.063	53.2	3.87	0.073	0.947
BK70-2	56.9	5.79	0.102	56.2	5.50	0.098	0.988
BK30-1	57.4	3.02	0.053	50.9	2.68	0.053	0.887
S30	59.3	4.90	0.083	61.9	1.21	0.020	1.044

续表

试件编号	直径75mm芯样抗压强度			直径100mm芯样抗压强度			不同直径芯样抗压强度比 λ
	平均值(MPa)	标准差(MPa)	变异系数	平均值(MPa)	标准差(MPa)	变异系数	
QHB40-2	62.2	4.98	0.080	59.2	3.54	0.060	0.952
PB50	67.3	4.22	0.063	73.4	4.51	0.061	1.091
BK80-4	67.5	5.95	0.088	63.6	4.56	0.072	0.942
BK50-2	69.7	4.97	0.071	75.1	4.20	0.056	1.077
BN70-2	75.2	2.17	0.029	74.0	2.75	0.037	0.984
BK80-2	86.0	7.22	0.084	86.2	3.80	0.044	1.002
BK60-1	88.4	7.08	0.080	80.7	7.98	0.099	0.913
平均值	—	—	0.071	—	—	0.069	0.988

同直径芯样不同高径比抗压强度平均值、标准差、变异系数进行对比，所得数据见表9-8-2、表9-8-3。分析看出，芯样高径比0.95～1.05芯样抗压强度变异系数平均值最大，高径比0.6～0.70芯样抗压强度变异系数平均值最小，高径比越小芯样抗压强度变异系数平均值越小，说明减小芯样高径比可使芯样抗压强度离散性减小，采用小高径比芯样检测混凝土抗压强度是可行的。

表9-8-2　直径75mm芯样不同高径比抗压强度平均值、标准差、变异系数对比结果

编号	高径比0.95～1.05			高径比0.76～0.85			高径比0.62～0.70		
	平均值(MPa)	标准差(MPa)	变异系数	平均值(MPa)	标准差(MPa)	变异系数	平均值(MPa)	标准差(MPa)	变异系数
BK50-2	69.7	4.97	0.071	85.4	9.40	0.110	102.9	6.72	0.065
BK70-2	56.9	5.79	0.102	91.1	8.26	0.091	87.5	9.94	0.114
BK80-4	67.5	5.95	0.088	85.0	7.73	0.091	96.3	7.34	0.076
BN60-2	56.2	3.52	0.063	70.5	3.44	0.049	75.8	4.62	0.061
BK30-1	57.4	3.02	0.053	68.1	3.60	0.053	74.5	1.83	0.025
QHB40-2	62.2	4.98	0.080	76.3	5.68	0.074	84.3	3.05	0.036
S30	60.4	5.75	0.095	75.3	3.17	0.042	87.5	5.45	0.062
CL30-2	47.0	2.66	0.057	55.9	4.05	0.072	64.6	4.60	0.071
S20-1	37.6	2.84	0.076	44.6	1.62	0.036	49.4	3.61	0.073
PY30	46.2	1.66	0.036	58.2	5.29	0.091	62.2	3.44	0.055
PZ20	32.5	2.42	0.074	48.7	2.72	0.056	52.2	2.85	0.055
QH10-1	31.2	2.86	0.092	39.1	3.32	0.085	39.7	1.41	0.036
BK60-1	88.4	7.08	0.080	107.9	5.09	0.047	112.0	5.35	0.048
BK80-2	86.0	7.22	0.084	100.6	6.56	0.065	107.8	5.42	0.050
BN70-2	75.2	2.17	0.029	91.3	6.56	0.072	92.8	7.25	0.078
PB50	67.3	4.22	0.063	90.8	6.84	0.075	99.0	4.66	0.047
平均值	—	—	0.071	—	—	0.069	—	—	0.060

表 9-8-3 直径 100mm 芯样不同高径比抗压强度平均值、标准差、变异系数对比结果

编号	高径比 0.95～1.05			高径比 0.77～0.83			高径比 0.57～0.65		
	平均值（MPa）	标准差（MPa）	变异系数	平均值（MPa）	标准差（MPa）	变异系数	平均值（MPa）	标准差（MPa）	变异系数
BK50-2	75.1	4.20	0.056	86.7	3.57	0.041	100.1	8.62	0.086
BK70-2	56.2	5.45	0.097	79.0	5.43	0.069	75.7	3.86	0.051
BK80-4	63.6	4.57	0.072	77.2	7.37	0.095	97.5	8.90	0.091
BN60-2	53.2	3.87	0.073	63.8	4.85	0.076	78.8	3.86	0.049
QHB40-2	59.2	3.54	0.060	70.7	6.19	0.088	79.8	5.82	0.073
S30	61.9	1.21	0.020	72.4	6.51	0.090	82.4	2.74	0.033
CL30-2	49.0	4.56	0.093	55.7	2.93	0.053	58.0	4.21	0.073
S20-1	35.7	1.62	0.045	43.3	2.91	0.067	52.5	3.21	0.061
PY30	43.8	5.52	0.126	51.1	6.47	0.127	67.5	4.07	0.060
PZ20	38.7	4.08	0.105	45.0	1.40	0.031	48.9	4.00	0.082
QH10-1	25.7	3.10	0.121	36.8	3.73	0.101	46.6	5.03	0.108
BK60-1	80.7	7.98	0.099	93.3	4.83	0.052	115.4	1.38	0.012
BK80-2	86.2	3.82	0.044	96.6	8.48	0.088	119.0	4.97	0.042
BN70-2	74.0	2.75	0.037	84.7	4.48	0.053	99.9	4.91	0.049
PB50	73.4	4.51	0.061	86.3	3.19	0.037	100.4	4.93	0.049
平均值	—	—	0.074	—	—	0.071	—	—	0.061

9.8.3 试验数据分析总结

同直径芯样高径比不同混凝土抗压强度差异很大，不同强度等级混凝土实测抗压强度没有可比性，为确定混凝土抗压强度与高径比的关系，取芯样抗压强度比 $\beta = \dfrac{\text{各芯样抗压强度}}{\text{高径比 1.0 芯样抗压强度平均值}}$，以芯样高径比为自变量、芯样抗压强度比为因变量，绘制数据散点图（图 9-8-1、图 9-8-2），数据直线回归显示芯样高径比 H/d 与芯样抗压强度比 β 有密切相关关系，由图 9-8-1、图 9-8-2 确定直径 100mm，75mm 芯样高径比与

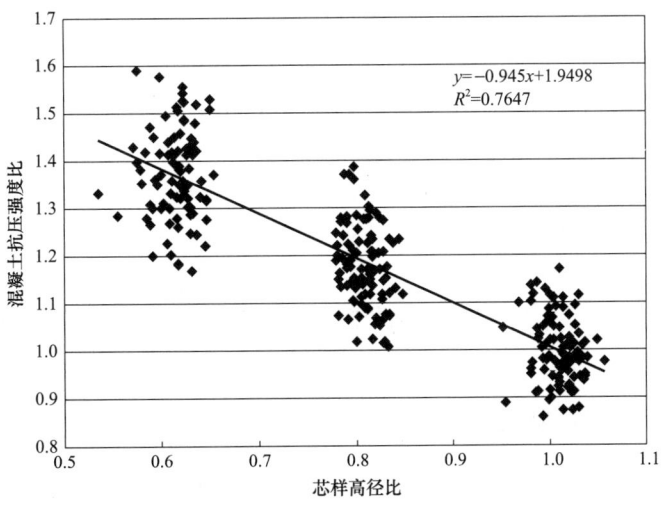

图 9-8-1 直径 100mm 芯样高径比与抗压强度比的关系

芯样抗压强度比换算关系，汇总得到表 9-8-4。

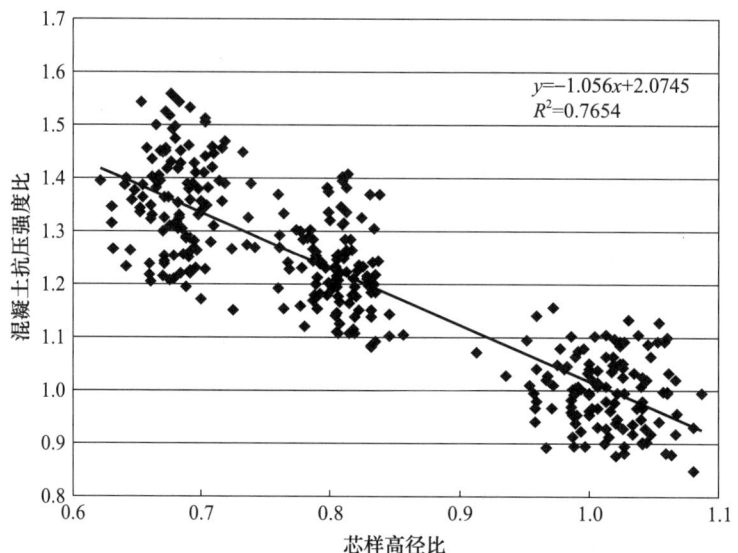

图 9-8-2　直径 75mm 芯样高径比与抗压强度比的关系

表 9-8-4　不同高径比芯样混凝土抗压强度换算系数

高径比	0.60	0.65	0.70	0.75	0.80	0.85	0.90	0.95	1.00	1.05
芯样直径 70mm	0.683	0.710	0.740	0.772	0.807	0.845	0.887	0.934	1.000	1.043
芯样直径 100mm	0.718	0.744	0.771	0.801	0.833	0.868	0.906	0.948	1.000	1.043

直径 100mm，75mm 芯样高径比分别为 0.6，0.8，1.0，进行抗压强度对比试验，证明：

(1) 芯样高径比控制在 0.95～1.05 范围内，直径 75mm，100mm 芯样抗压强度非常接近，变异系数也非常接近，可不进行尺寸修正。

(2) 同直径芯样高径比越小，芯样抗压强度变异系数平均值越小，说明减小芯样高径比可使芯样抗压强度离散性减小，采用小高径比芯样检测混凝土抗压强度是可行的。

(3) 数据分析显示，芯样高径比 H/d 与芯样抗压强度比 β 有密切相关关系，通过大量试验数据回归分析，可确定不同芯样高径比 H/d 与芯样抗压强度比 β 之间的换算关系。

采用小高径比芯样检测混凝土抗压强度，解决了钢筋过密易切断钢筋、板厚较小不易取芯的问题，同时，减小了钻芯法检测对结构的损伤。

9.9　钻芯法检测混凝土抗折强度试验研究

9.9.1　钻芯法检测混凝土抗折强度试验

采用施工常用原材料（包括水泥、砂、石、掺合料、外加剂等），选择混凝土强度等级（C10、C20、C30、C40、C60、C80），各强度等级制作两个 350mm×450mm×

2000mm 钻芯用大试件，同时制作 150mm×150mm×150mm 标准立方体抗压试件、150mm×150mm×600mm 抗折试件、150mm×150mm×150mm 劈裂抗拉试件，采用自然养护。

按标准《混凝土物理力学性能试验方法标准》（GB/T 50081—2019）要求准备混凝土标准试模，并准备钻芯用大试件模板。

按施工常用配合比准备所需材料，一次进足砂、石、水泥、外加剂、掺合料等原料，进行必要原材料检测。每一强度等级搅拌足量混凝土，同时浇筑两个钻芯大试件和混凝土标准立方体抗压试件、抗折试件和劈裂抗拉试件。

试验混凝土试件制作由混凝土搅拌站协助完成，28d 龄期时检测混凝土立方体抗压强度，见表 9-9-1。

表 9-9-1 混凝土立方体抗压强度

设计强度等级	C10	C20	C30	C40	C60	C80
立方体抗压强度（MPa）	19.8	25.8	44.4	45.4	78.8	75.2

标准《混凝土物理力学性能试验方法标准》（GB/T 50081—2019）中规定混凝土抗折强度试验标准试件为 150mm×150mm×600mm（或 550mm）的棱柱体试件，试验钻取芯样为 Φ100mm×400mm、Φ75mm×400mm 的圆柱体试件，试验装置改造后如图 9-9-1 所示，两加载头间距 50mm，支座间跨度 $l=50+2d$（mm），d 为芯样直径，芯样抗折破坏如图 9-9-2 所示，试验同时考虑单点加载，即跨中一点加载，支座间跨度 $l=2d$。

图 9-9-1 两点加载试验装置

图 9-9-2 两点加载芯样抗折破坏

图 9-9-2 所示两点加载圆柱体芯样的抗折强度按下式计算。

$$f_f=\frac{16F(0.5l-25)}{\pi d^3} \quad (9\text{-}9\text{-}1)$$

式中：f_f——混凝土抗折强度（MPa）；
F——试件破坏荷载（N）；
l——支座间跨度（mm）。

单点加载圆柱体芯样的抗折强度按下式计算。

$$f_f=\frac{8Fl}{\pi d^3} \quad (9\text{-}9\text{-}2)$$

各等级混凝土标准抗折强度试验结果见表 9-9-2，不同直径芯样抗折强度试验数据见

表 9-9-3，不同加载方式试验数据见表 9-9-4，各种试验方法抗折强度对比如图 9-9-3 所示。

表 9-9-2　各等级混凝土标准抗折强度试验结果

强度等级	C10	C20	C30	C40	C60	C80
标准抗折强度（MPa）	1.937	2.378	3.276	3.085	5.720	5.693
变异系数	0.113	0.131	0.112	0.061	0.044	0.121

表 9-9-3　不同直径芯样抗折强度试验结果对比

试验方式	直径75mm芯样两点加载		直径100mm芯样两点加载	
强度等级	平均抗折强度（MPa）	变异系数	平均抗折强度（MPa）	变异系数
C10	2.794	0.101	3.391	0.197
C20	3.026	0.224	3.368	0.150
C30	5.070	0.118	5.204	0.162
C40	4.786	0.178	4.891	0.195
C60	8.232	0.111	9.400	0.236
C80	7.775	0.247	7.803	0.157
平均值	—	0.163	—	0.183

表 9-9-4　一点加载与两点加载试验结果对比

试验方式	直径75mm芯样两点加载		直径75mm芯样一点加载	
强度等级	抗折强度 $f_{75,2}$（MPa）	变异系数	抗折强度 $f_{75,1}$（MPa）	变异系数
C10	2.794	0.101	2.545	0.318
C20	3.026	0.224	3.337	0.254
C30	5.070	0.118	5.599	0.219
C40	4.786	0.178	4.742	0.166
C60	8.232	0.111	9.630	0.112
C80	7.775	0.247	8.692	0.142
变异系数均值	—	0.163	—	0.202

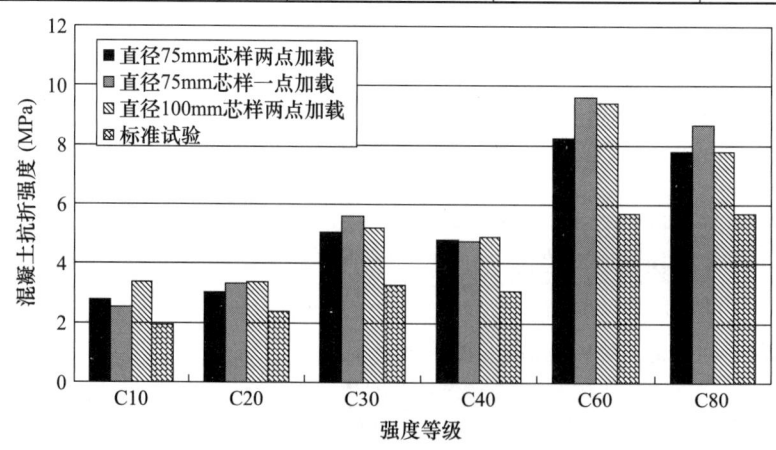

图 9-9-3　混凝土抗折强度不同试验方法结果对比

分析表 9-9-3、表 9-9-4 和图 9-9-3 可知，150mm×150mm×600mm 的棱柱体试件按标准《混凝土物理力学性能试验方法标准》(GB/T 50081—2019) 试验结果数值最低，变异系数也最低；直径 75mm 芯样一点加载试验结果略高于两点加载试验结果，一点加载试验变异系数略高于两点加载试验；同样采用两点加载，直径 100mm 芯样试验结果略高于直径 75mm 芯样试验结果，变异系数也略高于直径 75mm 芯样。

为分析芯样抗折强度与混凝土标准抗折强度的关系，分别以每种试验方式所得结果为自变量，混凝土标准抗折强度为因变量，进行直线回归，回归曲线如图 9-9-4 所示。

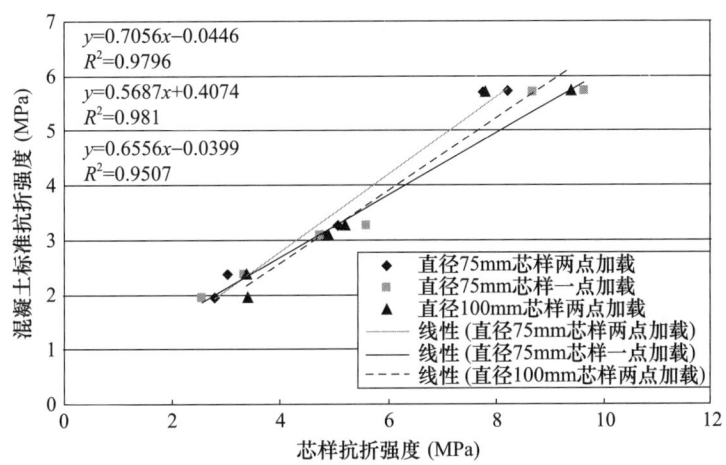

图 9-9-4 不同试验方式芯样抗折强度与混凝土标准抗折强度关系

取置信水平为 0.01，查表得 $R=0.834$，图 9-9-4 中三条直线相关系数均大于 0.95，证明芯样抗折强度与混凝土标准抗折强度密切相关，采用钻芯法取得的圆柱体芯样检测混凝土抗折强度是可行的。

9.9.2 试验结果总结

试验对比两点加载和一点加载检测混凝土圆柱体芯样抗折强度，推导出圆柱体芯样抗折强度计算公式，分析直径 100mm 芯样两点加载、直径 75mm 芯样两点加载和直径 75mm 芯样一点加载三种芯样抗折强度试验结果，证明芯样抗折强度与混凝土标准抗折强度密切相关，采用钻芯法取得的圆柱体芯样检测混凝土抗折强度是可行的。虽然两点加载抗折强度变异系数低于一点加载，但两点加载芯样比一点加载芯样长 50mm，为减少对结构的损伤，可采用一点加载检测混凝土芯样抗折强度。

9.10 钻芯法检测混凝土劈裂抗拉强度试验研究

9.10.1 试验方案

在规定龄期前 14d 开始钻取混凝土芯样，对取得的芯样按行业标准《钻芯法检测混凝土强度技术规程》(JGJ/T 384—2016) 规程要求进行芯样端面磨平处理。

9.10.2 两种加载试验方法

标准《混凝土物理力学性能试验方法标准》(GB/T 50081—2019)中混凝土劈裂抗拉强度试验标准试件尺寸为 150mm×150mm×150mm，此次试验从混凝土中钻取 Φ100mm×200mm、Φ75mm×150mm、Φ100mm×100mm 三种芯样进行混凝土劈裂抗拉强度试验，垫块、垫条、支架、钢垫板、压力试验机等试验设备和试验方法与标准《混凝土物理力学性能试验方法标准》(GB/T 50081—2019)要求一致。

《水泥混凝土路面施工及验收规范》(GBJ 97—87)中规定，芯样轴线水平放置，从侧面加载，试验设备及芯样破坏状态如图 9-10-1 所示。

行业标准 JGJ/T 384—2016 编制组建议，芯样轴线垂直放置，从端面加载，试验设备及芯样破坏状态如图 9-10-2 所示。

图 9-10-1 混凝土芯样劈裂抗拉强度试验（侧面加载）

图 9-10-2 混凝土芯样劈裂抗拉强度试验（端面加载）

理论分析认为，芯样高径比取 2.0 时，考虑试验用钢垫块上下对中偏差、芯样垂直度偏差及芯样偏心等因素的影响，从端面加载，芯样劈裂抗拉强度可能偏低；按照《水泥混凝土路面施工及验收规范》(GBJ 97—87)，直径 D=150mm，长度与路面厚度相同的芯样试件，从侧面加载的试验结果与边长 150mm 标准立方体试块劈裂抗拉强度采用同一公式计算。

Φ100mm×200mm 芯样采用不同加载方式进行混凝土芯样劈裂抗拉强度试验，试验数据见表 9-10-1。

表 9-10-1 不同加载方式试验结果对比

强度等级	侧面加载劈裂抗拉强度 f_c (MPa)	同期标准劈裂抗拉强度 f_t (MPa)	f_c/f_t	端面加载劈裂抗拉强度 f_d (MPa)	同期标准劈裂抗拉强度 f_t (MPa)	f_d/f_t
C10	2.25	1.94	1.16	1.62	1.98	0.82
C20	2.32	2.21	1.05	1.75	2.20	0.80
C30	3.47	3.37	1.03	2.00	3.02	0.66
C40	3.37	3.27	1.03	1.99	2.97	0.67
C60	4.38	4.42	0.99	3.24	4.57	0.71
C80	4.14	4.19	0.99	2.79	3.46	0.81

通过数据对比可以看出,侧面加载劈裂抗拉强度明显高于端面加载劈裂抗拉强度,侧面加载试验结果略高于同期边长 150mm 标准试块劈裂抗拉强度,而端面加载试验结果明显低于同期边长 150mm 标准试块劈裂抗拉强度,试验结果和理论分析结果基本一致。

9.10.3 不同直径芯样试验结果对比

为减少对结构的损伤,希望钻取芯样直径越小越好,但芯样直径过小时芯样横截面内石子、气泡等对试验影响较明显,试验数据离散性会增大,按行业标准 JGJ/T 384—2016 要求,芯样直径不得小于骨料最大粒径的 2 倍,试验对比 Φ100mm×200mm、Φ75mm×150mm 两种芯样的试验结果,Φ75mm×150mm 芯样侧面加载劈裂抗拉强度试验数据与混凝土标准立方体试块劈裂抗拉强度试验数据见表 9-10-2,Φ100mm×200mm 芯样侧面加载劈裂抗拉强度试验数据与混凝土标准立方体试块劈裂抗拉强度试验数据见表 9-10-3,两种芯样数据对比如图 9-10-3 所示。

表 9-10-2　Φ75mm×150mm 芯样与混凝土标准立方体试块试验数据

设计强度等级	芯样直径（mm）	芯样劈裂抗拉强度			标准立方体试块劈裂抗拉强度（MPa）
		平均值（MPa）	标准差（MPa）	变异系数	
C10	75	2.39	0.249	0.104	1.87
C20	75	2.59	0.267	0.103	2.21
C30	75	4.14	0.343	0.083	3.37
C40	75	4.05	0.346	0.086	3.27
C60	75	5.07	0.395	0.078	4.42
C80	75	4.49	0.688	0.153	4.19

表 9-10-3　Φ100mm×200mm 芯样与混凝土标准立方体试块试验数据

设计强度等级	芯样直径（mm）	芯样劈裂抗拉强度			标准立方体试块劈裂抗拉强度（MPa）
		平均值（MPa）	标准差（MPa）	变异系数	
C10	100	2.25	0.124	0.055	1.87
C20	100	2.39	0.296	0.124	2.21
C30	100	3.47	0.433	0.125	3.37
C40	100	3.37	0.380	0.113	3.27
C60	100	4.38	0.414	0.094	4.42
C80	100	4.14	0.498	0.120	4.19

由图 9-10-3 分析可以看出,直径 75mm 芯样劈裂抗拉强度较高,直径 100mm 芯样劈裂抗拉强度与边长 150mm 标准立方体试块劈裂抗拉强度相近。混凝土标准立方体抗压强度试验中,不同尺寸试块要考虑尺寸效应的影响,从此次试验结果可以看出,混凝土劈裂抗拉强度试验同样存在尺寸效应的影响。

为分析混凝土芯样劈裂抗拉强度与混凝土标准立方体试块劈裂抗拉强度的关系,以凝土芯样劈裂抗拉强度为自变量,混凝土标准立方体试块劈裂抗拉强度为因变量,绘出

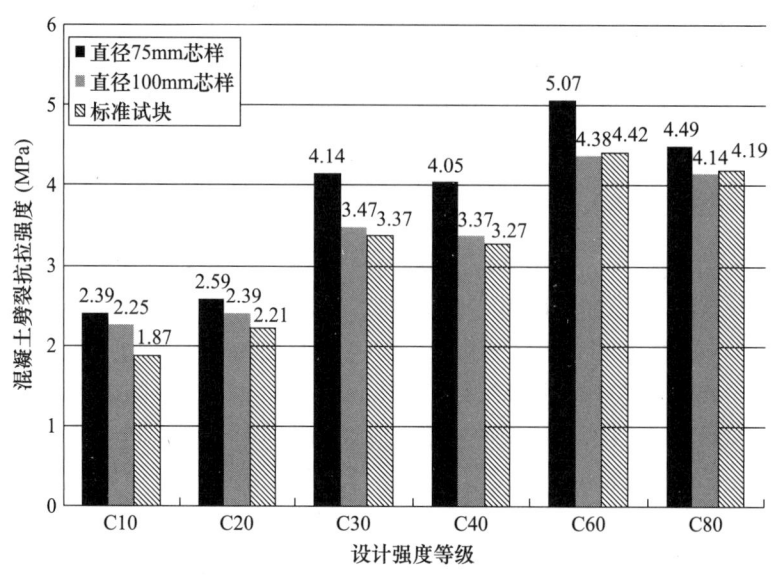

图 9-10-3 混凝土劈裂抗拉强度不同直径芯样、标准试块数据对比

散点图，进行直线回归，得到直径 75mm 芯样与混凝土标准立方体试块劈裂抗拉强度关系曲线，直径 100mm 芯样与混凝土标准立方体试块劈裂抗拉强度关系曲线。分析看出，两种关系曲线自变量与因变量均达到密切相关，直径 100mm 芯样与混凝土标准立方体试块劈裂抗拉强度关系曲线相关性更高。

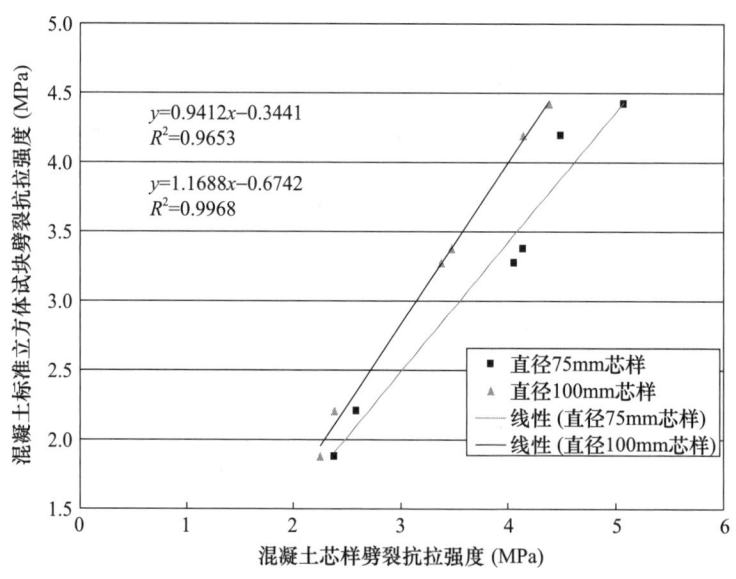

图 9-10-4 不同直径芯样与混凝土标准立方体试块劈裂抗拉强度关系曲线

试验证明：采用钻芯法检测混凝土劈裂抗拉强度数据稳定、准确可靠；直径 100mm 芯样劈裂抗拉强度试验结果与混凝土标准立方体试块劈裂抗拉强度试验结果非常接近；采用不同直径芯样进行劈裂抗拉强度试验时应考虑尺寸效应的影响。

9.10.4 不同高径比试验结果对比

$\Phi100mm\times200mm$、$\Phi100mm\times100mm$ 两种芯样采用端面加载，分析混凝土芯样高径比对其劈裂抗拉强度的影响，对比试验数据见表 9-10-4。

表 9-10-4 端面加载不同高径比试验结果

强度等级	高径比1.0劈裂抗拉强度 f_1 (MPa)	高径比2.0劈裂抗拉强度 f_2 (MPa)	标准立方体试块劈裂抗拉强度 f_k (MPa)	f_1/f_2	f_1/f_k	f_2/f_k
C10	2.25	1.62	1.98	1.38	1.13	0.82
C20	2.39	1.75	2.20	1.45	1.16	0.80
C30	3.47	2.00	3.02	1.64	1.09	0.66
C40	3.37	1.99	2.97	1.52	1.02	0.67
C60	4.38	3.24	4.57	1.28	0.91	0.71
C80	4.14	2.79	3.46	1.44	1.17	0.81

理论分析认为，从端面加载，芯样高径比取 2.0 时，受芯样垂直度偏差及芯样偏心等因素的影响较大，芯样劈裂抗拉强度应低于标准立方体试块劈裂抗拉强度。分析表 9-10-4 试验结果可以看出，采用端面加载时，高径比对混凝土芯样劈裂抗拉强度的影响很大，高径比越小，混凝土芯样劈裂抗拉强度越大。

9.10.5 试验结果总结

（1）混凝土劈裂抗拉强度试验采用 $\Phi100mm\times200mm$、$\Phi75mm\times150mm$、$\Phi100mm\times100mm$ 三种芯样，混凝土芯样劈裂抗拉强度与混凝土标准立方体试块劈裂抗拉强度显著相关，证明采用钻芯法检测混凝土劈裂抗拉强度结果准确可靠。

（2）理论分析认为，芯样高径比取 2.0 时，考虑试验用钢垫块上下对中偏差、芯样垂直度偏差及芯样偏心等因素的影响，从端面加载，芯样劈裂抗拉强度可能偏低；试验数据对比证明，芯样高径比取 2.0 时，侧面加载劈裂抗拉强度明显高于端面加载劈裂抗拉强度，侧面加载试验结果略高于同期边长 150mm 标准试块劈裂抗拉强度，而端面加载试验结果明显低于同期边长 150mm 标准试块劈裂抗拉强度，试验结果和理论分析结果基本一致。

（3）采用侧面加载时，直径 100mm 芯样劈裂抗拉强度试验结果与混凝土标准立方体试块劈裂抗拉强度试验结果非常接近，直径 75mm 芯样劈裂抗拉强度试验结果略偏高，采用不同直径芯样进行劈裂抗拉强度试验时应考虑尺寸效应的影响。

（4）采用端面加载时，高径比对混凝土芯样劈裂抗拉强度影响很大，高径比越小，混凝土芯样劈裂抗拉强度越大。

9.11 钻芯法检测混凝土强度技术要点

9.11.1 芯样的钻取

1. 钻芯部位选择

芯样宜在构件的下列部位钻取。

(1) 构件受力较小的部位。
(2) 混凝土强度质量具有代表性的部位。
(3) 便于钻芯机安放与操作的部位。
(4) 避开钢筋、预埋件和管线的位置。
(5) 用钻芯法和其他方法综合测定混凝土强度时,钻芯部位应在其他方法的测区部位或在其测区附近。

2. 芯样直径

(1) 芯样直径宜为 100 mm,为减小对结构的损伤,在保证精度的条件下,可钻取小直径芯样。
(2) 芯样直径不应小于 70 mm 且不应小于混凝土中骨料最大粒径的 2 倍。

3. 钻芯操作

(1) 钻芯机就位并安放平稳后,应将钻芯机固定。固定的方法可根据钻芯机构造和施工现场的具体情况确定。
(2) 钻芯机使用三相电动机时,未安装钻头前应先通电检查主轴旋转方向。旋转方向正确时,方可安装钻头。
(3) 钻芯机主轴的旋转轴线,宜调整到与被钻芯的混凝土表面相垂直。
(4) 钻芯时用于冷却钻头和排除混凝土碎屑的冷却水的流量,宜为 3~5L/min,出口水温不宜超过 40℃。

4. 芯样运输保存

(1) 芯样在搬运之前应采用防振材料仔细包装,以免碰坏。钻芯现场的全部记录应与芯样抗压强度记录一起存档。
(2) 构件钻芯后所留下的孔洞应及时进行修补。

9.11.2 芯样的加工及技术要求

1. 芯样加工处理

采用锯切机加工芯样试件时,应将芯样固定,并使锯切平面垂直于芯样轴线。锯切过程中应用水冷却锯片和芯样。

考虑结构混凝土的非匀质性,必要时检测报告中宜对钻取芯样位置、芯样切取深度进行描述。

芯样试件内不宜含有钢筋。如不能满足此项要求,直径大于 100mm 芯样试件内钢筋不得多于两根,且最大直径不得大于 10mm;直径不大于 100mm 芯样试件内钢筋不得多于一根,且直径不得大于 10mm。芯样内钢筋应与芯样端面基本平行并离开端面 10mm 以上。

锯切后的芯样,不得直接进行抗压强度试验,应采用下述方法之一,对其进行端面加工。

(1) 在磨平机上磨平。
(2) 用水泥净浆、环氧胶泥、快硬水泥等材料,在专用补平仪上补平。补平层厚度不宜大于 3mm,补平层应与芯样结合牢固。

在条件允许时,优先采用磨平法进行芯样端面加工。但强度较低混凝土芯样应采用补平法进行端面加工。

2. 芯样尺寸测量

在进行抗压强度试验前，应按下列方法测量芯样试件尺寸。

（1）平均直径：用游标卡尺测量芯样中部，在相互垂直的两个位置上各测得一个直径数值，取两次测量的算术平均值，精确至 0.1mm。

（2）芯样高度：用钢板尺或钢卷尺测量两个端面间的距离，精确至 1mm。

（3）不垂直度：用游标量角器测量两个端面与芯样侧立面的夹角，取最大值，精确至 2°。

（4）不平整度：用钢板尺紧靠在芯样端面上，一面转动钢板尺，一面用塞尺测量钢板尺与芯样端面之间的缝隙，或用专用设备量测，精确至 0.02mm。

3. 芯样高径比计算及修正

行业标准 JGJ/T 384—2016 第 5.0.2 条规定：抗压芯样试件的高度与直径之比（H/d）宜为 1.00。

山东省地方标准《钻芯法检测混凝土抗压强度技术规程》（DB37/T 2368—2022）根据本书"9.8 小高径比芯样混凝土抗压强度试验研究"试验研究成果，采用高径比 0.6～1.0 的小高径比芯样，根据不同高径比与芯样抗压强度换算系数，确定小高径比芯样对应混凝土强度换算值。解决了钢筋过密易切断钢筋、板厚较小不易取芯的问题，同时，减小了钻芯法检测对结构的损伤。

山东省地方标准《钻芯法检测混凝土抗压强度技术规程》（DB37/T 2368—2022）规定：

（1）从构件中钻取的混凝土芯样应加工成符合规定的芯样试件，正常情况下，应满足下列要求。

$$0.95 \leqslant \frac{H}{d} \leqslant 1.05 \quad (9-11-1)$$

式中：$\frac{H}{d}$——高径比，精确至 0.01；

H——抗压芯样试件的高度，精确至 1mm；

d——抗压芯样试件的平均直径，精确至 0.1mm。

（2）若因构件尺寸等原因，抗压芯样试件的高径比（H/d）不能满足第（1）条要求，对直径 70～100mm 芯样，也可采用小高径比，小高径比芯样应满足下列要求。

$$0.60 \leqslant \frac{H}{d} < 0.95 \quad (9-11-2)$$

（3）采用小高径比芯样时，尺寸效应对芯样抗压强度的影响不容忽视，需要进行修正，芯样试件高径比换算系数见表 9-11-1。

表 9-11-1 芯样试件高径比换算系数

高径比	0.60	0.65	0.70	0.75	0.80	0.85	0.90	0.95
直径 70mm 芯样	0.683	0.710	0.740	0.772	0.807	0.845	0.887	0.934
直径 100mm 芯样	0.718	0.744	0.771	0.801	0.833	0.868	0.906	0.948

注：表中未列数据，可按直线内插法计算，但不可外推。

4. 芯样试件尺寸偏差及外观质量要求

芯样试件尺寸偏差及外观质量应符合下列要求。

（1）经端面加工后芯样试件的高径比不符合"9.11.2.3 芯样高径比计算及修正"要求。

（2）沿芯样高度任一直径与平均直径相差不大于1.5mm。

（3）芯样试件端面的不平整度在100mm长度内不超过0.1mm。

（4）芯样试件端面与轴线的不垂直度不超过1°。

（5）芯样试件无裂缝或其他较大缺陷。

不符合上述要求的芯样试件应重新加工或废弃。

9.11.3 芯样试件抗压强度试验

芯样试件宜在与被检测构件混凝土湿度基本一致的条件下进行抗压强度试验。芯样试件以自然干燥状态进行试验时，应根据端面加工方法确定在室内自然干燥的时间；芯样试件以潮湿状态进行试验时，应在15~25℃的清水中浸泡40~48h，从水中取出后立即进行试验。

芯样试件的抗压强度试验应按标准《混凝土物理力学性能试验方法标准》（GB/T 50081—2019）中对立方体试块抗压强度试验的规定进行。

芯样试件的混凝土抗压强度换算值应按式（9-11-3）计算。

$$f_{\text{cor},i}^c = \alpha_i \frac{4F_i}{\pi d_i^2} \tag{9-11-3}$$

式中：$f_{\text{cor},i}^c$——第 i 个芯样试件的混凝土抗压强度换算值，精确至0.1MPa；

α_i——第 i 个芯样试件的高径比换算系数，α_i 取值见表9-11-1，精确至0.001；

F_i——第 i 个芯样试件抗压强度试验测得的极限压力（N）；

d_i——第 i 个芯样试件的平均直径（mm）。

9.11.4 检测数据分析处理及混凝土抗压强度推定

1. 平均值、标准差及变异系数计算

当芯样数不少于10个时，应分别按式（9-11-4）、式（9-11-5）、式（9-11-6）计算构件或检测批混凝土抗压强度换算值的平均值、标准差及变异系数。

$$m_{f_{\text{cor}}^c} = \frac{\sum_{i=1}^{n} f_{\text{cor},i}^c}{n} \tag{9-11-4}$$

$$s_{\text{cor}} = \sqrt{\frac{\sum_{i=1}^{n} (f_{\text{cor},i}^c)^2 - n(m_{f_{\text{cor}}^c})^2}{n-1}} \tag{9-11-5}$$

$$\delta = \frac{S_{\text{cor}}}{m_{f_{\text{cor}}^c}} \tag{9-11-6}$$

式中：$m_{f_{\text{cor}}^c}$——构件或检测批混凝土抗压强度换算值的平均值，精确至0.1MPa；

S_{cor}——构件或检测批混凝土抗压强度换算值的标准差，精确至0.01MPa；

δ——构件或检测批混凝土抗压强度换算值的变异系数，精确至0.01；

n——芯样试件数量。

2. 单个构件检测混凝土抗压强度推定

单个构件混凝土抗压强度推定值应按式（9-11-7）计算。

$$f_{cu,e}^c = f_{cor,min} \tag{9-11-7}$$

式中：$f_{cu,e}^c$——构件或检测批混凝土抗压强度推定值，精确至0.1 MPa；

$f_{cor,min}$——构件或检测批混凝土抗压强度换算值中的最小值，精确至0.1 MPa。

3. 按批抽样检测混凝土抗压强度推定

检测批混凝土抗压强度推定值应计算推定区间，推定区间的置信度宜为0.90，并使错判概率为0.05，漏判概率为0.05，具有95%保证率特征值的推定区间上限值和下限值可按式（9-11-8）、式（9-11-9）计算，当采用小直径芯样试件时，推定区间的置信度可为0.85，使错判概率为0.05，漏判概率为0.10，对应推定区间下限值可按式（9-11-10）计算。

$$f_{cu,u}^c = m_{f_{cor}^c} - k_{0.05,u} s_{cor} \tag{9-11-8}$$

$$f_{cu,l}^c = m_{f_{cor}^c} - k_{0.05,l} s_{cor} \tag{9-11-9}$$

或者

$$f_{cu,l}^c = m_{f_{cor}^c} - k_{0.1,l} s_{cor} \tag{9-11-10}$$

$$m_{\Delta f} = \frac{f_{cu,u}^c + f_{cu,l}^c}{2} \tag{9-11-11}$$

$$\Delta_{f_{cu}} = f_{cu,u}^c - f_{cu,l}^c \tag{9-11-12}$$

式中：$f_{cu,u}^c$——检测批混凝土抗压强度推定区间上限值，精确至0.1 MPa；

$f_{cu,l}^c$——检测批混凝土抗压强度推定区间下限值，精确至0.1 MPa；

$k_{0.05,u}$——0.05分位数推定区间上限值系数，按检测批测区数量由表3-4-1查得；

$k_{0.05,l}$——0.05分位数推定区间下限值系数，按检测批测区数量由表3-4-1查得；

$k_{0.1,l}$——0.1分位数推定区间下限值系数，按检测批测区数量由表3-4-1查得；

$m_{\Delta f}$——推定区间上限值与下限值的平均值；

$\Delta_{f_{cu}}$——推定区间上限值与下限值的差值。

$\Delta_{f_{cu}}$不宜大于5.0MPa和$0.1 m_{\Delta f}$两者的较大值，否则可在分析原因的基础上采取下列措施之一进行处理，直到满足本条要求，或按单个构件进行处理。

（1）分析施工条件及检测结果，重新划分检测批，进行补充检测。

（2）增加测区的数量。

（3）若采取上述措施仍不能满足要求，或无条件采取上述措施时，可按要求提供单个构件的检测结果。

检测批混凝土抗压强度推定值应按式（9-11-13）计算。

$$f_{cu,e}^c = f_{cu,u}^c \tag{9-11-13}$$

4. 异常构件处理

同一检测批中各构件芯样混凝土强度换算值$f_{cor,i}^c$与$f_{cu,e}^c$进行对比，若$f_{cu,e}^c - f_{cor,i}^c > 5.0$ MPa，则应将该构件作为异常构件。

对于强度明显低于$f_{cu,e}^c$的异常构件，应按单个构件评定强度，并在报告中说明。

9.11.5 结构实体混凝土回弹-取芯法强度检验

《混凝土结构工程施工质量验收规范》（GB 50204—2015）增加了结构实体混凝土回

弹-取芯法强度检验。《混凝土结构工程施工质量验收规范》(GB 50204—2015) 附录 D 对此方法有详细规定。

《混凝土结构工程施工质量验收规范》(GB 50204—2015) 第 10.1.2 条规定：结构实体混凝土强度应按不同强度等级分别检验，检验方法宜采用同条件养护试件方法；当未取得同条件养护试件强度或同条件养护试件强度不符合要求时，可采用回弹-取芯法进行检验。结构实体混凝土回弹-取芯法强度检验应符合《混凝土结构工程施工质量验收规范》(GB 50204—2015) 附录 D 的规定。

《混凝土结构工程施工质量验收规范》(GB 50204—2015) 附录 D 的规定如下。

(1) 回弹构件的抽取应符合下列规定。

① 同一混凝土强度等级的柱、梁、墙、板，抽取构件最小数量应符合表 9-11-2 的规定，并应均匀分布。

② 不宜抽取截面高度小于 300mm 的梁和边长小于 300mm 的柱。

表 9-11-2　回弹构件抽取最小数量　　　　　　　　　　单位：个

构件总数量	最小抽样数量
20 以下	全数
20～150	20
151～280	26
281～500	40
501～1200	64
1201～3200	100

(2) 每个构件应选取不少于 5 个测区进行回弹检测及回弹值计算，并应符合现行行业标准《回弹法检测混凝土抗压强度技术规程》(JGJ/T 23—2011) 对单个构件检测的有关规定。楼板构件的回弹宜在板底进行。

(3) 对同一强度等级的混凝土，应对每个构件 5 个测区中的最小测区平均回弹值进行排序，并在其最小的 3 个测区各钻取 1 个芯样。芯样应采用带水冷却装置的薄壁空心钻钻取，其直径宜为 100mm，且不宜小于混凝土骨料最大粒径的 3 倍。

(4) 芯样试件的端部宜采用环氧胶泥或聚合物水泥砂浆补平，也可采用硫黄胶泥修补。加工后芯样试件的尺寸偏差与外观质量应符合下列规定。

① 芯样试件的高度与直径之比实测值不应小于 0.95，也不应大于 1.05。

② 沿芯样高度的任一直径与其平均值之差不应大于 2mm。

③ 芯样试件端面的不平整度在 100mm 长度内不应大于 0.1mm。

④ 芯样试件端面与轴线的不垂直度不应大于 1°。

⑤ 芯样不应有裂缝、缺陷及钢筋等杂物。

(5) 芯样试件尺寸的量测应符合下列规定。

① 应采用游标卡尺在芯样试件中部互相垂直的两个位置测量直径，取其算术平均值作为芯样试件的直径，精确至 0.1mm。

② 应采用钢板尺测量芯样试件的高度，精确至 1mm。

③ 垂直度应采用游标量角器测量芯样试件两个端线与轴线的夹角，精确至 0.1°。

④ 平整度应采用钢板尺或角尺紧靠在芯样试件端面上,一面转动钢板尺,另一面用塞尺测量钢板尺与芯样试件端面之间的缝隙;也可采用其他专用设备测量。

(6) 芯样试件应按现行国家标准《混凝土物理力学性能试验方法标准》(GB/T 50081—2019)中圆柱体试件的规定进行抗压强度试验。

(7) 对同一强度等级的混凝土,当符合下列规定时,结构实体混凝土强度可判为合格。

① 三个芯样的抗压强度算术平均值不小于设计要求的混凝土强度等级值的88%。

② 三个芯样抗压强度的最小值不小于设计要求的混凝土强度等级值的80%。

结构实体混凝土回弹-取芯法强度检验不同于回弹法、超声回弹综合法等非破损检测方法中的钻芯修正,如回弹法中的钻芯修正本质上还是回弹法,采用同测区钻取芯样强度对回弹法测区强度换算值进行修正,数据计算、强度评定都按照回弹法标准执行。

9.11.6 钻芯修正

1. 钻芯修正的意义

因钻芯法直接从结构混凝土中钻取芯样进行抗压强度检测,直接得到混凝土抗压强度,检测结果准确可靠,并且不受养护方法、施工方法、龄期等条件影响,所以被认为是最直接准确的结构混凝土强度检测方法。

当混凝土的表面状况、施工方法、龄期等条件超出回弹法、超声回弹综合法、剪压法等技术规程限定的范围时,可采用钻芯法或钻芯修正法。

钻芯修正法是结构混凝土强度检测时经常使用的检测技术。所谓钻芯修正法,是用芯样试件混凝土换算强度对间接检测方法得到的混凝土换算强度进行修正。间接检测方法包括回弹法、超声回弹综合法、剪压法等,钻芯修正法利用了钻芯法测试结果直观、可靠的优点,同时利用了其他间接检测方法测试方便、对结构无损伤或微损伤的特点,钻芯法与间接检测方法结合,取长补短,使检测结果更为可靠,对结构损伤减小,同时使检测费用相应降低。

2. 钻芯修正法

钻芯修正法可以采用修正系数和修正量两种基本形式,在确定修正系数或确定修正量的具体方式上有总体、局部和一一对应 3 种方式。

修正系数的形式是,用芯样样本参数与间接检测样本参数的比值作为修正系数 η,然后用 η 乘以间接检测样本中的测试值得到修正后的值。相应的修正公式为:

$$f_{cu,i} = \eta f_{cu,i0} \tag{9-11-14}$$

式中:$f_{cu,i}$——修正后的间接检测测区换算强度;

$f_{cu,i0}$——修正前的间接检测测区换算强度;

η——修正系数。

修正量的形式是,用芯样样本参数与间接检测样本参数的差值作为修正量,然后用修正量与间接检测样本中的测试值相加得到修正后的值。相应的修正公式为:

$$f_{cu,i} = f_{cu,i0} + \Delta \tag{9-11-15}$$

式中:Δ——修正量。

在获得修正量和修正系数时可以有以下 3 种方式。

（1）总体：用芯样试件换算强度平均值 $f_{cor,m}^c$ 与用间接检测方法得到的全部换算强度的平均值 $f_{cu,m0}^c$ 进行比较，确定修正系数或修正量；$\eta_c = f_{cor,m}^c / f_{cu,m0}^c$，$\Delta = f_{cor,m}^c - f_{cu,m0}^c$。

（2）局部：用芯样试件换算强度平均值 $f_{cor,m}^c$ 与用间接检测得到的相应测区换算强度的平均值 $f_{cu,m1}^c$ 进行比较，确定修正系数或修正量；$\eta_c = f_{cor,m}^c / f_{cu,m1}^c$，$\Delta = f_{cor,m}^c - f_{cu,m1}^c$。

（3）一一对应，用芯样试件换算强度 $f_{cor,i}^c$ 与对应测区用间接检测方法得到的换算强度 $f_{cu,i}^c$ 进行比较，确定单点修正值，取单点修正值的平均数作为修正系数或修正量，$\eta_d = \sum f_{cor,i}^c / f_{cu,i}^c$。

其中，（2）和（3）两种方式获得的修正量是相同的，所以2种形式和3种方式组合，得到5种方法。

3. 修正量与修正系数对比

修正量与修正系数的显著差别是：修正量形式只对间接检测样本的算术平均值 $f_{cu,m0}$ 进行修正，而不对间接检测样本的标准差 s_0 进行修正；修正系数形式不仅对间接检测样本的算术平均值 $f_{cu,m0}$ 进行修正，而且也对间接检测样本的标准差 s_0 进行修正。

（1）修正量与标准差。

设修正前间接检测得到的强度算术平均值为 $f_{cu,m0}^c$，标准差为 s_0，修正后的强度算术平均值为 $f_{cu,m}$，标准差为 s_1。

证明1：已知 $f_{cu,m0}^c = \dfrac{\sum f_{cu,i0}^c}{n}$，$f_{cu,i} = f_{cu,i0}^c + \Delta$，则有

$$f_{cu,m} = \frac{\sum (f_{cu,i})}{n} = \frac{\sum (f_{cu,i0}^c + \Delta)}{n} = \frac{\{n \cdot \Delta + \sum (f_{cu,i0}^c)\}}{n}$$

$$= \Delta + \frac{\sum (f_{cu,i0}^c)}{n} = \Delta + f_{cu,m0}^c$$

证明2：已知 $s_0 = \sqrt{\dfrac{(f_{cu,i0}^c - f_{cu,m0}^c)^2}{n-1}}$，$f_{cu,i} = f_{cu,i0}^c + \Delta$，$f_{cu,m} = f_{cu,m0}^c + \Delta$，则有

$$s_1 = \sqrt{\frac{(f_{cu,i}^c - f_{cu,m}^c)^2}{n-1}} = \sqrt{\frac{[(f_{cu,i0}^c + \Delta) - (f_{cu,m0}^c + \Delta)]^2}{n-1}}$$

$$= \sqrt{\frac{(f_{cu,i0}^c - f_{cu,m0}^c)^2}{n-1}} = s_0$$

以上证明：修正量只修正了检测样本强度的算术平均值，检测样本强度的标准差未变。

（2）修正系数与标准差。

设修正前间接检测得到的强度算术平均值为 $f_{cu,m0}^c$，标准差为 s_0，修正后的强度算术平均值为 $f_{cu,m}$，标准差为 s_1。

证明1：已知 $f_{cu,m0}^c = \dfrac{\sum (f_{cu,i0}^c)}{n}$，$f_{cu,i} = \eta \cdot f_{cu,i0}^c$，则有

$$f_{cu,m} = \frac{\sum (f_{cu,i})}{n} = \frac{\sum (\eta \cdot f_{cu,i0}^c)}{n} = \eta \cdot \left\{ \frac{\sum (f_{cu,i0}^c)}{n} \right\} = \eta \cdot f_{cu,m0}^c$$

证明2：已知 $s_0 = \sqrt{\dfrac{(f_{cu,i0}^c - f_{cu,m0}^c)^2}{n-1}}$，$f_{cu,i} = \eta \cdot f_{cu,i0}^c$，$f_{cu,m} = \eta \cdot f_{cu,m0}^c$，则有

$$s_1 = \sqrt{\frac{(f_{cu,i}^c - f_{cu,m}^c)^2}{n-1}} = \sqrt{\frac{[(\eta \cdot f_{cu,i0}^c) - (\eta \cdot f_{cu,m0}^c)]^2}{n-1}}$$

$$=\sqrt{\frac{\eta^2 \cdot \sum (f_{\mathrm{cu},i0}^{\mathrm{c}} - f_{\mathrm{cu},m0}^{\mathrm{c}})^2}{n-1}} = \eta \cdot \sqrt{\frac{\sum (f_{\mathrm{cu},i0}^{\mathrm{c}} - f_{\mathrm{cu},m0}^{\mathrm{c}})^2}{n-1}} = \eta s_0$$

以上证明：修正系数不仅修正了检测样本强度的算术平均值，而且修正了检测样本强度的标准差。

从数学角度上讲，修正量法只是对间接检测方法测强曲线的截距进行了修正，曲线的斜率没有改变，而修正系数不仅对测强曲线的截距进行了修正，而且对测强曲线的斜率也进行了修正。实际修正时，宜采用修正量法，其原因是在修正时，钻芯法并未对间接检测样本的强度标准差进行检验，只对平均值进行了比较，因此修正也只针对平均值。

4. 不同修正方法对比

（1）总体方式。

总体方式是用芯样换算强度的算术平均值与间接检测换算强度的平均值进行比较，获得修正系数或修正量。总体方式的概念是母体强度均值 μ 的估计值之间的比较。$f_{\mathrm{cor},m}^{\mathrm{c}}$ 是对母体强度均值 μ 的估计值，$f_{\mathrm{cu},m0}^{\mathrm{c}}$ 也是母体强度均值 μ 的估计值，当两个估计值存在差异时可进行修正。

当采用总体方式时，应对芯样换算强度的平均值做出一些限制。

① 确定芯样样本对母体均值 μ 的推定区间。

② 推定区间的置信度不宜小于 0.90。

③ 推定区间上下限之差不宜大于 5.0MPa 和 $0.1m_{\Delta f}$ 两者的较大值。

④ 计算修正系数或修正量时，使用芯样样本的算术平均值 $f_{\mathrm{cor},m}^{\mathrm{c}}$。

（2）局部方式。

局部方式是用芯样换算强度的算术平均值与对应测区间接检测换算强度的平均值进行比较，获得修正系数或修正量。由于在获得修正系数或修正量时仅使用了间接检测数据的一部分，而修正时却对全部间接检测数据进行修正，实际上是用局部代替总体。在用局部代替总体的过程中，总会带来偏差。从另一个角度来看，间接检测数据不能代表总体，而芯样样本也没有很好地代表总体芯样。

（3）一一对应方式。

此种方式是用芯样换算强度与对应测区间接检测换算强度逐个对应比较，然后取平均值，一一对应修正系数方法的概念是最不清楚的。该方法首先要求要一一对应确定两者的比例系数，寄希望于芯样换算强度与间接检测换算强度之间存在着一一对应的关系。如果芯样换算强度与间接检测换算强度之间存在着一一对应的关系，则有一个芯样修正就足够了。实际上，这种一一对应的关系是不存在的。这是因为，间接检测的换算强度是依据统计平均公式计算出来的，反映的是一个总体的规律，而芯样换算强度反映的是具体的局部的强度。再者两种测试方法的影响因素不同，因此一一对应的关系很难体现。

5. 修正方法建议

（1）在进行钻芯修正时，应优先选用总体修正量的方法。用这种修正方法只对间接检测方法的强度算术平均值予以修正，未对间接检测样本的强度标准差进行修正。因为钻芯法没有对间接检测样本的强度标准差予以验证，严格地讲，钻芯法根本不能对间接检测样本的强度标准差进行修正。当采用总体修正量的方法时，应对芯样试件样本的强度推定区间予以控制。

（2）条件允许时，优先采用总体修正量法，当芯样试件样本容量受到限制时或推定区间不能满足控制要求时，可采用局部修正量的方法。当测区一一对应的关系明朗时，也可采取一一对应的修正系数方法。

6. 钻芯修正取芯数量及位置

当采用钻芯修正时，芯样试件的数量和取芯位置应符合下列要求。

（1）符合同一检测批的被检测构件采用同一修正量。

（2）芯样应从采用间接检测方法的结构构件中随机抽取，取芯位置应符合"9.11.1 芯样的钻取"的规定。

（3）同一检测批标准芯样的数量不应少于 6 个，直径小于 90 mm 的芯样的数量尚不应少于 9 个。

（4）当采用的间接检测方法为无损检测方法时，钻芯位置应与该检测方法相应的测区重合。

（5）当采用的间接检测方法对构件有损伤时，钻芯位置应布置在该检测方法相应测区的附近。

7. 常用修正方法计算

（1）总体修正量法。

采用总体修正量法时，混凝土芯样抗压强度应按式（9-11-8）、式（9-11-9）确定推定区间，推定区间上限值与下限值的差值 $\Delta_{f_{cu}}$ 不宜大于 5.0MPa 和 $0.1m_{\Delta f}$ 两者的较大值，即

$$\Delta_{f_{cu}} \leqslant \max\{5.0, 0.1m_{\Delta f}\} \tag{9-11-16}$$

总体修正量应按式（9-11-17）计算。

$$\Delta_{tot} = m_{f_{cor}^c} - m_{f_{cu}^c} \tag{9-11-17}$$

式中：Δ_{tot}——总体修正量，精确至 0.1MPa；

$m_{f_{cu}^c}$——同一检测批间接检测方法测区（或测点）混凝土强度换算值的平均值，精确至 0.1MPa。

修正后测区（或测点）混凝土强度换算值按式（9-11-18）计算。

$$f_{cu,i}^c = f_{cu,i0}^c + \Delta_{tot} \tag{9-11-18}$$

式中：$f_{cu,i}^c$——间接检测方法修正后测区（或测点）混凝土强度换算值，精确至 0.1MPa；

$f_{cu,i0}^c$——间接检测方法修正前测区（或测点）混凝土强度换算值，精确至 0.1MPa。

（2）修正量法。

对应样本修正量法简称修正量法，应按式（9-11-19）计算。

$$\Delta_{loc} = m_{f_{cor}^c} - m_{f_{cu,r}^c} \tag{9-11-19}$$

式中：Δ_{loc}——对应样本修正量，精确至 0.1MPa；

$m_{f_{cu,r}^c}$——与钻芯部位相应的间接检测方法测区（或测点）混凝土强度换算值的平均值，精确至 0.1MPa。

修正后测区（或测点）混凝土强度换算值按式（9-11-20）计算。

$$f_{\mathrm{cu},i}^{\mathrm{c}} = f_{\mathrm{cu},i0}^{\mathrm{c}} + \Delta_{loc} \tag{9-11-20}$$

（3）修正系数法。

对应样本修正系数法简称修正系数法，应按式（9-11-21）计算。

$$\eta_{loc} = \frac{m_{f_{\mathrm{cor}}^{\mathrm{c}}}}{m_{f_{\mathrm{cu,r}}^{\mathrm{c}}}} \tag{9-11-21}$$

修正后测区（或测点）混凝土强度换算值按式（9-11-22）计算。

$$f_{\mathrm{cu},i}^{\mathrm{c}} = \eta_{loc} f_{\mathrm{cu},i0}^{\mathrm{c}} \tag{9-11-22}$$

式中：η_{loc}——对应样本修正系数，精确至 0.1MPa。

《后锚固法检测混凝土抗压强度技术规程》（JGJ/T 208—2010）、《回弹法检测混凝土抗压强度技术规程》（JGJ/T 23—2011）、《高强混凝土强度检测技术规程》（JGJ/T 294—2013）、《超声回弹综合法检测混凝土抗压强度技术规程》（T/CECS 02—2020）、山东省地方标准和《钻芯法检测混凝土强度技术规程》（JGJ/T 384—2016）均采用修正量法进行钻芯修正。

《剪压法检测混凝土抗压强度技术规程》（CECS 278：2010）选择修正系数法进行钻芯修正。

《拔出法检测混凝土强度技术规程》（CECS 69：2011）取消了钻芯法修正的内容。

8. 修正后混凝土强度推定值计算

钻芯修正法确定构件混凝土抗压强度推定值，应以修正后测区混凝土抗压强度换算值进行计算，且计算方法应符合被修正检测方法相应标准的规定。

第 10 章 表面锚固法检测混凝土强度技术

10.1 表面锚固法介绍

10.1.1 定义、试验简图

在混凝土检测面切割直径 75mm、深度大于 15mm 的圆形槽,用高强结构胶将直径 75mm 圆盘锚固件粘贴在圆形槽内,待结构胶硬化后,连接安装检测仪,检测混凝土拉脱破坏力,由混凝土拉脱破坏力推定出混凝土强度,这种混凝土强度检测方法称为表面锚固法。

试验简图如图 10-1-1 所示。

试验步骤为钻槽→打磨→清灰→封缝→涂胶→粘贴锚固件→拉力试验,如图 10-1-2 至图 10-1-5 所示。

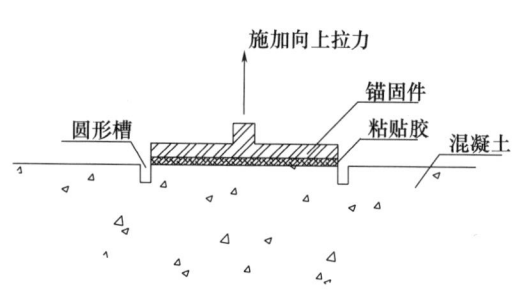

图 10-1-1 表面锚固法试验简图

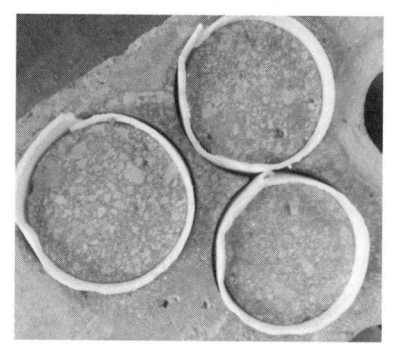

图 10-1-2 混凝土表面钻槽、打磨、清灰、封缝

10.1.2 仪器设备

表面锚固法试验设备主要包括:
(1) 测力计,分辨率为 0.1kN,精度为±2%,量程不小于 20kN。
(2) 内径大于 75mm 反力支撑装置。
(3) 专用圆环切槽机或钻芯机。
(4) 圆盘形锚固件。

图 10-1-3　粘贴锚固件　　图 10-1-4　拉力试验　　图 10-1-5　破坏后混凝土状态

10.1.3　试验步骤及破坏形式

（1）用专用圆环切槽机或钻芯机，在混凝土检测面上钻出直径 75mm、深 15～20mm 圆形槽。

（2）用角磨机将混凝土圆形槽内表面浮浆清除，磨去 3～5mm，打磨后表面可见部分石子，表面吹净后，用酒精或丙酮擦去浮尘。

（3）安装锚固用塑料圆环限位装置或双面胶封堵圆形槽，并使双面胶高出混凝土表面 10～30mm。

（4）将具有渗透作用的混凝土胶粘剂涂在圆形槽内混凝土表面，等 2～3h，胶粘剂渗入混凝土，触摸其表面不粘手。

（5）用粘钢结构胶将钢制圆形锚固件粘贴到圆形槽内混凝土表面。注：时间紧迫时，若以混凝土上浇筑面为检测面，也可直接用具有渗透作用的混凝土胶粘剂将钢制圆形锚固件粘贴到圆形槽内混凝土表面。

（6）待胶完全固化后，连接安装检测仪，给圆形锚固件施加垂直于混凝土向外的拉力，直到表层混凝土被拉脱破坏，检测混凝土表面锚固力，由混凝土表面锚固力推定出混凝土强度。由于混凝土抗拉强度很低且圆盘截面积较小，试验的加载速率对检测结果的影响非常显著，此试验采用匀速加载方式，加载速率控制在 0.05kN/s。

此检测方法中，拉脱破坏状态可能出现下列几种情况：①锚固件与胶分离；②胶与混凝土分离；③混凝土基层部分剥离；④混凝土基层完全剥离。具体如图 10-1-6、图 10-1-7 所示。

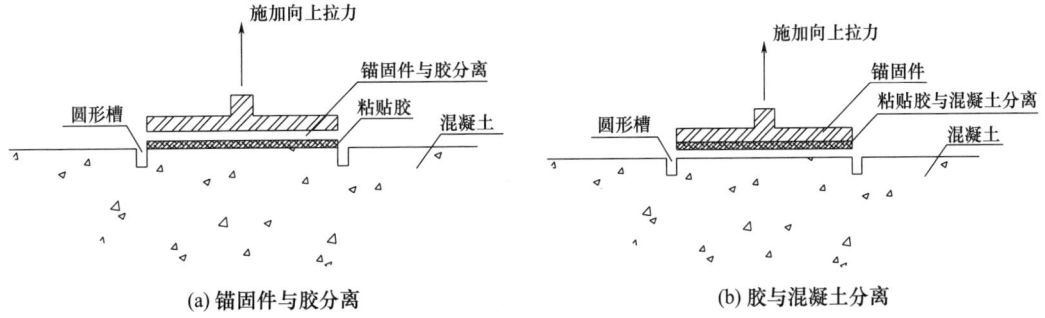

(a) 锚固件与胶分离　　　　　　　　　　(b) 胶与混凝土分离

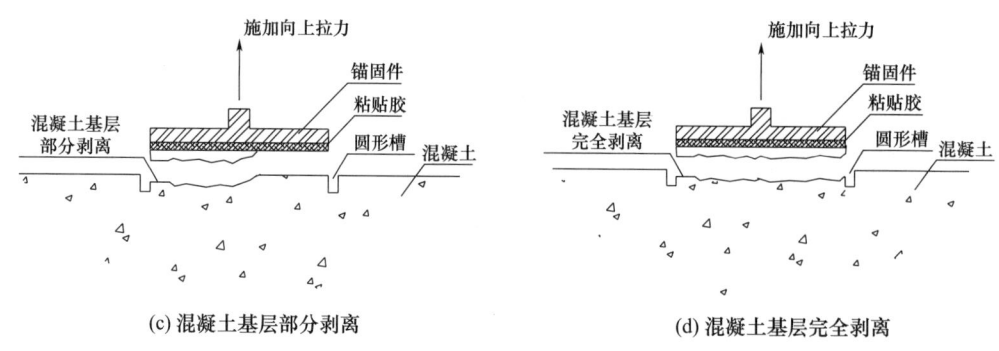

(c) 混凝土基层部分剥离　　　　　　(d) 混凝土基层完全剥离

图 10-1-6　拉脱破坏状态简图

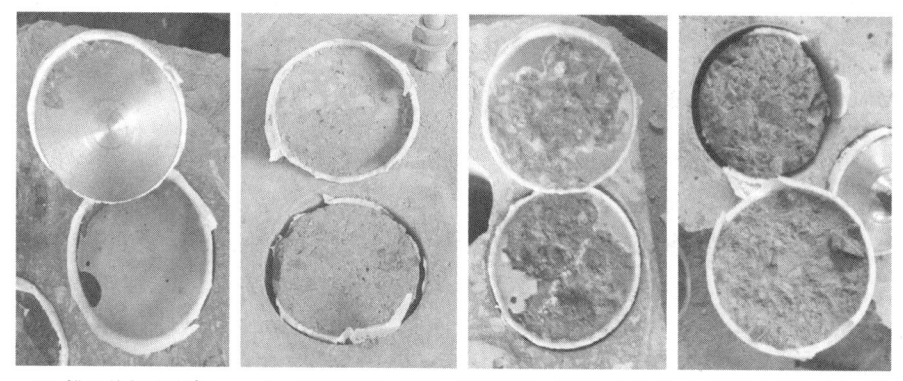

(a) 锚固件与胶分离　(b) 胶与混凝土分离　(c) 混凝土基层部分剥离　(d) 混凝土基层完全剥离

图 10-1-7　拉脱破坏实际状态

显然，前两种破坏不属于混凝土的破坏，不可用于混凝土强度推定，而第（3）种破坏形式为混凝土的部分剥离破坏，也不能准确反映混凝土特性，只有第（4）种破坏形式完全属于混凝土的破坏，能够反映混凝土的特性。所以，在试验过程中我们首先要控制拉脱破坏以第（4）种形式出现，这就要求对粘贴用胶进行选择。

要实现混凝土基层完全拉脱破坏，必须保证胶与混凝土之间、胶与锚固件之间有足够的粘结强度，胶本身有足够的强度。第一层涂刷在混凝土表面的胶，应选择对混凝土有良好浸润性的胶，试验时采用碳纤维加固专用底胶，粘贴锚固件的胶必须保证铁制锚固件可靠粘结，应选择与钢铁有良好粘结性能的专用胶，试验时采用粘钢加固专用胶。同时，两种胶必须有良好相容性，能够可靠粘结，防止胶与胶分离破坏。

10.2　表面锚固法试验参数确定

10.2.1　锚固件直径（圆环槽内径）

理论分析认为，锚固件直径太大，易出现受力不均，破坏面不完整等问题；锚固件直径太小，表面锚固力离散性会较大，受各种因素影响会更明显。试验初期，课题组进行 50mm，75mm 两种直径锚固件的试验，为对比两种直径锚固件试验结果的优劣，采用线性回归对两种直径锚固件试验数据进行分析。

对比证明，直径 50mm 锚固件的相关系数小于直径 75mm 锚固件的相关系数，直径 50mm 锚固件的标准差大于直径 75mm 锚固件的标准差。因此，课题组确定锚固件直径为 75mm。

表面锚固法研究试验图片如图 10-2-1、图 10-2-2 所示。

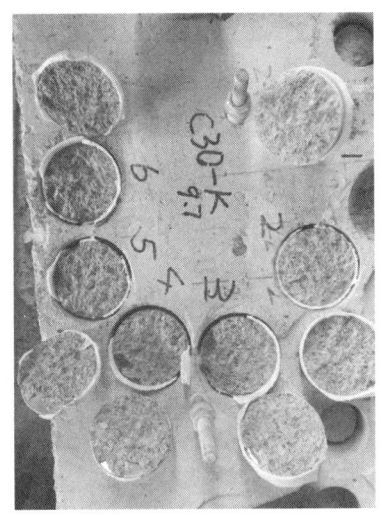 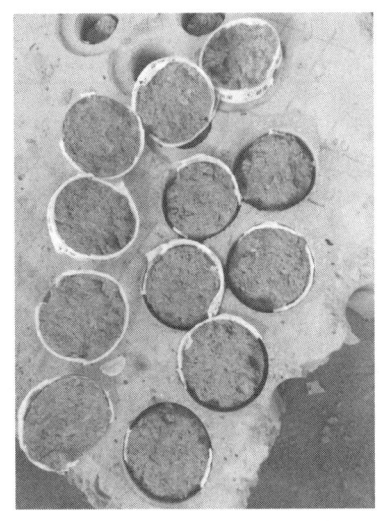

图 10-2-1　表面锚固法研究试验图片（一）　　图 10-2-2　表面锚固法研究试验图片（二）

10.2.2　圆环槽深度

理论分析认为，圆环槽深度过小时，锚固件拉脱破坏受圆环槽以外混凝土约束作用，表面锚固力因约束作用不同会有较大离散性，因此，圆环槽深度至少要大于锚固件拉脱破坏作用范围。为验证理论分析结果，课题组进行对比试验，试验数据见表 10-2-1，结果汇总见表 10-2-2。

表 10-2-1　不同圆环槽深度试验数据

试验编号	圆环槽深度为 5mm 时表面锚固力（kN）			圆环槽深度为 15mm 时表面锚固力（kN）			圆环槽深度为 20mm 时表面锚固力（kN）			混凝土立方体抗压强度（MPa）
PS30	1.46	1.38	1.25	3.37	3.28	3.56	3.30	3.15	3.46	37.63
BN50	2.21	1.59	1.45	7.55	8.25	6.10	7.80	7.23	7.08	59.85
P50	2.32	1.49	1.67	7.00	7.47	6.55	6.53	7.63	7.12	59.00
BN30	1.80	1.57	1.33	5.14	5.58	5.58	5.72	5.25	5.45	45.50

表 10-2-2　不同圆环槽深度试验结果汇总

试验编号	圆环槽深度为 5mm 时表面锚固力（kN）		圆环槽深度为 15mm 时表面锚固力（kN）		圆环槽深度为 20mm 时表面锚固力（kN）		混凝土立方体抗压强度（MPa）
	平均值	极差比	平均值	极差比	平均值	极差比	
PS30	1.36	0.15	3.40	0.08	3.30	0.09	37.63

续表

试验编号	圆环槽深度为 5mm 时表面锚固力 (kN)		圆环槽深度为 15mm 时表面锚固力 (kN)		圆环槽深度为 20mm 时表面锚固力 (kN)		混凝土立方体抗压强度 (MPa)
	平均值	极差比	平均值	极差比	平均值	极差比	
BN50	1.75	0.43	7.30	0.19	7.37	0.10	59.85
P50	1.83	0.45	7.01	0.13	7.09	0.16	59.00
BN30	1.57	0.30	5.43	0.08	5.47	0.09	45.50

经试验对比看出，圆环槽深度为 5mm 时，表面锚固力平均值偏低，极差比较大，拔出力随强度变化的趋势不明显；圆环槽深度为 15mm 与 20mm 时，表面锚固力平均值相差不大，极差比均较小，锚固力随强度变化的趋势较明显。课题组要求圆环槽深度不小于 15mm。

10.2.3 锚固用圆环限位装置

直径 75mm 圆盘锚固件粘贴在混凝土表面时，为保证圆盘锚固件不因重力作用掉落，同时为保证圆盘锚固件与混凝土粘贴牢固，发明此装置。

下面结合图 10-2-3 对该发明做进一步详细的描述。

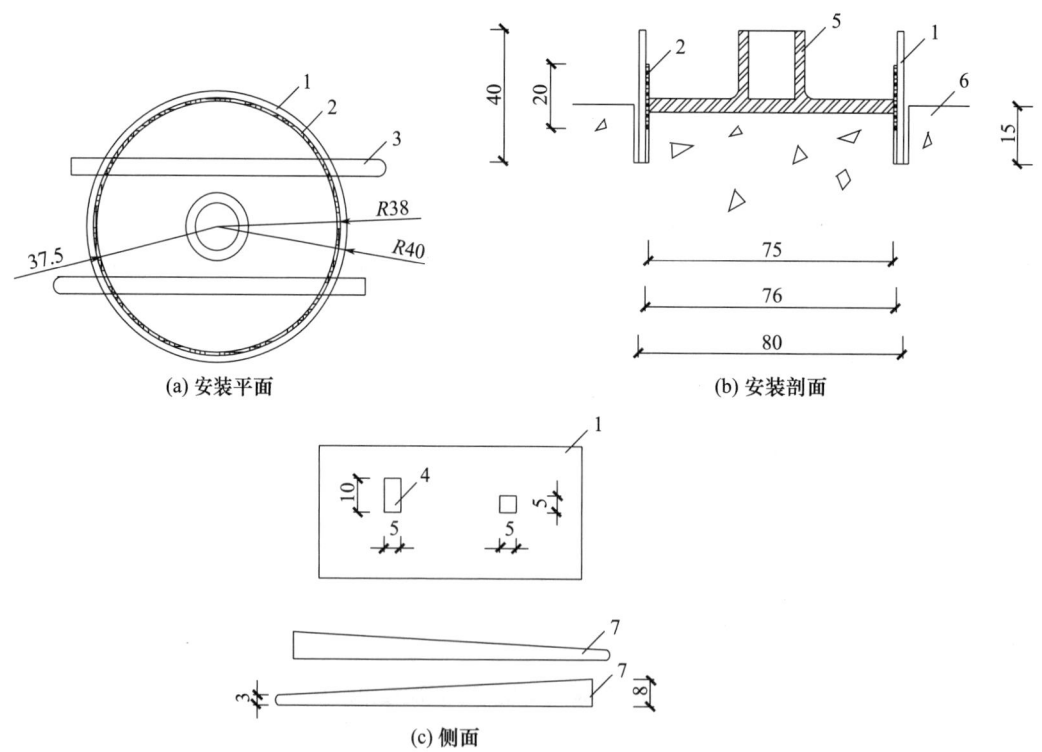

1—塑料圆环；2—海棉基双面胶带；3—限位棒；4—限位孔；5—圆盘锚固件；6—混凝土。

图 10-2-3 锚固用圆环限位装置（单位：mm）

操作步骤：海棉基双面胶带2粘贴在塑料圆环1内壁中部，满贴一周，将粘贴好海棉基双面胶带的塑料圆环安装在混凝土圆环槽内，海棉基双面胶带有弹性，将塑料圆环内径变为弹性可变化的，使塑料圆环与混凝土之间没有间隙，防止锚固胶流入圆环槽内而影响检测结果，海棉基双面胶带表面有胶，胶的粘结作用使塑料圆环与混凝土粘结在一起。

塑料圆环安装在混凝土圆环槽内，将具有渗透作用的混凝土胶粘剂涂在圆形槽内混凝土表面，等2~3h，胶粘剂渗入混凝土，触摸表面不粘手，用粘钢结构胶将钢制圆盘锚固件5粘贴到混凝土圆形槽表面。将限位棒3插入限位孔4中，防止钢制圆盘锚固件因重力作用而下坠。

粘钢结构胶完全硬化后，将限位棒从限位孔中拉出，小心拆除塑料圆环，连接拉杆进行试验。

10.3　表面锚固法测强影响因素分析

混凝土是一种多项复合材料，它的各种性能必然受其自身及外界各种因素的影响。为了探讨各影响因素对表面锚固力及混凝土立方体抗压强度的不同作用，课题组参照国内已有的试验资料和经验，对诸多的影响因素，如水泥品种、粗细骨料状况、成型养护条件及掺入不同外加剂等分别进行对比分析。希望通过分析消除不利因素的影响，提高回归曲线精度，同时对测强曲线的检测条件、适用范围提出合理建议。

表面锚固法实质上是通过检测混凝土表层的拉脱剥离破坏力推定混凝土抗压强度，影响表面锚固法检测准确性的主要因素有三大类：①混凝土原材料性质及配合比；②混凝土施工方法、龄期、养护方法、环境条件；③试验仪器系统及操作技术。

10.3.1　混凝土原材料、配合比的影响

（1）石子粒径的影响

理论分析认为，低强度混凝土受拉破坏时，石子不会拉断，极限拉力由两种力决定：石子与胶砂之间分离破坏力、胶砂拉断破坏力。而胶砂拉断破坏力大于石子与胶砂之间分离破坏力，当石子粒径较大或石子含量较高时，混凝土表面锚固力稍偏低。

2010年以前工程中常用石子一般为5~25mm和5~31.5mm混合级配，为分析石子粒径的影响，课题组采用5~25mm和5~31.5mm两种石子粒径进行对比试验，两种粒径石子混凝土回归曲线对比如图10-3-1所示，对比显示，石子粒径5~25mm混凝土与石子粒径5~31.5mm混凝土回归曲线基本重合，证明石子粒径对表面锚固法检测混凝土强度的影响不显著。

山东地区混凝土粗骨料采用碎石为主，近10年泵送商品混凝土应用广泛，混凝土中碎石粒径变化较小，2016年课题组选择工程中常用两种石子粒径进行对比试验，试验数据对比如图10-3-2所示。分析图10-3-2可知，散点图无明显分区，回归曲线基本重合，可以认为，碎石粒径对表面锚固法测强的影响很小。

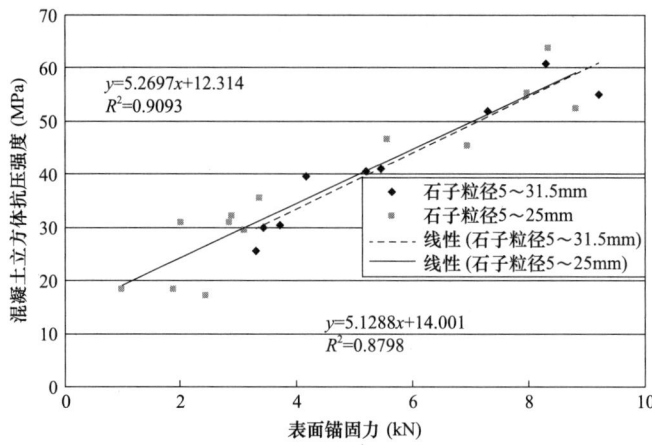

图 10-3-1　2007 年表面锚固法不同石子粒径回归曲线对比

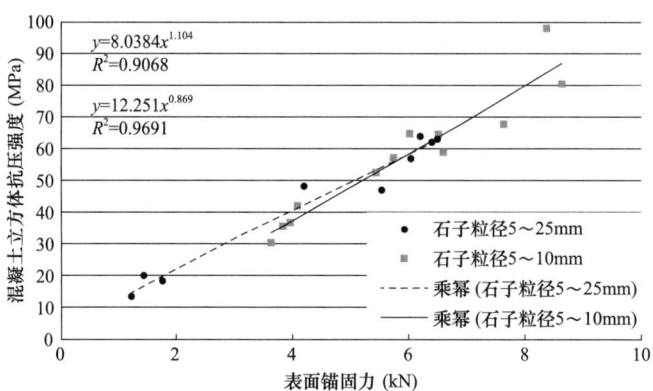

图 10-3-2　2016 年表面锚固法不同石子粒径回归曲线对比

（2）石子品种影响

山东省混凝土结构中常用石子包括石灰岩、花岗岩、变质岩、玄武岩等，课题组选择济南石灰岩、青岛花岗岩进行对比试验。试验数据对比如图 10-3-3 所示。

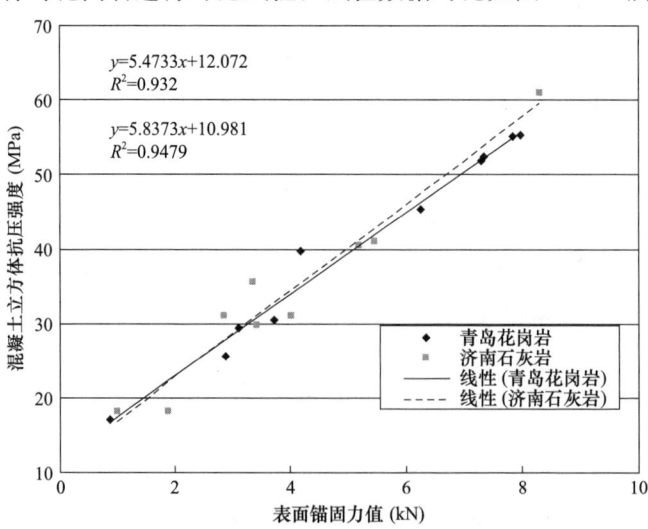

图 10-3-3　表面锚固法不同石子种类回归曲线对比

由图 10-3-3 可以看出，青岛花岗岩与济南石灰岩同条件制作试件，表面锚固法试验数据回归曲线基本重合，证明石子种类对表面锚固法测强的影响较小。

（3）坍落度的影响

混凝土施工方法不同，配合比、设计坍落度也不同，泵送混凝土为方便施工，坍落度一般在 150mm 以上，而塑性混凝土为节约水泥，提高和易性，坍落度一般小于 100mm。

2007 年为分析混凝土坍落度对表面锚固法的影响，课题组对坍落度小于 100mm 塑性混凝土与坍落度不小于 160mm 大流动性混凝土进行对比试验，结果如图 10-3-4 所示，试验对比显示，坍落度对表面锚固法测强的影响不明显。

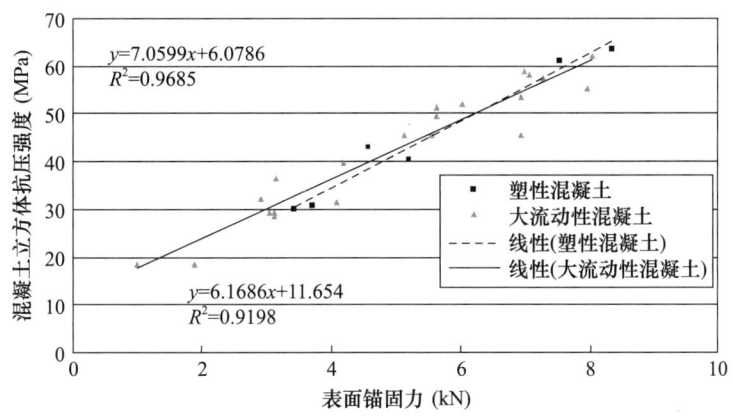

图 10-3-4　2007 年表面锚固法不同坍落度回归曲线对比

2016 年课题组对设计坍落度 180mm 和 80mm 混凝土进行对比试验，试验数据对比如图 10-3-5 所示。

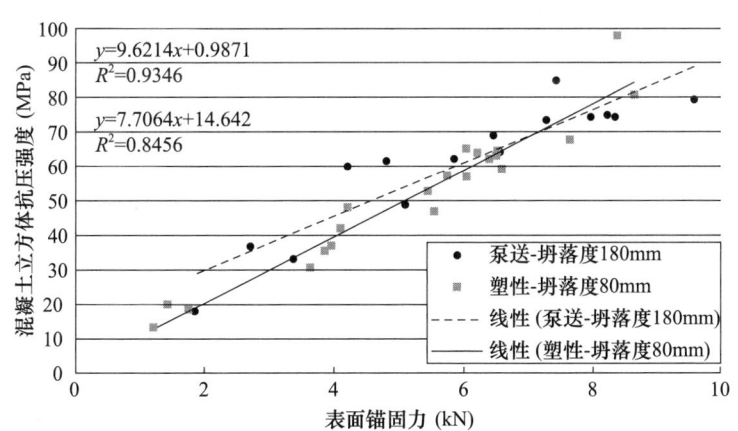

图 10-3-5　2016 年表面锚固法不同坍落度回归曲线对比

分析图 10-3-5 可知，散点图无明显分别，回归曲线很接近，可以认为，坍落度对表面锚固法测强的影响很小。

（4）钢筋、预埋件的影响

混凝土拉断截面处的钢筋、预埋件等必然对试验结果有影响，钢筋、预埋件与混凝土的粘结、咬合作用决定了此影响的大小，因钢筋表面状况及混凝土强度等而不同，不存在一个确定的影响系数，因此，试验时应采用钢筋探测仪测出钢筋及预埋件位置，测点尽量避开钢筋、预埋件。

10.3.2 混凝土施工方法、龄期、养护方法、环境条件的影响

施工工地混凝土养护目前还是以自然养护为主，近两年装配式结构中出现部分蒸汽养护混凝土构件，为此，课题组进行自然养护与蒸汽养护的对比，试验数据对比如图10-3-6 所示。

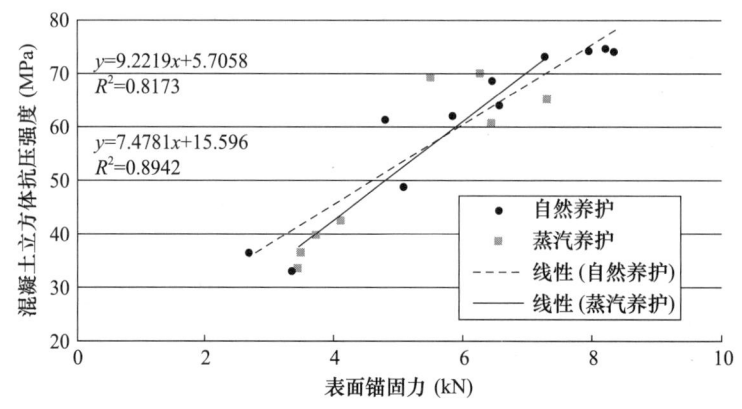

图 10-3-6　不同养护方法回归曲线对比

分析图 10-3-6 可知，散点图无明显分别，回归曲线基本重合，可以认为，养护方法对表面锚固法测强的影响很小。

使用表面锚固法检测混凝土强度的前提是混凝土质量表里一致，为消除不同模板类型、养护方法、装修等对表层混凝土的影响，此试验要求先对混凝土粘贴面进行打磨处理，要求将混凝土表层浮浆磨去，露出内部部分石子。打磨应根据实际情况确定，对混凝土浇筑表面，因浮浆较厚，打磨深度应大些，而底面打磨深度可小些。试验分析认为，施工方法、龄期、养护方法、环境条件等对表面锚固法测强的影响不显著，可不考虑。

10.3.3 试验仪器系统及操作技术的影响

（1）仪器系统精度的影响：按规定仪器量程应使检测力值在其最大量程的 20～80%，一般情况下，混凝土立方体抗压强度为 20～60MPa，对应表面锚固力为 1.6～8.0kN，课题组发明的多功能数显测力仪最大量程可为 10kN、20kN、30kN 等，以压力传感器测力，精度达到 1%，可满足试验要求。

（2）加载速率的影响：混凝土表面锚固力一般不超过 10kN，而混凝土受拉变形很小，加载速度过快可使试验拔出力值增大 50% 以上，因此应严格控制加载速度，试验采用压力传感器测力，控制加载速率在 0.05kN/s 左右。

10.4 表面锚固法测强曲线

10.4.1 确定测强公式

同条件制作、养护尺寸 2100mm×700mm×250mm 混凝土试件和 150mm×150mm×150mm 混凝土立方体试块,在每一试验龄期,对混凝土试件进行表面锚固法试验,得到混凝土表面锚固力值,同时对立方体混凝土试块进行立方体抗压强度试验,得到混凝土立方体抗压强度。

剔除异常点后,采用线性回归、乘幂回归、指数回归、多项式回归进行对比,利用电子表格对回归结果进行直观的观察、分析,选择其中相关系数较大、平均相对误差和剩余标准离差较小的方程做测强曲线。

表面锚固法散点图及各种形式回归曲线如图 10-4-1 所示,各种形式回归曲线精度对比见表 10-4-1。

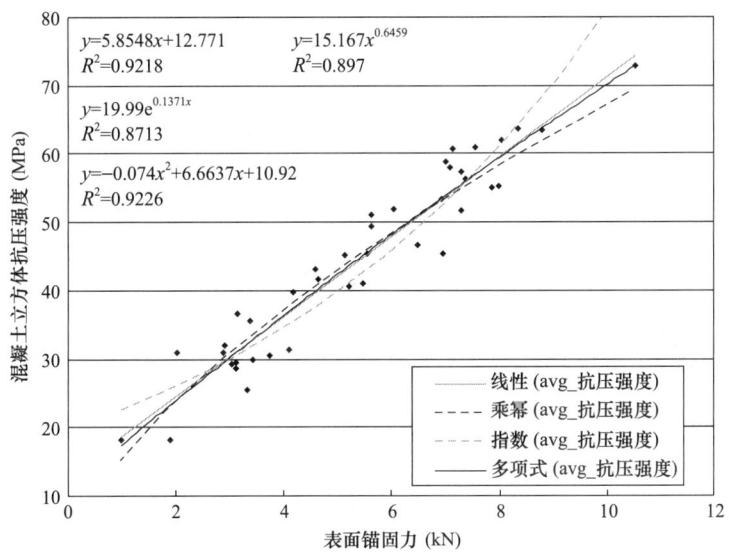

图 10-4-1 表面锚固法散点图及各种形式回归曲线

表 10-4-1 各种形式回归曲线精度对比

回归曲线类型	公式	相关系数 r	剩余标准离差 s (MPa)	平均相对误差 δ (%)
线性	$f=5.8548t+12.771$	0.960	3.858	8.03
多项式	$f=-0.074t^2+6.6637t+10.92$	0.961	3.831	7.90
乘幂	$f=15.167t^{0.6459}$	0.947	4.007	9.93
指数	$f=19.99e^{0.1371t}$	0.933	4.153	10.05

比较四种回归曲线的回归指标,可以看出乘幂回归、指数回归精度低于线性回归和多项式回归,其中多项式回归精度最高。

课题组确定表面锚固法混凝土表面锚固力与混凝土立方体抗压强度之间关系方程见式（10-4-1），表面锚固法散点图及回归曲线如图 10-4-2 所示。

$$f=-0.074t^2+6.6637t+10.92 \qquad (10-4-1)$$

相关系数 $r=0.961$，剩余标准离差 $s=3.831$ MPa，平均相对误差 $\delta=7.90\%$，相对标准差 $e_r=9.93\%$。

式中：f——混凝土立方体抗压强度（MPa）；

t——混凝土表面锚固力（kN）

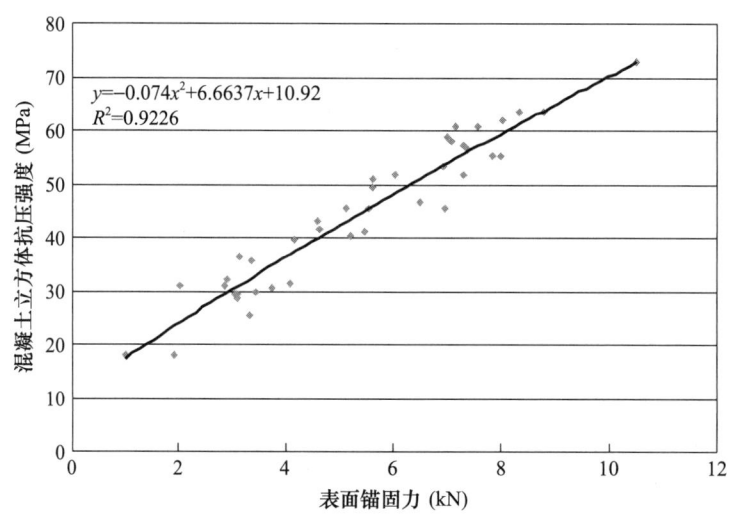

图 10-4-2　表面锚固法散点图及测强曲线

10.4.2　表面锚固法与无损检测方法对比

同条件、同龄期混凝土立方体试块回弹法、超声回弹综合法、表面锚固法回归曲线方程见表 10-4-2。

表 10-4-2　与表面锚固法同条件试块回弹法、超声回弹综合法回归曲线方程

方法	公式	相关系数 r	剩余标准离差 s（MPa）	平均相对误差 δ（%）
回弹法	$f=0.01597R^{2.17309}10^{(-0.0282d)}$	0.940	5.684	10.86
超声回弹综合法	$f=0.011375R^{1.7468}V^{1.22576}10^{(-0.0179d)}$	0.953	5.131	9.27
表面锚固法	$f=-0.074t^2+6.6637t+10.92$	0.961	3.831	7.90

分析表 10-4-2 可知，表面锚固法回归公式的相关系数最接近 1，剩余标准离差和平均相对误差最小，证明表面锚固法回归曲线精度高于回弹法和超声回弹综合法。

10.4.3　普通混凝土与高性能混凝土表面锚固法试验对比

不同配合比、不同掺合料配制的不同坍落度混凝土回归线对比如图 10-4-3 所示。大流动性混凝土使用粉煤灰、高效减速水剂等，通过对比分析可以看出，普通混凝土与大

流动性高性能混凝土回归线基本重合，普通混凝土与流动性泵送混凝土在抗压强度大于50MPa后略有差异，但不超过10%，与所有有效数据回归线进行对比，各种混凝土回归线差异不超过5%，因此，可认为普通混凝土与高性能混凝土采用表面锚固法的试验结果无显著差异，可用同一条测强曲线。

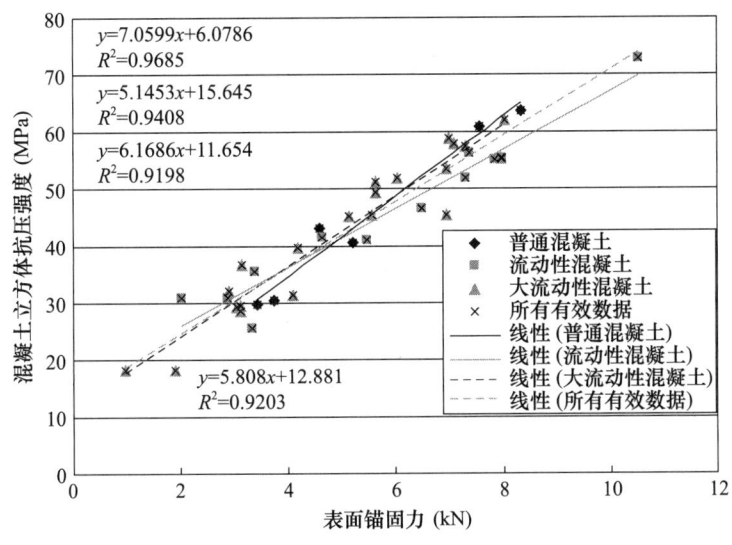

图 10-4-3　不同类型混凝土回归线对比

10.5　表面锚固法检测混凝土强度技术主要研究成果

（1）课题组对比线性回归、乘幂回归、指数回归、多项式回归，建立表面锚固法山东地区测强曲线方程见表 10-5-1。同条件试件表面锚固法与无损检测方法测强曲线对比显示，表面锚固法回归公式的相关系数最接近1，剩余标准离差和平均相对误差最小，证明表面锚固法回归曲线精度高于回弹法和超声回弹综合法。

表 10-5-1　表面锚固法山东地区测强曲线

方法	公式	相关系数 r	剩余标准离差 s（MPa）	平均相对误差 δ（%）	相对标准差 e_r（%）
表面锚固法	$f=-0.0135t^3+0.1586t^2+5.472t+12.637$	0.961	3.83	7.90	9.93

（2）普通塑性混凝土、流动性混凝土与大流动性高性能混凝土对比试验显示，普通混凝土与大流动性高性能混凝土回归线基本重合，可认为普通混凝土与高性能混凝土采用表面锚固法试验结果无显著差异，可用同一条测强曲线。

（3）在严格遵守试验操作规程的情况下，特别是在严格控制加载速率的情况下，表面锚固力与同条件制作、养护混凝土立方体试块抗压强度具有良好的线性相关关系。随着混凝土强度的提高，石子与水泥胶砂结构的强度相近，材料趋向匀质，石子在检测中影响减小，因此可以进行高强混凝土的强度检测。

（4）表面锚固法适用于表层与内部质量均匀的混凝土的强度检测。

（5）表面锚固法与现行的混凝土非破损检测方法相比，受原材料、施工方法、龄期、养护方法等因素影响较小，具有试验方法可靠、操作简单，测试精度高、测试费用低，对结构基本无损伤，可重复检测等优点，具有在我国推广应用的前景。

第 11 章 无约束后锚固法检测混凝土强度技术

11.1 无约束后锚固法介绍

11.1.1 试验简图和仪器设备

无约束后锚固拔出法是在混凝土硬化后，在其表面固定一混凝土钻孔设备钻孔，孔径比锚固件直径大 1~2mm；为了使反力支撑环内外混凝土分离，用金刚石钻头在孔的外部钻取同心圆芯样，钻到特定深度，待钻孔干燥后用高强快速固化胶粘剂将锚固件锚固至特定深度，等胶粘剂硬化后拔出锚固件，根据拔出力推定混凝土强度的一种试验方法。《混凝土结构设计标准（2024 年版）》（GB 50010—2010）条文说明第 4.1.3 条可知：混凝土的抗压强度与其抗拔力具有密切的相关关系，因而，只要建立这种对应关系，就可以通过无约束后锚固拔出法推定混凝土的抗压强度。无约束后锚固拔出法示意图如图 11-1-1 所示。

无约束后锚固法拔断混凝土块体如图 11-1-2、图 11-1-3 所示。

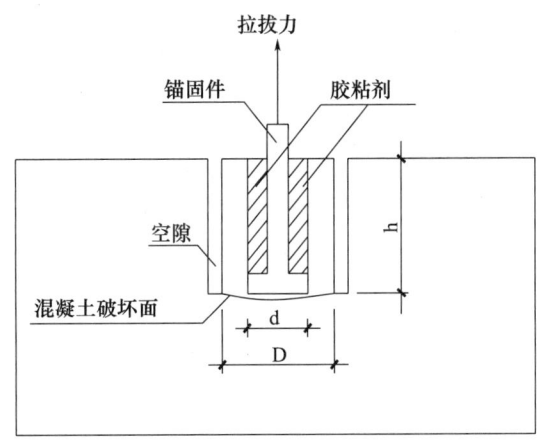

图 11-1-1 无约束后锚固拔出法示意

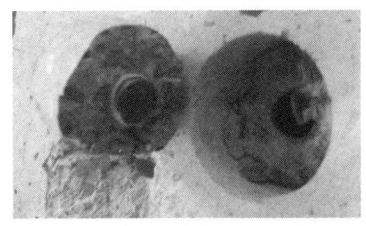

图 11-1-2 无约束后锚固法拔断
混凝土块体（一）

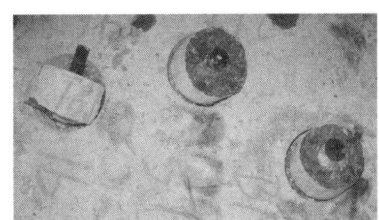

图 11-1-3 无约束后锚固法拔断
混凝土块体（二）

试验主要设备包括：

(1) 钻芯机及专用双筒金刚石水钻钻头，内筒外径 $d=27$mm、外筒内径 $D=75$mm。

(2) 测力计：分辨率为 0.1kN，精度为±2%，量程不小于 20kN。

(3) 内径大于 75mm 反力支撑装置。

(4) 长度足够的锚固件。

11.1.2　试验步骤

(1) 在混凝土检测面固定混凝土钻孔机，用外径 $d=27$mm 的金刚石钻头钻取芯样，钻芯深度控制在 40~50mm，然后取出小芯样，形成直径 $d=27$mm 的孔；保持混凝土钻孔机的底盘不动，取下外径 27mm 的金刚石钻头，换上内径 75mm 的金刚石钻头继续钻进，钻进深度不小于 27mm 孔深，退钻，得到内径 75mm 圆环槽。形成图 11-1-4 所示混凝土试样。

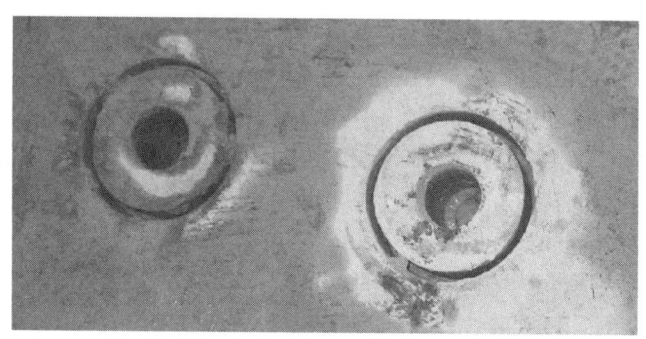

图 11-1-4　完成钻孔切槽未试验混凝土试样

(2) 用暖风机或酒精喷灯将混凝土试样吹干。

(3) 锚固件拧在定位圆盘注胶器上，放入直径 27mm 孔内，用快硬胶将定位圆盘注胶器粘贴在直径 75mm 圆环槽上，封闭定位圆盘注胶器周围。

(4) 快硬胶硬化后，从定位圆盘注胶器注入快速固化型胶（如环氧树脂或高强结构胶等），锚固件埋入混凝土中，定位圆盘注胶器保证锚固件与混凝土检测面垂直。

(5) 待锚固胶固化后，连接安装检测仪，给锚固件一个垂直于混凝土的向外的拉力，使混凝土从直径 75mm 圆环槽根部拉断，拉出直径 75mm 内部埋有锚固件的混凝土短圆柱体，如图 11-1-5 所示，破坏深度等于锚固深度，记录混凝土拉断时的极限拉力。

图 11-1-5　试验后拉断的混凝土试样

(6) 由于混凝土抗拉强度很低且混凝土受拉面积较小，试验的加载速率对检测结果影响非常显著，该试验采用匀速加载方式，加载速率控制在 0.1kN/s。

11.1.3　无约束后锚固法需要控制的两个重点

(1) 钻芯机钻的两个圆的同心度偏差不大于 1mm，防止锚固件偏心造成拉力偏心，为解决此问题，课题组设计了专用双筒金刚石水钻钻头，内筒外径 $d=27$mm、外筒内径 $D=75$mm，也可选择便于拆装钻头的钻芯机，钻芯机在混凝土上牢固固定后，先安装外径 27mm 钻头，钻 27mm 孔，再卸下外径 27mm 钻头，安装内径 75mm 钻头，钻内径 75mm 圆环槽。因钻芯机位置不变，这两个圆必然同心。

(2) 埋入锚固件与混凝土检测面必须垂直，防止锚固件偏斜受拉，为解决此问题，课题组研制出控制螺杆垂直度的定位圆盘。

11.2　无约束后锚固法试验参数确定

11.2.1　圆环槽直径

圆环槽直径越小，破坏面直径就越小，对结构的损伤也越小，为此课题组取圆环槽直径为 50mm 与 75mm 进行对比试验。试验结果显示，破坏面直径为 50mm 时，极限拉力值减小，离散性增大，因此，确定圆环槽直径为 75mm。

11.2.2　锚固深度

锚固深度越小，破坏深度就越小，对结构的损伤也越小，但锚固深度太小，在锚固件受拉后，被拉混凝土不再沿锚固件底面与直径 75mm 圆环槽根部连接面破坏，而是分裂破坏成几块，不能得到直径 75mm 混凝土短圆柱体。同时，混凝土表层受养护方法、风化、碳化等影响较大，因此锚固深度不应小于 30mm。

11.2.3　锚固深度和直径 75mm 圆环槽深度的关系

因混凝土抗拉强度很低，在拉力作用下，锚固件与直径 75mm 圆环槽之间混凝土受拉破坏，而直径 75mm 圆环槽底部为应力集中位置，所以破坏面为锚固件底面与直径 75mm 圆环槽根部连接面。为保证破坏面为规则的受拉平面断裂，试验时控制锚固深度与直径 75mm 圆环槽深度相同。

11.3　无约束后锚固法测强影响因素分析

无约束后锚固法实质上是通过检测混凝土拉断破坏力推定混凝土抗压强度，因此影响混凝土抗拉、抗压强度的因素也可能影响无约束后锚固法强度检测。

11.3.1　混凝土原材料、配合比的影响

(1) 石子粒径的影响。

目前工程中常用石子一般为 5~25mm 和 5~31.5mm 混合级配，为分析石子粒径的

影响，课题组采用 5～25mm 和 5～31.5mm 两种石子粒径进行对比试验，两种粒径回归曲线对比如图 11-3-1 所示，对比显示，石子粒径 5～25mm 和 5～31.5mm 回归曲线非常接近，混凝土立方体抗压强度低于 50MPa 时，两条回归线相差不到 5%，证明石子粒径对无约束后锚固法检测混凝土强度的影响不显著，可不考虑。

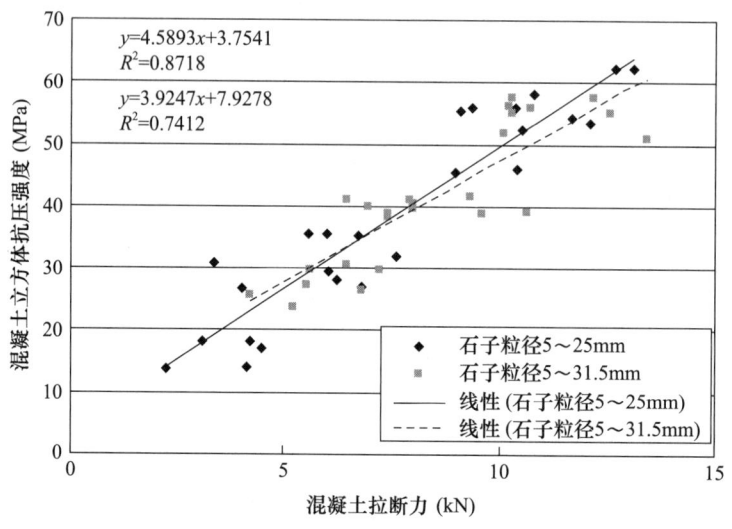

图 11-3-1　无约束后锚固法两种粒径回归曲线对比

（2）不同石子种类的影响。

课题组选择山东省使用最广泛的石子，以济南石灰岩、青岛花岗岩进行对比试验，回归曲线如图 11-3-2 所示。通过对比可以看出，济南石灰岩与青岛花岗岩回归曲线是两条非常接近的平行线，两条回归曲线推定强度差值不超过 2MPa，证明石子种类对无约束后锚固法检测混凝土强度的影响不显著，可不考虑。

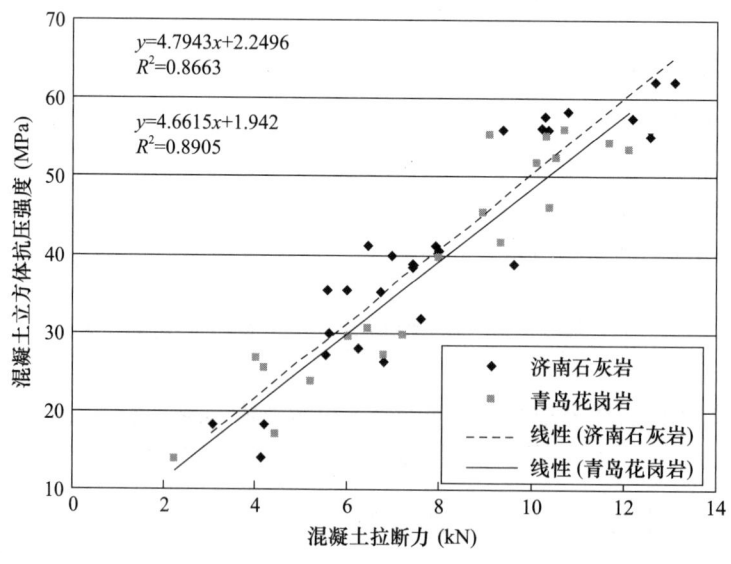

图 11-3-2　无约束后锚固法两种石子回归曲线对比

(3) 坍落度的影响。

坍落度小于100mm塑性混凝土与坍落度不小于160mm大流动性混凝土对比试验结果显示，坍落度对无约束后锚固法测强的影响不明显。

(4) 钢筋、预埋件的影响。

混凝土拉断截面处的钢筋、预埋件等必然对试验结果有影响，此影响因钢筋表面状况及混凝土强度等而不同，因此，试验时应采用钢筋探测仪测出钢筋及预埋件位置，测点尽量避开钢筋、预埋件。

11.3.2 混凝土施工方法、龄期、养护方法、环境条件的影响

无约束后锚固法试验要求圆环槽深度不小于30mm，理论分析认为，混凝土内部30mm处受施工方法、养护方法、环境条件等影响很小，对比试验未发现明显影响，因此无约束后锚固法检测可不考虑这些因素的影响。

11.3.3 试验仪器系统及操作技术的影响

(1) 仪器系统精度的影响：混凝土拉断力力值范围为2～20kN，按规定仪器量程应使检测力值在其最大量程的20%～80%，一般情况下，混凝土立方体抗压强度小于60MPa，对应表面锚固力为0～15 kN。

(2) 加载速率的影响：混凝土拉断力一般不超过15kN，而混凝土受拉变形很小，加载速度过快可使试验拔出力值增大30%以上，因此应严格控制加载速度，试验采用压力传感器测力，控制加载速率在0.1kN/s左右。

11.4 无约束后锚固法测强曲线的建立

11.4.1 确定测强公式

同条件制作、养护尺寸2100mm×700mm×250mm混凝土试件和150mm×150mm×150mm混凝土立方体试块，在每一试验龄期，对混凝土试件进行无约束后锚固法试验，得到混凝土无约束后锚固力值，同时对立方体混凝土进行抗压强度试验，得到混凝土立方体抗压强度。

剔除异常点后，采用线性回归、乘幂回归、对数回归、多项式回归进行对比，利用电子表格对回归结果进行直观的观察、分析，选择其中相关系数较大、平均相对误差和剩余标准离差较小的方程做测强曲线。

无约束后锚固法散点图及各种形式回归曲线如图11-4-1所示，各种形式回归曲线精度对比见表11-4-1。

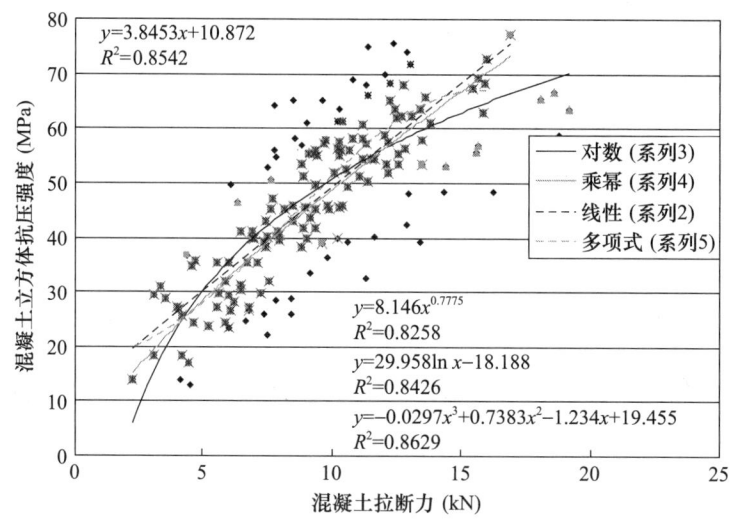

图 11-4-1 无约束后锚固法散点图及各种形式回归曲线对比

表 11-4-1 各种形式回归曲线精度对比

曲线类型	公式	相关系数 r	剩余标准离差 s （MPa）	平均相对误差 δ （%）
线性	$f=3.8453t+10.872$	0.924	5.172	10.52
多项式	$f=-0.0297t^3+0.7383t^2-1.234t+19.455$	0.929	5.238	10.73
乘幂	$f=8.146t^{0.7775}$	0.909	5.297	11.11
对数	$f=29.958\ln t-18.188$	0.918	5.285	11.45

比较四种回归曲线的回归指标，可以看出乘幂回归、对数回归精度低于线性回归和多项式回归，其中线性回归精度最高。课题组确定无约束后锚固法混凝土拉断力与混凝土立方体抗压强度之间的关系方程为：

$$f=3.8453t+10.872 \tag{11-4-1}$$

相关系数 $r=0.924$，剩余标准离差 $s=5.172$ MPa，平均相对误差 $\delta=10.52\%$，相对标准差 $e_r=13.34\%$，无约束后锚固法散点图及回归线如图 11-4-2。

式中：f——混凝土立方体抗压强度（MPa）；

t ——混凝土拉断力（kN）。

11.4.2 无约束后锚固法与无损检测方法对比

同条件、同龄期混凝土立方体试块回弹法、超声回弹综合法、无约束后锚固法回归曲线见表 11-4-2。

分析表 11-4-2 可知，无约束后锚固法回归曲线精度高于回弹法，与超声回弹综合法相当。

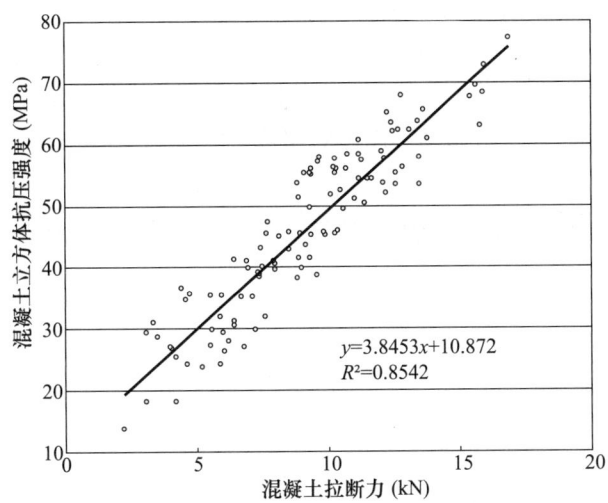

图 11-4-2 无约束后锚固法散点图及测强曲线

表 11-4-2 无约束锚固法与回弹法、超声回弹综合法回归曲线对比

方法	公式	相关系数 r	剩余标准离差 s（MPa）	平均相对误差 δ（%）
回弹法	$f=0.01597R^{2.17309}10^{(-0.0282d)}$	0.940	5.684	10.86
超声回弹综合法	$f=0.011375R^{1.7468}V^{1.22576}10^{(-0.0179d)}$	0.953	5.131	9.27
无约束后锚固法	$f=3.8453t+10.872$	0.924	5.172	10.52

11.4.3 普通混凝土与高性能混凝土无约束后锚固法试验对比

不同配合比、不同掺合料配制的不同坍落度混凝土回归线对比如图 11-4-3 所示。

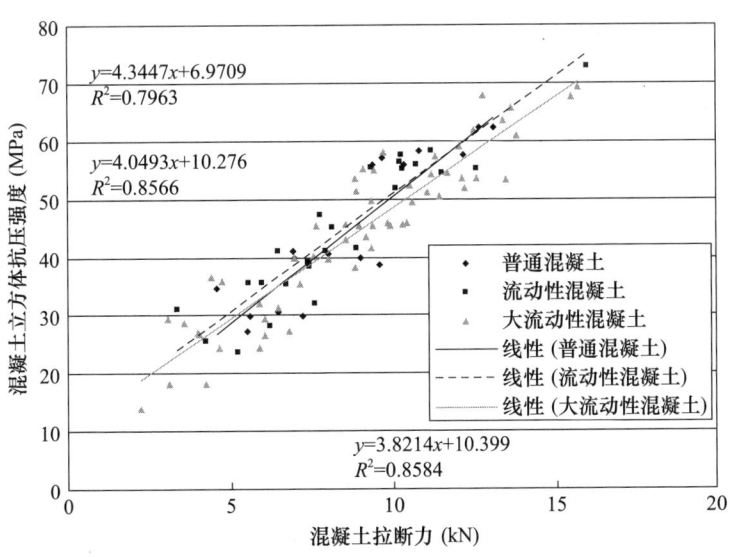

图 11-4-3 不同类型混凝土回归线对比

大流动性混凝土使用粉煤灰、高效减水剂等,通过对比分析可以看出,普通混凝土与流动性泵送混凝土及大流动性高性能混凝土回归线基本重合,各种混凝土回归线差异不超过5%,因此,可认为普通混凝土、流动性混凝土与高性能混凝土采用无约束后锚固法试验结果无显著差异,可用同一条测强曲线。

11.5 无约束后锚固法检测混凝土强度技术主要研究成果

(1) 在严格遵守试验操作规程的情况下,特别是在严格控制加载速率的情况下,混凝土拉断力与同条件混凝土立方体试块抗压强度具有良好的线性相关关系。无约束后锚固法山东地区测强曲线见表11-5-1。同条件制作、养护试件无约束后锚固法与无损检测方法测强曲线对比显示,无约束后锚固法回归曲线精度略高于回弹法,与超声回弹综合法相当。

表 11-5-1 无约束后锚固法山东地区测强曲线

方法	公式	相关系数 r	剩余标准离差 s(MPa)	平均相对误差 δ(%)	相对标准差 e_r(%)
无约束后锚固法	$f=3.8453t+10.872$	0.924	5.17	10.52	13.34

(2) 普通塑性混凝土、流动性混凝土与大流动性高性能混凝土对比试验显示,普通混凝土与流动性泵送混凝土及大流动性高性能混凝土回归线基本重合,各种混凝土回归线差异不超过5%,因此,可认为普通混凝土与大流动性高性能混凝土采用无约束后锚固法试验结果无显著差异,可用同一条测强曲线。

(3) 无约束后锚固法受原材料、施工方法、龄期、养护方法等因素影响较小,具有试验方法可靠,测试精度高,对结构损伤小等优点,在不宜钻芯检测时,可用于表层受冻、表层高温损伤混凝土,或表层浮浆较厚的现浇板、基础顶板等混凝土检测。

第12章 拉应力法检测混凝土强度技术

12.1 拉应力法介绍

中国建筑科学研究院会同全国13家单位完成"直拔法检测混凝土抗压强度技术研究"项目,2011年8月此项目通过验收。在此课题研究成果基础上,中国建筑科学研究院又研制开发了"拉脱法检测混凝土抗压强度技术"。

2012年新疆巴州建设工程质量检测中心编制出地方标准《直拔法检测混凝土抗压强度技术规程》(XJJ 052—2012)。

2015年山东省建筑科学研究院在分析研究直拔法、拉脱法检测技术的基础上,考虑装配结构混凝土的特点,提出拉应力法检测混凝土强度技术。

12.1.1 拉应力法定义

拉应力法检测混凝土抗压强度技术是在混凝土结构实体上钻制直径44mm的抗拉试件,采用专用拉力检测仪,将抗拉试件在原位拉断,测试试件受拉破坏的极限拉力,计算混凝土极限拉应力,建立混凝土极限拉应力与混凝土抗压强度相关关系,根据混凝土极限拉应力推出混凝土抗压强度。

12.1.2 拉应力法原理

因在使用过程中,钻头磨损使钻头内径发生变化,钻制抗拉试件直径就会变化,试件受拉破坏的极限拉力也会变化,为消除抗拉试件直径变化的影响,课题组决定以混凝土极限拉应力为试验参数。

混凝土极限拉应力的计算公式为:

$$\sigma = \sigma = \frac{T}{A} \sigma = \frac{T}{A} \tag{12-1-1}$$

式中:σ——混凝土极限拉应力(MPa);
T——混凝土试件受拉破坏最大拉力(N);
A——混凝土试件受拉破坏截面积(mm^2)。

12.1.3 拉应力法仪器设备

采用《拉脱法检测混凝土抗压强度技术规程》(JGJ/T 378—2016)规定的专用仪器JYLT-2拉脱仪,此仪器由中国建筑科学研究院有限公司研制,采用机电一体化设计理念,由锂电池供电,微电机驱动,微处理器控制,人性化的外观设计使它操作更加简单、快捷和智能。该仪器配置专用钻磨头,用于钻制标准芯样,消除测试面因素的影响，确保测量结果的准确性。

JYLT-2 拉脱仪外观结构示意如图 12-1-1 所示。

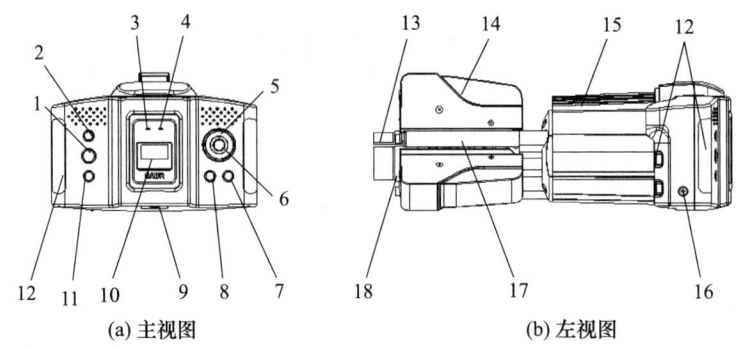

1—开关按键；2—启动按键；3—测试指示灯（绿灯）；4—回位指示灯（红灯）；
5—方向按键；6—功能/确定按键；7—清零/数据删除按键；8—返回按键；9—SD 卡端口；10—显示屏；
11—暂停/回位按键；12—手柄；13—三爪夹头；14—保护外壳；15—减速机保护外壳；
16—电源充电插口；17—支撑杆；18—限位凸台板。

图 12-1-1 JYLT-2 拉脱仪外观结构示意

使用拉脱仪进行检测前，试件表面形态必须满足检测条件，即试件轴线应与拉脱仪的反力杆的支撑面垂直。为此中国建筑科学研究院有限公司特设计一种专用钻磨头，如图 12-1-2 所示。

12.1.4 试验操作步骤

（1）将专用钻磨头安装在混凝土钻芯机上，选择表面平整、没有蜂窝麻面的位置安装钻机作为钻磨头的工作表面，安装时应使钻磨头的轴心与试件表面相垂直，在待测构件上钻制内径 44mm、外径 54mm、深度 44mm 的环形槽，如图 12-1-3 所示。钻制环形槽时磨盘磨入深度不宜大于 2mm。

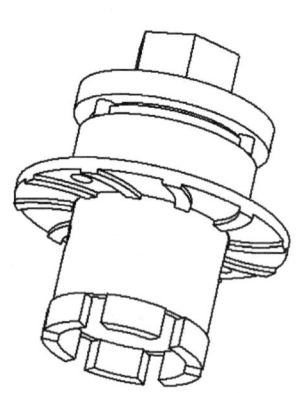

图 12-1-2 专用钻磨头

（2）将安全带挂在操作人员肩上，按下开关按键，开启拉脱仪，约 1s 后，屏幕显示"中国建筑科学研究院"字样。系统自检后按启动按键，显示屏实时拉力值显示处清零。进行清零处理时，仪器状态应与实际工作状态一致。工作状态为水平状态时，仪器应在水平状态下清零，工作状态为垂直状态时，仪器应在垂直状态下清零。

（3）双手握住仪器两侧手柄，三爪夹头对准钻制好的芯样试件环形孔，沿图 12-1-4 所示箭头方向加力。使三爪夹头与检测面接触受压张开，轻微晃动仪器使三爪夹头完全进入芯样环形孔内直至限位凸台，如图 12-1-5 所示。将三支撑杆端面压在环形孔外侧磨平的圆环内，以保证仪器与芯样的同心度。

（4）按开始按键，拉脱仪进入测量状态。当混凝土被拉断后，如图 12-1-6 所示，电机自动停止当前运转，并自动反转回位到初始状态（混凝土试块断裂时对机体产生一定冲击，需握好拉脱仪手柄避免跌落损坏）。显示屏上显示断裂时的最大拉力峰值。

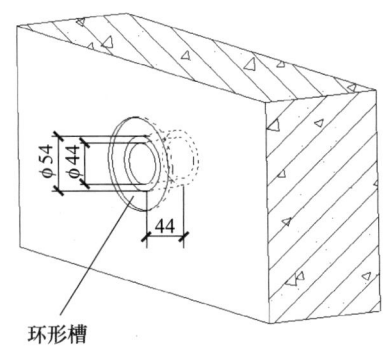
图 12-1-3　环形槽示意

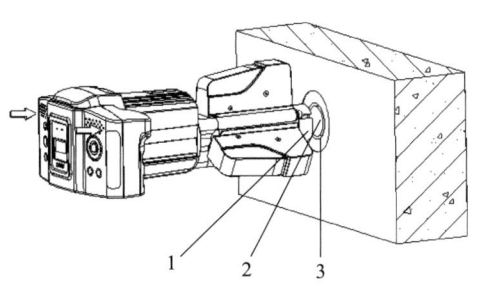
1—三爪夹头；2—混凝土芯样；3—环形槽。
图 12-1-4　仪器安装示意

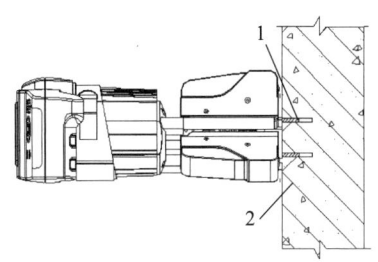
1—三爪夹头；2—混凝土。
图 12-1-5　拉脱仪就位示意

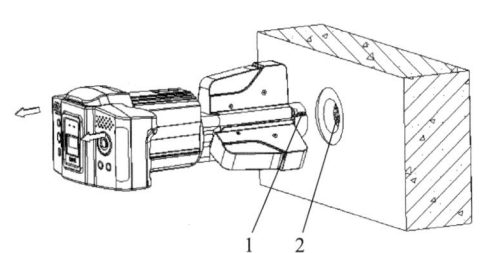
1—已拉断混凝土；2—断裂面。
图 12-1-6　混凝土拉力试验示意

（5）双手紧握三爪夹头保护外壳，沿图 12-1-7（a）所示箭头方向推移，压缩内部弹簧使三爪夹头张开，此时晃动仪器利用重力将内部已拉断芯样倒出，准备下一次检测。已断裂芯样如图 12-1-7（b）所示，测量芯样直径并记录。

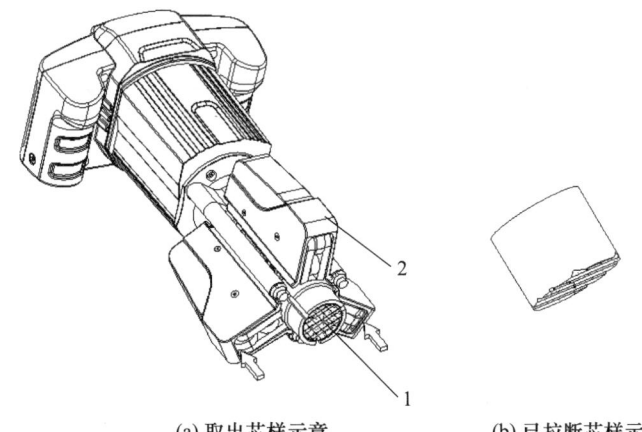

(a) 取出芯样示意　　　　　(b) 已拉断芯样示意

1—已拉断芯样；2—三爪夹头保护外壳。

图 12-1-7　取出拉断混凝土芯样示意

（6）如遇特殊情况，该仪器达到最大限载时芯样仍未被拉断，仪器进入自我保护状态，电机自动停止转动，自动复位后将仪器卸下，此次测试结果为无效数据。试验后混凝土状态如图12-1-8所示。拉断后芯样状态如图12-1-9所示。

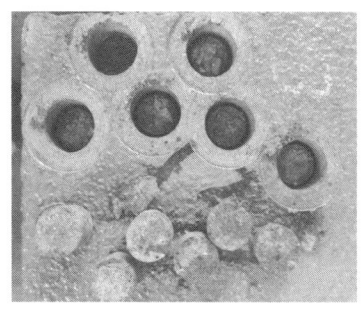

图12-1-8 试验后混凝土状态

图12-1-9 拉断后芯样状态

12.2 拉应力法测强影响因素分析

12.2.1 坍落度对拉应力法测强的影响

为分析混凝土坍落度对拉应力法测强的影响，课题组设计坍落度180mm和80mm混凝土进行对比试验，试验数据对比如图12-2-1所示。

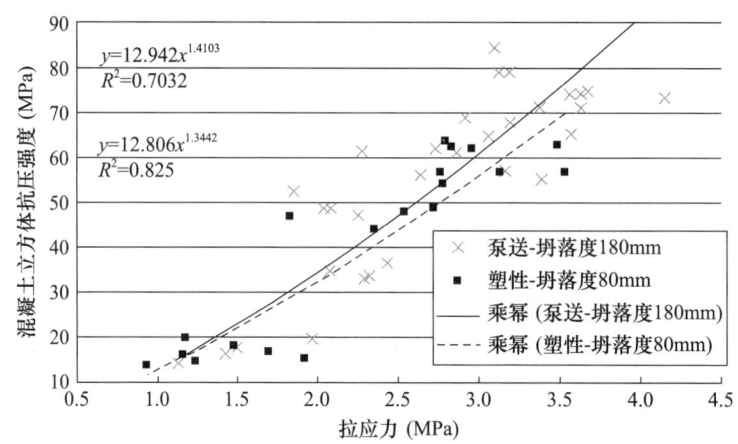

图12-2-1 拉应力法不同坍落度对比

分析图12-2-1可知，散点图无明显分别，回归曲线很接近，可以认为，坍落度对拉应力法测强的影响很小。

12.2.2 碎石粒径对拉应力法测强的影响

课题组选择工程中常用两种粒径石子进行对比试验，试验数据对比如图12-2-2所示。

分析图12-2-2可知，散点图分区不明显，石子粒径5~10mm回归曲线略低于石子粒径5~25mm回归曲线，同一拉应力值对应混凝土立方体抗压强度值相差1~3MPa，可以认为，碎石粒径对拉应力法测强有影响，但可忽略。

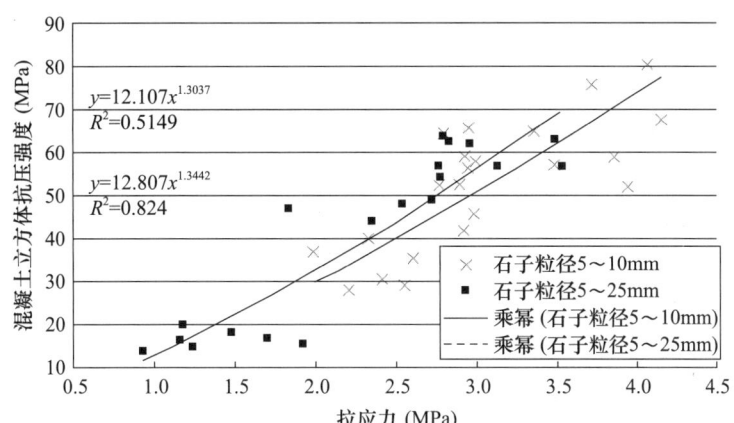

图 12-2-2　拉应力法不同石子粒径对比

12.2.3　养护方法对拉应力法测强的影响

课题组进行自然养护与蒸汽养护的对比，试验数据对比如图 12-2-3 所示。

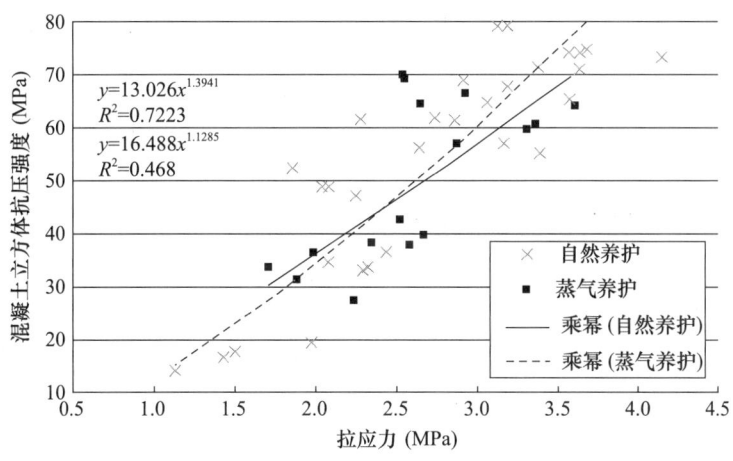

图 12-2-3　拉应力法不同养护方法对比

分析图 12-2-3 可知，散点图分别不明显，回归曲线在 10～60MPa 范围内基本重合，可以认为，不同养护方法对拉应力法测强的影响不显著。

12.3　建立拉应力法测强曲线

12.3.1　混凝土劈裂抗拉强度与混凝土立方体抗压强度的关系

课题组同龄期进行混凝土拉应力、混凝土劈裂抗拉强度、混凝土立方体抗压强度试验。

同龄期、同条件制作、养护混凝土劈裂抗拉强度与立方体抗压强度回归分析如

图 12-3-1 所示，由图 12-3-1 可以看出，混凝土劈裂抗拉强度与立方体抗压强度一一对应，离散性很小。

混凝土劈裂抗拉强度与立方体抗压强度回归曲线方程为：

$$f_{cu} = 7.207 f_t^{1.508} \tag{12-3-1}$$

式中：f_{cu}——混凝土立方体抗压强度（MPa）；
　　　f_t——混凝土劈裂抗拉强度（MPa）。

此回归曲线相关系数 $R = 0.956$，证明混凝土劈裂抗拉强度与立方体抗压强度紧密相关，这也为目前设计规范以混凝土立方体抗压强度为标准确定混凝土抗拉强度提供了证明。

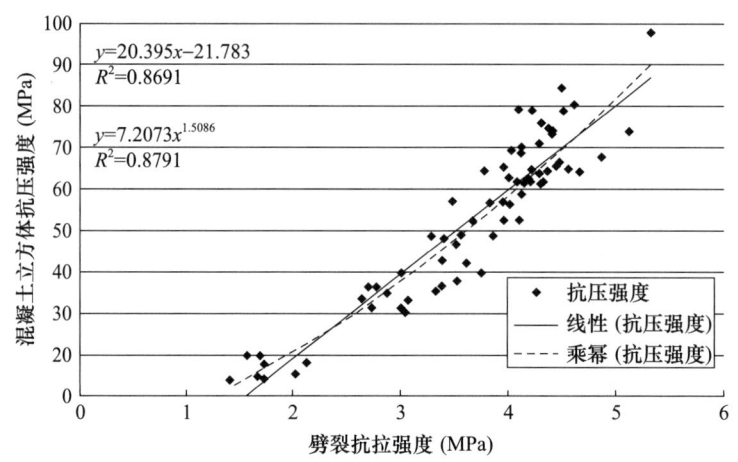

图 12-3-1　混凝土劈裂抗拉强度与立方体抗压强度回归曲线及散点图

12.3.2　拉应力与混凝土劈裂抗拉强度的关系

理论分析认为，由混凝土拉应力推定混凝土抗拉强度更直接、更科学，课题组对混凝土拉应力与混凝土劈裂抗拉强度进行回归分析。

混凝土拉应力与混凝土劈裂抗拉强度回归曲线及散点图如图 12-3-2 所示，从散点图可以看出，混凝土劈裂抗拉强度随混凝土拉应力增大而增大，两者有明显的相关关系。

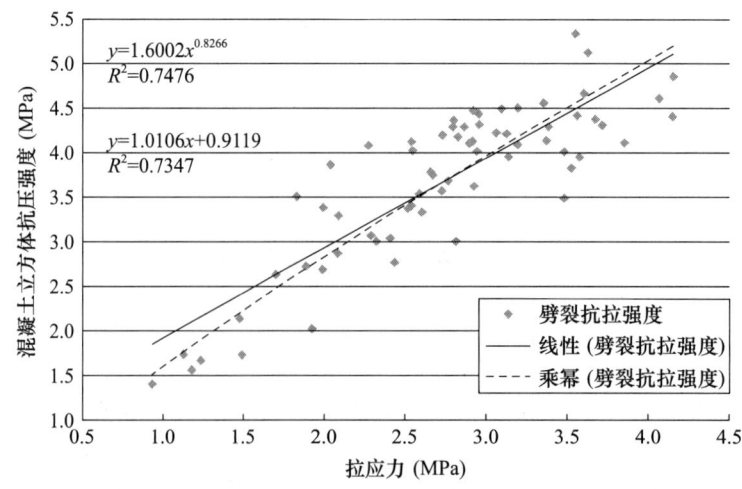

图 12-3-2　混凝土拉应力与混凝土劈裂抗拉强度回归曲线

混凝土拉应力与混凝土劈裂抗拉强度回归曲线方程为：
$$f_t = 1.6\sigma^{0.8267} \quad (12\text{-}3\text{-}2)$$

其中 $r=0.902$，$s=0.462\text{MPa}$，$\delta=10.17\%$，$e_r=12.94\%$。

式中：σ——混凝土拉应力（MPa）；

f_t——混凝土劈裂抗拉强度（MPa）。

由回归曲线精度看出混凝土拉应力与混凝土劈裂抗拉强度密切相关。

12.3.3 拉应力与混凝土立方体抗压强度的关系

考虑坍落度、石子粒径、养护方法对拉应力法检测混凝土强度的影响不显著，建立拉应力法测强曲线时，不再分类回归，对比指数回归、乘幂回归、线性回归曲线，各类回归曲线基本重合，精度相差不大，散点分布及回归曲线如图 12-3-3 所示，对比后选择乘幂回归曲线为山东地区测强曲线。

$$f_{cu} = 13.416\sigma^{1.298} \quad (12\text{-}3\text{-}3)$$

其中 $r=0.927$，$s=8.05\text{MPa}$，$\delta=14.21\%$，$e_r=17.86\%$。

式中：σ——混凝土拉应力（MPa）；

f_{cu}——混凝土立方体抗压强度（MPa）。

由回归曲线精度可以看出，混凝土拉应力与混凝土立方体抗压强度密切相关，但通过对比可以看出，此回归曲线精度低于回弹法、超声回弹综合法和表面锚固法。

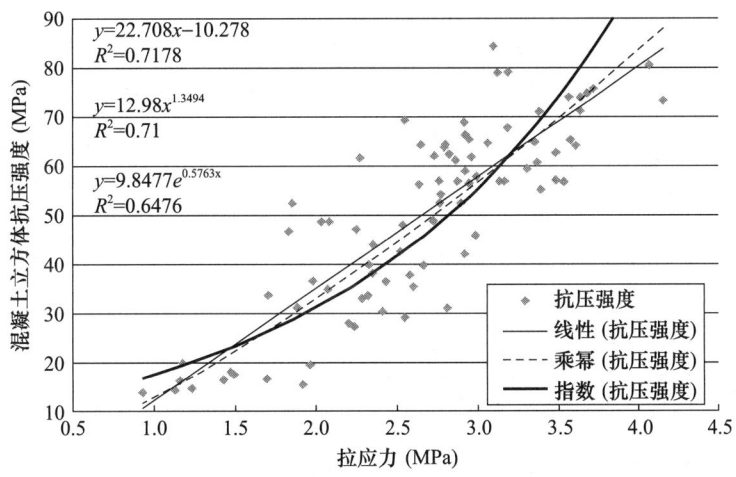

图 12-3-3 拉应力与混凝土立方体抗压强度回归曲线

第13章 其他混凝土强度现场检测技术介绍

13.1 引言

近10年来，随着科学技术的发展，混凝土结构现场检测技术也进入快速发展阶段，涌现出一批新的测试方法，已编制成行业标准的包括拔出法、剪压法、后锚固法，正在编制行业标准的包括拉脱法、直拔法、抗折法、抗剪法等，混凝土强度现场检测也由事后质量检测验收，发展为事前施工中的质量控制。随着我国工程建设规模的不断扩大和科学技术的发展，混凝土强度现场检测技术的发展前景将更加广阔。

为方便大家了解混凝土强度现场检测新技术，我们对抗折法等进行简单介绍。

13.2 抗折法检测混凝土抗压强度技术

抗折法检测混凝土抗压强度是在被测混凝土结构或构件上随机钻取抗折试件，将抗折试件放入抗折装置中进行抗折试验，检测抗折试件折断时的极限力，测量抗折试件直径，计算出抗折试件的抗折强度，预先建立抗折试件的抗折强度代表值与对应的边长150mm立方体试件抗压强度的相关关系，根据抗折试件的抗折强度推定混凝土抗压强度。

此检测技术获得了发明专利：抗折法检测混凝土抗压强度的方法及装置（专利号：ZL201110282390.2）。

抗折法检测混凝土抗压强度的操作步骤如下。

（1）在被测混凝土结构或构件上随机钻取3个直径44mm混凝土芯样，作为抗折试件。

（2）测量抗折试件直径，将抗折试件放入抗折装置的试件导管内，将抗折试件的两端固定，抗折试件的中央区域通过带插孔连接板与拉力杆连接，并在插孔内插抗折件（施力轴），启动手摇油泵通过拉力杆给抗折试件的中点处施加向上的拉力。

（3）逐渐增大拉力直至抗折试件被折断，读取荷载表上混凝土芯样抗折试件折断时的极限力F，通过抗折强度计算公式，计算抗折试件的抗折强度。

（4）重复上述步骤（2）、（3），确定另两个混凝土抗折试件的抗折强度。

（5）根据预先建立抗折试件的抗折强度代表值与对应的边长150mm立方体试件抗压强度的相关关系，推定混凝土抗压强度。

此技术试验误差小，检测精度高，用于检测结构混凝土抗折强度更合适。

13.3 抗剪法检测混凝土强度技术

抗剪法检测混凝土强度是利用混凝土试件的抗剪强度与抗压强度之间的关系，通过大量的试验研究，建立抗剪芯样的抗剪强度与混凝土立方体抗压强度之间的关系曲线，并且考虑检测全过程的影响因素后，对混凝土抗压强度进行评定的一种新方法。

2013 年在第十一届全国建设工程无损检测技术学术交流会上，广西壮族自治区建筑科学研究设计院科研人员详细介绍了"抗剪法检测混凝土强度技术研究"，包括课题提出、基本原理、装置设计、试验方案、试验数据分析、相关曲线和回归公式、单剪双剪比较等方面。

1. 抗剪法的提出

受直拔法检测混凝土抗压强度技术启发，由中国建筑科学研究院牵头成立的课题组提出了利用混凝土抗剪强度和抗压强度之间关系的抗剪法检测技术，并延伸为单剪法和双剪法两种检测方式。

2. 抗剪法基本原理

混凝土的力学性能，特别是各种强度参数之间存在着一定的相关性，《混凝土结构设计标准（2024 年版）》（GB 50010—2010）表 4.1.3-1 和表 4.1.3-2 中混凝土抗压强度和抗拉强度之间存在相关关系，混凝土的抗剪强度和混凝土抗压强度之间也存在对应的相关关系，如果能测得混凝土的抗剪强度，就可以利用抗剪强度和抗压强度之间的对应相关关系推定出混凝土的抗压强度。

3. 抗剪法试验装置

根据直拔法研究的经验，课题组决定选取直径 44mm 的芯样作为抗剪试件，设计并加工出抗剪法试验装置，简图如图 13-3-1、图 13-3-2 所示。

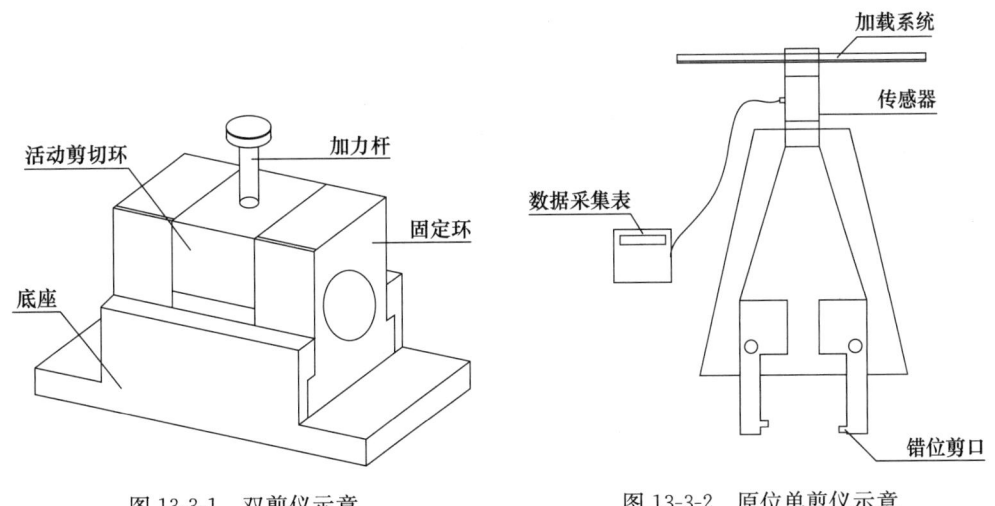

图 13-3-1　双剪仪示意　　　　图 13-3-2　原位单剪仪示意

4. 抗剪法试验方案（广西地区）

采用本地区常用原材料、常用成型工艺制作混凝土试件，C15～C90 泵送混凝土，制作1008块（336组），进行自然养护，龄期为365d，每一等级同盘搅拌一次浇筑完成。

每一强度等级、每个龄期，任选其中3块（1组）根据《混凝土物理力学性能试验方法标准》（GB/T 50081—2019）要求进行抗压试验，另选3块（1组）钻取3个 $\Phi 40mm \times 150mm$ 芯样作为双剪试件、3个 $\Phi 40mm \times (30 \sim 40)mm$ 芯样作为单剪试件，分别进行双单剪试验。

5. 抗剪法试验数据分析

统计结果表明，混凝土的抗剪强度和混凝土的抗压强度之间存在良好的相关关系，平均相对误差较小，线性相关系数较高，详见表13-3-1。对两种方法采用多种曲线形式进行回归分析，结果详见表13-3-2。

表13-3-1 试验数据分析

试验方法	样本数（组）	平均误差（%）	平均相对误差（%）	标准差（MPa）	相关系数 r
双剪法	132	8.985	10.73	10.73	0.8914
单剪法	132	6.373	8.36	8.36	0.9344

表13-3-2 回归曲线对比

曲线形式	方法	回归方程	相关系数 r	平均相对误差（%）
乘幂	双剪法	$f=3.118x^{1.3712}$	0.9161	10.73
	单剪法	$f=2.345x^{1.4309}$	0.9554	8.36
多项式	双剪法	$f=-0.333x^2+13.17x-33.19$	0.8985	10.08
	单剪法	$f=-0.142x^2+10.681x-19.91$	0.9353	8.02
线性	双剪法	$f=7.72x-13.182$	0.8913	10.28
	单剪法	$f=8.626x-13.327$	0.9344	8.07

由表13-3-1、表13-3-2可以看出，原位单剪法离散性比双剪法小，相关系数比双剪法大，原位单剪法精度高于双剪法。分析认为，由于混凝土的不均匀性或试验时受力不均匀，双剪法试验中两个截面混凝土不会同时达到极限值，出现两个截面先后破坏或其中一个截面破坏，而另一个截面未破坏的情况，这种破坏状态的复杂性导致数据的离散性较大。

13.3.6 抗剪法试验结论及建议

广西壮族自治区建筑科学研究设计院在试验分析基础上得出重要结论。

（1）抗剪法检测精度高，优于目前常用无损检测方法，现场操作简单方便，值得深入研究，编制相关规范，大力推广应用。

（2）原位单剪法误差小，数据相关性更好，对结构损伤小，建议采用原位单剪法。

第 14 章　工程应用实例分析

14.1 混凝土大梁（回弹法-泵送施工单个构件 10 个测区）

某工程大梁长 6m，设计混凝土强度等级为 C20，采用符合国家标准的普通水泥、中砂、粒径为 2～4cm 的碎石制作。采用泵送施工，进行自然养护，龄期为 3 个月。因怀疑其混凝土强度，要求用回弹法检测其混凝土强度。

1. 检测

按山东省地方标准《回弹法检测混凝土抗压强度技术规程》（DB37/T 2366—2022）要求选择测区，测区在梁的两相对侧面均匀布置，长和宽均为 0.2m，如图 14-1-1 所示，回弹仪水平方向检测构件侧面，然后测量其碳化深度值。

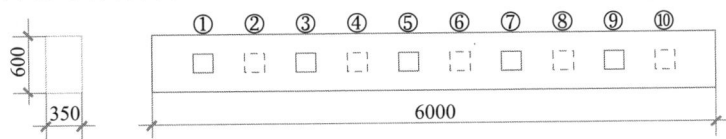

图 14-1-1　构件测区布置（单号为东侧，双号为西侧）（单位：mm）

2. 原始记录

原始记录见表 14-1-1。

表 14-1-1　回弹法检测混凝土抗压强度原始记录表

检测依据	《回弹法检测混凝土抗压强度技术规程》(DB37/T 2366—2022)					混凝土强度等级		C20		混凝土种类		泵送	生产日期	2022 年 6 月
构件名称	编号 测区					回弹值 R_i							平均回弹值 R_m	平均碳化深度 d_m (mm)
		1	2	3	4	5	6	7	8	9	10	11	12		
第一层 2×A-B 大梁	1	32	32	31	36	30	35	33	32	26	33	31	31	31.9	3.0
	2	31	33	32	34	32	31	31	31	32	31	32	29	31.4	3.0
	3	32	33	34	32	32	32	33	32	31	34	31	32	32.3	3.0
	4	32	36	38	32	31	34	32	32	33	29	33	32	32.8	3.0
	5	33	36	32	33	34	32	33	32	31	33	32	31	32.5	3.0
	6	33	36	32	32	32	32	32	32	32	32	32	32	32.1	3.0
	7	33	36	32	31	33	32	32	31	32	34	31	32	32.1	3.0
	8	33	36	32	32	32	32	32	32	32	32	31	32	32.0	3.0
	9	33	32	32	32	32	38	36	32	32	32	33	32	32.5	3.0
	10	33	32	32	32	31	32	32	36	34	33	32	32	32.4	3.0
测面状态	侧面、表面、底面、<u>干燥</u>、潮湿、<u>光洁</u>、粗糙									回弹仪		型号		ZC3-A	
												编号		991237	
测试角度	<u>水平</u>、向上、向下											率定值		80	

3. 计算

(1) 每一测区的 12 个回弹值中,分别剔除 1 个最大值和 1 个最小值,将余下的 10 个计算平均值,此平均值即为该测区的平均回弹值,精确至 0.1。

(2) 根据每一测区的平均回弹值 R_m 和平均碳化深度值 d_m,按规程中公式计算,求出该测区混凝土强度值。

(3) 按单个构件的推定方法推定大梁的混凝土强度推定值。依据地标《回弹法检测混凝土抗压强度技术规程》(DB37/T 2366—2022),本例计算结果及推定值见表 14-1-2。

表 14-1-2 依据地标《回弹法检测混凝土抗压强度技术规程》
(DB37/T 2366—2022) 回弹法检测计算表

测区编号	1	2	3	4	5	6	7	8	9	10
测区平均回弹值	31.9	31.4	32.3	32.8	32.5	32.1	32.1	32.0	32.5	32.4
平均碳化深度值 d_m(mm)	3.0	3.0	3.0	3.0	3.0	3.0	3.0	3.0	3.0	3.0
测区强度换算值(MPa)	25.8	24.9	26.4	27.4	26.9	26.1	26.1	26.0	26.8	26.6
强度计算值(MPa)	$m_{f_{cu}^c} = \dfrac{\sum_{i=1}^{n} f_{cu,i}^c}{n} = 26.3$					$S_{f_{cu}^c} = \sqrt{\dfrac{\sum_{i=1}^{n}(f_{cu,i}^c)^2 - n(m_{f_{cu}^c})^2}{n-1}} = 0.69$				
异常值判断处理	$G_n = (f_{cu,n} - m_{f_{cu}^c})/S_{f_{cu}^c} = (27.4 - 26.3)/0.69 = 1.594$; $G'_n = (m_{f_{cu}^c} - f_{cu,1})/S_{f_{cu}^c} = (26.3 - 24.9)/0.69 = 2.029$; 当 $n=10$ 时,查表 3-4-1 得,$G_{0.975} = 2.290$,$G_{0.995} = 2.482$,判断无异常值									
强度推定值(MPa)	$f_{cu,e} = m_{f_{cu}^c} - 1.645 S_{f_{cu}^c} = 26.3 - 1.645 \times 0.69 = 25.2$									

(4) 按单个构件的推定方法推定大梁的混凝土强度推定值。依据行业标准《回弹法检测混凝土抗压强度技术规程》(JGJ/T 23—2011),本例计算结果及推定值见表 14-1-3。

表 14-1-3 依据行标《回弹法检测混凝土抗压强度技术规程》
(JGJ/T 23—2011) 回弹法检测计算表

测区编号	1	2	3	4	5	6	7	8	9	10
测区平均回弹值	31.9	31.4	32.3	32.8	32.5	32.1	32.1	32.0	32.5	32.4
平均碳化深度值 d_m(mm)	3.0	3.0	3.0	3.0	3.0	3.0	3.0	3.0	3.0	3.0
测区强度换算值(MPa) 公式计算值	28.3	27.6	28.9	29.7	29.2	28.6	28.6	28.5	29.2	29.1
强度计算值(MPa)	$m_{f_{cu}^c} = \dfrac{\sum_{i=1}^{n} f_{cu,i}^c}{n} = 28.8$					$S_{f_{cu}^c} = \sqrt{\dfrac{\sum_{i=1}^{n}(f_{cu,i}^c)^2 - n(m_{f_{cu}^c})^2}{n-1}} = 0.59$				
强度推定值(MPa)	$f_{cu,e} = m_{f_{cu}^c} - 1.645 S_{f_{cu}^c} = 28.8 - 1.645 \times 0.59 = 27.8$									

14.2 杯形基础（回弹法-非泵送施工单个构件 12 个测区）

某厂车间杯形基础，混凝土设计强度等级为 C20，材料均符合国家标准要求。现场搅拌浇筑，自然养护，龄期 4 个月，因怀疑混凝土强度不足，采用回弹法检测该基础混凝土强度。

1. 检测

按地标《回弹法检测混凝土抗压强度技术规程》（DB37/T 2366—2022）要求选择测区，测区长和宽均为 0.2m，其布置如图 14-2-1 所示。按工作面分别以水平方向和 $-45°$ 角度方向检测基础浇筑侧面。

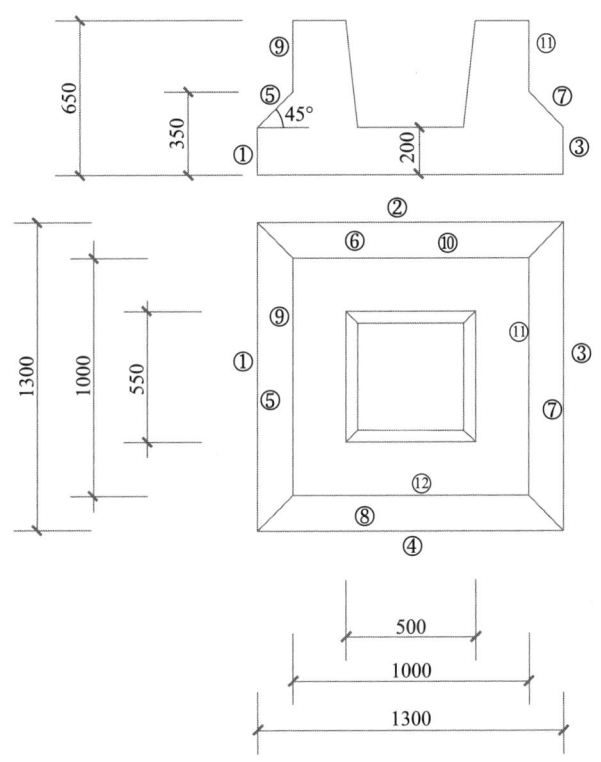

图 14-2-1 混凝土基础测区布置（单位：mm）

注：⑤⑥⑦⑧四个测区为 $-45°$ 角方向检测，其余均为水平方向检测。

2. 记录

同"14.1 混凝土大梁（回弹法-泵送施工单个构件 10 个测区）"格式，此处略。测区平均回弹值及平均碳化深度值见表 14-2-1。

表 14-2-1 依据地标《回弹法检测混凝土抗压强度技术规程》
（DB37/T 2366—2022）回弹法检测计算表

测区编号	1	2	3	4	5	6	7	8	9	10	11	12
测区平均回弹值	32.8	32.6	32.2	32.2	31.5	29.8	30.2	30.0	32.0	31.9	32.4	31.8
角度修正值	—	—	—	—	2.4	2.5	2.5	2.5				

续表

测区编号	1	2	3	4	5	6	7	8	9	10	11	12
角度修正后测区平均回弹值	—	—	—	—	33.9	32.3	32.7	32.5	—	—	—	—
平均碳化深度值 d_m（mm）	3.0	3.0	3.0	3.0	3.0	3.0	3.0	3.0	3.0	3.0	3.0	3.0
测区强度换算值（MPa）	24.0	23.7	23.2	23.2	25.5	23.3	23.8	23.6	22.9	22.8	23.4	22.6
强度计算值（MPa）	$m_{f_{cu}^c} = \dfrac{\sum_{i=1}^{n} f_{cu,i}^c}{n} = 23.5$							$S_{f_{cu}^c} = \sqrt{\dfrac{\sum_{i=1}^{n}(f_{cu,i}^c)^2 - n(m_{f_{cu}^c})^2}{n-1}} = 0.75$				
异常值判断处理	$G_n = (f_{cu,n} - m_{f_{cu}^c})/S_{f_{cu}^c} = (25.5 - 23.5)/0.75 = 2.667$； $G'_n = (m_{f_{cu}^c} - f_{cu,1})/S_{f_{cu}^c} = (23.5 - 22.6)/0.75 = 1.200$； 当 $n=12$ 时，查表 3-4-1 得，$G_{0.975} = 2.412$，$G_{0.995} = 2.636$，判断 $f_{cu,n}$ 为异常值，删除后重新计算平均值、标准差。 $m_{f_{cu}^c} = \dfrac{\sum_{i=1}^{n} f_{cu,i}^c}{n} = 23.3$ MPa；$S_{f_{cu}^c} = \sqrt{\dfrac{\sum_{i=1}^{n}(f_{cu,i}^c)^2 - n(m_{f_{cu}^c})^2}{n-1}} = 0.44$（MPa） $G_n = (f_{cu,n} - m_{f_{cu}^c})/S_{f_{cu}^c} = (24.0 - 23.3)/0.44 = 1.591$； $G'_n = (m_{f_{cu}^c} - f_{cu,1})/S_{f_{cu}^c} = (23.3 - 22.6)/0.44 = 1.591$； 当 $n=11$ 时，查表 3-4-1 得，$G_{0.975} = 2.355$，$G_{0.995} = 2.564$，判断无异常值											
强度推定值（MPa）	$f_{cu,e} = m_{f_{cu}^c} - 1.645 s_{f_{cu}^c} = 23.3 - 1.645 \times 0.44 = 22.6$											

3. 计算

计算步骤同"14.1 混凝土大梁（回弹法-泵送施工单个构件 10 个测区）"，但⑤⑥⑦⑧四个测区需进行角度修正，角度修正后再计算每一测区混凝土强度换算值，按单个构件推定基础的混凝土强度推定值。依据地标《回弹法检测混凝土抗压强度技术规程》（DB37/T 2366—2022），本例计算结果见表 14-2-1；依据行标《回弹法检测混凝土抗压强度技术规程》（JGJ/T 23）（2024 年报批稿），本例计算结果见表 14-2-2。

表 14-2-2 依据行标《回弹法检测混凝土抗压强度技术规程》
（JGJ/T 23—2011）回弹法检测计算表

测区编号	1	2	3	4	5	6	7	8	9	10	11	12
测区平均回弹值	32.8	32.6	32.2	32.2	31.5	29.8	30.2	30.0	32.0	31.9	32.4	31.8
角度修正值	—	—	—	—	2.4	2.5	2.5	2.5	—	—	—	—
角度修正后	—	—	—	—	33.9	32.3	32.7	32.5	—	—	—	—
浇筑面修正值	—	—	—	—	—	—	—	—	—	—	—	—
浇筑面修正后测区平均回弹值	—	—	—	—	—	—	—	—	—	—	—	—
平均碳化深度值 d_m（mm）	3.0	3.0	3.0	3.0	3.0	3.0	3.0	3.0	3.0	3.0	3.0	3.0
测区强度换算值（MPa）	22.3	22.1	21.5	21.5	23.6	21.6	22.2	22.0	21.2	21.1	21.8	21.0
强度计算值（MPa）	$m_{f_{cu}^c} = \dfrac{\sum_{i=1}^{n} f_{cu,i}^c}{n} = 21.8$							$S_{f_{cu}^c} = \sqrt{\dfrac{\sum_{i=1}^{n}(f_{cu,i}^c)^2 - n(m_{f_{cu}^c})^2}{n-1}} = 0.71$				
强度推定值（MPa）	$f_{cu,e} = m_{f_{cu}^c} - 1.645 S_{f_{cu}^c} = 21.8 - 1.645 \times 0.71 = 20.6$											

14.3 现浇板（回弹法-泵送现浇板单个构件10个测区）

某工程现浇板一块，混凝土设计强度等级为C20，材料均符合国家标准要求。泵送施工，自然养护，龄期4个月，因未留置试块，现采用回弹法检测其混凝土强度。

1. 检测

按规程要求选择测区，在板底面均匀布置10个测区，测区长和宽均为0.2m，如图14-3-1所示。回弹仪垂直向上检测现浇板底面，记录回弹值，然后检测碳化深度。

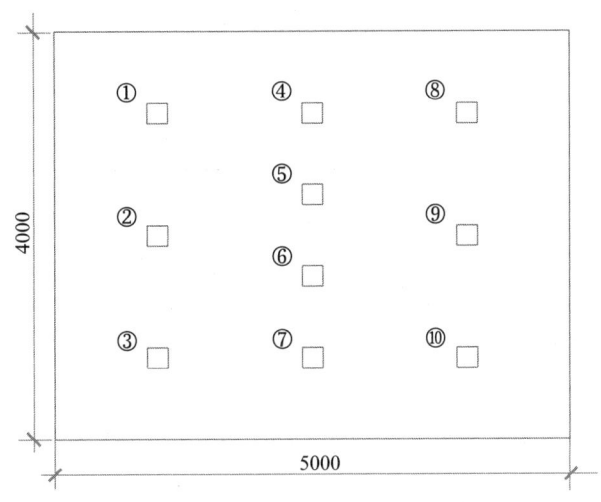

图 14-3-1 混凝土底板平面布置（仰视）（单位：mm）

2. 记录

同"14.1混凝土大梁（回弹法-泵送施工单个构件10个测区）"格式，此处略。测区平均回弹值及平均碳化深度见表14-3-1。

3. 计算

（1）按地标《回弹法检测混凝土抗压强度技术规程》（DB37/T 2366—2022）进行检测计算。

回弹仪垂直向上检测底面，此处尚需进行角度及检测面的修正。按规定对测区平均回弹值先进行角度修正，然后进行检测面修正。用修正后的测区平均回弹值及平均碳化深度值查强度表。并按单个构件的推定方法来推定构件的混凝土强度推定值。本例计算结果见表14-3-1。

表14-3-1 按地标 DB37/T 2366—2022 回弹法检测计算表

测区编号	1	2	3	4	5	6	7	8	9	10
测区平均回弹值	36.8	37.6	36.5	35.5	37.2	36.3	37.3	36.1	36.4	36.9
角度修正值	−4.3	−4.2	−4.4	−4.4	−4.3	−4.4	−4.3	−4.4	−4.4	−4.3
角度修正后	32.5	33.4	32.1	31.1	32.9	31.9	33.0	31.7	32.0	32.6
浇筑面修正值	−2.1	−2.1	−2.1	−2.1	−2.1	−2.1	−2.1	−2.1	−2.1	−2.1

续表

测区编号	1	2	3	4	5	6	7	8	9	10
浇筑面修正后	30.4	31.3	30.0	29.0	30.8	29.8	30.9	29.6	29.9	30.5
平均碳化深度值 d_m（mm）	2.0	2.0	2.0	2.0	2.0	2.0	2.0	2.0	2.0	2.0
测区强度换算值（MPa）	24.2	25.7	23.5	21.9	24.9	23.2	25.0	22.9	23.3	24.3
强度计算值（MPa）	$m_{f_{cu}^c} = \dfrac{\sum_{i=1}^n f_{cu,i}^c}{n} = 23.5$					$S_{f_{cu}^c} = \sqrt{\dfrac{\sum_{i=1}^n (f_{cu,i}^c)^2 - n(m_{f_{cu}^c})^2}{n-1}} = 1.15$				
异常值判断处理	$G_n = (f_{cu,n} - m_{f_{cu}^c})/S_{f_{cu}^c} = (25.7-23.5)/1.15 = 1.913$； $G'_n = (m_{f_{cu}^c} - f_{cu,1})/S_{f_{cu}^c} = (23.5-21.9)/1.15 = 1.391$； 当 $n=10$ 时，查表 3-4-1 得，$G_{0.975}=2.290$，$G_{0.995}=2.482$，判断无异常值									
强度推定值（MPa）	$f_{cu,e} = m_{f_{cu}^c} - 1.645 S_{f_{cu}^c} = 23.5 - 1.645 \times 1.15 = 21.6$									

（2）依据行标《回弹法检测混凝土抗压强度技术规程》（JGJ/T 23）（2024 年报批搞）进行检测计算。

泵送现浇板回弹法检测，检测面选择底面，回弹仪垂直向上回弹，根据行标 JGJ/T 23—2011 采用泵送混凝土底面向上回弹统一测强曲线，不需要进行角度和检测面修正，计算结果见表 14-3-2。

表 14-3-2　行标 JGJ/T 23 回弹法检测计算表

测区编号	1	2	3	4	5	6	7	8	9	10
测区平均回弹值	36.8	37.6	36.5	35.5	37.2	36.3	37.3	36.1	36.4	36.9
平均碳化深度值 d_m（mm）	2.0	2.0	2.0	2.0	2.0	2.0	2.0	2.0	2.0	2.0
测区强度换算值（MPa）	28.2	29.4	27.7	26.3	28.8	27.4	29.0	27.1	27.6	28.3
强度计算值（MPa）	$m_{f_{cu}^c} = \dfrac{\sum_{i=1}^n f_{cu,i}^c}{n} = 28.0$					$S_{f_{cu}^c} = \sqrt{\dfrac{\sum_{i=1}^n (f_{cu,i}^c)^2 - n(m_{f_{cu}^c})^2}{n-1}} = 0.95$				
异常值判断处理	$G_n = (f_{cu,n} - m_{f_{cu}^c})/S_{f_{cu}^c} = (29.4-28.0)/0.95 = 1.474$； $G'_n = (m_{f_{cu}^c} - f_{cu,1})/S_{f_{cu}^c} = (28.0-26.3)/0.95 = 1.789$； 当 $n=10$ 时，查表 3-4-1 得，$G_{0.975}=2.290$，$G_{0.995}=2.482$，判断无异常值									
强度推定值（MPa）	$f_{cu,e} = m_{f_{cu}^c} - 1.645 S_{f_{cu}^c} = 28.0 - 1.645 \times 0.95 = 26.4$									

14.4　挑梁（回弹法-单个构件 6 个测区）

某工程挑梁长 1.5m，混凝土设计强度等级为 C20，采用符合国家标准的普通 425 号水泥、中砂、粒径为 2～4cm 的卵石制作。泵送施工，自然养护，龄期为 3 个月。因怀疑其混凝土强度，要求用回弹法检测其混凝土强度。

1. 检测

按规程要求选择测区，在混凝土挑梁两侧均匀布置 6 个测区，测区长和宽均为

0.2m，如图14-4-1所示，回弹仪水平方向检测构件侧面，然后测量其碳化深度。

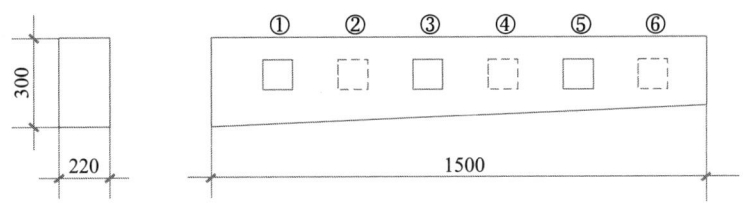

图14-4-1 构件测区布置（单号为东侧，双号为西侧）

2. 记录

同"14.1混凝土大梁（回弹法-泵送施工单个构件10个测区）"格式，此处略。测区平均回弹值及平均碳化深度值见表14-4-1。

表14-4-1 回弹法检测计算表

测区编号	1	2	3	4	5	6
测区平均值	31.7	31.1	31.0	30.7	30.3	33.2
碳化深度值 d_m	2.0	2.0	2.0	2.0	2.0	2.0
行标JGJ/T 23—2011测区强度换算值（MPa）	28.9	28.1	27.9	27.5	26.9	31.3
地标DB37/T 2366—2022测区强度换算值（MPa）	26.4	25.4	25.2	24.7	24.0	29.1
行标JGJ/T 23—2011强度推定值（MPa）	$f_{cu,e}=f_{cu,min}=26.9$					
地标DB37/T 2366—2022强度推定值（MPa）	$f_{cu,e}=f_{cu,min}=24.0$					

3. 计算

(1) 每一测区的12个回弹值中，分别剔除1个最大值和1个最小值，将余下的10个计算平均值，此平均值即为该测区的平均回弹值，精确至0.1。

(2) 根据每一测区的平均回弹值 R_m 和平均碳化深度值 d_m，查规程附录或按规程中公式计算，求出该测区混凝土强度值。

(3) 按关于单个构件的推定方法来推定挑梁的混凝土强度推定值。本例计算结果见表14-4-1。

14.5 预制混凝土楼板（回弹法）

某预制厂预制混凝土楼板长3.6m，混凝土设计强度等级为C30，现场搅拌细石混凝土。已安装就位，还未进行面层施工，龄期2个月。因怀疑其混凝土强度，采用回弹法检测其混凝土强度。

1. 检测

空心板安装后只能检测顶面或底面，按规程要求选择测区，在楼板浇筑顶面均匀布置12个测区，测区避开空心板中孔洞，测区长为0.7m、宽为0.06m，回弹测点选在两个孔中间混凝土肋上，如图14-5-1所示，回弹仪以向下90°角度检测楼板浇筑顶面，然后测量其碳化深度值。

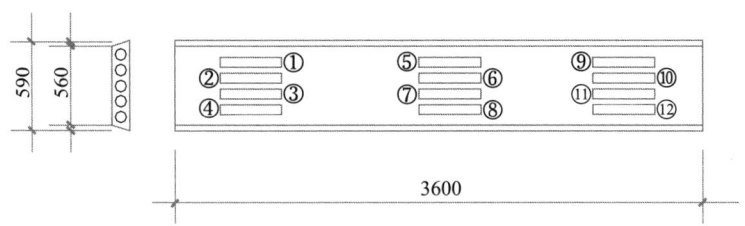

图 14-5-1　预制混凝土楼板测区布置（单位：mm）

2. 记录

同"14.1 混凝土大梁（回弹法-泵送施工单个构件 10 个测区）"格式，此处略。测区平均回弹值及平均碳化深度值见表 14-5-1。

表 14-5-1　依据地标 DB37/T 2366—2022 回弹法检测计算表

测区编号	1	2	3	4	5	6	7	8	9	10	11	12
测区平均值	34.0	34.1	32.8	33.7	32.8	32.4	34.0	34.1	34.2	32.7	32.1	32.1
角度修正值	3.3	3.3	3.4	3.3	3.4	3.4	3.3	3.3	3.3	3.4	3.4	3.4
角度修正后	37.3	37.4	36.2	37.0	36.2	35.8	37.3	37.4	37.5	36.1	35.5	35.5
浇筑面修正值	0.8	0.8	0.9	0.8	0.9	0.9	0.8	0.8	0.8	0.9	1.0	1.0
浇筑面修正后	38.1	38.2	37.1	37.8	37.1	36.7	38.1	38.2	38.3	37.0	36.5	36.5
碳化深度值 d_m	0.5	0.5	0.5	0.5	0.5	0.5	0.5	0.5	0.5	0.5	0.5	0.5
测区强度换算值（MPa）	37.4	37.6	35.5	36.8	35.5	34.7	37.4	37.6	37.8	35.3	34.4	34.4
强度计算（MPa）	\multicolumn{12}{l}{$m_{f_{cu}^c} = \dfrac{\sum_{i=1}^{n} f_{cu,i}^c}{n} = 36.2$　　$S_{f_{cu}^c} = \sqrt{\dfrac{\sum_{i=1}^{n}(f_{cu,i}^c)^2 - n(m_{f_{cu}^c})^2}{n-1}} = 1.34$}
异常值判断处理	\multicolumn{12}{l}{$G_n = (f_{cu,n} - m_{f_{cu}^c})/S_{f_{cu}^c} = (37.8 - 36.2)/1.34 = 1.194$；$G_n' = (m_{f_{cu}^c} - f_{cu,1})/S_{f_{cu}^c} = (36.2 - 34.4)/1.34 = 1.343$；当 $n=12$ 时，查表 3-4-1 得，$G_{0.975} = 2.412$，$G_{0.995} = 2.636$，判断无异常值}
强度推定值（MPa）	\multicolumn{12}{l}{$f_{cu,e} = m_{f_{cu}^c} - 1.645 S_{f_{cu}^c} = 36.2 - 1.645 \times 1.34 = 34.0$}

3. 计算

计算步骤同"14.1 混凝土大梁（回弹法-泵送施工单个构件 10 个测区）"，此例尚需进行角度及检测面的修正。

按规定对测区平均回弹值先进行角度修正，然后进行检测面修正。依据修正后的测区平均回弹值及平均碳化深度值计算出测区混凝土强度换算值，并按单个构件推定预制楼板的混凝土强度推定值。依据地标 DB37/T 2366—2022，本例计算结果及推定值见表 14-5-1；依据行标 JGJ/T 23—2024 年报批稿，本例计算结果及推定值见表 14-5-2。

表 14-5-2　依据行标 JGJ/T 23—2024 年报批稿回弹法检测计算表

测区编号	1	2	3	4	5	6	7	8	9	10	11	12
测区平均值	34.0	34.1	32.8	33.7	32.8	32.4	34.0	34.1	34.2	32.7	32.1	32.1
角度修正值	3.3	3.3	3.4	3.3	3.4	3.4	3.3	3.3	3.3	3.4	3.4	3.4

续表

测区编号	1	2	3	4	5	6	7	8	9	10	11	12
角度修正后	37.3	37.4	36.2	37.0	36.2	35.8	37.3	37.4	37.5	36.1	35.5	35.5
浇筑面修正值	0.8	0.8	0.9	0.8	0.9	0.9	0.8	0.8	0.8	0.9	1.0	1.0
浇筑面修正后	38.1	38.2	37.1	37.8	37.1	36.7	38.1	38.2	38.3	37.0	36.5	36.5
碳化深度值 d_m	0.5	0.5	0.5	0.5	0.5	0.5	0.5	0.5	0.5	0.5	0.5	0.5
测区强度换算值（MPa）	36.6	36.8	34.6	36.0	34.6	34.0	36.6	36.8	37.0	34.4	33.6	33.6
强度计算（MPa）	$m_{f_{cu}^c} = \dfrac{\sum_{i=1}^{n} f_{cu,i}^c}{n} = 35.4$							$S_{f_{cu}^c} = \sqrt{\dfrac{\sum_{i=1}^{n}(f_{cu,i}^c)^2 - n(m_{f_{cu}^c})^2}{n-1}} = 1.36$				
强度推定值（MPa）	$f_{cu,e} = m_{f_{cu}^c} - 1.645 S_{f_{cu}^c} = 35.4 - 1.645 \times 1.36 = 33.2$											

14.6 吊车梁高强混凝土（回弹法）

某厂成品车间15m吊车梁，混凝土设计强度等级为C60，自然养护，龄期28d，因试块缺乏代表性，采用回弹法检测该吊车梁混凝土强度。

1. 检测

C60混凝土为高强混凝土，可以先进行试回弹确定混凝土强度大致范围，再选择合适混凝土回弹仪进行检测，此工程按照地标DB37/T 2366—2022，先用M225型和H550型回弹仪进行试检测，两种回弹仪检测结果均高于60.0MPa，决定采用H550型回弹仪检测。回弹仪水平方向检测吊车梁混凝土浇筑侧面。

2. 记录

同"14.1混凝土大梁（回弹法-泵送施工单个构件10个测区）"格式，此处略。

3. 计算

计算步骤同"14.1混凝土大梁（回弹法-泵送施工单个构件10个测区）"。根据测区平均回弹值计算测区混凝土强度换算值。按单个构件对吊车梁的混凝土强度进行推定。依据地标DB37/T 2366—2022本例计算结果见表14-6-1。依据《高强混凝土强度检测技术规程》（JGJ/T 294—2013）本例计算结果见表14-6-2。

表14-6-2 依据地标DB37/T 2366—2022回弹法检测计算表

测区编号	1	2	3	4	5	6	7	8	9	10	11	12	13	14	15
测区平均回弹值	38.6	37.7	37.5	38.2	36.6	38.1	37.6	36.8	37.0	37.2	38.5	36.7	38.2	37.8	37.3
测区混凝土强度换算值（MPa）	63.1	62.0	61.7	62.6	60.6	62.5	61.9	60.8	61.1	61.4	63.0	60.7	62.6	62.1	61.5
强度计算（MPa）	$m_{f_{cu}^c} = \dfrac{\sum_{i=1}^{n} f_{cu,i}^c}{n} = 61.8$								$S_{f_{cu}^c} = \sqrt{\dfrac{\sum_{i=1}^{n}(f_{cu,i}^c)^2 - n(m_{f_{cu}^c})^2}{n-1}} = 0.82$						
异常值判断处理	$G_n = (f_{cu,n} - m_{f_{cu}^c})/S_{f_{cu}^c} = (63.1 - 61.8)/0.82 = 1.585$；$G_n' = (m_{f_{cu}^c} - f_{cu,1})/S_{f_{cu}^c} = (61.8 - 60.6)/0.82 = 1.463$；当$n=15$时，查表3-4-1得，$G_{0.975} = 2.549$，$G_{0.995} = 2.806$，判断无异常值														
强度推定值（MPa）	$f_{cu,e} = m_{f_{cu}^c} - 1.645 S_{f_{cu}^c} = 61.8 - 1.645 \times 0.82 = 60.5$														

表 14-6-2　依据《高强混凝土强度检测技术规程》(JGJ/T 294—2013) 回弹法检测计算表

测区编号	1	2	3	4	5	6	7	8	9	10	11	12	13	14	15
测区平均值	38.6	37.7	37.5	38.2	36.6	38.1	37.6	36.8	37.0	37.2	38.5	36.7	38.2	37.8	37.3
测区强度换算值（MPa）	64.7	63.3	63.0	64.1	61.7	63.9	63.2	62.0	62.3	62.6	64.5	61.8	64.1	63.5	62.7
强度计算（MPa）	$m_{f_{cu}^c} = \dfrac{\sum_{i=1}^{n} f_{cu,i}^c}{n} = 63.2$							$S_{f_{cu}^c} = \sqrt{\dfrac{\sum_{i=1}^{n}(f_{cu,i}^c)^2 - n(m_{f_{cu}^c})^2}{n-1}} = 0.97$							
强度推定值（MPa）	$f_{cu,e} = m_{f_{cu}^c} - 1.645 S_{f_{cu}^c} = 63.2 - 1.645 \times 0.97 = 61.6$													

14.7　某层梁（回弹法按批检测）

某百货大楼二楼营业大厅有混凝土大梁 40 根，设计强度等级为 C20。该批构件均为自然养护，龄期 28d，标准试块评定不合格。梁均采用相同原材料、同一配合比在相同的施工条件下浇筑完成。工程验收时，采用回弹法检测其强度，以作为验收依据。

1. 检测

该批构件采取抽样检测的方法，依据地标 DB37/T 2366—2022，随机抽取 12 个构件，共 120 个测区，其测区布置如图 14-7-1 所示。现场检测为水平方向弹击混凝土构件浇筑方向的侧面。

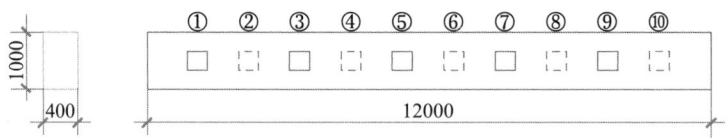

图 14-7-1　混凝土大梁测区布置示意（单位：mm）

2. 记录

同"14.1 混凝土大梁（回弹法-泵送施工单个构件 10 个测区）"格式，此处略。

3. 计算

依据地标 DB37/T 2366—2022 本例计算结果见表 14-7-1。

表 14-7-1　回弹法检测计算表

构件编号	测区混凝土强度换算值（MPa）										
	测区1	测区2	测区3	测区4	测区5	测区6	测区7	测区8	测区9	测区10
梁1	21.3	21.5	21.2	21.9	22.5	20.8	21.3	22.5	22.3	22.0
梁2	22.3	21.3	21.8	22.7	21.8	22.9	22.7	22.6	21.9	22.7
梁3	23.5	23.2	23.5	22.9	22.5	23.7	24.0	23.5	23.7	23.0
梁4	20.4	20.5	20.2	19.6	18.8	21.8	20.3	20.5	20.3	21.1
梁5	22.5	22.0	22.2	22.3	23.0	23.1	22.9	22.5	22.8	23.1
梁6	21.1	21.3	21.2	21.4	22.5	20.6	21.4	22.3	22.2	22.1
梁7	22.1	21.2	21.3	21.3	22.3	21.8	22.3	22.8	22.3	22.6

续表

构件编号	测区混凝土强度换算值（MPa）									
	测区1	测区2	测区3	测区4	测区5	测区6	测区7	测区8	测区9	测区10
梁8	22.3	23.4	23.4	22.3	23.4	23.8	23.5	23.6	23.9	24.0
梁9	21.2	21.4	21.3	21.2	22.1	20.9	21.3	22.4	22.3	22.2
梁10	22.3	21.4	21.7	22.1	22.0	21.8	21.7	21.5	21.3	22.7
梁11	22.1	22.3	22.2	21.9	22.1	21.3	22.3	22.7	23.3	22.8
梁12	22.3	23.2	23.2	24.0	23.5	23.5	23.2	23.4	23.2	24.0
强度计算（MPa）	$m_{f_{cu}^c} = \dfrac{\sum_{i=1}^{n} f_{cu,i}^c}{n} = 22.2$					$S_{f_{cu}^c} = \sqrt{\dfrac{\sum_{i=1}^{n}(f_{cu,i}^c)^2 - n(m_{f_{cu}^c})^2}{n-1}} = 1.01$				
变异系数	$\delta = \dfrac{S_{f_{cu}^c}}{m_{f_{cu}^c}} = 1.01/22.2 = 0.05$									
异常值判断处理	$G_n = (f_{cu,n} - m_{f_{cu}})/S_{f_{cu}} = (24.3-22.2)/1.01 = 2.079$ $G'_n = (m_{f_{cu}} - f_{cu,1})/S_{f_{cu}} = (22.2-18.8)/1.01 = 3.366$ 当 $n=120$ 时，查表 3-4-1 得，$G_{0.995} = 3.754$，$G_{0.975} = 3.383$，判断无异常值									
混凝土强度推定区间（MPa）	检测批混凝土强度推定区间的置信度取 0.90，错判概率和漏判概率为 0.05，检测批混凝土强度推定区间上限值和下限值分别为： $f_{cu,u}^c = m_{f_{cu}^c} - k_{0.05,u} S_{f_{cu}^c} = 22.2 - 1.433 \times 1.01 = 20.8$ $f_{cu,1}^c = m_{f_{cu}^c} - k_{0.05,1} S_{f_{cu}^c} = 22.2 - 1.899 \times 1.01 = 20.3$									
强度推定值（MPa）	$f_{cu,e} = m_{f_{cu}^c} - 1.645 S_{f_{cu}^c} = 22.2 - 1.645 \times 1.01 = 20.5$									

14.8 某现浇板（泵送回弹法按批）

某中学新建综合教学楼为四层砖混结构，使用半年后，发现第二层现浇钢筋混凝土楼板有裂缝，第二层现浇钢筋混凝土楼板设计强度等级 C25，泵送法施工，自然养护，为分析裂缝出现原因，需对二层现浇钢筋混凝土楼板进行回弹法检测。

1. 检测

对第二层现浇钢筋混凝土楼板进行按批抽样检测，依据表 3-3-1 随机抽测 15 个构件，回弹检测面为浇筑底面。

2. 记录

同"14.1 混凝土大梁（回弹法-泵送施工单个构件 10 个测区）"格式，此处略。

3. 计算

按山东省地方标准《回弹法检测混凝土抗压强度技术规程》（DB37/T 2366—2022）进行，首先进行角度修正，再进行检测面修正，再将修正后测区回弹值及碳化深度代入测强公式，得到测区混凝土强度换算值，各构件的测区平均回弹值见表 14-8-1。计算检测批混凝土强度换算值的平均值、标准差和变异系数，再进行异常数据判断处理，最后计算出混凝土强度推定区间和推定值，结果见表 14-8-1。

表 14-8-1　依据地标 DB37/T 2366—2022 回弹法检测计算表

构件编号	1	2	3	4	5	6	7	8	9	10	11	12	13	14	15
测区 1 平均回弹值	32.6	31.6	30.8	32.2	31.5	32.8	33.2	34.2	32.0	31.9	32.4	34.0	31.8	32.8	33.8
测区 2 平均回弹值	31.8	32.4	32.4	34.2	33.7	31.6	32.0	31.7	33.2	32.1	31.2	32.8	33.6	31.7	32.5
测区 3 平均回弹值	33.3	35.2	31.0	34.8	32.0	34.2	34.6	32.2	35.1	34.2	33.9	31.7	35.1	33.6	34.8
碳化深度度值 d_m	4.0	4.0	4.0	4.0	4.0	4.0	4.0	4.0	4.0	4.0	4.0	4.0	4.0	4.0	4.0
测区 1 角度修正值	−4.7	−4.8	−4.9	−4.8	−4.8	−4.7	−4.7	−4.6	−4.8	−4.8	−4.8	−4.6	−4.8	−4.7	−4.6
测区 2 角度修正值	−4.8	−4.8	−4.8	−4.6	−4.6	−4.8	−4.8	−4.8	−4.7	−4.8	−4.9	−4.7	−4.6	−4.8	−4.8
测区 3 角度修正值	−4.7	−4.5	−4.9	−4.5	−4.8	−4.6	−4.5	−4.8	−4.5	−4.6	−4.6	−4.8	−4.5	−4.6	−4.5
测区 1 角度修正后平均回弹值	27.9	26.8	25.9	27.4	26.7	28.1	28.5	29.6	27.2	27.1	27.6	29.4	27.0	28.1	29.2
测区 2 角度修正后平均回弹值	27.0	27.6	27.6	29.6	29.1	26.8	27.2	26.9	28.5	27.3	26.3	28.1	29.0	26.9	27.7
测区 3 角度修正后平均回弹值	28.6	30.7	26.1	30.3	27.2	29.6	30.1	27.4	30.6	29.6	29.3	26.9	30.6	29.0	30.3
测区 1 检测面修正值	−2.2	−2.2	−2.2	−2.2	−2.2	−2.2	−2.2	−2.1	−2.2	−2.2	−2.2	−2.2	−2.2	−2.2	−2.2
测区 2 检测面修正值	−2.2	−2.2	−2.2	−2.1	−2.2	−2.2	−2.2	−2.2	−2.2	−2.2	−2.2	−2.2	−2.2	−2.2	−2.1
测区 3 检测面修正值	−2.2	−2.1	−2.2	−2.1	−2.2	−2.1	−2.1	−2.2	−2.1	−2.1	−2.2	−2.2	−2.1	−2.2	−2.1
测区 1 检测面修正后平均回弹值	25.7	24.6	23.7	25.2	24.5	25.9	26.3	27.5	25.0	24.9	25.4	27.2	24.8	25.9	27.0
测区 2 检测面修正后平均回弹值	24.8	25.4	25.4	27.5	26.9	24.6	25.0	24.7	26.3	25.1	24.1	25.9	26.8	24.7	25.6
测区 3 检测面修正后平均回弹值	26.4	28.6	23.9	28.2	25.0	27.5	28.0	25.2	28.5	27.5	27.1	24.7	28.5	26.8	28.2
测区 1 强度换算值（MPa）	15.8	14.4	13.3	15.1	14.2	16.0	16.5	18.2	14.9	14.7	15.4	17.8	14.6	16.0	17.5
测区 2 强度换算值（MPa）	14.6	15.4	15.4	18.2	17.3	14.4	14.9	14.5	16.5	15.0	13.8	16.0	17.2	14.5	15.6

续表

构件编号	1	2	3	4	5	6	7	8	9	10	11	12	13	14	15
测区3强度换算值（MPa）	16.7	19.7	13.5	19.2	14.9	18.2	18.9	15.1	19.6	18.2	17.6	14.5	19.6	17.2	19.2
强度计算（MPa）	$m_{f_{cu}^c} = \dfrac{\sum_{i=1}^{n} f_{cu,i}^c}{n} = 16.2$							$S_{f_{cu}^c} = \sqrt{\dfrac{\sum_{i=1}^{n}(f_{cu,i}^c)^2 - n(m_{f_{cu}^c})^2}{n-1}} = 1.82$							
变异系数	$\delta = \dfrac{S_{f_{cu}^c}}{m_{f_{cu}^c}} = 1.82/16.2 = 0.11$														
异常值判断处理	$G_n = (f_{cu,n} - m_{f_{cu}^c})/S_{f_{cu}^c} = (19.7-16.2)/1.82 = 1.923$； $G'_n = (m_{f_{cu}^c} - f_{cu,1})/S_{f_{cu}^c} = (16.2-13.3)/1.82 = 1.593$； 当 $n=45$ 时，查表 3-4-1 得，$G_{0.975} = 3.085$，$G_{0.995} = 3.435$，判断无异常值														
混凝土强度推定区间（MPa）	检测批混凝土强度推定区间的置信度取 0.90，错判概率和漏判概率为 0.05，检测批混凝土强度推定区间上限值和下限值分别为： $f_{cu,u}^c = m_{f_{cu}^c} - k_{0.05,u} S_{f_{cu}^c} = 16.2 - 1.314 \times 1.82 = 13.8$ $f_{cu,1}^c = m_{f_{cu}^c} - k_{0.05,1} S_{f_{cu}^c} = 16.2 - 2.092 \times 1.82 = 12.4$														
强度推定值（MPa）	$f_{cu,e}^c = m_{f_{cu}^c} - 1.645 S_{f_{cu}^c} = 16.2 - 1.645 \times 1.82 = 13.2$														

依据行标《回弹法检测混凝土抗压强度技术规程》（JGJ/T 23）（2024 报批稿），本例计算结果及推定值见表 14-8-2。

表 14-8-2 依据行标《回弹法检测混凝土抗压强度技术规程》
（JGJ/T 23）（2024 报批稿）回弹法检测计算表

构件编号	1	2	3	4	5	6	7	8	9	10	11	12	13	14	15
测区1平均回弹值	32.6	31.6	30.8	32.2	31.5	32.8	33.2	34.2	32.0	31.9	32.4	34.0	31.8	32.8	33.8
测区2平均回弹值	31.8	32.4	32.4	34.2	33.7	31.6	32.0	31.7	33.2	32.1	31.2	32.8	33.6	31.7	32.5
测区3平均回弹值	33.3	35.2	31.0	34.8	32.0	34.2	34.6	32.2	35.1	34.2	33.9	31.7	35.1	33.6	34.8
碳化深度度值 d_m	4.0	4.0	4.0	4.0	4.0	4.0	4.0	4.0	4.0	4.0	4.0	4.0	4.0	4.0	4.0
测区1强度换算值（MPa）	20.0	18.8	17.9	19.5	18.7	20.2	20.7	22.0	19.3	19.2	19.8	21.7	19.0	20.2	21.5
测区2强度换算值（MPa）	19.0	19.8	19.8	22.0	21.4	18.8	19.3	18.9	20.7	19.4	18.3	20.2	21.2	18.9	19.9
测区3强度换算值（MPa）	20.9	23.3	18.1	22.8	19.3	22.0	22.5	19.5	23.2	22.0	21.6	18.9	23.2	21.2	22.8

续表

构件编号	1	2	3	4	5	6	7	8	9	10	11	12	13	14	15
强度计算（MPa）	$m_{f_{cu}^c} = \dfrac{\sum_{i=1}^{n} f_{cu,i}^c}{n} = 20.4$							$S_{f_{cu}^c} = \sqrt{\dfrac{\sum_{i=1}^{n}(f_{cu,i}^c)^2 - n(m_{f_{cu}^c})^2}{n-1}} = 1.51$							
强度推定值（MPa）	$f_{cu,e} = m_{f_{cu}^c} - 1.645 S_{f_{cu}^c} = 20.4 - 1.645 \times 1.51 = 17.9$													

14.9 某层柱（回弹法高强混凝土）

某大楼混凝土柱 50 根，设计强度等级为 C70。该批构件均为自然养护，龄期 28d，标准试块强度平均值 63.5MPa，评定结果不合格。混凝土柱均采用相同原材料、同一配合比在相同的施工条件下浇筑完成。工程验收时，采用回弹法检测其抗压强度，作为验收依据。

1. 检测

该批构件采取抽样检测的方法，按照地标 DB37/T 2366—2022，采用 H550 型回弹仪检测。随机抽取 15 个构件，总测区 150 个，其测区布置如图 14-9-1 所示。现场检测为水平方向弹击混凝土构件浇筑方向的侧面。

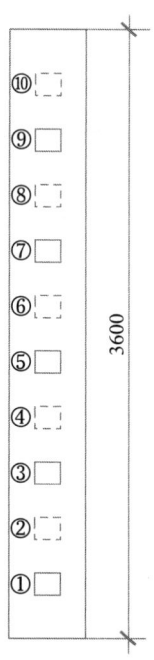

图 14-9-1 混凝土柱测区布置示意（单位：mm）

2. 记录

原始数据此处略，测区平均回弹值见表 14-9-1。

表 14-9-1 测区平均回弹值

构件编号	测区编号									
	1	2	3	4	5	6	7	8	9	10
柱 1	40.8	42.4	41.1	41.7	41.6	43.5	37.1	39.8	41.1	43.8
柱 2	39.1	40.6	40.8	43.0	44.1	40.8	44.2	39.3	38.6	41.6
柱 3	36.2	37.8	35.8	44.6	36.4	39.2	40.7	40.6	40.4	41.3
柱 4	40.4	36.6	36.2	39.8	40.7	42.6	44.7	42.0	37.0	41.4
柱 5	41.4	44.0	35.1	39.8	42.5	42.8	42.8	36.4	43.0	41.8
柱 6	42.3	39.8	40.0	39.4	39.8	40.7	40.6	38.6	36.2	39.4
柱 7	41.2	41.4	40.6	35.5	38.4	44.7	44.6	40.8	43.4	41.2
柱 8	41.9	38.0	43.6	42.0	40.6	38.4	35.3	42.1	44.3	43.0
柱 9	37.4	43.6	36.4	36.4	38.2	41.2	44.6	42.1	38.4	42.6
柱 10	43.2	41.7	43.4	41.6	43.0	41.8	42.3	38.2	37.8	40.3
柱 11	43.2	41.7	44.4	41.6	38.9	38.7	37.6	36.6	36.4	37.6
柱 12	43.2	40.3	42.3	43.6	42.2	43.6	35.4	42.2	43.4	41.9
柱 13	43.8	44.0	36.6	43.4	37.3	43.1	44.2	41.9	42.2	42.8
柱 14	38.8	39.4	38.1	38.7	38.6	38.5	38.1	38.8	38.1	38.8
柱 15	38.1	38.3	38.4	38.5	37.3	37.4	37.2	37.3	37.3	37.4

3. 计算

计算及推定结果见表 14-9-2。

表 14-9-2 测区混凝土强度换算值及计算结果

构件编号	测区混凝土强度换算值（MPa）									
	测区 1	测区 2	测区 3	测区 4	测区 5	测区 6	测区 7	测区 8	测区 9	测区 10
柱 1	65.9	67.9	66.3	67.0	66.9	69.2	61.2	64.6	66.3	69.6
柱 2	63.8	65.6	65.9	68.6	70.0	65.9	70.1	64.0	63.1	66.9
柱 3	60.1	62.1	60.1	70.6	60.3	63.9	65.8	65.6	65.4	66.5
柱 4	65.4	60.6	60.1	64.6	65.8	68.1	70.7	67.4	61.1	66.6
柱 5	66.6	69.8	60.0	64.6	68.0	68.4	68.4	60.3	68.6	67.1
柱 6	67.8	64.6	64.9	64.1	64.6	65.8	65.6	63.1	60.1	64.1
柱 7	66.4	66.6	65.6	60.5	62.9	70.7	70.6	65.9	69.1	66.4
柱 8	67.3	62.4	69.4	67.4	65.6	62.9	60.1	67.5	70.2	68.6
柱 9	61.6	69.4	60.3	60.3	62.6	66.4	70.6	67.5	62.9	68.1
柱 10	68.9	67.0	69.1	66.9	68.6	67.1	67.8	62.6	62.1	65.3
柱 11	68.9	67.0	70.3	66.9	63.5	63.3	61.9	60.6	60.3	61.9
柱 12	68.9	65.3	67.8	69.4	67.6	69.4	59.1	67.6	69.1	67.3

续表

构件编号	测区混凝土强度换算值（MPa）									
	测区1	测区2	测区3	测区4	测区5	测区6	测区7	测区8	测区9	测区10
柱13	69.6	69.8	60.6	69.1	61.5	68.7	70.1	67.3	67.6	68.4
柱14	63.4	64.1	62.5	63.3	63.1	63.0	62.5	63.4	62.5	63.4
柱15	62.5	62.8	62.9	63.0	61.5	61.6	61.4	61.5	61.5	61.6
强度计算（MPa）	$m_{f_{cu}^c} = \dfrac{\sum_{i=1}^{n} f_{cu,i}^c}{n} = 65.4$					$S_{f_{cu}^c} = \sqrt{\dfrac{\sum_{i=1}^{n}(f_{cu,i}^c)^2 - n(m_{f_{cu}^c})^2}{n-1}} = 3.16$				
变异系数	$\delta = \dfrac{S_{f_{cu}^c}}{m_{f_{cu}^c}} = 3.16/65.4 = 0.05$									
异常值判断处理	$G_n = (f_{cu,n} - m_{f_{cu}})/S_{f_{cu}} = (70.7 - 65.4)/3.16 = 1.677$ $G'_n = (m_{f_{cu}} - f_{cu,1})/S_{f_{cu}} = (65.4 - 60.0)/3.16 = 1.709$ 当 $n=120$ 时，查表 3-4-1 得，$G_{0.995} = 3.754$，$G_{0.975} = 3.383$，判断无异常值									
混凝土强度推定区间（MPa）	检测批混凝土强度推定区间的置信度取 0.90，错判概率和漏判概率为 0.05，检测批混凝土强度推定区间上限值和下限值分别为： $f_{cu,u}^c = m_{f_{cu}^c} - k_{0.05,u} S_{f_{cu}^c} = 65.4 - 1.433 \times 3.16 = 60.9$ $f_{cu,l}^c = m_{f_{cu}^c} - k_{0.05,l} S_{f_{cu}^c} = 65.4 - 1.899 \times 3.16 = 59.4$									
强度推定值（MPa）	$f_{cu,e} = m_{f_{cu}^c} - 1.645 S_{f_{cu}^c} = 65.4 - 1.645 \times 3.16 = 60.2$									

14.10 大梁混凝土强度检测（超声回弹综合法-泵送混凝土）

某工程大梁长 8m，设计混凝土强度等级为 C35，采用符合国家标准的普通水泥、中砂、粒径为 2~4cm 的碎石制作。泵送施工，自然养护，龄期为 3 个月。因怀疑其混凝土强度，要求用超声回弹综合法检测其混凝土强度。

1. 检测

按照《超声回弹综合法检测混凝土抗压强度技术规程》（DB37/T 2361—2022）要求选择测区，测区在梁的两相对侧面均匀布置，长和宽均为 0.2m，回弹仪水平方向检测构件侧面，然后测量其碳化深度，再对测区进行超声检测，测量相应测区的声速。

2. 原始记录见表 14-10-1、表 14-10-2。

表 14-10-1　回弹法检测原始记录表

工程名称		某工程				混凝土强度等级			C35	生产日期	2022年7月
编号		回弹值 R_i								平均回弹值 R_m	平均碳化深度 d_m（mm）
构件名称	测区	1	2	3	4	5	6	7	8	9	10		
第一层 2×A-B 大梁	1	38	38	40	38	40	38	40	36	38	40	38.8	1.0
	2	40	40	42	38	40	44	42	40	44	40	41.0	1.0
	3	38	38	38	44	40	42	44	40	42	38	40.2	1.0
	4	38	42	40	42	40	38	38	40	38		39.5	1.0
	5	40	40	38	38	40	42	42	44	42		40.5	1.0
	6	40	44	38	42	38	38	38	40			39.5	1.0
	7	38	38	44	44	40	44	38	42	40	38	40.5	1.0
	8	40	38	38	40	44	40	38	40	38		39.5	1.0
	9	38	40	44	40	38	44	38	44	42	42	41.0	1.0
	10	38	38	38	38	44	40	42	38	38		39.0	1.0

测面状态	侧面、表面、底面、干燥潮湿、光洁、粗糙	回弹仪	型号	M225	回弹仪检定证号	JY99400
			编号	991237	检测人员资格证号	H01001
测试角度	水平、向上、向下		率定值	80		

表 14-10-2　超声法检测原始记录表

施工单位	某建筑公司	工程名称	某工程	混凝土强度等级		C35	生产日期	2005年7月
构件名称	测区编号	测点声时值（μs）				测区平均声时值（μs）	测距（mm）	测区声速值（km/s）
第一层 2×A-B 大梁	1	65.0	65.5	65.0	65.5	65.0	65.2	300	4.60
	2	65.0	66.5	66.0	65.5	66.5	65.9	300	4.55
	3	67.0	66.0	66.0	65.5	65.5	65.9	300	4.55
	4	66.0	66.5	67.0	66.0	66.5	66.3	300	4.52
	5	66.0	67.0	67.5	65.0	66.0	66.3	300	4.52
	6	65.0	66.0	66.0	66.0	65.0	65.6	300	4.57
	7	65.0	67.0	66.0	66.0	66.5	66.2	300	4.53
	8	65.0	65.5	65.0	65.0	66.0	65.3	300	4.59
	9	67.0	67.0	66.5	66.0	66.5	66.6	300	4.50
	10	66.0	67.0	67.0	67.0	66.0	66.6	300	4.50
测面状态	侧面对测、非侧面对测		仪器型号	—		检测人员资格证号	—	

3. 计算

(1) 每一测区的 16 个回弹值中，分别剔除 3 个最大值和 3 个最小值，将余下的 10 个计算平均值，此平均值即为该测区的平均回弹值，精确至 0.1。

(2) 每一测区的 5 个测点声时值进行平均得测区平均声时值，用测距除以测区平均声时值得测区声速值。

（3）根据每一测区的平均回弹值 R_m 和平均碳化深度 d_m，查表或按公式计算，求出该测区混凝土强度值。

（4）按单个构件推定大梁的混凝土强度推定值。依据地标 DB37/T 2361—2022 本例计算结果及推定值见表 14-10-3；依据《超声回弹综合法检测混凝土抗压强度技术规程》（T/CECS 02—2020）本例计算结果及推定值见表 14-10-14。

表 14-10-3　依据地标 DB37/T 2361—2022 超声回弹检测计算表

测区编号	1	2	3	4	5	6	7	8	9	10
测区平均值	38.8	41.0	40.2	39.5	40.5	39.5	40.5	39.5	41.0	39.0
碳化深度值 d_m	1.0	1.0	1.0	1.0	1.0	1.0	1.0	1.0	1.0	1.0
测区声速值（km/s）	4.60	4.55	4.55	4.52	4.52	4.57	4.53	4.59	4.50	4.50
测区强度换算值（MPa）	41.1	45.3	43.5	41.6	43.8	42.3	43.9	42.5	44.6	40.3
强度计算（MPa）	$m_{f_{cu}^c} = \dfrac{\sum_{i=1}^{n} f_{cu,i}^c}{n} = 42.9$					$S_{f_{cu}^c} = \sqrt{\dfrac{\sum_{i=1}^{n}(f_{cu,i}^c)^2 - n(m_{f_{cu}^c})^2}{n-1}} = 1.62$				
异常值判断处理	$G_n = (f_{cu,n} - m_{f_{cu}^c})/S_{f_{cu}^c} = (45.3 - 42.9)/1.62 = 1.481$； $G'_n = (m_{f_{cu}^c} - f_{cu,1})/S_{f_{cu}^c} = (42.9 - 40.3)/1.62 = 1.605$； 当 $n=10$ 时，查表 3-4-1 得，$G_{0.975} = 2.290$，$G_{0.995} = 2.482$，判断无异常值									
强度推定值（MPa）	$f_{cu,e} = m_{f_{cu}^c} - 1.645 S_{f_{cu}^c} = 42.9 - 1.645 \times 1.62 = 40.2$									

表 14-10-14　依据行标 T/CECS 02—2020 超声回弹检测计算表

测区编号	1	2	3	4	5	6	7	8	9	10
测区平均值	38.8	41.0	40.2	39.5	40.5	39.5	40.5	39.5	41.0	39.0
测区声速值（km/s）	4.60	4.55	4.55	4.52	4.52	4.57	4.53	4.59	4.50	4.50
测区强度换算值（MPa）	41.3	43.1	42.1	40.7	41.9	41.6	42.1	42.0	42.2	39.8
强度计算（MPa）	$m_{f_{cu}^c} = \dfrac{\sum_{i=1}^{n} f_{cu,i}^c}{n} = 41.7$					$S_{f_{cu}^c} = \sqrt{\dfrac{\sum_{i=1}^{n}(f_{cu,i}^c)^2 - n(m_{f_{cu}^c})^2}{n-1}} = 0.91$				
强度推定值（MPa）	$f_{cu,e} = m_{f_{cu}^c} - 1.645 S_{f_{cu}^c} = 41.7 - 1.645 \times 0.91 = 40.2$									

14.11　现浇板混凝土强度检测（超声回弹综合法-塑性混凝土）

某工程一块混凝土现浇板，混凝土设计强度等级为 C25，材料均符合国家标准要求，粗骨料为碎石。现场搅拌非泵送，自然养护，因怀疑混凝土强度，采用超声回弹综合法检测其混凝土强度。

1. 检测

按要求选择测区，在板底面均匀布置 10 个测区，测区长和宽均为 0.2m。回弹仪垂直向上检测现浇板底面，记录回弹值。再对测区进行超声检测，测量各测区的声速值。然后在测区处钻取直径 12mm 的小孔测量测区处的板厚及板底面碳化深度值。

2. 原始记录见表 14-11-1、表 14-11-2。

表 14-11-1 回弹法检测原始记录表

工程名称		某工程				混凝土强度等级			C25	生产日期	2005 年 7 月
编号		\multicolumn{8}{c}{回弹值 R_i}			平均回弹值 R_m	平均碳化深度 d_m (mm)
构件名称	测区	1	2	3	4	5	6	7	8	9	10		

构件名称	测区	1	2	3	4	5	6	7	8	9	10	R_m	d_m (mm)
第一层 2-3×A-B 现浇板	1	40	42	40	44	38	36	40	36	38	40	39.2	1.0
	2	38	40	42	38	36	44	42	40	44	38	40.2	1.0
	3	40	36	38	44	44	42	44	40	42	44	41.8	1.0
	4	36	42	40	38	40	46	44	40	38		39.8	1.0
	5	38	40	38	36	40	44	42	38	40	42	39.8	1.0
	6	42	44	38	42	38	40	44	42	38		40.2	1.0
	7	40	38	44	36	40	44	38	44	40	38	40.2	1.0
	8	38	40	38	36	44	40	38	44	44	40	39.5	1.0
	9	40	40	44	40	38	46	48	44	42	48	43.0	1.0
	10	36	38	36	38	44	42	48	46	48	38	41.2	1.0

测面状态	侧面、顶面、底面、干燥、潮湿、光洁、粗糙	回弹仪	型号	ZC3-A	回弹仪检定证号	JY99400
			编号	991237	检测人员资格证号	H01001
测试角度	水平、向上 90°、向下		率定值	80		

表 14-11-2 超声法检测原始记录表

施工单位	某建筑公司	工程名称	某工程	混凝土强度等级	C25	生产日期	2005 年 7 月

构件名称	测区编号	\multicolumn{5}{c}{测点声时值 (μs)}					测区平均声时值 (μs)	测距 (mm)	测区声速值 (km/s)

构件名称	测区编号			测点声时值 (μs)			测区平均声时值 (μs)	测距 (mm)	测区声速值 (km/s)
第一层 2-3×A-B 现浇板	1	30.0	29.5	29.5	31.0	31.0	30.2	130	4.305
	2	31.0	29.5	29.0	32.0	31.0	30.5	130	4.262
	3	30.0	31.0	31.5	31.0	31.0	30.9	130	4.207
	4	31.0	31.0	31.0	30.0	29.5	30.5	130	4.262
	5	32.0	31.0	31.0	32.0	31.0	31.4	130	4.140
	6	33.0	32.0	32.0	31.0	32.0	32.0	130	4.063
	7	32.0	32.0	32.0	31.0	31.0	31.6	130	4.114
	8	32.0	32.0	32.0	31.5	33.0	32.1	130	4.050
	9	32.0	33.0	33.0	32.0	32.0	32.4	130	4.012
	10	31.0	31.0	32.0	32.0	31.0	31.4	130	4.140
测面状态	侧面对测、表底面对测		仪器型号	—		检测人员资格证号	—		

3. 计算

计算步骤同"14.10 大梁混凝土强度检测（超声回弹综合法-泵送混凝土）"类似。还需对回弹值进行角度及检测面的修正，对超声声速进行检测面修正。按规定对测区回弹平均值先进行角度修正，然后进行检测面修正。根据修正后的测区平均回弹值、平均碳化深度以及修正后的测区声速值，计算测区混凝土强度换算值。按单个构件推定混凝土强度推定值。依据地标 DB37/T 2361—2022 本例计算结果见表 14-11-3，依据行标 T/CECS 02—2020 本例计算结果及推定值见表 14-11-4。

表 14-11-3　依据地标 DB37/T 2361—2022 超声回弹检测计算表

测区编号	1	2	3	4	5	6	7	8	9	10
测区平均值	39.2	40.2	41.8	39.8	39.8	40.2	40.2	39.5	43.0	41.2
角度修正值	−4.1	−4.0	−3.9	−4.0	−4.0	−4.0	−4.0	−4.0	−3.9	−4.0
角度修正后	35.1	36.2	37.9	35.8	35.8	36.2	36.2	35.5	39.1	37.2
浇筑面修正值	−1.5	−1.4	−1.2	−1.4	−1.4	−1.4	−1.4	−1.4	−1.1	−1.3
浇筑面修正后	33.6	34.8	36.7	34.4	34.4	34.8	34.8	34.1	38.0	35.9
碳化深度值 d_m	1.0	1.0	1.0	1.0	1.0	1.0	1.0	1.0	1.0	1.0
测区声速值（km/s）	4.305	4.262	4.207	4.262	4.140	4.063	4.114	4.050	4.012	4.140
检测面修正后测区声速值（km/s）	4.45	4.41	4.35	4.41	4.28	4.20	4.25	4.19	4.15	4.28
测区强度换算值（MPa）	29.9	30.8	32.3	30.4	28.6	28.1	28.7	27.2	30.9	30.4
强度计算（MPa）	$m_{f_{cu}^c}=\dfrac{\sum_{i=1}^n f_{cu,i}^c}{n}=29.7$					$S_{f_{cu}^c}=\sqrt{\dfrac{\sum_{i=1}^n (f_{cu,i}^c)^2 - n(m_{f_{cu}^c})^2}{n-1}}=1.55$				
异常值判断处理	$G_n=(f_{cu,n}-m_{f_{cu}^c})/S_{f_{cu}^c}=(32.3-29.7)/1.55=1.677$；$G'_n=(m_{f_{cu}^c}-f_{cu,1})/S_{f_{cu}^c}=(29.7-27.2)/1.55=1.613$；当 $n=10$ 时，查表 3-4-1 得，$G_{0.975}=2.290$，$G_{0.995}=2.482$，判断无异常值									
强度推定值（MPa）	$f_{cu,e}=m_{f_{cu}^c}-1.645S_{f_{cu}^c}=29.7-1.645\times1.55=27.2$									

表 14-11-4　行标 T/CECS 02—2020 超声回弹检测计算表

测区编号	1	2	3	4	5	6	7	8	9	10
测区平均值	39.2	40.2	41.8	39.8	39.8	40.2	40.2	39.5	43.0	41.2
角度修正值	−4.1	−4.0	−3.9	−4.0	−4.0	−4.0	−4.0	−4.0	−3.9	−4.0
角度修正后	35.1	36.2	37.9	35.8	35.8	36.2	36.2	35.5	39.1	37.2
浇筑面修正值	−1.5	−1.4	−1.2	−1.4	−1.4	−1.4	−1.4	−1.4	−1.1	−1.3
浇筑面修正后	33.6	34.8	36.7	34.4	34.4	34.8	34.8	34.1	38.0	35.9
碳化深度值 d_m	1.0	1.0	1.0	1.0	1.0	1.0	1.0	1.0	1.0	1.0
测区声速值（km/s）	4.305	4.262	4.207	4.262	4.140	4.063	4.114	4.050	4.012	4.140
检测面修正后测区声速值（km/s）	4.45	4.41	4.35	4.41	4.28	4.20	4.25	4.19	4.15	4.28
测区强度换算值（MPa）	32.8	33.5	34.7	33.1	31.1	30.4	31.1	29.5	32.8	32.7
强度计算（MPa）	$m_{f_{cu}^c}=\dfrac{\sum_{i=1}^n f_{cu,i}^c}{n}=32.2$					$S_{f_{cu}^c}=\sqrt{\dfrac{\sum_{i=1}^n (f_{cu,i}^c)^2 - n(m_{f_{cu}^c})^2}{n-1}}=1.57$				
强度推定值（MPa）	$f_{cu,e}=m_{f_{cu}^c}-1.645S_{f_{cu}^c}=32.2-1.645\times1.57=29.6$									

14.12 屋架（超声回弹综合法-泵送混凝土）

某厂成品车间 15m 跨度混凝土屋架，混凝土设计强度等级为 C30，粗骨料为碎石，泵送自然养护，龄期 28d，因试块缺乏代表性，采用超声回弹综合法检测其混凝土强度。

1. 检测

按地标 DB37/T 2361—2022 要求，均匀布置 15 个测区，回弹仪水平方向检测屋架混凝土浇筑顶面，记录回弹值。再对测区进行超声检测，测量各测区的声速值，然后按规定检测碳化深度及测区相应位置的屋架厚度。

2. 原始记录见表 14-12-1、表 14-12-2。

表 14-12-1 回弹法检测原始记录表

工程名称		某工程				混凝土强度等级		C25	生产日期	2005年7月
构件名称	编号 测区	\multicolumn{8}{c}{回弹值 R_i}			平均回弹值 R_m	平均碳化深度 d_m（mm）

构件名称	测区	1	2	3	4	5	6	7	8	9	10	平均回弹值 R_m	平均碳化深度 d_m（mm）
第一层 2-3×A-B 现浇板	1	40	36	38	44	44	42	44	40	42	44	41.8	1.0
	2	36	42	40	38	36	40	46	44	40	38	39.8	1.0
	3	40	42	40	44	38	36	40	36	38	40	39.2	1.0
	4	38	40	42	38	36	44	42	40	44	38	40.2	1.0
	5	40	36	38	44	44	42	44	40	42	44	41.8	1.0
	6	36	42	38	40	42	38	40	44	40	38	39.8	1.0
	7	38	40	38	36	40	44	42	38	40	42	39.8	1.0
	8	42	44	38	42	38	38	42	38	44	38	40.2	1.0
	9	40	38	44	36	40	44	38	44	40	38	40.2	1.0
	10	38	40	38	36	44	40	36	40	44	40	39.5	1.0
	11	40	40	44	40	38	46	48	44	42	48	43.0	1.0
	12	36	38	36	38	44	42	48	46	48	38	41.2	1.0
	13	42	44	38	42	38	38	42	38	44	38	40.2	1.0
	14	40	38	44	36	40	44	38	44	40	38	40.2	1.0
	15	38	40	38	36	44	40	36	40	44	40	39.5	1.0
测面状态		侧面、顶面、底面、干燥潮湿、<u>光洁</u>、粗糙				回弹仪	型号	ZC3-A		回弹仪检定证号	JY99400
							编号	991237		检测人员资格证号	H01001
测试角度		<u>水平</u>、向上、向下					率定值	80			

表 14-12-2 超声法检测原始记录表

施工单位	某建筑公司	工程名称		某工程	混凝土强度等级		C30	生产日期	2005年7月
构件名称	测区编号	测点声时值（μs）					测区平均声时值（μs）	测距（mm）	测区声速值（km/s）
第一层 3×A-B 屋架	1	61.0	65.0	63.0	62.0	60.0	62.2	250	4.019
	2	61.0	62.0	62.0	62.0	60.0	61.4	250	4.072
	3	62.0	60.0	62.0	62.0	59.0	61.0	250	4.098
	4	62.0	63.0	62.0	62.0	59.0	61.6	250	4.058
	5	61.0	63.0	63.0	61.0	59.0	61.4	250	4.072
	6	62.0	60.0	61.0	61.0	59.0	60.8	250	4.112
	7	61.0	62.0	62.0	61.0	59.0	61.0	250	4.098
	8	61.0	61.5	61.0	61.0	59.0	61.1	250	4.092
	9	61.0	62.5	61.0	63.0	59.0	61.3	250	4.078
	10	62.0	62.0	61.0	62.0	59.0	61.2	250	4.085
	11	61.0	61.0	61.0	62.0	58.0	60.6	250	4.125
	12	61.0	61.5	62.0	62.0	58.0	60.9	250	4.105
	13	61.0	62.0	61.0	61.0	58.0	60.6	250	4.125
	14	61.0	62.0	62.0	60.0	58.0	60.6	250	4.125
	15	62.0	63.0	60.0	58.0	59.0	60.4	250	4.139
测面状态	侧面对测、非侧面对测		仪器型号		—		检测人员资格证号		—

3. 计算

计算步骤同"14.11 现浇板混凝土强度检测（超声回弹综合法-塑性混凝土）"。测区平均回弹值需进行检测面修正但不需要进行角度修正；对超声声速值进行检测面修正。然后根据修正后的测区平均回弹值、测区超声声速值及平均碳化深度值按公式进行计算。按单个构件对屋架的混凝土强度进行推定。本例计算结果见表 14-12-3。

表 14-12-3 地标 DB37/T 2361—2022 超声回弹检测计算表

测区编号	1	2	3	4	5	6	7	8	9	10	11	12	13	14	15
测区平均值	41.8	39.8	39.2	40.2	41.8	39.8	39.8	40.2	40.2	39.5	43.0	41.2	40.2	40.2	39.5
浇筑面修正值	−1.7	−1.8	−1.8	−1.8	−1.7	−1.8	−1.8	−1.8	−1.8	−1.8	−1.6	−1.7	−1.8	−1.8	−1.8
浇筑面修正后	40.1	38.0	37.4	38.4	40.1	38.0	38.0	38.4	38.4	37.7	41.4	39.5	38.4	38.4	37.7
碳化深度值 d_m	1.0	1.0	1.0	1.0	1.0	1.0	1.0	1.0	1.0	1.0	1.0	1.0	1.0	1.0	1.0
测区声速值（km/s）	4.02	4.07	4.10	4.06	4.07	4.11	4.10	4.09	4.08	4.08	4.13	4.10	4.13	4.13	4.14
检测面修正后测区声速值（km/s）	4.16	4.21	4.24	4.20	4.21	4.25	4.24	4.23	4.22	4.22	4.27	4.24	4.27	4.27	4.28

续表

测区编号	1	2	3	4	5	6	7	8	9	10	11	12	13	14	15
测区强度换算值（MPa）	38.2	34.8	34.0	35.4	38.8	35.2	35.1	35.8	35.6	34.3	42.3	38.0	36.2	36.2	35.0
强度计算（MPa）	$m_{f_{cu}^c} = \dfrac{\sum_{i=1}^{n} f_{cu,i}^c}{n} = 36.3$								$S_{f_{cu}^c} = \sqrt{\dfrac{\sum_{i=1}^{n}(f_{cu,i}^c)^2 - n(m_{f_{cu}^c})^2}{n-1}} = 2.17$						
异常值判断处理	$G_n = (f_{cu,n} - m_{f_{cu}^c})/S_{f_{cu}^c} = (42.3 - 36.3)/2.17 = 2.765$； $G'_n = (m_{f_{cu}^c} - f_{cu,1})/S_{f_{cu}^c} = (36.3 - 34.0)/2.17 = 1.060$； 当 $n=15$ 时，查表 3-4-1 得，$G_{0.975} = 2.549$，$G_{0.995} = 2.806$，判断 42.3 为高端歧离值。歧离值在第 11 测区，分析回弹值和超声声速值，无特别异常，检测人员商议后保留此歧离值														
强度推定值（MPa）	$f_{cu,e} = m_{f_{cu}^c} - 1.645 S_{f_{cu}^c} = 36.3 - 1.645 \times 2.17 = 32.7$														
对比计算	如果剔除此高端歧离值，则 $m_f = 35.9$，$S_f = 1.47$，$f_{cu,e} = m_{f_{cu}^c} - 1.645 S_{f_{cu}^c} = 33.5$														

14.13 柱混凝土强度检测（超声回弹综合法-角测）

某工程混凝土柱高 3.0m，截面尺寸 300mm×300mm，设计混凝土强度等级为 C30，采用符合国家标准的普通水泥、中砂、粒径为 2～4cm 的碎石制作。泵送施工，自然养护，龄期为 2 个月。因怀疑其混凝土强度，要求采用超声回弹综合法检测其混凝土强度。

1. 检测

按要求在此柱上均匀布置 6 个测区，此柱只能进行角测（图 14-13-1），为方便操作与计算，在柱两相邻边放线，使各测点 l_1、l_2 相同，先进行回弹检测，再进行超声检测，采用智能超声波检测仪，先测量、计算并设定测距 l 和声时初读数 t_0，选择发射频率、采样频率，仪器自动采样并计算声速值。

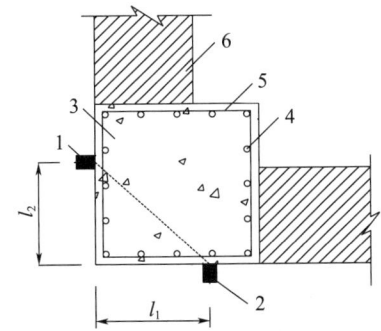

1—发射换能器；2—接收换能器；
3—混凝土构件；4—主筋；5—箍筋；6—墙体。

图 14-13-1 超声波角测示意

2. 记录与计算

检测记录及计算结果见表 14-13-1。

表 14-13-1　超声回弹检测计算表

测区	1	2	3	4	5	6
测区平均回弹值	38.6	39.2	40.5	41.0	37.5	36.8
测距 l_1（mm）	200	200	200	200	200	200
测距 l_2（mm）	210	210	210	210	210	210
测距 l（mm）	290	290	290	290	290	290
声速 v_1（km/s）	4.36	4.32	4.26	4.20	4.41	4.38
声速 v_2（km/s）	4.44	4.36	4.38	4.30	4.40	4.26
声速 v_3（km/s）	4.44	4.38	4.24	4.22	4.44	4.20
声速平均值 v（km/s）	4.41	4.35	4.29	4.24	4.42	4.28
碳化深度值（mm）	3.0	3.0	3.0	3.0	3.0	3.0
地标 DB37/T 2361—2022 测区强度换算值（MPa）	36.4	36.8	38.6	38.9	34.4	31.6
行标 T/CECS 02—2020 测区强度换算值（MPa）	37.8	37.4	37.8	37.4	36.7	33.7
地标 DB37/T 2361—2022 强度推定值（MPa）	\multicolumn{6}{c}{$f_{cu,e}=f_{cu,min}=31.6$}
行标 T/CECS 02—2020 强度推定值（MPa）	\multicolumn{6}{c}{$f_{cu,e}=f_{cu,min}=33.7$}

14.14　箱形基础顶部混凝土强度检测（超声回弹综合法-平测）

某工程箱形基础大体积混凝土施工，底板设计混凝土强度等级为 C40，采用符合国家标准的普通水泥、中砂、粒径为 2~4cm 的碎石制作。泵送施工，自然养护，龄期为 2 个月。因怀疑混凝土强度，建设单位要求采用超声回弹综合法检测混凝土强度。

1. 检测

此工程箱形基础四边防水已施工完毕，按要求均匀布置 10 个测区，先进行回弹检测，再采用平测法检测超声声速，测距全部采用 400mm，基础顶面放线，每个测区 200mm×500mm，检测前选取有代表性的同批浇筑剪力墙进行对测，取得对测声速，计算平测声速修正系数。

2. 计算

布置平测测点时，每个测区应布置一排超声测点，发射换能器和接收换能器的连线与附近钢筋轴线宜成 40°~50°角。应以两个换能器内边距分别为 200 mm、250 mm、300 mm、350 mm、400 mm、450 mm、500 mm 进行平测，逐点测读相应声时值（t），并用回归分析方法求出下列直线方程：

$$l=a+ct \qquad (14\text{-}14\text{-}1)$$

式中：c——平测测区混凝土中声速代表值 v_p。

选取有代表性的同批浇筑剪力墙进行对测，在构件上采用对测法得到对测测区混凝

土中声速代表值 v_d。记录见表 14-14-1。

表 14-14-1　平测声速修正系数检测计算原始记录

平测测距（mm）	200	250	300	350	400	450	500
平测声时值（μs）	46.0	57.2	68.3	79.6	90.8	102.1	113.4
平测声速 v_i（km/s）	4.348	4.371	4.392	4.397	4.405	4.407	4.409
平测声速平均值 v_p（km/s）	4.390							
直线方程	$l=-4.465+4.451t$，由此得出 $v_p=4.451$（km/s）							
对测测距（mm）	300	300	300	300	300			
对测声时值（μs）	67.3	67.5	67.0	67.2	67.3			
对测声速 v_i（km/s）	4.458	4.444	4.478	4.464	4.458			
对测声速平均值 v_d（km/s）	4.460							
修正系数 λ	$\lambda=v_d/v_p=4.460/4.390=1.016$							

测区平均回弹值需进行检测面修正、角度修正，平测超声声速修正为对测超声声速。根据修正后的测区平均回弹值、测区超声声速值及平均碳化深度值，按公式计算测区混凝土强度换算值。按单个构件推定箱形基础顶部的混凝土强度。依据地标 DB37/T 2361—2022 本例计算结果见表 14-14-2，依据行标 T/CECS 02—2020 本例计算结果及推定值见表 14-14-3。

表 14-14-2　依据地标 DB37/T 2361—2022 超声回弹检测计算表

测区编号	1	2	3	4	5	6	7	8	9	10
测区平均值	38.6	41.0	40.4	39.6	40.6	39.8	40.6	37.8	41.2	39.4
角度修正值	3.1	3.0	3.0	3.0	3.0	3.0	3.0	3.1	3.0	3.1
角度修正后	41.7	44.0	43.4	42.6	43.6	42.8	43.6	40.9	44.2	42.5
浇筑面修正值	0.8	0.5	0.6	0.6	0.5	0.6	0.5	0.9	0.5	0.7
浇筑面修正后	42.5	44.5	44.0	43.2	44.1	43.4	44.1	41.8	44.7	43.2
碳化深度值 d_m	1.0	1.0	1.0	1.0	1.0	1.0	1.0	1.0	1.0	1.0
平测测区声速值（km/s）	4.60	4.55	4.55	4.52	4.52	4.57	4.53	4.59	4.50	4.50
修正后声速代表值（km/s）	4.674	4.623	4.623	4.592	4.592	4.643	4.602	4.663	4.572	4.572
检测面修正后测区声速值（km/s）	4.91	4.85	4.85	4.82	4.82	4.88	4.83	4.90	4.80	4.80
测区强度换算值（MPa）	54.3	58.7	57.4	54.7	57.1	56.1	57.3	52.3	58.3	54.4
强度计算（MPa）	$m_{f_{cu}^c}=\dfrac{\sum_{i=1}^{n} f_{cu,i}^c}{n}=56.1$						$S_{f_{cu}^c}=\sqrt{\dfrac{\sum_{i=1}^{n}(f_{cu,i}^c)^2-n(m_{f_{cu}^c})^2}{n-1}}=2.07$			
异常值判断处理	$G_n=(f_{cu,n}-m_{f_{cu}^c})/S_{f_{cu}^c}=(58.7-56.1)/2.07=1.256$； $G_n'=(m_{f_{cu}^c}-f_{cu,1})/S_{f_{cu}^c}=(56.1-52.3)/2.07=1.836$； 当 $n=10$ 时，查表 3-4-1 得，$G_{0.975}=2.290$，$G_{0.995}=2.482$，判断无异常值									
强度推定值（MPa）	$f_{cu,e}=m_{f_{cu}^c}-1.645S_{f_{cu}^c}=56.1-1.645\times2.07=52.7$									

表 14-14-3　依据行标 T/CECS 02—2020 超声回弹检测计算表

测区编号	1	2	3	4	5	6	7	8	9	10
测区平均值	38.6	41.0	40.4	39.6	40.6	39.8	40.6	37.8	41.2	39.4
角度修正值	3.1	3.0	3.0	3.0	3.0	3.0	3.0	3.1	3.0	3.1
角度修正后	41.7	44.0	43.4	42.6	43.6	42.8	43.6	40.9	44.2	42.5
浇筑面修正值	0.3	0.1	0.2	0.2	0.1	0.2	0.1	0.4	0.1	0.3
浇筑面修正后	42.0	44.1	43.6	42.8	43.7	43.0	43.7	41.3	44.3	42.8
碳化深度值 d_m	1.0	1.0	1.0	1.0	1.0	1.0	1.0	1.0	1.0	1.0
平测测区声速值 (km/s)	4.60	4.55	4.55	4.52	4.52	4.57	4.53	4.59	4.50	4.50
修正后声速代表值 (km/s)	4.67	4.62	4.62	4.59	4.59	4.64	4.60	4.66	4.57	4.57
测区强度换算值 (MPa)	46.8	48.4	47.8	46.1	47.3	47.4	47.5	45.7	47.6	45.7
强度计算 (MPa)	$m_{f_{cu}^c} = \dfrac{\sum_{i=1}^{n} f_{cu,i}^c}{n} = 47.0$					$S_{f_{cu}^c} = \sqrt{\dfrac{\sum_{i=1}^{n}(f_{cu,i}^c)^2 - n(m_{f_{cu}^c})^2}{n-1}} = 0.92$				
强度推定值 (MPa)	$f_{cu,e} = m_{f_{cu}^c} - 1.645 S_{f_{cu}^c} = 47.0 - 1.645 \times 0.92 = 45.5$									

14.15　高强混凝土强度检测（超声回弹综合法）

某工程混凝土大梁施工，设计混凝土强度等级为 C70，采用符合国家标准的普通水泥、中砂、粒径为 2～4cm 的碎石制作。泵送施工，自然养护，龄期为 2 个月。因怀疑混凝土强度，建设单位要求采用超声回弹综合法检测混凝土强度。

1. 检测

此构件设计混凝土强度等级为 C70，考虑实际混凝土强度可能高于 70MPa，依据地标 DB37/T 2361—2022 进行检测，采用 H550 型回弹仪检测，回弹仪水平方向检测大梁混凝土浇筑侧面，智能超声波检测仪检测混凝土超声声速。

2. 计算

根据测区平均回弹值、测区超声声速值，计算测区混凝土强度换算值。按单个构件推定此构件混凝土强度推定值，本例计算结果见表 14-15-1。

表 14-15-1　超声回弹综合法检测计算表

测区编号	1	2	3	4	5	6	7	8	9	10	11	12
测区平均回弹值	48.6	51.0	50.4	49.6	48.6	49.8	50.6	47.8	47.6	49.2	50.1	47.2
测区平均超声声速 (km/s)	5.12	4.96	4.92	5.06	5.00	4.96	4.98	5.08	5.02	5.16	5.10	5.22
测区混凝土强度换算值 (MPa)	72.9	71.7	70.3	72.6	70.4	70.6	71.8	71.3	69.8	74.4	74.0	73.7
强度计算 (MPa)	$m_{f_{cu}^c} = \dfrac{\sum_{i=1}^{n} f_{cu,i}^c}{n} = 72.0$						$S_{f_{cu}^c} = \sqrt{\dfrac{\sum_{i=1}^{n}(f_{cu,i}^c)^2 - n(m_{f_{cu}^c})^2}{n-1}} = 1.58$					
异常值判断处理	$G_n = (f_{cu,n} - m_{f_{cu}^c})/S_{f_{cu}^c} = (74.4-72.0)/1.58 = 1.519$；$G'_n = (m_{f_{cu}^c} - f_{cu,1})/S_{f_{cu}^c} = (72.0-70.3)/1.58 = 1.076$；当 $n=12$ 时，查表 3-4-1 得，$G_{0.975} = 2.412$，$G_{0.995} = 2.636$，判断无异常值											
强度推定值 (MPa)	$f_{cu,e} = m_{f_{cu}^c} - 1.645 S_{f_{cu}^c} = 72.0 - 1.645 \times 1.58 = 69.4$											

14.16　大梁混凝土强度检测（圆环式后装拔出法）

某工程混凝土梁长 5m，设计混凝土强度等级为 C30，采用符合国家标准的普通水泥、中砂、粒径为 2~4cm 的碎石制作。自然养护，龄期为 2 个月。因怀疑其混凝土强度，要求采用后装拔出法检测其混凝土强度。

1. 检测

依据山东省地方标准《后装拔出法检测混凝土抗压强度技术规程》（DB37/T 2365—2022），采用圆环式后装拔出仪进行检测，先在梁的两端及中部布置 3 个测区，经检测其拔出力值 T_i 分别为 25.6kN、30.0kN、27.8kN。

2. 计算

$(27.8-25.6)/27.8\times100\%=7.6\%<15\%$

$(30.0-27.8)/27.8\times100\%=7.9\%<15\%$

拔出力最小值为 $T_{min}=25.6$kN

依据地标 DB37/T 2365—2022，该构件混凝土强度推定值 $f_{cu,e}=2.3066T^{0.8265}=33.6$（MPa）。

依据《拔出法检测混凝土强度技术规程》（CECS 69：2011），该构件混凝土强度推定值 $f_{cu,e}=1.55T+2.35=1.55\times25.6+2.35=42.0$（MPa）。

14.17　大梁混凝土强度检测（三点式后装拔出法）

某工程混凝土梁长 6m，设计混凝土强度等级为 C30，采用符合国家标准的普通水泥、中砂、粒径为 2~4cm 的碎石制作。自然养护，龄期为 2 个月。因怀疑其混凝土强度，要求采用后装拔出法检测其混凝土强度。

1. 检测

依据地标 DB37/T 2365—2022 采用三点式后装拔出仪进行检测，按规程要求选择测区，先在梁的两端及中部布置 3 个测区，经检测其拔出力值 T_i 分别为 21.6kN、31.2kN、28.1kN。因 $(28.1-21.6)/28.1\times100\%=23.1\%>15\%$，故在拔出力值为 21.6kN 的测区附近加测两点，经检测该两点拔出力值分别为 27.7kN 及 28.5kN。

2. 计算

$(27.7+28.5+21.6)/3=25.9$（kN）

因此取 $T_{min}=\min\{25.9, 31.2, 28.1\}$ kN$=25.9$kN

依据地标 DB37/T 2365—2022，该构件混凝土强度推定值 $f_{cu,e}=2.3815T-4.129=57.6$（MPa）。

依据行标《拔出法检测混凝土强度技术规程》（CECS 69：2011），该构件混凝土强度推定值 $f_{cu,e}=2.76T-11.54=59.9$（MPa）。

14.18　大梁混凝土强度检测（预埋拔出法）

某工程混凝土梁长 7m，设计混凝土强度等级为 C70，采用符合国家标准的普通水泥、中砂、粒径为2~4cm的碎石制作。自然养护，因后继施工需要确定龄期为7d时混凝土强度，采用预埋拔出法检测其混凝土强度。

1. 检测

依据《拔出法检测混凝土强度技术规程》（CECS 69：2011）先在梁的两端及中部布置 5 个测点，经检测其拔出力值 T_i 分别为 36.5kN、41.2kN、43.5kN、37.7kN 及 39.5kN。

2. 计算

43.5/39.5－1＝0.10

36.5/39.5－1＝－0.08

因此取 T_c＝min {36.5，41.2，43.5，37.7，39.5} kN＝36.5kN

该构件混凝土强度推定值 $f_{cu,e}$＝1.28F－0.64＝1.28×36.5－0.64＝46.1（MPa）。

14.19 大梁混凝土强度检测（后装拔出法-按批抽样）

某工程五层混凝土现浇板有 40 个构件，设计混凝土强度等级为C40，采用符合国家标准的普通水泥、中砂、粒径为 2~4cm 的碎石制作。自然养护，龄期为 2 个月。因怀疑其混凝土强度，要求采用圆环式后装拔出法检测混凝土强度。

1. 检测

依据地标 DB37/T 2365—2022 按批抽样检测，最小样本容量不宜少于 13 个（检测类别 C），随机抽取 15 个构件，每个被抽测板布置 1 个测点，检测各测点拔出力值 T_i 分别为 26.5kN、29.2kN、35.5kN、28.2kN、29.4kN、26.8kN、27.5kN、30.6kN、28.8kN、29.4kN、31.5kN、32.6kN、31.2kN、27.6kN、28.0kN。

2. 计算结果见表 14-19-1。

表 14-19-1 拔出法检测计算表

测点	1	2	3	4	5	6	7	8	9	10	11	12	13	14	15
拔出力值（kN）	26.5	29.2	35.5	28.2	29.4	26.8	27.5	30.6	28.8	29.4	31.5	32.6	31.2	27.6	28.0
强度换算值（MPa）	34.6	37.5	44.1	36.4	37.7	34.9	35.7	39.0	37.1	37.7	39.9	41.1	39.6	35.8	36.2
强度计算（MPa）	$m_{f_{cu}^c} = \dfrac{\sum_{i=1}^{n} f_{cu,i}^c}{n} = 37.8$							$S_{f_{cu}^c} = \sqrt{\dfrac{\sum_{i=1}^{n}(f_{cu,i}^c)^2 - n(m_{f_{cu}^c})^2}{n-1}} = 2.55$							
变异系数	$\delta = \dfrac{S_{f_{cu}^c}}{m_{f_{cu}^c}} = 2.55/37.8 = 0.07$														
异常值判断处理	$G_n = (f_{cu,n} - m_{f_{cu}^c})/S_{f_{cu}^c} = (74.4 - 72.0)/1.58 = 1.519$； $G'_n = (m_{f_{cu}^c} - f_{cu,1})/S_{f_{cu}^c} = (72.0 - 70.3)/1.58 = 1.076$； 当 $n=15$ 时，查表 3-4-1 得，$G_{0.975} = 2.549$，$G_{0.995} = 2.806$，判断无异常值														
强度推定值（MPa）	$f_{cu,e} = m_{f_{cu}^c} - 1.645 S_{f_{cu}^c} = 37.8 - 1.645 \times 2.55 = 33.6$														

14.20 混凝土框架柱（钻芯法）

某办公楼混凝土框架柱，混凝土设计强度等级为C40，材料均符合国家标准。自然养护，龄期4个月，石子料径2~4cm，因怀疑框架柱混凝土强度，采用钻芯法检测该框架柱混凝土强度。

1. 检测

因柱截面较小，为减少对框架柱的影响，按地标 DB37/T 2368—2022 要求，在混凝土框架柱上钻取3个直径为75mm的芯样，经加工磨平后处理成直径与高度均为75mm的混凝土试件。养护3d后，按《混凝土物理力学性能试验方法标准》(GB/T 50081—2019)的要求对试样进行抗压强度试验，测得压力值分别为215kN，190kN，230kN。

2. 计算

$215 \times 1000 \div (75 \times 75 \times \pi \div 4) = 48.7$ （MPa）

$190 \times 1000 \div (75 \times 75 \times \pi \div 4) = 43.0$ （MPa）

$230 \times 1000 \div (75 \times 75 \times \pi \div 4) = 52.1$ （MPa）

单个构件检测混凝土强度推定值 $f_{cu,e}^c = f_{cor,min} = 43.0 \text{MPa}$

14.21 混凝土独立基础（钻芯法）

某厂车间混凝土独立基础，混凝土设计强度等级为C30，材料均符合国家标准要求。自然养护，龄期4个月，石子料径2~4cm，因怀疑基础混凝土强度，基础处于潮湿状态，采用钻芯法检测该基础混凝土强度。

1. 检测

在混凝土独立基础上钻取3个直径为75mm的芯样，经加工磨平，在15~25℃水中养护48h，从水中取出，按《混凝土物理力学性能试验方法标准》(GB/T 50081—2019)的要求对试样进行抗压强度试验，试验数据见表14-21-1。

表14-21-1 钻芯法检测原始数据

芯样编号	芯样状况	芯样直径（mm）			高度（mm）	高径比	极限压力（kN）	高径比换算系数	强度换算值（MPa）	强度推定值（MPa）
		1	2	平均						
1	正常	75.3	75.3	75.3	77.2	1.025	182	1.0	40.9	
2	正常	75.2	75.2	75.2	75.8	1.008	160	1.0	36.0	36.0
3	正常	75.2	75.2	75.2	79.4	1.056	135	—	—	

2. 计算

依据地标 DB37/T 2368—2022 要求，1号、2号芯样高径比 $0.95 \leqslant H/d \leqslant 1.05$，可以不用修正，高径比换算系数取1.0，3号芯样高径比 $H/d=1.056$，应该进行再加工，如果不进行再加工，此芯样试验数据无效。

所以，混凝土强度推定值 $f_{cu,e}^c = f_{cor,min} = 36.0 \text{ MPa}$。

在实际工程检测中最好在芯样加工后，先测量芯样尺寸，对3号芯样这种情况，可进行再加工，使 $H/d<1.05$，再进行检测。

14.22 混凝土独立基础（钻芯法-批量）

某商场混凝土基础一批共54个构件，大部分位于地下水位以下，混凝土设计强度等级为C25，材料均符合国家标准。送检的标准立方体试块抗压强度均达到设计要求，个别试块抗压强度达到设计强度的200%，怀疑送检标准立方体试块代表性，要求采用钻芯法按批抽样检测基础混凝土强度，按照地标 DB37/T 2368—2022 要求随机选择27个基础（检测类别B，51~90个构件时应选取不少于13个构件），每个基础钻取一个直径100mm的芯样，经加工磨平后处理成直径与高度均为100mm的混凝土试件。在15~25℃水中养护48h，按《混凝土物理力学性能试验方法标准》(GB/T 50081—2019) 的要求对芯样进行抗压强度试验，测得各芯样抗压试验极限压力，见表14-22-1。

表14-22-1 芯样抗压试验极限压力

芯样编号	压力值(kN)	芯样编号	压力值(kN)	芯样编号	压力值(kN)
1	280	10	275	19	295
2	250	11	330	20	285
3	280	12	315	21	300
4	275	13	255	22	210
5	280	14	295	23	285
6	300	15	290	24	285
7	285	16	280	25	275
8	310	17	245	26	285
9	270	18	230	27	295

根据上述数据，计算出每个芯样的抗压强度换算值，见表14-22-2。

表14-22-2 芯样抗压强度换算值

芯样编号	强度值(MPa)	芯样编号	强度值(MPa)	芯样编号	强度值(MPa)
1	35.7	10	35.0	19	37.6
2	31.8	11	42.0	20	36.3
3	35.7	12	40.1	21	38.2
4	35.0	13	32.5	22	26.7
5	35.7	14	37.6	23	36.3
6	38.2	15	36.9	24	36.3
7	36.3	16	35.7	25	35.0
8	39.5	17	31.2	26	36.3
9	34.4	18	29.3	27	37.6

芯样抗压强度换算值的平均值、标准差如下。

$$m_{f_{\text{cor}}^c} = \frac{\sum_{i=1}^{n} f_{\text{cor},i}^c}{n} = \frac{35.7+31.8+\cdots+37.6}{27} = 35.7 \text{ (MPa)}$$

$$s_{\text{cor}} = \sqrt{\frac{\sum_{i=1}^{n}(f_{\text{cor},i}^c)^2 - n(m_{f_{\text{cor}}^c})^2}{n-1}}$$

$$= \sqrt{\frac{(35.7^2+31.8^2+\cdots+37.6^2) - 27 \times \left(\frac{35.7+31.8+\cdots+37.6}{27}\right)^2}{27-1}} = 3.23 \text{ (MPa)}$$

$$\delta = \frac{s_{\text{cor}}}{m_{f_{\text{cor}}^c}} = 0.09$$

按照地标 DB37/T 2368—2022 要求，进行异常值判断和处理，将芯样混凝土抗压强度换算值按从小到大顺序排列，得 $f_{\text{cor},1}^c = 26.7\text{MPa}$；$f_{\text{cor},n}^c = 42.0\text{MPa}$

计算统计量 G_n，G'_n。

$$G_n = \frac{f_{\text{cor},n}^c - m_{f_{\text{cor}}^c}}{S_{\text{cor}}} = 1.963$$

$$G'_n = \frac{m_{f_{\text{cor}}^c} - f_{\text{cor},1}^c}{S_{\text{cor}}} = 2.777$$

查表 3-4-1，当抽样数量为 27 时，$G_{0.975} = 2.859$，$G_{0.995} = 3.178$。

$G'_n = 2.777 > G_n = 1.936$
$G'_n = 2.777 < G_{0.975} = 2.859$

27 个数据中无异常值。

依据地标 DB37/T 2368—2022，此批芯样直径为 100mm，计算检测批混凝土强度推定区间的上限值和下限值，查表 3-4-5，得 $k_{0.05,u} = 1.2314$，$k_{0.05,l} = 2.260$。

上限值：$f_{\text{cu},u}^c = m_{f_{\text{cor}}^c} - k_{0.05,u} S_{\text{cor}} = 35.7 - 1.231 \times 3.23 = 31.7$ （MPa）
下限值：$f_{\text{cu},l}^c = m_{f_{\text{cor}}^c} - k_{0.05,l} S_{\text{cor}} = 35.7 - 2.260 \times 3.23 = 28.4$ （MPa）
$31.7 - 28.4 = 3.30 \leq 0.10 m_f = 0.10 \times 35.7 = 3.57$

该批基础混凝土抗压强度推定值为：
$f_{\text{cu},e}^c = f_{\text{cu},u}^c = 31.7\text{MPa}$

14.23 混凝土框架梁（钻芯法-批量）

某教学楼混凝土框架梁一批共 81 个构件，混凝土设计强度等级为 C35，材料均符合国家标准要求。部分送检标准立方体试块抗压强度未达到设计要求，要求采用钻芯法按批抽样检测框架梁混凝土强度，按地标 DB37/T 2368—2022 的要求，随机抽测 27 个框架梁（检测类别 C，51~90 个构件时应抽测不少于 20 个构件），每个框架梁钻取一个直径 75mm 的芯样，经加工磨平后处理成直径与高度均为 75mm 的混凝土芯样试件。养护 3d 后，按《混凝土物理力学性能试验方法标准》（GB/T 50081—2019）的要求进行抗压强度试验，测得各芯样抗压试验极限压力，见表 14-23-1。

表 14-23-1　芯样抗压试验极限压力

芯样编号	压力值（kN）	芯样编号	压力值（kN）	芯样编号	压力值（kN）
1	170	10	185	19	195
2	200	11	180	20	185
3	185	12	216	21	200
4	210	13	155	22	185
5	170	14	175	23	100
6	175	15	180	24	185
7	190	16	170	25	175
8	190	17	185	26	185
9	180	18	180	27	185

根据上述数据按公式计算出每个芯样的抗压强度换算值，见表 14-23-2。

表 14-23-2　芯样抗压强度换算值

芯样编号	强度值（MPa）	芯样编号	强度值（MPa）	芯样编号	强度值（MPa）
1	38.5	10	41.9	19	44.1
2	45.3	11	40.7	20	41.9
3	41.9	12	48.9	21	45.3
4	47.5	13	35.1	22	41.9
5	38.5	14	39.6	23	22.6
6	39.6	15	40.7	24	41.9
7	43.0	16	38.5	25	39.6
8	43.0	17	41.9	26	41.9
9	40.7	18	40.7	27	41.9

计算芯样抗压强度换算值的平均值、标准差和变异系数。

$$m_{f_{cor}^c} = \frac{\sum_{i=1}^{n} f_{cor,i}^c}{n} = \frac{38.5+45.3+\cdots+41.9}{27} = 41.0 \text{（MPa）}$$

$$s_{cor} = \sqrt{\frac{\sum_{i=1}^{n}(f_{cor,i}^c)^2 - n(m_{f_{cor}^c})^2}{n-1}}$$

$$= \sqrt{\frac{(38.5^2+45.3^2+\cdots+41.9^2) - 27 \times \left(\frac{38.5+45.3+\cdots+41.9}{27}\right)^2}{27-1}} = 4.66 \text{（MPa）}$$

$$\delta = \frac{s_{cor}}{m_{f_{cor}^c}} = 0.11$$

异常值判断与处理，依据《数据的统计处理和解释　正态样本异常值的判断和处理》(GB/T 4883—2008)，将芯样混凝土抗压强度换算值按从小到大顺序排列，得 $f_{cor,1}^c = 22.6 \text{MPa}$；$f_{cor,n}^c = 48.9 \text{MPa}$。

按照格拉布斯准则，计算统计量 G_n，G'_n。

$$G_n = \frac{f^c_{cor,n} - m_{f^c_{cor}}}{S_{cor}} = (48.9 - 41.0)/4.66 = 1.695$$

$$G'_n = \frac{m_{f^c_{cor}} - f^c_{cor,1}}{S_{cor}} = (41.0 - 22.6)/4.66 = 3.951$$

查表 3-4-1，当抽样数量为 27 时，$G_{0.975} = 2.859$，$G_{0.995} = 3.178$。

$G'_n = 3.951 > G_n = 1.695$

$G'_n = 3.951 > G_{0.995} = 3.178$

故认为 $f^c_{cor,1} = 22.6 \text{MPa}$ 为高度异常值，决定剔除，剔除后剩余 26 个数据，重新计算平均值、标准差及变异系数，对剩余的数据进行判断，确定是否仍有异常值。

$$m_{f^c_{cor}} = \frac{\sum_{i=1}^{n} f^c_{cor,i}}{n} = \frac{38.5 + 45.3 + \cdots + 41.9}{26} = 41.7 \text{ (MPa)}$$

$$S_{cor} = \sqrt{\frac{\sum_{i=1}^{n}(f^c_{cor,i})^2 - n(m_{f^c_{cor}})^2}{n-1}}$$

$$= \sqrt{\frac{(38.5^2 + 45.3^2 + \cdots + 41.9^2) - 26 \times \left(\frac{38.5 + 45.3 + \cdots + 41.9}{26}\right)^2}{26-1}} = 2.91 \text{ (MPa)}$$

$$\delta = \frac{S_{cor}}{m_{f^c_{cor}}} = 0.07$$

将剩余的 26 个芯样混凝土抗压强度换算值按从小到大顺序排列，得 $f^c_{cor,1} = 35.1 \text{MPa}$；$f^c_{cor,n} = 48.9 \text{MPa}$。

计算统计量 G_n，G'_n。

$$G_n = \frac{f^c_{cor,n} - m_{f^c_{cor}}}{S_{cor}} = (48.9 - 41.7)/2.91 = 2.474$$

$$G'_n = \frac{m_{f^c_{cor}} - f^c_{cor,1}}{S_{cor}} = (41.7 - 35.1)/2.91 = 2.268$$

查表 3-4-1，当抽样数量为 26 时，$G_{0.975} = 2.841$，$G_{0.995} = 3.157$。

$G_n = 2.474 > G'_n = 2.268$

$G_n = 2.474 < G_{0.975} = 2.841$

故认为 $f^c_{cor,n} = 48.9 \text{MPa}$ 不是异常值，不用剔除。

根据剩下的 26 个数据计算该批框架梁的混凝土强度推定值。

依据地标 DB37/T 2368—2022，该批芯样直径为 75mm，属于小直径芯样，计算检测批混凝土强度推定区间的上限值和下限值，查表 3-4-5，得 $k_{0.05,u} = 1.311$，$k_{0.05,l} = 2.275$ $k_{0.05,u} = 1.225$，$k_{0.05,l} = 2.120$。

上限值：$f^c_{cu,u} = m_{f^c_{cor}} - k_{0.05,u} S_{cor} = 41.7 - 1.225 \times 2.91 = 38.1 \text{ (MPa)}$

下限值：$f^c_{cu,l} = m_{f^c_{cor}} - k_{0.1,l} S_{cor} = 41.7 - 2.120 \times 2.91 = 35.5 \text{ (MPa)}$

$f^c_{cu,u} - f^c_{cu,l} = 38.1 - 35.5 = 2.6 \text{ (MPa)} \leqslant 0.10 m_f = 0.10 \times 41.7 = 4.17 \text{ (MPa)}$

该批混凝土抗压强度推定值为：

$$f_{cu,e}^c = f_{cu,u}^c = 38.1 \text{MPa}$$

14.24 混凝土框架柱（钻芯法-批量）

某综合楼混凝土框架柱一批共 81 个构件，混凝土设计强度等级为 C35，材料均符合国家标准要求。采用钻芯法按批抽样检测框架柱混凝土强度，按地标 DB37/T 2368—2022 的要求，随机选择 27 个框架柱，每个框架柱钻取一个直径 75mm 的芯样，经加工磨平后处理成直径与高度均为 75mm 的混凝土试件。养护 3d 后，按《混凝土物理力学性能试验方法标准》(GB/T 50081—2019) 的要求进行抗压强度试验，测得各芯样抗压试验极限压力，见表 14-24-1。

表 14-24-1 芯样抗压试验极限压力

芯样编号	压力值 (kN)	芯样编号	压力值 (kN)	芯样编号	压力值 (kN)
1	190	10	180	19	185
2	185	11	200	20	180
3	200	12	185	21	216
4	185	13	210	22	155
5	120	14	170	23	265
6	185	15	175	24	180
7	175	16	190	25	170
8	200	17	195	26	185
9	185	18	180	27	180

根据上述数据计算出每个芯样的抗压强度换算值，见表 14-24-2。

表 14-24-2 芯样抗压强度换算值

芯样编号	强度值 (MPa)	芯样编号	强度值 (MPa)	芯样编号	强度值 (MPa)
1	43.0	10	40.7	19	41.9
2	41.9	11	45.3	20	40.7
3	45.3	12	41.9	21	48.9
4	41.9	13	47.5	22	35.1
5	27.2	14	38.5	23	60.0
6	41.9	15	39.6	24	40.7
7	39.6	16	43.0	25	38.5
8	45.3	17	44.1	26	41.9
9	41.9	18	40.7	27	40.7

芯样抗压强度换算值的平均值、标准差和变异系数计算如下。

$$m_{f_{cor}^c} = \frac{\sum_{i=1}^n f_{cor,i}^c}{n} = \frac{43.0 + 41.9 + \cdots + 40.7}{27} = 42.1 \text{ (MPa)}$$

$$S_{\text{cor}} = \sqrt{\frac{\sum_{i=1}^{n}(f_{\text{cor},i}^{c})^2 - n(m_{f_{\text{cor}}^c})^2}{n-1}}$$

$$= \sqrt{\frac{(43.0^2+41.9^2+\cdots+40.7^2) - 27\times\left(\frac{43.0+41.9+\cdots+40.7}{27}\right)^2}{27-1}} = 5.38 \text{（MPa）}$$

$$\delta = \frac{s_{\text{cor}}}{m_{f_{\text{cor}}^c}} = 0.13$$

异常值判断与处理，将芯样混凝土抗压强度换算值按从小到大顺序排列，得 $f_{\text{cor},1}^c = 27.2\text{MPa}$；$f_{\text{cor},n}^c = 60.0\text{MPa}$。

计算统计量 G_n，G'_n。

$$G_n = \frac{f_{\text{cor},n}^c - m_{f_{\text{cor}}^c}}{S_{\text{cor}}} = (60.0-42.1)/5.38 = 3.327$$

$$G'_n = \frac{m_{f_{\text{cor}}^c} - f_{\text{cor},1}^c}{S_{\text{cor}}} = (42.1-27.2)/5.38 = 2.770$$

查表 3-4-1，当抽样数量为 27 时，$G_{0.975} = 2.859$，$G_{0.995} = 3.178$。

$G_n = 3.327 > G'_n = 2.770$

$G_n = 3.327 > G_{0.995} = 3.178$

故认为 $f_{\text{cor},n}^c = 60.0\text{MPa}$ 为高度异常值，应剔除，剔除后剩余 26 个数据，重新计算平均值、标准差及变异系数，对剩余的数据进行检验，确定是否仍有异常值。

$$m_{f_{\text{cor}}^c} = \frac{\sum_{i=1}^{n} f_{\text{cor},i}^c}{n} = \frac{43.0+41.9+\cdots+40.7}{26} = 41.5 \text{（MPa）}$$

$$S_{\text{cor}} = \sqrt{\frac{\sum_{i=1}^{n}(f_{\text{cor},i}^c)^2 - n(m_{f_{\text{cor}}^c})^2}{n-1}}$$

$$= \sqrt{\frac{(43.0^2+41.9^2+\cdots+40.7^2) - 26\times\left(\frac{43.0+41.9+\cdots+40.7}{26}\right)^2}{26-1}} = 4.10 \text{（MPa）}$$

$$\delta = \frac{s_{\text{cor}}}{m_{f_{\text{cor}}^c}} = 0.10$$

将剩余的 26 个芯样混凝土抗压强度换算值按从小到大顺序排列，得 $f_{\text{cor},1}^c = 27.2\text{MPa}$；$f_{\text{cor},n}^c = 48.9\text{MPa}$。

计算统计量 G_n，G'_n。

$$G_n = \frac{f_{\text{cor},n}^c - m_{f_{\text{cor}}^c}}{S_{\text{cor}}} = (48.9-41.5)/4.10 = 1.805$$

$$G'_n = \frac{m_{f_{\text{cor}}^c} - f_{\text{cor},1}^c}{S_{\text{cor}}} = (41.5-27.2)/4.10 = 3.488$$

查表 3-4-1，当抽样数量为 26 时，$G_{0.975} = 2.841$，$G_{0.995} = 3.157$。

$G'_n = 3.488 > G_n = 1.817$

$G'_n = 3.488 > G_{0.995} = 3.157$

故认为 $f_{cor,1}^c=27.2\text{MPa}$ 为高度异常值，应剔除，剔除后剩余 25 个数据，重新计算平均值、标准差及变异系数，对剩余的数据进行检验，确定是否仍有异常值。

$$m_{f_{cor}^c}=\frac{\sum_{i=1}^{n}f_{cor,i}^c}{n}=\frac{43.0+41.9+\cdots+40.7}{25}=42.0\text{（MPa）}$$

$$S_{cor}=\sqrt{\frac{\sum_{i=1}^{n}(f_{cor,i}^c)^2-n(m_{f_{cor}^c})^2}{n-1}}$$

$$=\sqrt{\frac{(43.0^2+41.9^2+\cdots+40.7^2)-25\times\left(\frac{43.0+41.9+\cdots+40.7}{25}\right)^2}{25-1}}=2.95\text{（MPa）}$$

$$\delta=\frac{s_{cor}}{m_{f_{cor}^c}}=0.07$$

将剩余的 25 个芯样混凝土抗压强度换算值按从小到大顺序排列，得 $f_{cor,1}^c=35.1\text{MPa}$；$f_{cor,n}^c=48.9\text{MPa}$。

计算统计量 G_n，G'_n。

$$G_n=\frac{f_{cor,n}^c-m_{f_{cor}^c}}{S_{cor}}=(48.9-42.0)/2.95=2.339$$

$$G'_n=\frac{m_{f_{cor}^c}-f_{cor,1}^c}{S_{cor}}=(42.0-35.1)/2.95=2.339$$

查表 3-4-1，当抽样数量为 25 时，$G_{0.975}=2.822$，$G_{0.995}=3.135$。

$G'_n=2.339=G_n=2.339$

$G'_n=2.339<G_{0.975}=2.822$

故认为没有异常值。

根据剩下的 25 个数据计算该批框架柱的混凝土强度推定值。

依据地标 DB37/T 2368—2022，计算检测批混凝土强度推定区间的上限值和下限值，查表 3-4-5，得 $k_{0.05,u}=1.217$，$k_{0.05,l}=2.132$。

上限值：$f_{cu,u}^c=m_{f_{cor}^c}-k_{0.05,u}S_{cor}=42.0-1.217\times2.95=38.4\text{（MPa）}$

下限值：$f_{cu,l}^c=m_{f_{cor}^c}-k_{0.1,l(0.1)}S_{cor}=42.0-2.132\times2.95=35.7\text{（MPa）}$

该批混凝土抗压强度推定值为：

$f_{cu,e}^c=f_{cu,u}^c=38.4\text{MPa}$

14.25 混凝土框架柱（回弹法-钻芯法修正-修正量法）

某综合楼混凝土框架柱一批共 60 个构件，混凝土设计强度等级为 C30，材料均符合国家标准要求。采用回弹法按批抽样检测框架柱混凝土强度，依据地标 DB37/T 2366—2022 要求，随机选择 20 个框架柱（检测类别 C，检测批 51～90 个构件应抽测不少于 20 个构件）进行回弹，每个构件布置 10 个测区。然后在回弹构件中随机选取 10 个构件（依据地标 DB37/T 2368—2022 要求，用于钻芯修正的标准芯样试件的数量不应少于 6 个），任选 1 个回弹测区钻取混凝土芯样，共钻取 10 个直径 100mm 的芯样，经加工磨平后处理成直径与高度均为100mm的混凝土芯样试件。室内自然干燥3d后，按《混凝土物理力学性能试验方法标准》(GB/T 50081—2019)的要求对试样进行抗压强度试验。测区回弹强度换算值及芯样测区强度换算值见表14-25-1、表14-5-2。

表14-25-1 回弹法检测混凝土构件测区强度换算值

构件编号	测区强度换算值（MPa）									
	1	2	3	4	5	6	7	8	9	10
1	33.7	36.3	41.1	38.0	38.7	33.7	34.6	40.3	37.2	38.4
2	32.2	33.7	32.2	27.5	36.4	32.2	27.5	28.1	36.3	30.0
3	44.2	45.6	44.2	40.3	37.2	41.1	38.9	41.7	44.5	40.6
4	32.2	31.9	33.7	32.2	36.3	33.7	34.6	31.4	32.3	31.7
5	44.2	50.0	45.6	41.7	47.4	48.8	46.6	45.0	51.1	41.7
6	33.5	33.7	34.6	31.4	32.3	31.7	38.9	41.7	41.7	33.7
7	45.6	41.7	47.4	48.8	46.6	41.7	42.4	47.8	47.8	39.0
8	29.6	32.4	35.7	35.4	31.6	32.9	33.3	39.0	39.0	29.9
9	44.2	37.0	36.4	34.3	36.7	36.3	44.2	41.7	45.6	34.9
10	28.1	36.4	38.0	31.3	36.3	33.2	28.1	34.9	34.9	34.9
11	41.7	34.2	32.4	33.5	33.7	34.6	41.7	41.7	33.7	44.2
12	33.2	36.6	31.6	30.2	32.9	33.0	34.6	31.4	32.3	31.7
13	36.1	34.5	32.3	29.6	32.4	35.7	33.0	35.7	35.2	31.4
14	30.6	38.1	30.5	29.9	37.0	36.4	35.7	35.4	31.6	32.9
15	32.0	40.1	29.9	28.1	36.4	38.0	36.4	34.3	36.7	32.6
16	35.7	35.1	35.2	40.3	38.9	36.3	46.4	39.7	37.0	36.4
17	31.0	33.3	37.5	35.1	40.0	35.7	44.5	40.6	36.4	38.0
18	32.9	31.6	33.6	37.0	36.4	32.7	39.8	32.0	38.9	32.2
19	31.0	31.2	34.2	37.8	31.7	30.7	38.6	36.3	40.0	28.7
20	35.1	34.0	32.6	38.3	29.8	32.3	39.0	33.3	36.4	32.7

表14-25-2 回弹测区对应混凝土芯样强度换算值

芯样所属构件编号	芯样所属构件测区编号	芯样抗压试验极限压力值（kN）	芯样强度换算值（MPa）	芯样所属构件编号	芯样所属测区编号	芯样抗压试验极限压力值（kN）	芯样强度换算值（MPa）
2	5	285	36.3	11	2	285	36.3
4	7	300	38.2	13	5	275	35.0
6	3	295	37.6	14	3	280	35.7
8	3	310	39.5	17	3	290	36.9
10	5	325	41.4	19	5	280	35.7

依据地标DB37/T 2368—2022，按批抽样检测宜优先采用总体修正量方法，确定芯样抗压强度推定区间，计算如下。

$$m_{f_{\text{cor}}^c} = \frac{\sum_{i=1}^{n} f_{\text{cor},i}^c}{n} = (36.3+38.2+37.6+\cdots+35.7)/10 = 37.3 \text{ (MPa)}$$

$$S_{\text{cor}} = \sqrt{\frac{\sum_{i=1}^{n}(f_{\text{cor},i}^c)^2 - n(m_{f_{\text{cor}}^c})^2}{n-1}} = 1.97$$

依据地标 DB37/T 2368—2022，计算芯样混凝土强度推定区间的上限值和下限值，查表 3-4-5，得 $k_{0.05,u} = 1.017$，$k_{0.05,l} = 2.911$。

上限值：$f_{\text{cu},u}^c = m_{f_{\text{cor}}^c} - k_{0.05,u} S_{\text{cor}} = 37.3 - 1.017 \times 1.97 = 36.3$ （MPa）

下限值：$f_{\text{cu},l}^c = m_{f_{\text{cor}}^c} - k_{0.05,l} S_{\text{cor}} = 37.3 - 2.911 \times 1.97 = 31.6$ （MPa）

上下限均值：$m_{\Delta f} = (f_{\text{cu},u}^c + f_{\text{cu},l}^c)/2 = (36.3+31.6)/2 = 34.0$ （MPa）

上下限差值：$\Delta_{f_{\text{cu}}} = f_{\text{cu},u}^c - f_{\text{cu},l}^c = 36.3 - 31.6 = 4.71$ （MPa）

$0.1 m_{\Delta f} = 0.1 \times 34.1 = 3.41$ （MPa）

$\Delta_{f_{\text{cu}}} = 4.71 \text{MPa} \leq \max\{5.0, 0.1 m_{\Delta f}\}$，符合总体修正量法使用条件。

依据地标 DB37/T 2366—2022，计算回弹法测区强度换算值的平均值、标准差及变异系数。

$$m_{f_{\text{cu}}^c} = \frac{\sum_{i=1}^{n} f_{\text{cu},i}^c}{n} = 36.3 \text{MPa}$$

$$S_{f_{\text{cu}}^c} = \sqrt{\frac{\sum_{i=1}^{n}(f_{\text{cu},i}^c)^2 - n(m_{f_{\text{cu}}^c})^2}{n-1}} = 5.03 \text{MPa}$$

$$\delta = \frac{S_{f_{\text{cu}}^c}}{m_{f_{\text{cu}}^c}} = 0.14$$

总体修正量：$\Delta_{\text{tot}} = m_{f_{\text{cor}}^c} - m_{f_{\text{cu}}^c} = 37.3 - 36.3 = 1.0$ （MPa）

修正后测区强度换算值的平均值：$m_{f_{\text{cu}}^c} = 36.3 + 1.0 = 37.3$ （MPa）

修正后测区强度换算值的标准差：$S_{f_{\text{cu}}^c} = \sqrt{\frac{\sum_{i=1}^{n}(f_{\text{cu},i}^c)^2 - n(m_{f_{\text{cu}}^c})^2}{n-1}} = 5.03$

$$\delta = \frac{S_{f_{\text{cu}}^c}}{m_{f_{\text{cu}}^c}} = 0.13$$

采用总体修正量法进行钻芯修正后，检测批混凝土强度计算见表 14-25-3。

表 14-25-3 依据地标 DB37/T 2366—2022 检测批混凝土强度计算

异常值判断处理	$G_n = (f_{\text{cu},n} - m_{f_{\text{cu}}})/S_{f_{\text{cu}}} = (52.1-37.3)/5.03 = 2.942$ $G'_n = (m_{f_{\text{cu}}} - f_{\text{cu},1})/S_{f_{\text{cu}}} = (37.3-28.5)/5.03 = 1.750$ 当 $n=200$ 时，查表 3-4-1 得，$G_{0.995}=3.754$，$G_{0.975}=3.383$，判断无异常值
混凝土强度推定区间（MPa）	检测批混凝土强度推定区间的置信度取 0.90，错判概率和漏判概率为 0.05，检测批混凝土强度推定区间上限值和下限值分别为： $f_{\text{cu},u}^c = m_{f_{\text{cu}}^c} - k_{0.05,u} S_{f_{\text{cu}}^c} = 37.3 - 1.478 \times 5.03 = 29.9$ $f_{\text{cu},l}^c = m_{f_{\text{cu}}^c} - k_{0.05,l} S_{f_{\text{cu}}^c} = 37.3 - 1.837 \times 5.03 = 28.1$
强度推定值（MPa）	$f_{\text{cu},e}^c = m_{f_{\text{cu}}^c} - 1.645 S_{f_{\text{cu}}^c} = 37.3 - 1.645 \times 5.03 = 29.0$

依据《钻芯法检测混凝土强度技术规程》(JGJ/T 384—2016),钻芯修正采用对应样本修正量法,修正量计算如下。

(1) 回弹法对应芯样测区的换算强度平均值为:

$$f_{cu,m0}^c = \frac{1}{n}\sum_{i=1}^{n} f_{cu,i}^c = (36.4+34.6+34.6+35.7+36.3+34.2+32.4+30.5+37.5+31.7)/10 = 34.4 \text{ (MPa)}$$

(2) 芯样试件抗压强度平均值为:

$$f_{cor,m} = \frac{\sum_{i=1}^{n} f_{cor,i}}{n} = (36.3+38.2+37.6+39.5+41.4+36.3+35.0+35.7+36.9+35.7)/10 = 37.3 \text{ (MPa)}$$

局部修正法修正系数:$\Delta f = f_{cor,m} - f_{cu,m0}^c = 37.3 - 34.4 = 2.9$(MPa)

根据公式 $f_{cu,i}^c = f_{cu,i0}^c + \Delta f$ 计算出修正后测区混凝土抗压强度换算值,修正后的测区混凝土抗压强度换算值列于表 14-25-4 中。

表 14-25-4 修正后的测区混凝土抗压强度换算值

构件编号	测区混凝土抗压强度换算值(MPa)									
	1	2	3	4	5	6	7	8	9	10
1	36.6	39.2	44.0	40.9	41.6	36.6	37.5	43.2	40.1	41.3
2	35.1	36.6	35.1	30.4	39.3	35.1	30.4	31.0	39.2	32.9
3	47.1	48.5	47.1	43.2	40.1	44.0	41.8	44.6	47.4	43.5
4	35.1	34.8	36.6	35.1	39.2	36.6	37.5	34.3	35.2	34.6
5	47.1	52.9	48.5	44.6	50.3	51.7	49.5	47.9	54.0	44.6
6	36.4	36.6	37.5	34.3	35.2	34.6	41.8	44.6	44.6	36.6
7	48.5	44.6	50.3	51.7	49.5	44.6	45.3	50.7	50.7	41.9
8	32.5	35.3	38.6	38.3	34.5	35.8	36.2	41.9	41.9	32.8
9	47.1	39.9	39.3	37.2	39.6	39.2	47.1	44.6	48.5	37.8
10	31.0	39.3	40.9	34.2	39.2	36.1	31.0	37.8	37.8	37.8
11	44.6	37.1	35.3	36.4	36.6	37.5	44.6	44.6	36.6	47.1
12	36.1	39.5	34.5	33.1	35.8	35.9	37.5	34.3	35.2	34.6
13	39.0	37.4	35.2	32.5	35.3	38.6	35.9	38.6	34.1	34.3
14	33.5	41.0	33.4	32.8	39.9	39.3	38.6	38.3	34.5	35.8
15	34.9	43.0	32.8	31.0	39.3	40.9	39.3	37.2	39.6	35.5
16	38.6	38.0	38.1	43.2	41.8	39.2	49.3	42.6	39.9	39.3
17	33.9	36.2	40.4	38.0	42.9	38.6	47.4	43.5	39.3	40.9
18	35.8	34.5	36.5	39.9	39.3	35.6	42.7	34.9	41.8	35.1
19	33.9	34.1	37.1	40.7	34.6	33.6	41.5	39.2	42.9	31.6
20	38.0	36.9	35.5	41.2	32.7	35.2	41.9	36.2	39.3	35.6

$$m_{f_{cu}^c} = \frac{\sum_{i=1}^{n} f_{cu,i}^c}{n} = (36.6+39.2+44.0+40.9+\cdots+35.6)/200 = 39.2 \text{ (MPa)}$$

$$S_{f_{cu}^c} = \sqrt{\frac{\sum_{i=1}^{n}(f_{cu,i}^c)^2 - n(m_{f_{cu}^c})^2}{n-1}} = 5.03 \text{ MPa}$$

$$\delta = \frac{S_{f_{cu}^c}}{m_{f_{cu}^c}} = 5.03/39.2 = 0.13$$

该批混凝土框架柱抗压强度推定值为：

$$f_{cu,e} = m_{f_{cu}^c} - 1.645 s_{f_{cu}^c} = 39.2 - 1.645 \times 5.03 = 30.9 \text{ (MPa)}$$

14.26 混凝土剪力墙（后锚固法-单个构件）

某综合楼某混凝土剪力墙，混凝土设计强度等级为C30，材料均符合国家标准要求。泵送施工，坍落度150mm，养护不好，略有受冻，龄期3个月，采用后锚固法检测混凝土强度。

1. 检测

依据山东省地方标准《后锚固法检测混凝土抗压强度技术规程》(DB37/T 2364—2022)，单个构件检测，先在剪力墙的上、中、下三个部位布置3个测区，经检测其拔出力值 T_i 分别为15.6kN、18.0kN、17.2kN。

2. 计算

$(18.0 \div 17.2 - 1) \times 100\% = 4.7\% < 15\%$

$(17.2 \div 15.6 - 1) \times 100\% = 10.3\% < 15\%$

拔出力最小值为15.6kN，代入公式得此剪力墙混凝土强度推定值为：

$f_{cu,e} = -0.0375 \times 15.6^2 + 4.158 \times 15.6 - 21.42 = 34.3 \text{ (MPa)}$

14.27 混凝土桥墩（后锚固法-按批抽样检测）

某工程五层混凝土现浇板有40个构件，设计混凝土强度等级为C30，采用符合国家标准的普通水泥、中砂、粒径为2~4cm的碎石制作。自然养护，龄期为2个月。因怀疑其混凝土强度，要求采用后锚固法检测混凝土强度。

1. 检测

依据地标《后锚固法检测混凝土抗压强度技术规程》(DB37/T 2364—2022)，五层混凝土现浇板符合同一检测批条件，选择按批抽样检测，40个构件随机抽测最小数量不应小于8个，抽测12个构件，每个构件布置一个测点。

2. 计算

原始数据及计算结果见表14-27-1。

表 14-27-1　后锚固法计算

测点	1	2	3	4	5	6	7	8	9	10	11	12
拔出力值（kN）	14.5	17.2	16.5	16.2	17.4	14.8	15.5	12.6	16.8	17.4	13.5	15.6
强度换算值（MPa）	31.0	39.0	37.0	36.1	39.6	31.9	34.0	25.0	37.9	39.6	27.9	34.3

强度计算（MPa）	$m_{f_{cu}^c} = \dfrac{\sum_{i=1}^{n} f_{cu,i}^c}{n} = 34.4$　　$S_{f_{cu}^c} = \sqrt{\dfrac{\sum_{i=1}^{n}(f_{cu,i}^c)^2 - n(m_{f_{cu}^c})^2}{n-1}} = 4.72$
变异系数	$\delta = \dfrac{S_{f_{cu}^c}}{m_{f_{cu}^c}} = 4.72/34.4 = 0.14$
异常值判断处理	$G_n = (f_{cu,n} - m_{f_{cu}})/S_{f_{cu}} = (39.6 - 34.4)/4.72 = 1.102$ $G'_n = (m_{f_{cu}} - f_{cu,1})/S_{f_{cu}} = (34.4 - 25.0)/4.72 = 1.992$ 当 $n=12$ 时，查表 3-4-1 得，$G_{0.995} = 2.636$，$G_{0.975} = 2.412$，判断无异常值
混凝土强度推定区间（MPa）	检测批混凝土强度推定区间的置信度取 0.90，错判概率和漏判概率为 0.05，检测批混凝土强度推定区间上限值和下限值分别为： $f_{cu,u}^c = m_{f_{cu}^c} - k_{0.05,u} S_{f_{cu}^c} = 34.4 - 1.062 \times 4.72 = 29.4$ $f_{cu,l}^c = m_{f_{cu}^c} - k_{0.05,l} S_{f_{cu}^c} = 34.4 - 2.736 \times 4.72 = 21.5$
强度推定值（MPa）	$f_{cu,e} = m_{f_{cu}^c} - 1.645 S_{f_{cu}^c} = 34.4 - 1.645 \times 4.72 = 26.6$

14.28　框架梁（回弹法-按批抽测-钻芯修正-山东省地标）

某工程第一层混凝土框架梁 52 个构件，设计混凝土强度等级为 C30，采用符合国家标准的普通水泥、中砂、粒径为 2～4cm 的碎石制作。预拌商品混凝土泵送施工，自然养护，龄期为 2 个月。因怀疑其混凝土强度，要求采用回弹法检测混凝土强度。

依据山东省地方标准《回弹法检测混凝土抗压强度技术规程》（DB37/T 2366—2022）进行检测计算，按批抽样检测，为提高检测精度，进行钻芯修正，52 个框架梁抽测 13 个构件进行回弹，同时在回弹测区部位选择 9 处钻取直径 75mm 芯样，检测数据见表 14-28-1、表 14-28-2。

表 14-28-1　回弹法检测计算表

构件编号	测区混凝土抗压强度换算值（MPa）				
	测区 1	测区 2	测区 3	测区 4	测区 5
梁 1	32.6	31.5	32.3	31.9	32.6
梁 2	34.0	31.1	33.8	33.0	32.6
梁 3	31.9	32.2	33.0	33.4	33.8
梁 4	34.6	33.0	31.5	32.6	32.6
梁 5	32.6	30.7	28.4	33.0	30.3

续表

构件编号	测区混凝土抗压强度换算值（MPa）				
	测区1	测区2	测区3	测区4	测区5
梁6	30.7	30.3	29.2	30.3	31.8
梁7	29.2	28.4	28.8	29.5	30.7
梁8	30.7	28.4	31.0	31.8	32.6
梁9	29.0	29.8	28.7	31.3	34.0
梁10	27.7	26.2	27.6	29.4	29.8
梁11	30.7	30.7	26.3	30.7	33.4
梁12	30.0	27.9	31.1	30.8	31.5
梁13	28.4	28.8	26.3	30.3	29.5
强度计算（MPa）	$m_{f_{cu}^c} = \dfrac{\sum_{i=1}^{n} f_{cu,i}^c}{n} = 30.8$			$S_{f_{cu}^c} = \sqrt{\dfrac{\sum_{i=1}^{n}(f_{cu,i}^c)^2 - n(m_{f_{cu}^c})^2}{n-1}} = 2.02$		
变异系数	$\delta = 2.02/30.8 = 0.07$				
异常值判断处理	$G_n = (f_{cu,n} - m_{f_{cu}})/S_{f_{cu}} = (34.6 - 30.8)/2.02 = 1.881$ $G'_n = (m_{f_{cu}} - f_{cu,l})/S_{f_{cu}} = (30.8 - 26.3)/2.02 = 2.227$ 当 $n=65$ 时，查表 3-4-1 得，$G_{0.995} = 3.592$，$G_{0.975} = 3.230$，判断无异常值				

表 14-28-2　芯样抗压强度换算值

钻芯部位	芯样编号	芯样抗压强度换算值（MPa）	对应测区回弹检测抗压强度换算值（MPa）
第一层 2×C-D 梁（测区4）	1	42.3	31.9
第一层 1-2×C 梁（测区4）	2	37.7	33.0
第一层 3×A-B 梁（测区3）	3	36.6	31.5
第一层 9×A-B 梁（测区1）	4	37.2	29.2
第一层 8-9×C 梁（测区2）	5	31.6	28.4
第一层 8×C-D 梁（测区2）	6	35.9	26.2
第一层 7×C-D 梁（测区3）	7	32.3	26.3
第一层 4×A-B 梁（测区2）	8	33.7	27.9
第一层 3-4×A 梁（测区1）	9	32.4	28.4

芯样抗压强度换算值的平均值、标准差为：

$$f_{cor,m}^c = \frac{\sum_{i=1}^{n} f_{cor,i}^c}{n} = 35.5 \text{MPa}$$

$$S_{cor} = \sqrt{\frac{\sum_{i=1}^{n}(f_{cor,i}^c)^2 - n(f_{cor,m}^c)^2}{n-1}} = 3.42 \text{MPa}$$

芯样抗压强度推定区间如下。

依据地标 DB37/T 2368—2022，计算芯样混凝土强度推定区间的上限值和下限值，查表 3-4-5，得 $k_{0.05,u}=0.990$，$k_{0.05,l}=3.031$。

上限值：$f_{cu,u}^c = m_{f_{cor}^c} - k_{0.05,u}S_{cor} = 35.5 - 0.990 \times 3.42 = 32.1$（MPa）

下限值：$f_{cu,l}^c = m_{f_{cor}^c} - k_{0.05,l}S_{cor} = 35.5 - 3.031 \times 3.42 = 25.1$（MPa）

上下限均值：$m_{\Delta f} = (f_{cu,u}^c + f_{cu,l}^c)/2 = (32.1+25.1)/2 = 28.6$（MPa）

上下限差值：$\Delta_{f_{cu}} = f_{cu,u}^c - f_{cu,l}^c = 32.1 - 25.1 = 7.0$（MPa）

$0.1 m_{\Delta f} = 0.1 \times 28.6 = 2.86$ MPa

$\Delta_{f_{cu}} = 7.00 \text{MPa} > \max\{5.0, 0.1 m_{\Delta f}\}$，不符合总体修正量法使用条件，应采用对应样本修正量法。

芯样对应测区回弹法检测强度换算值的平均值为：

$$m_{f_{cu}^c} = \frac{\sum_{i=1}^{n} f_{cu,i}^c}{n} = 29.2 \text{MPa}$$

$\Delta_{loc} = m_{f_{cor}^c} - m_{f_{cu,i}^c} = 35.5 - 29.2 = 6.3$（MPa）

钻芯修正后回弹法检测结果见表 14-28-3。

表 14-28-3　钻芯修正后回弹法检测结果

强度计算（MPa）	$m_{f_{cu}^c} = \dfrac{\sum_{i=1}^{n} f_{cu,i}^c}{n} = 37.1$	$S_{f_{cu}^c} = \sqrt{\dfrac{\sum_{i=1}^{n}(f_{cu,i}^c)^2 - n(m_{f_{cu}^c})^2}{n-1}} = 2.02$
混凝土强度推定区间（MPa）	检测批混凝土强度推定区间的置信度取 0.90，错判概率和漏判概率为 0.05，检测批混凝土强度推定区间上限值和下限值分别为： $f_{cu,u}^c = m_{f_{cu}^c} - k_{0.05,u}S_{f_{cu}^c} = 37.1 - 1.364 \times 2.02 = 34.3$ $f_{cu,l}^c = m_{f_{cu}^c} - k_{0.05,l}S_{f_{cu}^c} \, 2.006 \times 2.02 = 33.0$	
强度推定值（MPa）	$f_{cu,e}^c = m_{f_{cu}^c} - 1.645 S_{f_{cu}^c} = 37.1 - 1.645 \times 2.02 = 33.8$	

参考文献

[1] 陈肇元．高强混凝土及其应用[M]．北京：清华大学出版社，1992．

[2] 吴中伟，廉慧珍．高性能混凝土[M]．北京：中国铁道出版社，1999．

[3] 冯乃谦．高性能混凝土[M]．北京：中国建筑工业出版社，1996．

[4] 吴中伟．混凝土科学技术近期发展方向的探讨[J]，硅酸盐学报，1979（3）：262－270．

[5] 中华人民共和国住房和城乡建设部，中华人民共和国国家质量监督检验检疫总局．回弹法检测混凝土抗压强度技术规程：JGJ/T 23（2024年报批稿）[S]．2024．

[6] 中国工程建设标准化协会．超声回弹综合法检测混凝土抗压强度技术规程：T/CECS 02—2020[S]．北京：中国计划出版社，2020．

[7] 中华人民共和国住房和城乡建设部．高强混凝土强度检测技术规程：JGJ/T 294—2013[S]．2013．

[8] 中国工程建设协会．拔出法检测混凝土强度技术规程：CECS 69：2011[S]．北京：中国计划出版社，2011．

[9] 中华人民共和国住房和城乡建设部．后锚固法检测混凝土抗压强度技术规程：JGJ/T 208—2010[S]．2010．

[10] 中国工程建设标准化协会．剪压法检测混凝土抗压强度技术规程：CECS 278：2010[S]．北京：中国计划出版社，2010．

[11] 中华人民共和国住房和城乡建设部．建筑结构检测技术标准：GB/T 50344—2019[S]．2020．

[12] 中华人民共和国住房和城乡建设部．钻芯法检测混凝土强度技术规程：JGJ/T 384—2016[S]．2016．

[13] 中华人民共和国住房和城乡建设部．混凝土结构设计标准（2024年版）：GB 50010—2010[S]．2015．

[14] 中华人民共和国住房和城乡建设部．回弹法检测混凝土抗压强度技术规程：DB37/T 2366—2022[S]．2023．

[15] 山东省住房和城乡建设厅，山东省市场监督管理局．超声回弹综合法检测混凝土抗压强度技术规程：DB37/T 2361—2022[S]．2023．

[16] 山东省住房和城乡建设厅，山东省市场监督管理局．后装拔出法检测混凝土抗压强度技术规程：DB37/T 2365—2022[S]．2023．

[17] 山东省住房和城乡建设厅，山东省市场监督管理局．后锚固法检测混凝土抗压强度技术规程：DB37/T 2364—2022[S]．2023．

[18] 山东省住房和城乡建设厅，山东省市场监督管理局．钻芯法检测混凝土抗压强度技术规程：DB37/T 2368—2022[S]．2023．

[19] 中华人民共和国国家质量监督检验检疫总局，中国国家标准化管理委员会．数据的统计处理和解释　正态样本离群值的判断和处理：GB/T 4883—2008[S]．2008．

[20] 中华人民共和国国家质量监督检验检疫总局，中国国家标准化管理委员会．正态分布完全样本可靠度置信下限：GB/T 4885—2009[S]．2009．

[21] 国家质量监督检验检疫总局．回弹仪检定规程：JJG 817—2011[S]．2011．

[22] 中华人民共和国建设部. 混凝土超声波检测仪: JG/T 5004—92 [S]. 1992.
[23] 文恒武. Q系列回弹仪检测混凝土抗压强度实验研究 [C] //中国土木工程学会混凝土及预应力混凝土分会建设工程无损检测技术专业委员会. 第十一届全国建设工程无损检测技术学术会议论文集. 西安, 2013, 206-210.
[24] 邱平. 拉脱法检测混凝土强度技术 [C] //中国土木工程学会混凝土及预应力混凝土分会建设工程无损检测技术专业委员会. 第十一届全国建设工程无损检测技术学术会议论文集. 西安, 2013, 100-105.
[25] 王文明. 采用抗折法检测混凝土抗压强度课题研究介绍 [C] //中国土木工程学会混凝土及预应力混凝土分会建设工程无损检测技术专业委员会. 第十一届全国建设工程无损检测技术学术会议论文集. 西安, 2013, 113-117.
[26] 王文明. 直拔法检测技术在某站房混凝土强度检测中的应用 [C] //中国土木工程学会混凝土及预应力混凝土分会建设工程无损检测技术专业委员会. 第十一届全国建设工程无损检测技术学术会议论文集. 西安, 2013, 201-205.
[27] 陆平. 水泥材料科学导论 [M]. 上海: 同济大学出版社, 1991.
[28] 向新, 丁庆军. 水泥速凝剂其机理研究综述 [J]. 武汉工业大学学报, 1992, 21 (1): 28-30.
[29] 张治泰, 邱平, 等. 超声波在混凝土质量检测中的应用 [M]. 北京: 化学工业出版社, 2005.
[30] 张远高. 钢筋混凝土结构的本构关系及有限元模式 [D]. 北京: 清华大学, 1990.
[31] 杜修力, 姜丽萍. 经验遗传—单纯形优化算法 [J]. 北京工业大学学报, 2006.
[32] 杜修力, 韩玲, 姜丽萍. 一种高效的全局优化方法: 经验遗传算法 [J]. 北京工业大学学报, 2007.
[33] 白新桂. 数据分析与试验优化设计 [M]. 北京: 清华大学出版社, 1986.
[34] CUI S, WANG J, KONG X. Adhesive-bonded Anchorage Pullout Test to Estimate In—place Concrete Compressive Strength [J]. Journal of Testing and Evaluation, 2008, 36 (6): 500-505.
[35] CUI S, WANG J, KONG X. The Rationale of Adhesive Postinstalled Method to Estimate the Concrete Strength [J]. Key engineering materials, 2008, 385-387.
[36] CUI S, WANG J, KONG X. Experimental study on the tensile bond strength test to determine the in-place concrete strength [J]. Proceedings of International Conference on Health Monitoring of Structure, Material and Environment, 2007.
[37] WANG J, CUI S. Adhesioninstalling pullout test without restrain to check concrete strength [J]. Proceedings of International Conference on Health Monitoring of Structure, Material and Environment, 2007.
[38] CUI S, WANG J. Regression analysis of the tensile bond pullout postanchored method to check concrete strength [J]. Proceedings of the UK Forum for Structural Integrity's Ninth International Conference on Engineering Structural Integrity Assessment, 2007.

[22] 中华人民共和国建设部. 混凝土超声波检测仪：JG/T 5004—92 [S]. 1992.
[23] 文恒武. Q 系列回弹仪检测混凝土抗压强度实验研究 [C] //中国土木工程学会混凝土及预应力混凝土分会建设工程无损检测技术专业委员会. 第十一届全国建设工程无损检测技术学术会议论文集. 西安，2013，206-210.
[24] 邱平. 拉脱法检测混凝土强度技术 [C] //中国土木工程学会混凝土及预应力混凝土分会建设工程无损检测技术专业委员会. 第十一届全国建设工程无损检测技术学术会议论文集. 西安，2013，100-105.
[25] 王文明. 采用抗折法检测混凝土抗压强度课题研究介绍 [C] //中国土木工程学会混凝土及预应力混凝土分会建设工程无损检测技术专业委员会. 第十一届全国建设工程无损检测技术学术会议论文集. 西安，2013，113-117.
[26] 王文明. 直拔法检测技术在某站房混凝土强度检测中的应用 [C] //中国土木工程学会混凝土及预应力混凝土分会建设工程无损检测技术专业委员会. 第十一届全国建设工程无损检测技术学术会议论文集. 西安，2013，201-205.
[27] 陆平. 水泥材料科学导论 [M]. 上海：同济大学出版社，1991.
[28] 向新，丁庆军. 水泥速凝剂其机理研究综述 [J]. 武汉工业大学学报，1992，21（1）：28-30.
[29] 张治泰，邱平，等. 超声波在混凝土质量检测中的应用 [M]. 北京：化学工业出版社，2005.
[30] 张远高. 钢筋混凝土结构的本构关系及有限元模式 [D]. 北京：清华大学，1990.
[31] 杜修力，姜丽萍. 经验遗传—单纯形优化算法 [J]. 北京工业大学学报，2006.
[32] 杜修力，韩玲，姜丽萍. 一种高效的全局优化方法：经验遗传算法 [J]. 北京工业大学学报，2007.
[33] 白新桂. 数据分析与试验优化设计 [M]. 北京：清华大学出版社，1986.
[34] CUI S，WANG J，KONG X. Adhesive-bonded Anchorage Pullout Test to Estimate In-place Concrete Compressive Strength [J]. Journal of Testing and Evaluation，2008，36（6）：500-505.
[35] CUI S，WANG J，KONG X. The Rationale of Adhesive Postinstalled Method to Estimate the Concrete Strength [J]. Key engineering materials，2008，385-387.
[36] CUI S，WANG J，KONG X. Experimental study on the tensile bond strength test to determine the in-place concrete strength [J]. Proceedings of International Conference on Health Monitoring of Structure，Material and Environment，2007.
[37] WANG J，CUI S. Adhesioninstalling pullout test without restrain to check concrete strength [J]. Proceedings of International Conference on Health Monitoring of Structure，Material and Environment，2007.
[38] CUI S，WANG J. Regression analysis of the tensile bond pullout postanchored method to check concrete strength [J]. Proceedings of the UK Forum for Structural Integrity's Ninth International Conference on Engineering Structural Integrity Assessment，2007.